高职高专园林专业规划教材
江苏省高等学校重点教材

园林工程

主　编　韩阳瑞
副主编　张　隽　王　剑　张伟艳

中国建材工业出版社

图书在版编目(CIP)数据

园林工程/韩阳瑞主编；张隽，王剑，张伟艳副主编．--北京：中国建材工业出版社，2023.1(2025.1重印)
高职高专园林专业规划教材
ISBN 978-7-5160-3669-3

Ⅰ.①园…　Ⅱ.①韩…　②张…　③王…　④张…　Ⅲ.①园林—工程施工—高等职业教育—教材　Ⅳ.①TU986.3

中国版本图书馆 CIP 数据核字（2022）第 251145 号

内容简介

本书深入浅出地介绍了有关园林工程方面的基础知识和先进技术，理论联系实际，具有较强的实用性。全书共分为10个项目，主要内容包括：绪论，园林工程施工准备，园林土方工程施工，园林给排水工程施工，园林水景工程施工，园路、场地与园桥工程施工，置石与假山工程施工，园林建筑及小品工程施工，园林绿化种植工程施工，园林照明与供电工程施工，园林机械。

本书可作为高等职业院校园林技术、园林工程技术、观赏园艺等园林相关专业教材，也可供园林规划设计、园林工程等领域专业技术人员阅读参考。

园林工程

Yuanlin Gongcheng

主　编　韩阳瑞

副主编　张　隽　王　剑　张伟艳

出版发行：中国建材工业出版社

地　　址：北京市西城区白纸坊东街2号院6号楼

邮　　编：100054

经　　销：全国各地新华书店

印　　刷：北京印刷集团有限责任公司

开　　本：787mm×1092mm　1/16

印　　张：26

字　　数：610千字

版　　次：2023年1月第1版

印　　次：2025年1月第2次

定　　价：78.00元

本社网址：www.jskjcbs.com，微信公众号：zgjskjcbs

前言 | Preface

园林不仅在城市的景观方面发挥着重要功能，在生态和休闲方面也发挥着重要作用。城市园林的建设越来越受到人们的重视，许多城市提出了要建设国际花园城市和生态园林城市的目标，加强了新城区的园林规划和老城区的绿地改造，促进了园林行业的蓬勃发展。

与此相应，社会对园林类专业人才的需求也日益增加，特别是那些既懂得园林规划设计又懂得园林工程施工，还能进行绿地养护的高技能人才，已成为园林行业的紧俏人才。为了满足各地城市建设发展对园林高技能人才的需要，全国1400多所高等职业院校中有相当一部分院校增设了园林类专业。而且，近几年的招生规模不断扩大，与园林行业的发展遥相呼应。但与此不相适应的是，适合高等职业教育特色的园林类教材建设速度相对缓慢，与高等职业园林教育的迅速发展形成明显反差。因此，编写出版高等职业教育园林类专业系列教材显得极为迫切和必要。

通过对部分高等职业院校教学和教材使用情况的了解，我们发现，目前众多高等职业院校的园林类教材短缺，有些院校直接使用普通本科院校的教材，既不能满足高等职业教育培养目标的要求，也不能体现高等职业教育的特点。本教材的编写是根据教育部对高等职业教育教材建设的要求，以职业能力培养为核心，包含了园林工程专业的基本技能、专业技能和综合技术应用能力所需要的内容。本教材的特点是内容紧密结合生产实际，理论基础部分重点突出实际技能所需的内容，并与实训项目密切配合，同时也注重对当今先进技术的介绍和训练，具有较强的实用性、技术性和可操作性。

本教材具有明显的高职特色，可供从事园林规划设计、园林工程施工与管理、园林植物生产与养护、园林植物应用以及园林企业经营管理等高级应用型人才阅读，也可供高等职业院校的园林技术、园林工程技术、观赏园艺等园林类相关专业的学生使用。

由于编者水平所限，教材中难免存在不当之处，恳请广大读者给予指正并提出宝贵意见，以便重印时修订。

编者

2022.11.24

目录 Contents

绪　论

园林工程是研究具体实施园林建设的工程技术，共包括竖向处理、地形塑造、土方填筑的场地工程；掇山、置石工程；风景园林理水工程（含水环境的中和处理、滨水地带生态修复、护岸护坡、水闸、水池及喷泉）；风景园林给排水工程（含节水灌溉，雨水收集、处理、回用技术）；园路和广场铺装工程；风景园林种植工程（含大树移植、屋顶种植、坡面种植）；风景园林绿地养护工程；风景园林建筑工程；风景园林景观照明工程及弱电工程（含监控、广播、通信）等。

我国素有“园林之母”的美誉，造就了风景园林工程的不断发展，前人的实践经验以及保留下来的实物与理论著作都是宝贵财富。我国历代的造园师以及工匠留下了许多传世之作，有的技艺之高超至今仍让人叹为观止。如经历了几百年的颐和园水系仍在新的时代发挥作用；圆明园的大水法，苏州古典园林中的花墙、亭、台、楼、榭、置石、假山等，不仅受到中国人民的喜爱，同时也落户到欧美各国，成为人类共同的文化财富。一些匠人、造园师也给后人留下许多名园的资料、图集，如明代计成所著《园冶》、北宋沈括《梦溪笔谈》、北宋李诫编修的《营造法式》、明代文震亨所著《长物志》、徐弘祖（号霞客）所著《徐霞客游记》、清代李渔所著《闲情偶寄》和沈复所著《浮生六记》等都有专门谈及，这些资料不仅反映了当时造园技术之高超，更是后人不断汲取造园技术之源泉。

随着经济与科学技术的发展，风景园林事业受到极大的关注，新技术、新材料、新工艺的不断出现与更新，使课程内容、授课方式发生了极大的改变，特别是计算机技术与互联网的普及，已使许多过去需要大量人工计算与绘图及模型制作的工作变得简单与直观，“以人为本”“可持续发展”“科学发展观”以及“和谐社会”的思想也给风景园林工程注入了新的内涵。

本教材分为绪论，园林工程施工准备，园林土方工程施工，园林给排水工程施工，园林水景工程施工，园路、场地与园桥工程施工，置石与假山工程施工，园林建筑及小品工程施工，园林绿化种植工程施工，园林照明与供电工程施工，园林机械等内容，章节的划分与国内外同类教材类似，但在内容上，除秉承“园林工程”的基本特色，即突出中华民族特有的风格，以自然山水园讲述风景园林工程的基本理论外，突出反映时代的面貌，风景园林工程中的新技术、新材料、新工艺、新成就。

“园林工程”是园林专业的一门主要专业课，是造园活动的理论基础和实践技能课，是实践性和综合性很强的课程。园林工程的教学环节包括课堂教学、课程设计及园林模型的制作、实践教学等方面的内容。实践教学最好能结合园林工程现场施工和重点园林景观景点的评价来进行。在园林工程的学习过程中要注意以下几个方面。

一、注重理论和实践的结合

“园林工程”是一门技术性很强的课程，主要包括园林工程中的相关施工技术、园林工程的预决算、工程的施工管理与监理。在学习过程中必须要掌握所学内容，并结合实践加深对理论知识的认识和掌握。在实习过程中并非仅仅观看园林美景，而应重视施工技术，同时还要运用园林美学和园林艺术的观点对所见园林景观和景观要素，如假山、园路、水景、园林建筑等进行评价，包括对某一园林景观与周围环境的协调程度，景观内部的设计，园林中各景点与整个园林景观的和谐，个体的造型艺术、制作手法及选材是否恰当，施工技术的好坏等方面进行评价，寻找景观优异之处，探寻不足之点，在提高自己的审美能力及艺术造诣的同时，加深对施工技术的掌握程度。预决算与施工管理和监理也只有在实际操作过程中才能更加熟练。

二、注重多学科知识的综合运用

前已述及园林工程是一门涉及广泛的学科，不仅要学园林美学、园林艺术、园林制图、园林规划设计、园林建筑设计、生态学、城市生态学、气象学、园林植物学等有关方面的课程，还要掌握园林的经营管理、园林工程的概预算与招投标、园林工程的组织管理与监理等方面的知识，使这些知识在园林工程施工及管理中能够得以综合运用。随着社会的发展，园林工程施工单位必须紧跟时代的步伐，适应市场运作方式，园林工程施工技术和管理人员必须要有经济学、社会科学等方面的知识，同时也要了解国家相关的法律法规。

三、注重新知识、新材料、新技术的学习和运用

园林风景和园林建设水平随社会的发展进步而不断提高。因此，在园林工程的学习过程中要紧跟时代发展的潮流，熟知园林工程的发展方向，掌握园林工程中新材料和新技术的应用，并能把它们灵活运用于园林建设之中。

任务一　园林工程的职业岗位能力

【相关知识】

一、我国风景园林事业的发展现状与未来

随着经济的高速发展，我国当前的城市化速度惊人，每年进城的人口在1500万左右；每年新建成的城镇建筑总量（包括乡镇）约20亿平方米，比全世界所有发达国家的新建建筑总和还要多；每年所消耗的水泥量占世界水泥总量的42%；每年消耗的钢材量占世界钢材总量的35%。由此产生的环境问题日益凸显，促使全社会日益重视生态环境，城市园林绿化行业迎来了巨大的发展契机。2001—2008年，全国城市绿化固定资产投资保持了快速增长态势，投资额从163.2亿元增加至649.9亿元，平均增长速度达到22%，2009年，中国城市建成区绿化覆盖面积达135.65万公顷，建成区绿化覆盖率37.37%、绿地率33.29%，城市人均拥有公园绿地面积9.71平方米。2009年初统

计，全国具有园林施工资质（3级及以上）的企业16000余家，已日渐壮大并逐步走向成熟。这些数据充分显示城市园林绿化行业是一个朝阳行业。

我国未来风景园林事业发展的重点：一是实施绿色发展战略，创建国家生态园林城市，要逐步实现城区园林化、郊区森林化、道路林荫化、庭院花园化。二是强化风景园林行业体系科学化建设，坚持规划建绿、依法治绿、科技兴绿，其根本是培养园林应用型人才。三是提升风景园林行业整体的建设水平，强调精品园林建设、文化园林建设。因此，我国未来风景园林事业的发展必将迎来新的变革，在发展模式上，由量的扩张转到质的提升，增强城市绿化的内生性；在建设方式上，由铺张型绿化转到节约型绿化，增强城市园林绿化的可持续性；在绿地植物配置上，由点线转到复层配置，增加绿化的生态性；在绿地结构布局上，由失衡转向均衡，增加绿化的“民本性”；在绿地管理上，由粗放式管理转到精细化管理，多出精品，打出品牌。

二、园林工程的职业岗位能力

园林工程现在已发展成为综合性产业，同时专业细化也越来越清晰，市场化越来越明显。园林工程从涉及的学科来看，与城市规划、建筑学、园艺等联系紧密；从建设项目来看，涉及园林工程设计、现场施工技术与园林工程的招投标、施工组织等。因此，园林工程职业岗位能力，可以细分为：

1. 园林工程设计师的岗位能力

园林工程设计师在园林设计单位或园林施工企业专门从事园林建设的设计工作，能够独立承担场地中有关园林方面的技术设计与施工设计的任务，同时能够指导场地中其他配套技术设计。

2. 园林工程建造师的岗位能力

园林工程建造师是园林施工企业园林建设现场的总负责人，能够全面实施施工的质量、进度、成本、安全等管理，对园林方案及实施图纸具有较深的理解能力，能把握园林工程的图纸与场地的结合、实施过程与未来实际景观的结合。

3. 园林工程经济师的岗位能力

园林工程经济师是园林施工企业专门从事园林工程招投标的技术人员，要求熟悉企业的基本情况，熟练掌握招投标的流程以及标书的编制方法和技巧，并具有商务谈判、商务考察的业务能力。

4. 园林工程造价师的岗位能力

园林工程造价师在园林设计单位或园林施工企业专门从事园林建设概预决算工作，对园林方案成果及实施图纸有较深的理解能力，熟悉园林工程特点和造价的编制。

5. 园林工程监理师的岗位能力

园林工程监理师是园林建设工程领域中接受建设单位的委托，按有关协议要求，对施工单位的建设行为进行监督控制的专业化人员。要求能够全面协助建设单位科学合理地实施质量、进度、成本、安全等监督管理，熟悉园林工程的技术流程和施工工艺的规范与标准，准确布置下达有关监理指令，完成有关工程的验收和资料存档工作。

6. 园林工程咨询师的岗位能力

园林工程咨询师是园林建设工程领域市场化、国际化后产生的新岗位，能够为客户提供智力服务，包括为决策者提供科学合理的建议、先进的技术，为复杂的园林工程提供技术支持，发挥准仲裁人的作用等。因此要求从业人员知识面宽、精通业务，协调管理能力强，特别熟悉国际上园林工程的实施规则。

任务二　园林工程的知识体系

【相关知识】

园林工程的知识体系构成见图 0-1。通常把场地设计、园林工程设计、园林工程现场施工技术、养护管理技术称为园林工程实施的技术过程；园林工程施工组织与管理称为园林工程实施的管理。

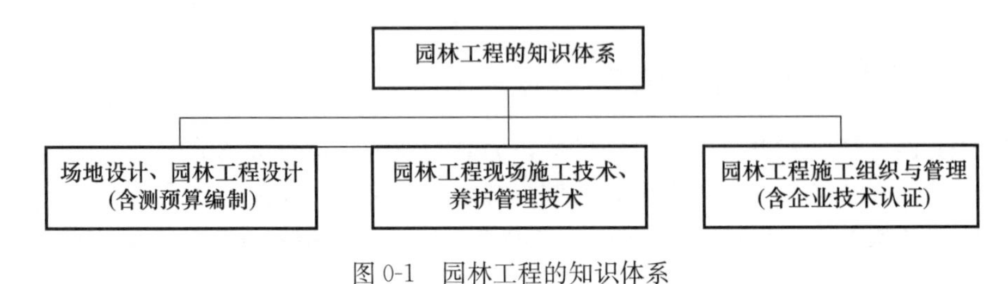

图 0-1　园林工程的知识体系

园林工程的技术过程与管理过程，共同构成了园林工程的知识体系，是搞好园林建设不可分割的两个方面。

任务三　园林工程的学法

【相关知识】

园林工程的特点决定了掌握园林工程知识具有较大的难度：一是知识跨度较大，涉及美学、设计学、植物学、材料学、测量学等知识。二是知识需要综合应用，每个具体的园林工程从设计、施工过程到竣工，没有一个是完全一样的，因此知识运用范围及深度很难有统一的标准。三是园林工程随着时代的不断进步，从内容到展现形式也在不断变革与创新，园林工程的知识更新也需与时俱进。但掌握良好的学习方法，经过一定训练与实践，就能够掌握园林工程建设的共性与规律，从知识应用的“必然王国”迈入“自由王国”。

第一，园林工程从设计到施工应符合国家有关技术规范的要求，特别是有关工程建设的强制性技术规范与要求。在园林工程建设过程中，大家通常重视法律法规，忽视技术规范，其实对于园林技术人员来说，违反技术规范，给社会与人民的财产、生命造成损失，同样要受到法律的惩罚。

第二，园林工程中重要的知识点要强化模拟训练，以熟能生巧地运用。例如关于等高线，除了解等高线的基本构成要素外，还需重点掌握等高线在场地中的运用，如不同坡度地形的识别、改造的方法、等高线视图与竖向视图的转换等。因此，园林工程中许多重要知识点的运用，都要围绕具体的场地空间要求，根据原理和技术手段分析求算。

第三，为了有效与方便地教学，课程将园林工程拆分为各个单项工程，分别进行讲授。但在实际施工过程中，不是简单地将各个单项工程“叠加”。优秀的项目经理必须具备从施工图纸到施工过程全局的把握控制能力。因此，在学习中，要多观察、多实践，多对比成功案例中图纸与实景的关系，这样才能举一反三，灵活运用理论知识并在实践应用中有所创新。

【思考与练习】

1. 何谓“园林工程”?
2. 如何理解园林美学及园林艺术与园林工程的关系?
3. 园林工程有哪些特点?
4. 如何做才能学习好“园林工程”这门课程?

项目一

园林工程施工准备

任务一　施工准备

【知识点】

施工技术

施工物资

施工机械设备

劳动组织

【技能点】

能制订拟投入的机械、车辆需求计划

能制订拟投入的材料用量计划

能制订拟投入的劳动量计划

【相关知识】

工程项目施工准备工作按其性质及内容通常包括以下内容。

一、施工技术准备

施工现场的准备工作，主要是为了给拟建工程的施工创造有利的施工条件和物资保证。施工现场的准备是不容忽视的，良好的现场准备工作可以在实现最大限度地节约成本的基础上，尽可能地缩短工期来完成高质量的园林工程施工，比如合理利用水源布置供水管道，与监理单位沟通完善相关手续，与建设单位、设计单位及监理工程师认真复核原地面标高数据等。现场勘察包括以下几个方面：

1. 勘察现场原始地貌

测量及土方平衡工作，计算土方量，制订拟投入的机械和车辆需求计划。

2. 参照地下管网图确定工程每一个具体施工部位的可行性

包括土建小品、结构工程、大株乔木、大株常绿树等。

3. 现场具备的施工条件能否满足施工要求

根据现场情况、甲方施工周期的要求，制订拟投入的劳动量计划，为施工计划进度的编排做好基础工作。

4. 做好施工场地控制点的交接

(1) 高程基准点由建设单位提供。

（2）根据甲方制定的基准点通过闭合手段过渡到施工现场，过渡点定位应该是永久性建筑，并做好水准记录，报监理审核。两个以上施工单位在同一范围施工时应由建设单位和监理牵头，同时引点和复测，误差应在允许偏差值之内。

（3）施工现场的过渡点（控制点）应引3个以上，在保护好桩点的同时随时核准，误差应在允许范围之内。不在永久性建筑上的控制桩点要采取特殊有效的方法做固定保护，以保证正常施工。

二、施工物资准备

材料、构（配）件、制品、机具和设备是保证施工顺利进行的物资基础，这些物资的准备工作必须在工程开工之前完成。根据各种物资的需要量计划，分别落实货源，安排运输和储备，使其满足连续施工的要求。

1. 物资准备工作的内容

物资准备工作主要包括施工材料的准备、构（配）件和制品的加工准备、施工机具的准备和生产工艺设备的准备。

（1）施工材料的准备。施工材料的准备主要是根据施工预算进行分析，按照施工进度计划要求，按名称、规格、使用时间、材料储备和消耗定额进行汇总，编制出材料需要量计划，为组织备料、确定仓库、场地堆放所需的面积和组织运输等提供依据。

（2）构（配）件、制品的加工准备。根据施工预算提供的构（配）件、制品的名称、规格、质量和消耗量，确定加工方案和供应渠道以及进场后的储存地点和方式，编制出需要量计划，为组织运输、确定堆场面积等提供依据。

2. 物资准备工作的程序

物资准备工作的程序是搞好物资准备的重要手段，通常按如下程序进行：

（1）根据施工预算、分部（项）工程施工方法和施工进度的安排，拟订材料、构（配）件及制品、施工机具和工艺设备等物资的需要量计划。

（2）根据各种物资需要量计划，组织货源，确定加工、供应地点和供应方式，签订物资供应合同。

（3）按照施工进度表的要求，组织物资按计划时间进场，在指定地点，按规定方式进行储存或堆放。

三、施工机具、设备准备

（1）根据施工组织设计中确定的施工机具、设备的要求和数量以及施工进度的安排，编制施工机具、设备需用量计划，组织施工机具、设备需用量计划的落实，确保按期进场。

（2）根据施工机具、设备的需要量计划，组织施工机具、设备进场；施工机具、设备进场后，按规定地点和方式布置，并进行相应的保护和试运转等工作。

（3）施工机械应做好维护保养，定期对机械设备进行检查，发现问题立即维修，确保施工机械安全正常运行。

四、劳动组织准备

劳动组织准备的范围既有整个园林施工企业的劳动组织准备，又有小型简单的拟建单位工程的劳动组织准备。这里以一个拟建工程项目为例，说明劳动组织准备工作的内容。

1. 建立拟建工程项目的领导机构

根据拟建工程项目的规模、结构特点和复杂程度，确定拟建工程项目的领导机构人选和名额。坚持合理分工与密切协作相结合。

2. 建立精干的施工队组

施工队组的建立要认真考虑专业、工种的合理配合，技工、普工的比例既要满足合理的劳动组织要求，又要符合流水施工组织方式的要求，同时制订出该工程的劳动力需要量计划。

3. 组织劳动力进场

工地的领导机构确定之后，按照开工日期和劳动力需要量计划组织劳动力进场。同时，要进行安全、防火和文明施工等方面的教育，并安排好职工的生活。

4. 建立健全各项管理制度

工地的各项管理制度是否建立健全，直接影响其各项施工活动的顺利进行。有章不循的后果是严重的，而无章可循更是危险的。为此必须建立健全工地的各项管理制度。

各项管理制度包括：工程质量检查与验收制度；工程技术档案管理制度；建筑料（构件、配件、制品）的检查验收制度；技术责任制度；施工图纸学习与会审制度；技术交底制度；职工考勤、考核制度；工地及班组经济核算制度；材料出入库制度；安全操作制度；机具使用保养制度。

任务二　施工总平面设计

【知识点】

方案设计图：功能分区图、总平面图、植物种植图、园林小品等各类专项规划图

施工图：总平面图、分区平面图、竖向设计图、放线定位图、铺装物料平面图、索引图

【技能点】

绘制施工总平面图

绘制竖向设计图

绘制植物种植图

绘制园林小品专类图

【相关知识】

一、园林方案图的识读

（一）区位关系平面图

（1）明确工程所在城市或区域的位置关系。

（2）明确工程周边道路分布情况。

（3）明确工程的服务范围，以及与相邻绿地的关系。

（二）总平面图

（1）明确图的比例、图例及有关文字说明，了解规划设计意图和园林工程的性质。

（2）明确工程用地范围、地形地貌地势和周围环境。

（3）明确各子工程项目间的位置关系及其与周围环境的关系。

（4）明确方位及朝向。

（5）明确工程所在地的市政规划，包括建筑、道路、管网线路等。

（三）功能分区图

（1）明确各功能区域的大小和位置。

（2）明确各功能区域的作用和特点。

（3）明确各功能区域相互之间的关系。

（四）竖向规划图

（1）明确竖向剖面图中景点或轴线的坡面控制高程。

（2）明确竖向控制图的制高点、山峰的高程。

（3）明确水体的常水位和池底标高、排水方向、雨水聚散地。

（4）明确建筑标高、道路场地标高、坡度、坡向、变坡点。

（5）明确设计等高线、原有等高线。

二、园林施工图

（一）园林施工图

园林施工图是指用于指导施工的一套图纸。图纸是设计师的语言表达，园林施工图纸的识读水平高低直接影响设计的成功与否和园林施工程度的好坏。

为了统一图纸的表达方式，做到图面规范、表达清晰，符合设计和施工的要求，住房城乡建设部、国家质量监督检验检疫总局颁布了一系列制图标准，如《总图制图标准》(GB/T 50103—2010)、《建筑制图标准》(GB/T 50104—2010)、《建筑结构制图标准》(GB/T 50105—2010)、《建筑给水排水制图标准》(GB/T 50106—2010）等。园林施工图基本按照上述规范及通用图例来表达。

园林施工图的内容如下。

（1）图纸目录。

① 图纸目录内容

文字或图纸的名称、图别、图号、图幅、基本内容、张数。若有加长图纸，也应在“图幅”中说明。要对整套图纸有简单了解。

② 图纸编号以专业为单位，各专业各自编排专业图号，便于查找。

③ 专业图纸按照园林、建筑、构造、给排水、电气、材料附图等顺序编号。

（2）总体说明。

① 设计依据及设计要求：注明采用的标准图集及依据的法律规范。

② 设计范围。

③ 标高及标注单位：了解图纸中采用的标注单位，采用的是相对坐标还是绝对坐标，若为相对坐标，明确相对坐标采用的依据以及相对坐标与绝对坐标的关系。

④ 材料选择及要求：了解对各部分材料的材质要求以及建议，包括饰面材料、木

材、钢材、防水疏水材料、种植土以及铺装材料等。

⑤ 施工要求：强调需要注意工种配合及对气候有要求的施工部分。

⑥ 经济技术指标：施工区域总的占地面积，绿地、水体、道路、铺地等的面积及占地百分比、绿化率及工程总造价等。

（二）施工总平面图

施工总平面图是拟建园林绿地所在的地理位置和周边环境的平面布置图，反映各设计要素之间具体的平面关系和准确位置。施工总平面图的阅读内容包括：

（1）查看指北针（或风玫瑰图）、比例尺，施工总图的比例应与总平面图一致；了解文字说明，景点、建筑物或者构筑物的名称标注，图例表；了解工程名称、设计内容、所处方位和设计范围。

（2）查看设计等高线。了解设计后的地形变化情况、土方调配情况。

（3）查看保留利用的地下管线。地下管线通常用细虚线或细红线绘制。了解地下管线的走向、分布情况，以避免施工过程中造成不必要的破坏和损失。

（4）查看坐标网，了解施工放线的依据。

（5）查看道路、铺装的位置、尺度、主要点的坐标、标高以及定位尺寸。

（6）查看小品主要控制点坐标及小品的定位、定形尺寸。

（7）查看地形、水体的主要控制点坐标、标高及控制尺寸。

（8）查看植物种植区域轮廓。

（9）查看无法用标注尺寸准确定位的自由曲线园路、广场、水体等，该部分的局部放线详图及其控制点坐标。

（10）查看园林建筑总平面图。

（三）分区平面设计施工图

对于复杂的园林工程，应采用分区将整个工程分成3～4个区，分区范围用粗虚线表示，分区名称宜采用大写英文字母或罗马字母表示。关注各分区与总图的位置关系，以及各分区与分区间的关系。

（四）竖向设计施工图

竖向设计施工图是用于表明各设计因素之间具体高差关系的图纸。它反映了地形在竖直方向上的变化情况。竖向设计施工图的比例与施工总平面图相一致。

在竖向设计施工图中，可采用绝对标高或相对标高表示；规划设计单位所提供的标高应与园林设计标高区分开，园林设计标高应依据规划设计标高确定，并与规划设计标高相吻合；可采用不同符号表示，如绿地、道路、道牙、水底、水面、广场等标高。

竖向设计施工图包括平面图、剖面图或断面图。平面图依据竖向规划，在施工总图的基础上要表示出现状等高线（细虚线或细红线表示）坡坎、现状高程（加括号的黑色数字表示）；设计等高线（细实线表示）坡坎、设计高程（不加括号的黑色数字），如为同一地点，设计高程写在上面，下方画一横线，现状高程写在横线下面，如设计的溪流、河湖的岸边，河底线及高程；各景区园林建筑、道路广场（同施工总图）的位置坡降变化范围及高程；挖填方范围（用不同的线条来表示）和挖方、填方量；各区排水方向（细黑箭头表示）。断面图或剖面图主要用来表达部分山形、丘陵坡地的轮廓线（粗实线表示）及高度、平面距离等（细实线表示），并注明剖面的起讫点、编号，以便与平面图配套。

（1）查看图名、比例、指北针、文字说明，了解工程名称、设计内容、所处方位。

（2）查看等高线。一般的地形图只用两种等高线：一种是基本等高线，称为首曲线，通常用细实线表示；另一种是每隔 4 根首曲线加粗一根并注上高程的等高线。有时为了避免混淆，原地形等高线用虚线，设计等高线用实线。根据等高线的分布及高程标注，了解地形现状及原地形标高，对照设计地形及设计标高，了解土方工程情况。

（3）查看坐标网，确定施工放线依据。

（4）查看建筑物、构筑物的室内标高，了解竖向变化情况。

（5）查看场地内的道路（含主路及园林小路）、道牙标高，广场控制点标高，绿地标高，小品地面标高，水景内水面、水底标高。

（6）查看道路转折点、交叉点、起点、终点的标高，排水沟及雨水箅子的标高。

（7）查看绿地内地形的标高。

（8）查看排水方向。通常用坡面箭头表示地面及绿地内排水方向。

（五）放线定位图

放线网格及定位坐标应采用相对坐标，为区别于绝对坐标，相对坐标用大写英文字母 A、B 表示；相对坐标起点宜为建筑物的交叉点或道路的交叉点。尺寸标注单位可以是 m 或者 mm，定位时应采用相对坐标与绝对尺寸相结合。

放线定位图识读时应注意：

（1）查看指北针、绘图比例。

（2）查看图纸说明中注明的相对坐标与绝对坐标的关系。

（3）查看道路放线：路宽大于或等于 4m 时，应用道路中线定位道路；道路定位时应包括道路中线起点、终点、交叉点、转折点的坐标，转弯半径，路宽（应包含道路两侧道牙）。园林小路可用道路一侧距离建筑物的相对距离定位，路宽已包含道牙。

（4）查看广场控制点坐标及广场尺度。

（5）查看小品控制点坐标及小品的控制尺寸。

（6）查看水景的控制点坐标及控制尺寸。

（7）查看无法用标准尺寸准确定位的自由曲线园路、广场等，该部分的局部放线详图及其控制点坐标。

（8）查看小品设施。

（六）铺装设计施工图

（1）查看铺装道路的材质、规格及颜色。

（2）查看铺装广场的材质、规格及颜色。

（3）查看道牙的材质、规格及颜色。

（4）查看铺装分格示意图。

（5）对不再进行铺装详图设计的铺装部分，应关注其铺装的分格、材料及材料的编号。

（七）种植设计施工图

种植设计施工图是表示设计的植物种类、数量、规格和种植施工要求的图样，是种植施工、定点放线的主要依据。阅读植物种植设计图以了解工程设计意图、绿化目的及其所达到的效果，明确种植要求，以便组织施工和做出工程预算。阅读步骤如下：

（1）查看比例、风玫瑰图或方位，明确工程名称、所处方位和当地主导风向。

（2）查看图中索引编号和苗木统计表。根据图示各植物编号，对照苗木统计及技术说明，了解植物种植的种类、数量、菌木、规格、配置方式及各种要求（如姿态、色影、栽植等）。

（3）查看植物种植定位尺寸，明确植物种植的位置及定点放线的基准。

（4）查看种植详图，明确具体种植要求，组织种植施工。

（八）园林假山施工图

园林假山施工图主要包括平面图、立面图、剖（断）面图、基础平面图、细部详图等图样。在识读过程中应注意：

（1）查看标题栏及说明。

（2）查看平面图，了解假山各高度处的形状结构、尺寸以及各处高程。

（3）查看立面图，明确山体的立面造型及主要部位高程，与平面图配合，了解峰、峦、洞、壑等各种组合单元的变化和相互位置关系。

（4）查看剖面图，了解假山、山石某处断面外形轮廓及大小假山内部及基础的结构、构造的形式、位置关系及造型尺度，假山内部有关管线的位置及管径，假山种植池的尺寸、位置和做法，假山、山石各山峰的控制高程，假山的材料、做法和施工要求。

（5）查看基础平面图和基础剖面图，明确假山基础的平面位置、形状范围，以供施工时参考。

（九）水景工程图

1. 驳岸施工图

驳岸施工图由平面图、剖（断）面图组成。在识读过程中应注意：

（1）查看标题栏及说明。

（2）查看平面图，了解驳岸线（水体轮廓线）的平面位置、形状。

（3）看剖（断）面图，了解驳岸某一区段的形状、构造、尺寸纵向坡度、建造材料、施工方法及要求和主要部位标高。

2. 水池施工图

水池施工图主要包括水池平面图、立面图、剖面图、管线布置图和详图等图样。识读过程中的注意事项同驳岸施工图。

3. 水池管线布置图

水池管线布置图主要包括给排水管网布置图和配电管线布置图。在识读过程中应注意：

（1）查看给排水管网布置图中给排水管的走向、平面位置、管径、每一段长度、标高以及水泵的类型和型号，以及所选管材及防护措施等的说明；还可结合管网布置轴测图和一些构件详图进行深入了解。

（2）查看配电管线布置图中电缆线走向、位置及各种电气设备、照明灯具的位置、敷设灯具选型、编号及颜色要求等。一般用粗实线表示各路电缆的走向、位置及各种灯的位置及编号以及电源接口位置等，具体表示方法参照供电部门的具体要求及建筑电气设计安装规范。

4. 水池详图

水池详图是水池一些细部构造的施工图，它是水池平面图、立面图、剖面图的补充，如进水口、溢水口、泄水口、水池护栏、喷水池内给排水管支架等细部的详细构造。主要查看细部的式样、层次、做法、材料和详细尺寸等。

（十）园林建筑施工图

园林建筑施工图是表达建筑设计构思和意图的“工程技术语言”，是组织和指导施工的主要依据。它按照《房屋建筑制图统一标准》（GB/T 50001—2017）、《总图制图标准》（GB/T 50103—2010）和《建筑制图标准》（GB/T 50104—2010）的规定，用投影方法详细、准确地表示园林建筑物的内外形状、大小，以及各部分的结构、构造、装饰、设备和施工要求。一套园林建筑施工图，根据作用、内容的不同一般分为建筑施工图（简称建施）、结构施工图（简称结施）、设备施工图（简称设施）以及基本图纸，包括给排水（简称水施）、采暖通风（简称暖通施）、电力照明（简称电施）等设备的布置平面图、系统轴测图和详图。

1. 建施

（1）查看层次、图名、比例、定位轴线和指北针。

（2）查看总体布局、外部形状和水平尺寸。

（3）查看门窗的位置、编号，门的开启方向，门窗、台阶、雨篷、阳台、雨水管等的位置和形状。

（4）查看墙柱的断面形状、结构和大小。

（5）查看地面、楼面、楼梯平台面的标高。

（6）查看装饰、设备（如卫生设备、台阶、雨篷、水管、墙上的预留洞槽）和施工要求等。

（7）查看剖面图的剖切位置和详图索引。

（8）查看局部构造的详细尺寸和材料图例。

2. 结施

（1）查看结构布置平面图。

（2）查看建筑物各承重结构的形状、大小、布置、内部构造和使用材料。

（3）查看混凝土的强度等级和钢筋等级。

（4）查看钢筋混凝土构件的配筋构造。

（5）查看构件的代号。

（6）查看钢筋混凝土构件的图示以及钢筋表。

（7）查看钢筋的尺寸标准。

（8）查看基础的平面定位尺寸和主要定形尺寸。

（9）查看基础详图的剖切位置线。

（10）查看室内外地面标高和基础底面标高。

任务三　临时设施

【知识点】

临时设施的内容

安全施工器具保障

安全施工制度保障

【技能点】

能做好施工前的准备

【相关知识】

1. 做好“四通一平”

“四通一平”是指路通、水通、电通、通信通和平整场地。

2. 建造临时设施

按照施工总平面图的布置建造临时设施，为正式开工准备好生产、办公、生活、居住和储存等临时用房。

3. 安装、调试施工机具

固定的机具要进行就位、搭棚、接电源、保养和调试等工作。所有施工机具都必须在开工之前进行检查和试运转。

4. 做好构（配）件、制品和材料的储存和堆放

按照施工材料、构（配）件和制品的需要量计划组织进场，根据施工总平面图规定的地点和指定的方式进行储存和堆放。

5. 及时提供材料的试验申请计划

按照施工材料的需要量计划，及时提供材料的试验申请计划，如钢材的机械性能和化学成分等试验、混凝土或砂浆的配合比和强度等试验。

6. 做好雨期施工安排

按照施工组织设计的要求，落实冬雨期施工的临时设施和技术措施。

7. 设置消防、保安设施

按照施工组织设计的要求，根据施工总平面图的布置，建立消防、保安等组织机构和有关的规章制度，布置安排好消防、保安等措施。

【思考与练习】

1. 园林工程施工准备包含哪些方面的内容?
2. 园林方案图包含哪些图?
3. 园林施工图包含哪些内容?
4. “四通一平”指什么?

技能训练一　编制施工组织设计

一、实验目的

通过该技能训练，使得学生掌握施工组织设计的编制要求、施工组织设计的基本内

容以及规范。

二、材料与工具

电脑、项目资料、项目设计施工方案。

三、方法与步骤

1. 收集编制依据文件和资料。

2. 编写工程概况。

3. 选择施工方案、确定施工方法。

4. 制订施工进度计划。

5. 计算各种资源需用量及其供应计划。

四、考核要点

符合项目现实情况，图面美观整洁。

五、作业

以实训小组为单位，进行资料整理、查阅，每人完成一部分编写。实训报告每小组交一份，内容包括完整的施工组织设计及组内分工表。

技能训练二　绘制施工总平面图

一、实验目的

通过该技能训练，使得学生掌握施工总平面图的绘制要求、施工总平面图中包含的基本内容以及绘制规范。

二、材料及用具

电脑、CAD 软件。

三、方法步骤

1. 收集项目原始设计资料及相关规定。

2. 根据工程性质分段绘制图纸。

3. 利用图层、颜色、线型的设置完善总平面图。

4. 必要的图例、说明及标注。

5. CAD 准确绘制。

6. 打印、出图。

四、作业

以实训小组为单位，进行资料整理、查阅，每人完成一部分图纸绘制。实训报告每小组交一份，内容包括分工明细、整套施工总平面图。

项目二

园林土方工程施工

【内容提要】

主要介绍地形在园林工程建设中的功能和作用，以及土壤的类型和园林地形的处理方法、竖向设计的方法与步骤等知识。要求学生能够识读地形设计图和土方施工图；能够运用体积公式估算法、垂直断面法、等高面法及方格网法进行土方工程量的估算和计算，尤其是要掌握土方平衡与调配的原则及步骤。

园林工程施工，必先动土，对施工场地地形进行整理和改造。土方工程是园林建设工程中的主要工程项目，包括挖湖筑山、平整场地、挖沟埋管、开槽筑路等。尤其是大规模的挖湖堆山、整理地形的工程，这些项目工期长、工程量大、投资大且艺术要求高。土方工程施工质量直接影响到工程的顺利进行、景观质量、施工成本和以后的日常维护管理。

任务一　地形改造与设计

【知识点】

地形的作用

地形的类型

地形设计的原则和要求

【技能点】

地形设计

地形改造设计

【相关知识】

一、园林地形改造与设计

地形是构成园林实体的四要素之一，它是指地球表面起伏的形态，具有三维特性。园林景观建设离不开地形设计，因其为园林景观元素的载体，同时也是园林景观的构成。地形的设计和改造是园林工程首要解决的问题，也是园林建设的关键所在。

1. 地形的作用

（1）骨架作用。园林景观的形成在不同程度上都与地面相接触，因而地形便成了园林景观不可缺少的基础和依赖。地形是连接景观中所有因素和空间的主线，它的结构作用可以一直延续到地平线的尽头或水体的边缘。地形为所有景观与设施提供了赖以存在的基面，它是园林各组成元素的载体。地形如同骨架一样，为园林各景物提供平面及立面的依据。可见，地形对景观的决定作用和骨架作用是不言而喻的。

（2）空间作用。园林空间设计的素材可以是建筑、植物和道路等，也可以是地形。地形具有构成不同形状、不同特点的园林空间的作用。园林空间的形成也受地形因素直接制约。地块的平面形状如何，园林空间在水平方向上的形状也就如何；地块在竖直上有什么变化，空间的立面形式也就会产生相应的变化。

（3）景观作用。园林地形本身就是景观元素之一，具有重要的景观作用，具体体现在背景作用和造景作用两个方面。

地形一方面是造园诸要素的基础，另一方面为其他造园要素承担背景角色，例如一块平地上草坪、树木、道路、建筑和小品形成地形上的一个个景点，而整个地形构成此园林空间诸景点要素的共同背景。

地形还具有许多潜在的视觉特性。对地形可以进行改造和组合，以形成不同的形状，产生不同的视觉效果。近年来，一些设计师尝试如雕塑家一样，在户外环境中，通过地形造型而创造出多样的大地景观艺术作品，我们称之为“大地艺术”。

（4）工程作用。地形对于地表排水也有着十分重要的意义，园林排水的主要形式是地面排水。由于地表的径流量、径流方向和径流速度都与地形有关，因而园林中地形过于平坦时就不利于排水，容易积涝。而当地形坡度太陡时，径流量就比较大，径流速度也快，从而引起地面冲刷和水土流失。因此，创造一定的地形起伏，合理安排地形的分水和汇水线，使地形具有较好的自然排水条件，是充分发挥地形排水工程作用的有效措施。

地形也可以改善局部地区的小气候条件（图 2-1），如对地形进行设计，改善小环境的通风透光等。起伏的地形在受光照的情况下形成阴面和阳面，可营造不同的光环境。

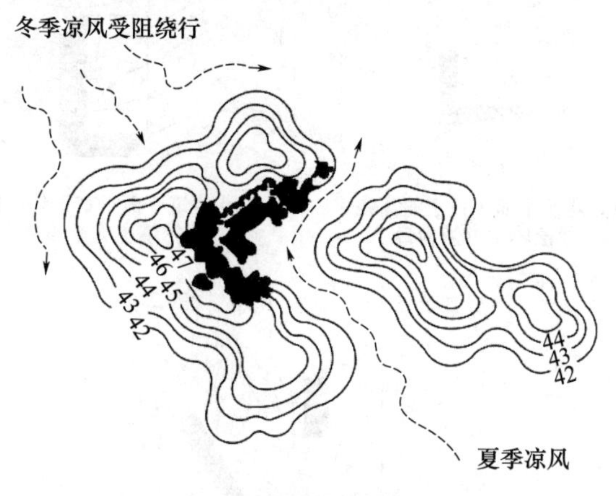

图 2-1　地形工程作用

2. 地形的类型

从园林造景角度来说，坡度是涉及地形的视觉和功能特征最重要的因素之一。从这一点上可将地形分为平地、坡地、山地三大类。

（1）平地。自然环境中绝对平坦的地形是不存在的，所有的地面都或多或少存在一些明显或难以觉察的坡度。园林中的“平地”指的是相对平坦的地面，更为确切的描述是指园林地形中坡度小于 4%的较平坦用地。

园林中，平地适用于任何种类的活动场所需求。平地也适于建造建筑，铺设广场、停车场、道路，建设游乐场，铺设草坪草地，建设苗圃等。因此，现代公共园林中必须设有一定比例的平地以供人流集散以及交通、游览需要。

园林中对平地应适当加以地形调整，一览无余的平地不加处理容易流于平淡。适当地对平地挖低堆高，造成地形高低变化，或结合这些高低变化设计台阶、挡墙，并通过景墙、植物等景观元素对平地形进行分隔与遮挡，可以创造出不同层次的园林空间。

（2）坡地。坡地指倾斜的地面。园林中进行坡地设计，使地面产生明显的起伏变化，增加园林艺术空间的生动性。

园林中坡地按照其倾斜程度的大小可以分为缓坡、中坡、陡坡三种。

坡地地表径流速度快，不会产生积水，但是若地形起伏过大或坡度不大但同一坡度的坡面延伸过长，则容易产生滑坡现象。因此，地形起伏要适度，坡长应适中。

① 缓坡。坡度在 4%～10%。地面起伏相对平缓，可用于运动和非正规的活动场地。在缓坡地，布置道路和建筑基本不受坡度与地形限制。园林中通常结合缓坡地修建活动场地，如游憩草坪、疏林草地等，形成舒适的园林休息环境。缓坡地不宜开辟面积较大的水体，如要开辟大面积水体，可以采用不同标高水体叠落组合形成，以增加水面的层次感。缓坡地植物种植不受地形约束。

② 中坡。坡度在 10%～25%。在这种地形中，建筑和道路的布置会受到限制，垂直于等高线的道路常做成梯道，建筑一般要顺着等高线布置并结合现状进行地形改造才能修建（图 2-2），并且占地面积不宜过大。对于水体布置而言，除溪流外不宜开辟河湖等较大面积的水体。中坡地植物种植基本不受限制。

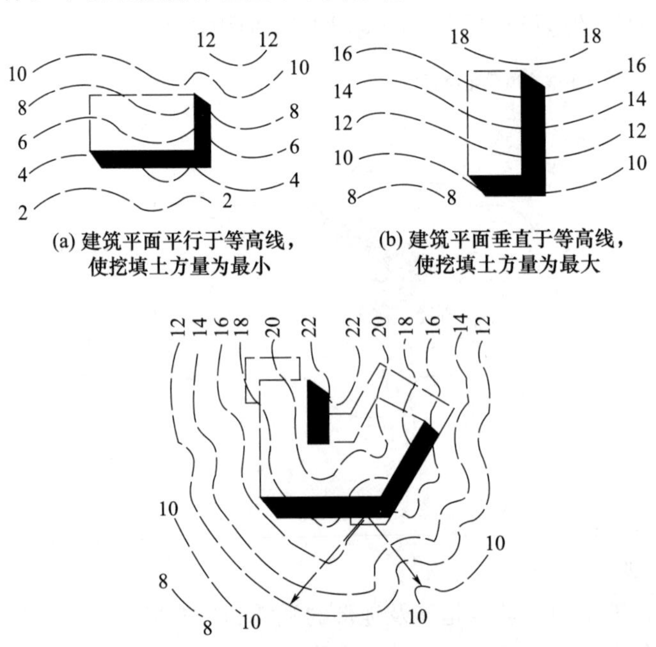

图 2-2　建筑布置与地形

③ 陡坡。坡度在 25%～50%。陡坡的稳定性较差，容易造成滑坡甚至塌方，因此，在陡坡地段的地形改造一般要考虑加固措施，如建造护坡、挡墙等。陡坡上布置较大规

模建筑会受到很大限制，并且土方工程量很大。如布置道路，一般要做成较陡的梯道；如要通车，则要顺应地形起伏做成盘山道。陡坡地形更难设计较大面积水体，只能布置小型水池。陡坡地上土层较薄，水土流失严重，植物生根困难，因此陡坡地种植树木较困难，如要对陡坡进行绿化可以先对地形进行改造，改造成小块平整土地，或在岩石缝隙中种植树木，必要时可以对岩石打眼处理，留出种植穴并覆土种植。

（3）山地。同坡地相比，山地的坡度更大，其坡度在50%以上。山地根据坡度大小又可分为急坡地和悬坡地两种。急坡地地面坡度为50%～100%。悬坡地是地面坡度在100%以上的坡地。由于山地尤其是石山地的坡度较大，因此在园林地形中往往能表现出奇、险、雄等造景效果。山地上不宜布置较大建筑，只能通过地形改造点缀亭、廊等单体小建筑。山地上道路布置亦较困难，在急坡地上，车道只能曲折盘旋而上，游览道需做成高而陡的爬山磴道；而在悬坡地上，布置车道则极为困难，爬山磴道边必须设置攀登用扶手栏杆或扶手铁链。山地上一般不能布置较大水体，但可结合地形设置瀑布、跌水等小型水体。山地与石山地的植物生存条件比较差，适宜抗性好、生性强健的植物生长。但是，利用悬崖边、石壁上、石峰顶等险峻地点的石缝石穴，配植形态优美的青松、红枫等风景树，却可以得到非常诱人的犹如树石盆景般的艺术景致。

3. 地形设计的原则和要求

园林地形设计是园林竖向设计的内容之一，是在园林总体设计的指导下进行的。地形设计关乎园林景观的成败、园林诸多功能的实现，在具体设计时须遵循如下原则：

（1）从使用功能出发，兼顾实用与造景，发挥造景功能。用地的功能性质决定了用地的类型，不同类型、不同使用功能的园林绿地对地形的要求各异。如传统的自然山水园和安静休息区均需地形较复杂、有一定的地貌变化，现代开放规则式园林要求地形相对平坦、起伏小。

（2）要因地制宜，利用与改造相结合，在利用的基础上进行合理的改造。园林地形改造需充分了解原地形状况，在原地形基础上合理地进行地形设计和改造有助于降低地形改造难度，减少土方量，创造优质景观。

（3）必须遵守城市总体规划对公园的各种要求。

（4）注意节约原则，降低工程费用，就地就近，维持土方平衡。地形改造往往涉及大量土方，而土方工程费用通常占造园成本的30%～40%，有时高达60%。为此在地形设计时需尽量缩短土方运距，就地挖填，保持土方平衡，以节省建园资金。

任务二　土方工程量计算

【知识点】

土方量计算

土方量估算

土方的平衡和调配

【技能点】

用体积公式估算

方格网法计算
断面法计算
土方的平衡
土方的调配

【相关知识】

一、土方工程量计算

土方工程分两类，一是建筑场地平整土方工程量，或称一次土方工程量；二是建筑、构筑物基础、道路、管线工程余方工程量，也称二次土方工程量。

土方量的计算工作，就其要求精度不同，可分为估算和计算两种。估算一般用于规划阶段，而施工设计时，土方量则必须精确计算。计算土方量的方法很多，常用的大致可以归纳为以下四类：体积公式估算法、垂直断面法、方格网法、等高面法。

（一）体积公式估算法

体积公式估算法，就是利用求体积的公式计算土方量（图 2-3）。在建园过程中，把所设计的地形近似地假定为锥体、棱台等几何形体，然后用相应的公式进行体积计算。这种方法简易便捷，但精度不够，一般多用于估算（表 2-1）。

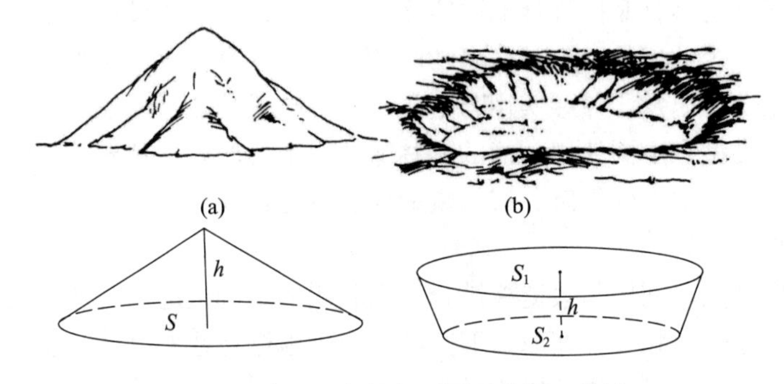

图 2-3　套用近似的规则图形估算土方量

各种近似于几何形状的土方计算公式如下：

圆锥体　$V=\frac{1}{3}\pi r^2 h$

圆台体　$V=\frac{1}{3}\pi h\ (r_1^2+r_2^2+r_1 r_2)$

球锥体　$V=\frac{\pi h}{6}\ (h^2+3r^2)$

棱锥体　$V=\frac{1}{3}S\cdot h$

棱台体　$V=\frac{1}{3}h\ (S_1+S_2+\sqrt{S_1 S_2})$

式中　V——土方体积（m^3）；
r——土体半径（m）；
S——土体底面积（m^2）；

h——土体高度（m）；

r_1——圆台上底半径（m）；

r_2——圆台下底半径（m）；

S_1——土体顶面积；

S_2——土体底面积。

表 2-1　几何体体积计算公式

序号	几何体名称	几何体形状	体积
1	圆锥	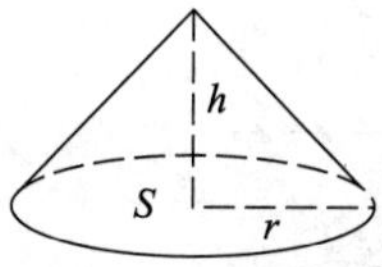	$V=\frac{1}{3}\pi r^2 h$
2	圆台	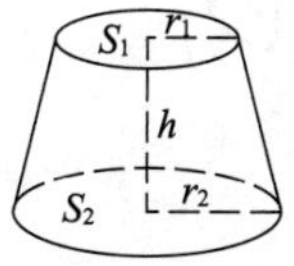	$V=\frac{1}{3}\pi h\ (r_1^2+r_2^2+r_1 r_2)$
3	棱锥	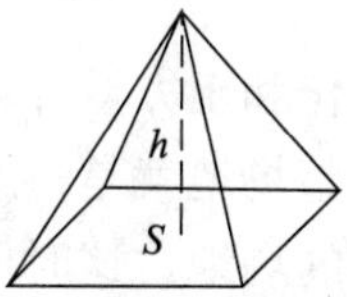	$V=\frac{1}{3}S\cdot h$
4	棱台	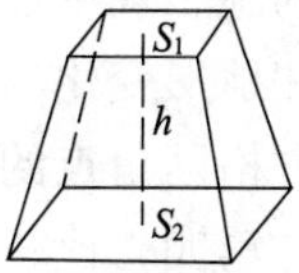	$V=\frac{1}{3}h\ (S_1+S_2+\sqrt{S_1 S_2})$
5	球锥	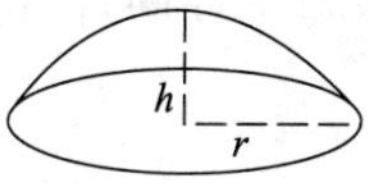	$V=\frac{\pi h}{6}\ (h^2+3r^2)$

V——体积，r——半径，S——底面积，h——高，r_1、r_2——上、下底半径，S_1、S_2——上、下底面积。

（二）垂直断面法

垂直断面法多用于园林地形纵横坡度有规律变化地段的土方工程量计算，如带状的山体、水体、沟渠、堤、路堑、路槽等（图 2-4）。此方法是以一组相互平行的垂直截断面将要计算的地形分截成多“段”（图 2-5），相邻两断面之间的距离要求小于 50m，然后分别计算每一单个“段”的体积，把各“段”的体积相加，即得总土方量。计算公式如下：

$$V=\frac{1}{2}\ (S_1+S_2)\ \cdot L$$

式中　V——相邻两断面的挖、填方量（m^3）；

S_1——截面 1 的挖、填方量面积（m^2）；

S_2——截面 2 的挖、填方量面积（m^2）；

L——相邻两截面间的距离（m）。

截断面可以设在地形变化较大的位置，这种方法的精确度取决于截断面的数量。如果地形复杂、计算精度要求较高，就应多设截断面；如果地形变化小且变化均匀、要求仅做初步估算，截断面可以少一些。

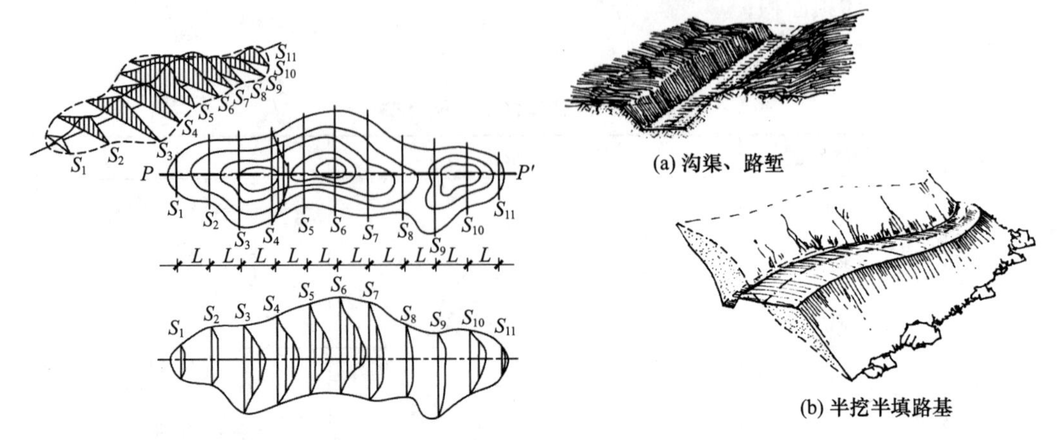

图 2-4　带状土山垂直断面取法

图 2-5　沟渠、路堑、半挖半填路基示意图

（三）方格网法

方格网法是把平整场地的设计工作和土方量计算工作结合在一起进行。园林中有多种用途的地坪，缓坡地需要整平。平整场地就是将原来高低不平、比较破碎的地形按设计要求整理为平坦的或具有一定坡度的场地，这时用方格网法计算土方量较为精确。

其方法是：第一，在附有等高线的施工现场地形图上做方格网来控制施工场地，方格边长数值取决于所要求的计算精度和地形变化的复杂程度；第二，在地形图上用插入法求出各角点的原地形标高，注记在方格网角点的右下；第三，根据设计意图，确定各角点的设计标高，注记在角点的右上；第四，比较原地形标高和设计标高，求得施工标高，注记在角点的左上；第五，根据施工标高计算零点的位置，确定挖填方范围；第六，根据公式计算土方量。

（四）等高面法

在等高线处取断面的土方量计算方法，就是等高面法。园林中多有自然山水式地形，地面变化情况较为复杂，但采用等高面法来计算土方量，还是要方便一些。

等高线是将地面上标高相同的点相连接而成的直线和曲线，它是假想的线，而实际上是不存在的。它是天然地形与一组有高程的水平面相交后，投影在平面图上绘出的迹线，是地形轮廓的反映。等高线具有线上各点标高相同、线不相交总是闭合等特点。因此，利用等高线闭合形式的等高面作为土方计算断面，是比较方便、也有一定精度的。

等高面法是在等高线处沿水平方向取断面（图 2-6），上下两层水平断面之间的高度差即为等高距值。等高面法与断面法基本相似，是由上底断面面积与下底断面面积的平均值乘以等高距，求得两层断面之间的土方量。这种方法的计算公式如下：

$$V = (S_1+S_2)/2 \cdot h + (S_2+S_3)/2 \cdot h + \cdots + (S_{n-1}+S_n)/2 + S_n/3 \cdot h$$

$$= (S_1+S_n)/2 \cdot S_2 + S_3 + S_4 + \cdots + S_{n-1} + S_n/3 \cdot h$$

式中　V——土方体积（m^3）；

S_n——各层断面面积（m^2）；

h——等高距（m）。

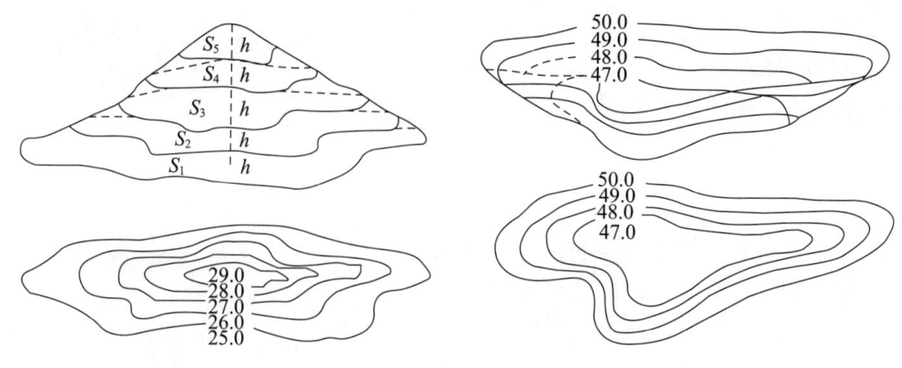

图 2-6　等高面法图示

二、土方的平衡与调配

（一）土方平衡与调配的原则

（1）充分考虑壤土的适用性，如种植区、道路广场区。

（2）充分尊重设计，不可在施工范围内随意借土或弃土。

（3）挖方与填方基本达到平衡，减少重复倒运。

（4）分区调配应与全场调配相协调，避免只顾局部平衡，任意挖填而破坏全局平衡。

（5）调配应与地下构筑物的施工相结合，地下设施的填土，应留土回填。

（6）选择恰当的调配方向、运输路线、施工顺序，避免土方运输出现对流和乱流现象，同时便于机具调配、机械化施工。

（二）土方平衡与调配的步骤

（1）划分土方调配区。在平面图上先画出挖、填方区的分界线，并在挖、填区分别划出若干个调配区，确定调配区的大小和位置。在划分调配区时应注意以下几点：一是调配区应考虑填方区拟建设施的种类和位置，以及开工顺序和分期施工顺序；二是调配区的大小应满足土方施工主导机械（如铲运机、挖土机等）的技术要求（如行驶、操作尺寸等），调配区的面积最好与施工段的大小相适应，调配区的范围要与土方工程量计算用的方格网协调，通常可由若干个方格组成一个调配区；三是当土方运距较远或场地范围内土方调配不能达到平衡时，可根据附近地区的地形情况，考虑就近借土或弃土，此时任意一个借土区或弃土区都可作为一个独立的调配区。

（2）计算各调配区的土方量并标于图上。

（3）计算各挖方调配区和各填方调配区之间的平均运距，亦即各挖方调配区中心至填方调配区中心之间的距离。一般当填、挖方调配区之间的距离较远或运土工具沿工地道路或规定线路运土时，其运距按实际计算。

（4）确定土方最优调配方案。

（5）绘出土方调配图。根据上述计算结果，标出调配方向、土方量及运距。

任务三　风景园林用地的竖向设计

【知识点】

竖向设计的原则

竖向设计的步骤

竖向设计的方法

【技能点】

掌握用等高线法进行园林竖向设计的方法

具有地形设计资料的收集和分析能力

熟练应用等高线法进行地形造景

园林建筑和园林小品的竖向设计

【相关知识】

地形是指地球表面在三维方向上的形状变化。地形既是园林造景的基本载体，又是园林各项功能得以实现的主要场所。地形的改造利用和工程设计与许多因素相关，如造景作用、地形要素、现状地形地物等。

一、园林地形的功能作用和园林地形的处理

在城市园林绿地规划与建设中，地形是构成整个园林景观的骨架。地形以其极富变化的表现力，赋予园林景观以生机和多样性，使之产生丰富多彩的景观效应。

（一）园林地形的作用

1. 骨架作用

园林地形是园林中所有景观与设施的基本结构骨架，是其他设计要素和使用功能布局的基础。作为园林景观的结构骨架，地形是园林基本景观的决定因素。

2. 空间作用

园林空间的形成往往是受地形因素直接制约的。不同的地形具有构成不同形状、不同特点的园林空间的作用。地形能影响人们对户外空间范围和气氛的感受。要形成好的园林景观，就必须处理好由地形要素组成的园林空间的几种界面，即水平界面、垂直界面和依坡就势的斜界面。

3. 造景作用

山地、坡地、平地与水面等地形类别，都有着自身独特的易于识别的特征。地形改造在很大程度上决定着园林的风景面貌。改造和设计所依据的模式是自然界的山水风光，所遵循的是自然山水地形、地貌形成的规律。但是，不能机械地模仿照搬，而应最大限度地利用自然特点，最少量地动用土石方，在有限的园林用地内获得最好的地形景观效果。

4. 背景作用

景物具有前景、中景和背景的特征。红花也需绿叶来陪衬，一般着力表现的主景皆需良好的背景来衬托。各种地形要素成为背景的良好选择。作为背景的各种地形要素，能够截留视线，衬托并突显前景和主景，使前景或主景得到最突出的表现，使景观效果

更加生动而鲜明。

5. 观景作用

园林地形还可为人们提供观景的位置和条件。坡地、山顶能让人登高望远，观赏辽阔无边的原野景致；草地、广场、湖池等平坦地形可以使园林内部的立面景观集中地显露出来，让人们直接观赏到园林整体的艺术形象；在湖边的凸形岸段，能够观赏到湖周的大部分景观，观景条件良好；而狭长的谷地地形，则能引导视线集中投向谷地的端头，使端头处的景物显得最突出、最醒目。

6. 工程作用

地形因素在园林的给排水工程、绿化工程、环境生态工程和建筑工程中都起着重要的作用。地表的径流量、径流方向和径流速度都与地形有关。地形条件对园林绿化工程的影响作用，在山地造林、湿地植树、坡面种草和一般植物的生长等方面有明显的表现。同时，地形因素对园林管线工程的布置、施工和对建筑、道路的基础施工都存在着有利和不利的影响作用。地形还可影响光照、风向以及降雨量等，也就是说，地形能改善局部地区的小气候条件。某区域受到冬季阳光直接照射，就要使用朝南的坡向；而如需阻挡冬季寒风，则可利用凸面地形、脊地或土丘等。反过来，在夏季炎热的地方也可以利用地形来汇集和引导夏季凉风（图 2-1），改善通风条件，降低炎热程度。

（二）园林地形的处理

园林中所有的景物、景点及大多数的功能设施都对地形有着多方面的要求。由于功能、性质的不同，对地形条件的要求也多有不同。园林绿地要结合地形造景或修建必要的实用性建筑。如果原有地形条件与设计意图和使用功能不符，就需加以处理和改造，使之符合造园的需要。园林建设中，需要对地形进行处理的情况一般有如下几种。

1. 弥补自然地形现状缺陷的需要

由于我国现有耕地不足，城市用地紧张，加之城市环境污染严重，土质受到不同程度的污染，因此主要利用荒地、低洼地和不宜进行修建的破碎地形来布置园林绿地。土地的现状不一定能满足设计的需要，必须在改造处理之后才能为园林建设所用。例如：设置园林建筑的地方在低洼处时，就必须通过土方工程填高地坪后才能修建；在缺少平地的荒坡地形上要开辟水体时，也必须通过土方工程造出平地才可能修筑水池；一些大城市建起了高层建筑，其周围的地上、地下管线星罗棋布，挤占或破坏了绿化用地，如果不进行改土换土，就不能栽种植物，因此也需要根据地形状况进行必要的处理。

2. 城市环境的要求

城市形象塑造对园林的绿化面貌、艺术风格、立面景观等都有比较高的要求，因此对园林内部地形的处理就有了一些限制。园林景观是城市面貌的组成部分，城市格局当然就会对园林地形的处理产生影响。如风景区或公园出入口的设计，就取决于周围地形环境因素和公园内外联系的需要。因为周围环境是一个定值，所以园林出入口的位置、集散广场、停车场的布置要根据环境的变化进行处理。

3. 园林的功能要求

园林中不同功能分区及景点设施对于地形的要求有所不同，如文化娱乐、体育活动、儿童游戏区要求场地平坦，而游览观赏区最好要有起伏的地形及空间的分隔，水上娱乐区应有满足不同需要的水面，管理服务区则要求地形能够满足兴造建筑的需要。因此，园林中的各项功能要求决定了地形处理的必要性。

4. 园林造景的需要

园林造景要根据园林用地的具体条件及中国传统的造园手法，通过地形改造构成不同的空间。如要突出立面景观，就得使地形的起伏度、坡度较大；若要创设开朗风景，则可利用开阔的地段形成开敞的空间，地形的坡度要小。幽静的、富于层次的山地可形成峰回路转、山重水复的山林空间；而由低平地段到高耸的山巅则可形成一个流动的空间，同时在高处形成主景。

5. 园林工程技术的要求

在园林工程措施中，要考虑地形与园内排水的关系。地形要有利于排水，不能造成积水和涝害。同时，也要考虑排水对地形坡面稳定性的影响，进行有目的的护坡、护岸处理。在坡地设置建筑，需要对地形进行整平改造；在洼地开辟水体，也要改变原地形，挖湖堆山，降低和抬高一部分地面的高程。即便是一般的建筑修建，也要破土挖槽，首先做好基础工程。因此，地形处理也是园林工程技术的要求。

6. 植物种植方面的要求

植物有喜阳、耐阴、耐热、抗寒、耐涝、耐湿、耐旱等不同的生态习性，要想形成生物多样、生态稳定的植物群落景观，就必须对地形进行改造和处理，从而为各种植物创造出适宜的种植环境。这样既可丰富植物景观，又可保证植物有较好的生态条件。土质不适宜栽种时，还需通过局部换土来改变种植条件。

二、地形类型与造景特征

根据地形的功用不同和地形竖向变化，园林地形分为陆地和水体两类，陆地又可分为平地、坡地和山地三类。下面分述各类地形的特征和造景设计特点。

（一）平地与造景

所谓平地，一般是指园林地形中坡度小于4%的比较平坦的用地。现代公共园林中必须设置一定比例的平地，以满足群众性的活动及风景游览的需要。园林中，需要平地条件的主要有建筑用地、草坪与草地、花坛群用地、园景广场、集散广场、停车场、回车场、游乐场、旱冰场、露天舞场、露天剧场、露天茶室、苗圃用地等。

按照地形设计，利用平地地形挖湖堆山，是营造园林水景和山景的常见处理方式。平地的造景作用还体现在可用其来修建图案优美、色彩丰富的花坛群和大草坪来美化和装饰地面，从而构成园林中美丽多姿、如诗如画的地面景观。

大多数园林树木与草本地被植物在平地上可获得最佳的生态环境，平地又有利于植物的栽种，能够营造四季不同的季相景观。一般的平地植物空间可分为林下空间、草坪空间、灌草丛空间以及疏林草地空间等，这些空间形态都能够在平地条件下获得良好的景观表现。

从地表径流的情况来看，平地的径流速度最慢，有利于保护地形环境，减少水土流失，维持地表的生态平衡。但是，在平地上要特别强调排水通畅，避免积水。为了排除地面水，要求平地也具有一定的坡度。坡度大小可根据地被植物覆盖和排水坡度而定，如草坪坡度为1%～3%比较理想，花坛、树木种植带的坡度宜为0.5%～2%，铺装硬地坡度宜为0.3%～1%。另一方面，要注意避免单向坡面过长，否则就会加快地表径流速度，造成严重的水土流失。因此，把地面设计成多面坡的平地地形，才是比较合理的地形。

（二）坡地与造景

坡地指倾斜的地面。起伏变化的地形打破了平地地形的单调感，使地形具有明显的方向性和倾向性，增加了地形的生动性和方向感。坡地因地面倾斜程度的不同又分为缓坡、中坡和陡坡三种地形。

1. 缓坡地

缓坡地的坡度为4%～10%，一般的布置道路和建筑均不受这种地形的影响。缓坡地也可作为活动场地、游憩草坪、疏林草地等的用地。缓坡地上通常栽植一些色木树种，以营造风景林，增加群落的季相变化。

2. 中坡地

中坡地的坡度为10%～25%，高度差异为2～3m。在这种坡地上布置园路，都要做成梯道，布置建筑区时也须设梯级道路。这种坡度的地形条件对修建建筑限制较大，建筑要顺着等高线布置，即使这样，还要进行一些地形改造才能修建房屋。这种地形上不适宜布置占地面积较大的建筑群；除溪流之外，也不适宜开辟湖池等较宽的水体。中坡地比较宜于利用地形条件来创造空间和组织空间序列，使风景有顺序地、一步步地展现出来，这就是我们通常所称的“步移景异”“渐入佳景”或“引人入胜”的序列景观效果。

3. 陡坡地

陡坡地的坡度在25%以上。陡坡地一般难以用作活动场地或水体造景用地。如要开辟活动场地，也只能是小面的，而且土方工程量还比较大；如要布置建筑，则土方工程量更大，建筑群的布置受到较大限制；如要布置游览道路，则一般做成较陡的梯步道路；如要安排通车道路，则需根据地形曲折盘旋而上，做成盘山道。在陡坡地段的地形设计中要考虑护坡、固土等工程措施。

陡坡地的陡坡处水土流失严重，坡面土层很薄，许多地段还是岩石露头地，栽种树木较为困难，也较难成活。如要在陡坡地进行绿化植树，则应把种植处的坡面改造为小块的平整台地，或者利用岩石之间的空隙地，而且树木宜以耐旱的灌木类为主。

在陡坡地的上部，适宜点缀少量占地宽度不大的亭、廊、轩等风景建筑，这样视野开阔，观景条件好，造景效果也很好。在少量的土方工程后，就可以把以小型建筑为主的坡地景点建好。

地形景观规划时应对原地形进行充分利用和改造，合理安排各种地面的坡度和高程，使所在的山、水、植物、建筑、园景工程等满足造景的需要，满足游人进行活动的要求。同时还要有良好的排水工程坡面，有效地防止滑坡和塌方；要改造和利用局部地段的地形条件，改善小气候，创造良好的、和谐的、平衡的园林生态环境。

变化的地形可以从缓坡过渡到陡坡与山体连接，在临水的一面以缓坡逐渐伸入水中。在这些地形环境中，除作为活动的场所外，也是欣赏景色、游览休息的好地方。要在坡地上获得平地，可以选择较为平缓的坡地，修筑挡土墙，削高填低，或将缓坡地改造成有起伏变化的地形（图2-7），挡土墙可以处理成自然式。

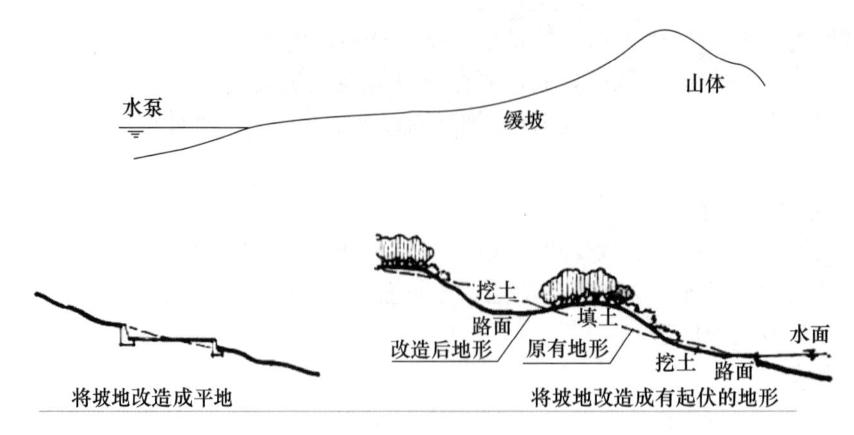

图 2-7　地形改造

（三）山地与造景

《园冶》中曾论及园地“唯山林最胜，有高有凹，有曲有深，有峻有悬，有平有坦，自成天然之趣，不烦人事之工”。园林中的山地一般是利用原有地形适当改造而成的，只有在需要建造大面积人工湖泊的时候，才通过挖湖堆山的方式营造人工土山；或者在面积不大的庭园中，利用自然山石堆叠来构造人工假山。

山水是中国风景园林的骨干结构，中国园林从来就有“无园不山，无园不水”之说。山地能丰富园林建筑的环境类型和建造条件。悬崖边、山洞口、山顶、山腰、山脚、山谷、山坡等山地环境，都可用于点缀风景建筑而形成如画的风景和园林化的环境。还可利用山体和坡地的高差变化来调节游人的视点，为游人提供多角度、多视野的平视、仰视、俯视、鸟瞰、眺望等多种观景条件，组织观景空间。

（四）水体与造景

水体是园林的重要地形要素和造景要素。园林水体所占地面面积常常很大，有的甚至占全园面积的 2/3 以上。水景是园林环境空间中最重要的一类风景。园林中常以水为题，因水得景，充分利用水的流动、多变、透明、轻灵等特性，艺术地再现自然景色。用水造景，动静相补，声色相衬，虚实相映，层次丰富；有水则景活，有水则有生气，故历来就有“园无水不活”的说法。园林理水要“有自然之理，得自然之趣”，按自然景观形成、变化和发展的规律来营造水景，才能创造出生动自然的水景效果。按照景观的动静状态，园林水体可分为动态的水景（河流、瀑布、喷泉等）和静态的水景（湖池、水生植物塘等）两类；而按照设计形式，园林水体则又可分为自然式水景和规则式水景两类。不同类别的园林水体，可分别适用于不同的园林环境。例如，园景广场上，可布置动态的水景，如喷泉、涌泉等；庭院环境中，可设观鱼池、壁泉等；石假山的悬崖处，可布置瀑布、滴泉等；幽静的林地、假山山谷地带，可设小溪和山涧等。有条件的园林中，还可以布置面积较大的湖池，作为园林的中心景区或主景区，成为统率全园风景的平面构图中心。

三、竖向设计原则及任务

（一）竖向设计的原则

（1）满足园林建设项目的使用要求。从公园的类型和公园的使用功能出发，安全、适用、舒适、美观。

① 造景：丰富景观（假山、台地、缓坡、水体）；组织空间（建筑、围墙、地形、植物等）。

② 为动植物的生存和游客的观赏创造良好的条件。

③ 改善局部小气候。

④ 减少噪声。

(2) 使确定的设计标高和设计地形、地面能满足建筑物、构筑物之间和场地内外交通运输合理的要求。也就是选择场地的整理方式和设计地面的连接形式；选择建筑物、构筑物的地坪标高和广场及运动场的整平标高；根据有关规范要求，确定场地内道路的标高和坡度，使它与场地内的建筑物、构筑物和场地外的道路在标高上相适应。

(3) 保证地面水有组织地排除。拟定场地的排水系统，保证地面、绿地不积水，排水通畅。力求使设计地形和坡度适合污水、雨水的排水组织和坡度要求，避免出现凹地。道路纵坡不小于0.3%，地形条件限制难以达到时应做锯齿形街沟排水。建筑室内地坪标高应保证在沉降后仍高出室外地坪15～30cm。室外地坪纵坡不得小于0.3%，并且不得坡向建筑墙角。

(4) 充分利用地形，减少土方工程量，力求土方平衡。计算土石方量，使挖方量和填方量接近平衡，力争土石方工程总量达到最小，即因地制宜，随坡就势，合理利用原有地形地貌，做好高程的完美安排，尽量减少土石方及防护工程量。设计应尽量结合自然地形，减少土石方工程量。填方、挖方一般应考虑就地平衡，缩短运距。附近有土源或余方有用处时，可不必过于强调填、挖方平衡。一般情况下土方宁多勿缺，多挖少填；石方则应少挖为宜。

(5) 考虑建筑群体空间景观设计的要求。尽可能保留原有地形和植被。建筑标高的确定应考虑建筑群体高低起伏，富有韵律感而不杂乱。必须重视空间的连续、鸟瞰、仰视及对景的景观效果。斜坡、台地、挡土墙等细部处理的形式、尺度、材料应细致、亲切宜人。

(6) 便利施工，符合工程技术经济要求。挖土地段宜作建筑基地，填方地段做绿地、场地、道路较合适。

① 岩石、砾石地段应避免或减少挖方，垃圾、淤泥需挖除。

② 人工平整场地时，竖向设计应尽量结合地形，减少土方工程量；采用大型机械施工平整场地时，地形设计不宜起伏多变，以免施工不便。

③ 建筑和场地的标高要满足防洪的要求。

④ 地下水位高的地方应少挖。

⑤ 在规划过程中，公园基地上可能会有些有保留价值的老树。其周围的地面依设计如需增高或降低，应在图纸上标注出保护老树的范围、地面标高和适当的工程措施。

⑥ 植物对地下水很敏感，有的耐水，有的不耐水，规划时应为不同树种创造不同的生活环境。

(7) 满足其他方面的功能，如城市规划中所要求的控制高程。了解和服从城市规划对公园的要求，有利于保护和改善城市环境景观的规划要求。遵守公园设计规范，符合国家现行有关强制性标准的规定。

（二）竖向设计的任务内容

1. 地形设计

地形设计和整理是园林竖向设计的一项主要内容。挖湖堆山进行山水布局，峰峦、坡谷、河湖、泉瀑等地貌小品的设置，它们之间的相对位置、高低、大小、比例、尺度、外观形态、坡度的控制及高程关系等都要通过地形设计来解决。

2. 园路、广场、桥涵和其他铺装场地的设计

图纸上用设计等高线表示出道路或广场的纵横坡和坡向、道桥连接处及桥面标高。在小比例图纸中用变坡点标高来表示园路的坡度和坡向。

（1）道路。机动车道纵坡一般≤6%，困难时可达 9%，山区城市局部路段坡度可达 12%。但坡度超过 4%时，必须限制其坡长；坡度 5%～6%，坡长≤600m；坡度 6%～7%，坡长≤400m；坡度 7%～8%，坡长≤150m。非机动车道纵坡一般≤2%，困难时可达 3%，但坡长应限制在 50m 以内。桥梁引坡≤4%。人行道纵坡以≤5%为宜，>8%行走费力，宜采用踏级。一般园路坡度≤8%，超过此值应设台阶，台阶要集中设置，避免设置单级台阶，保障游人行走安全。台阶应附设坡道，方便残疾人和儿童。交叉口纵坡≤2%，并保证主要交通平顺。道路的横坡应为 1%～2%。

（2）广场、停车场。广场坡度以≥0.3%、≤7%为宜，0.5%～1.5%最佳，横坡不大于 2%。儿童游戏场坡度 0.3%～2.5%，车场坡度 0.2%～2.5%，运动场坡度 0.5%～2%。

3. 建筑和其他园林小品

建筑和其他园林小品（如纪念碑、雕塑等）应标出地坪标高及其周围环境的高程关系，大比例图纸建筑应标注各角点标高。例如坡地上的建筑，是随形就势还是设台筑屋。在水边的建筑物或小品，则要标明其与水体的关系。

建筑室内地坪高于室外地坪：住宅 30～60cm，学校 45～90cm。

应避免室外雨水流入建筑物内，并引导室外雨水顺利地排除，保证建筑物间的交通有良好的联系。建筑物至道路的地面排水坡度最好在 1%～3%之间。道路中心标高一般应比建筑物的室内标高低 0.25～0.3m。

4. 植物种植在高程上的要求

植物对地下水位很敏感，需要根据植物对水的耐受性规划植物的生长位置。水生植物种植，不同的水生植物对水深有不同要求，分为湿生、沼生、水生等多种。如荷花适宜生活在水深 0.6～1m 的水中。

一般要求绿地要有不小于 5%的坡度；草坪、休息绿地坡度最小 0.3%，最大 10%，有利于排水。

5. 排水设计

在地形设计的同时要考虑地面水的排除。一般规定无铺装地面的最小排水坡度为 1%，而铺装地面则为 0.5%，但这只是参考限值，具体设计还要根据土壤性质和汇水区的大小、植被情况等因素而定。

6. 管道综合

园内各种管道（如供水、排水、供暖、煤气管道等）的布置，难免有些地方会出现交叉，在规划上就须按一定原则，统筹安排各种管道交会时合理的高程关系，以及它们和地面上的构筑物或园内乔灌木的关系。

四、竖向设计的方法与步骤

（一）竖向设计的方法

地形的竖向设计方法有多种，下面主要介绍几种常用的地形表达方法。

1. 等高线法

在地形变化不很复杂的丘陵、低山区进行园林竖向设计，大多要采用等高线法。这种方法能够比较完整地将任何一个设计用地或一条道路与原来的自然地貌做比较，随时一目了然地判别出设计的地面或路面的挖填方情况，是园林设计中使用最多的一种方法。一般地形测绘图都是用等高线或点标高表示的。在绘有原地形等高线的地图上用设计等高线进行地形改造，在同一张图纸上便可表达原有地形、设计地形状况及公园的平面布置、各部分高程关系，非常方便设计过程中方案的比较和修改。它是一种比较好的设计方法，最适宜自然山水园的土方计算（图 2-8）。

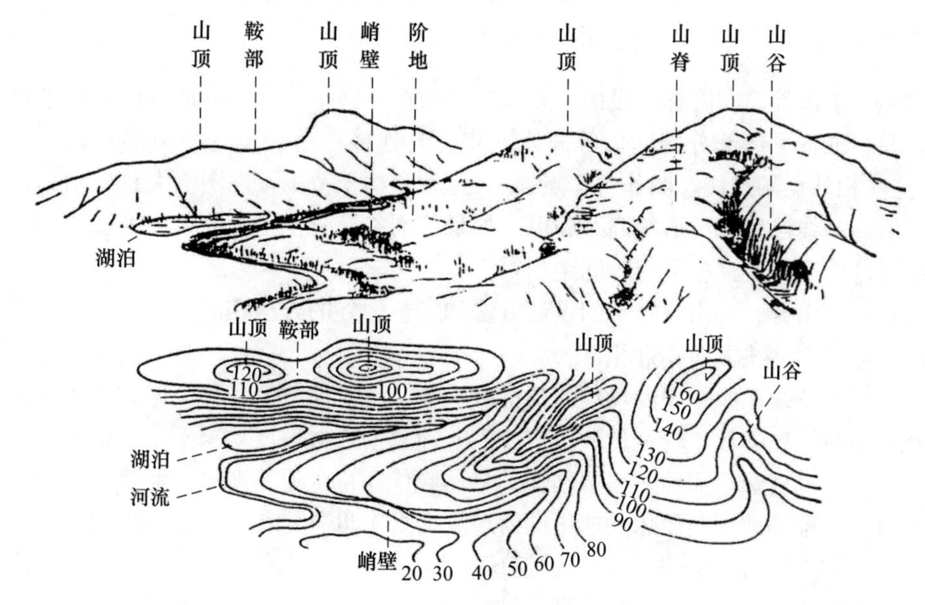

图 2-8　山地等高线示意图

用设计等高线和原有地形的自然等高线，可以在图上表示地形被改动的情况。绘图时，设计等高线用细实线绘制，自然等高线则用细虚线绘制。在竖向设计图上，设计等高线低于自然等高线之处为挖方、高于自然等高线处则为填方。

用设计等高线进行设计时，经常要用到两个公式，其一是用插入法求两相邻等高线之间任意点高程的公式；其二是坡度公式：

$$i=\frac{h}{L}$$

式中　i——坡度（%）；

h——高差（m）；

L——水平距离（m）。

（1）陡坡变缓或缓坡变陡。等高线间距的疏密表示地形的陡缓。在设计时，如果高差 h 不变，可用改变等高线间距 L 来减缓或增加地形的坡度（图 2-9）。

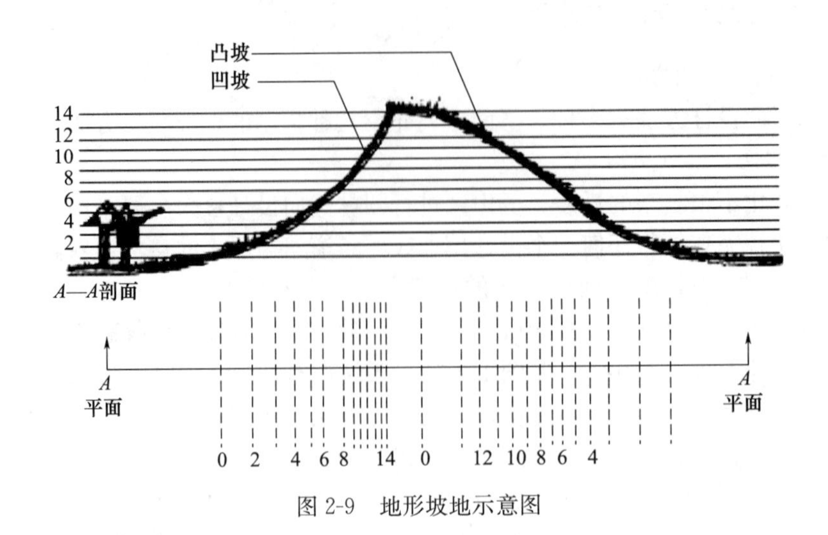

图 2-9　地形坡地示意图

（2）平垫沟谷。在园林建设中，有些沟谷须垫平。平垫这类场地，可以用平直的设计等高线和准备平垫部分的同值等高线连接。其连接点就是不挖不填的点，叫作“零点”；这些相邻点的连线，叫作“零点线”，也就是垫土范围，在图上大致框出，再以平直的同值等高线连接原地形等高线即可。如果将沟谷部分依指定的坡度平整场地，则所设计的设计等高线应互相平行、间距相等。

（3）削平山脊。将山脊铲平的设计方法和平垫沟谷的方法相同，只是设计等高线所切割的原地形等高线方向正好相反。

（4）平整场地。园林中的场地包括铺装广场、建筑地坪及各种文体活动场地和较平缓的种植地段，如草坪、较宽的种植带等。非铺装场地对坡度要求不太严格，目的是垫平凹凸，将坡度理顺，而地表坡度则任其自然起伏，排水通畅即可。铺装地面的坡度则要求严格，各种场地因其使用功能不同对坡度的要求也各异。通常为了排水，一般集散广场在 1%～7%、足球场 3%～4%、篮球场 2%～5%、排球场 2%～5%，这类广场的排水坡度可以是沿长轴的两面坡或沿横轴的两面坡，也可以设计成四面坡，这取决于周围的环境条件。一般铺装场地都采取规则的坡面（即同一坡度的坡面）。

2. 重点高程坡向标注法

重点高程坡向标注法，往往将图中某些特殊点（园路交叉点、建筑物的转角基底地坪、园桥顶点等）用十字或水平三角标记符号▽来标明高程，用细线小箭头来表示地形从高至低的排水方向。这种方法的特点对地面坡向变化情况的表达比较直观，容易理解，设计工作量小，图纸易于修改和变动，绘制图纸的过程比较快；缺点是对地形竖向变化的表达比较粗略，在确定标高的时候要有综合处理竖向关系的工作经验。因此，重点高程坡向标注法比较适合于在园林地形设计的初步方案阶段使用，也可在地貌变化复杂时作为一种指导性的地形设计方法（图 2-10）。

应用高程箭头法，能够快速判断设计地段的自然地貌与规划总平面地形的关系。它借助于水从高处流向低处的自然特性，在地图上用细线小箭头表示人工改变地貌时大致的地形变化情况，表示对地面坡向的具体处理情况，并且比较直观地表明不同地段、不同坡面地表水的排除方向，反映出对地面排水的组织情况。它还根据等高线所指示的地面高程，大致判断和确定园路路口中心点的设计标高和园林建筑室内地坪的设计标高（图 2-11）。

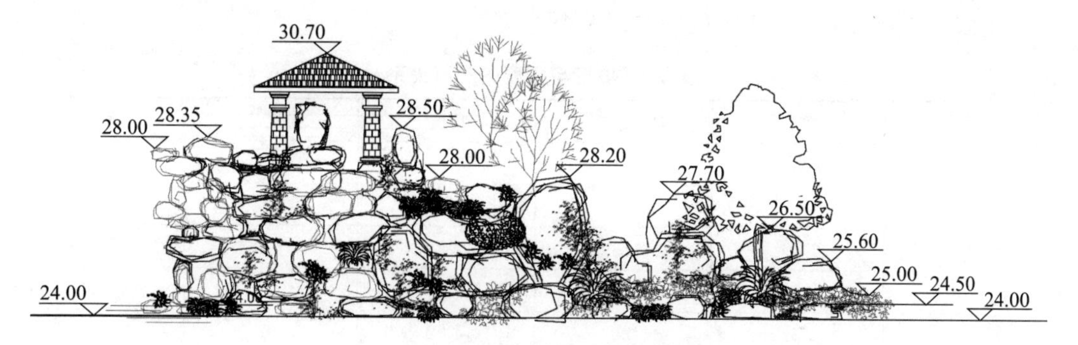

图 2-10　假山工程重点高程坡向标注法

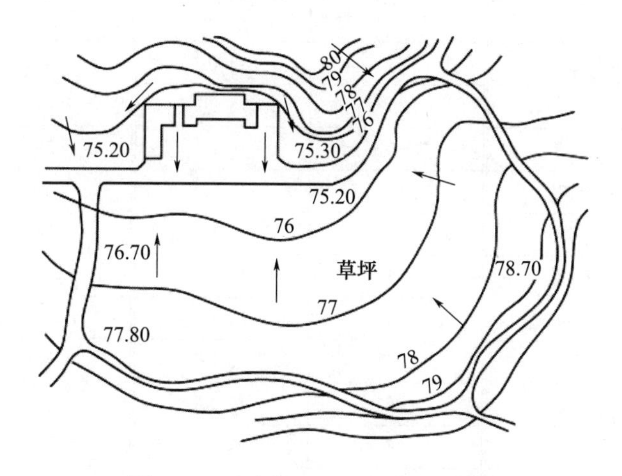

图 2-11　重点高程坡向标注法示意图

3. 坡度标注法

对地形的描述还可以采用坡度标注法。坡度即地形的倾斜度，通过坡度的垂直距离与水平距离的比率说明坡度大小，采用指向下坡方向的箭头表示坡向，将坡度百分数标注在箭头的短线上（图 2-12）。

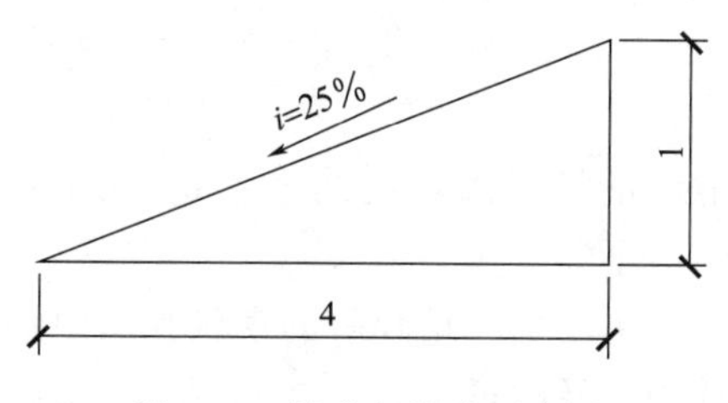

图 2-12　坡度标注法示意图

坡度的计算可用下面的公式来表示：

$$i=H/L\times 100\%$$

式中　i——坡度；

H——垂直高差；

L——水平距离。

在此要注意的是，坡度不能与角度的概念相混淆。这里的角度即指坡面与水平面的夹角。表 2-2 列出了坡度与角度的对照关系。

表 2-2　坡度与角度的对照关系

坡度/%	角度	坡度/%	角度	坡度/%	角度
1	0°34′	21	11°52′	41	22°18′
2	1°09′	22	12°25′	42	22°45′
3	1°40′	23	12°58′	43	23°18′
4	2°18′	24	13°30′	44	23°45′
5	2°52′	25	14°02′	45	24°16′
6	3°26′	26	14°35′	46	24°44′
7	4°00′	27	15°06′	47	25°10′
8	4°35′	28	15°40′	48	25°40′
9	5°10′	29	16°11′	49	26°08′
10	5°45′	30	16°42′	50	26°37′
11	6°17′	31	17°14′	51	27°02′
12	6°50′	35	17°45′	52	27°30′
13	7°25′	33	18°17′	53	27°55′
14	7°59′	34	18°47′	54	28°12′
15	8°32′	35	19°19′	55	28°50′
16	9°06′	36	19°08′	56	29°17′
17	9°40′	37	20°10′	57	29°40′
18	10°13′	38	20°48′	58	30°08′
19	10°47′	39	21°20′	59	30°35′
20	11°19′	40	21°50′	60	30°58′

（二）竖向设计的步骤

园林竖向设计是一项细致而烦琐的工作，设计和调整、修改的工作量都很大，一般经过以下设计步骤。

1. 资料的收集

（1）全园用地及附近地区的地形图，比例 1∶500 或 1∶1000，这是竖向设计最基本的设计资料，必须收集到，不能缺少。

（2）当地水文地质、气象、土壤、植物等的现状和历史资料。

（3）城市规划对该园林用地及附近地区的规划资料、市政建设及其地下管线资料。

（4）园林总体规划初步方案及规划所依据的基础资料。

（5）所在地区的园林施工队伍状况和施工技术水平、劳动力素质与施工机械化程度等方面的参考材料。

竖向设计资料的收集原则是：关键资料必须齐备，技术支持资料要尽量齐备，相关的参考资料越多越好。

2. 现场踏勘与调研

在掌握上述资料的基础上，应亲临园林建设现场，进行认真的踏勘、调研，并对地形图等关键资料进行核实。如发现地形、地物现状与地形图上有不吻合处或有变动处，要搞清变动原因，进行补测或现场记录，以修正和补充地形图的不足之处。对保留利用的地形、水体、建筑、文物古迹等要加以特别注意，要记载下来。对现有的大树或古树名木的具体位置，必须重点标明。还要查明地形现状中地面水的汇集规律和集中排放方向及位置、城市给水干管接入园林的接口位置等情况。

3. 设计图纸的表达

竖向设计应是总体规划的组成部分，需要与总体规划同时进行。在中小型园林工程中，竖向设计一般可以结合在总平面图中表达。但是，如果园林地形比较复杂，或者园林工程规模较大，在总平面图上就不易清楚地把总体规划内容和竖向设计内容同时都表达得很清楚。因此，就要单独绘制园林竖向设计图。

根据竖向设计方法的不同，竖向设计图的表达也有高程箭头法、纵横断面法和设计等高线法三种方法。由于在前面已经讲过纵横断面设计法的图纸表达方法，下面就按高程箭头法和设计等高线法相结合进行竖向设计的情况来介绍图纸的表达方法和步骤。

（1）在设计总平面底图上，用红线绘出自然地形。

（2）在进行地形改造的地方，用设计等高线对地形做重新设计，设计等高线可暂以绿色线条绘出。

（3）标注园林内各处场地的控制性标高和主要园林建筑的坐标、室内地坪标高以及室外整平标高。

（4）注明园路的纵坡度、变坡点距离和园路交叉口中心的坐标及标高。

（5）注明排水的沟底面起点和转折点的标高、坡度，以及明渠的高宽比。

（6）进行土方工程量计算，根据算出的挖方量和填方量进行平衡；如不能平衡，则调整部分地方的标高，使土方量基本达到平衡。

（7）用排水箭头标出地面排水方向。

（8）将以上设计结果汇总，另用纸绘出竖向设计图。绘制竖向设计图的要求如下：

① 图纸平面比例：采用 1∶200～1∶1000，常用 1∶500。

② 等高距：设计等高线的等高距应与地形图相同。如果图纸经过放大，则应按放大后的图纸比例选用合适的等高距。一般可用的等高距在 0.25～1.0m 之间。

③ 图纸内容：用国家颁布的《总图制图标准》（GB/T 50103—2010）所规定的图例，表明园林各项工程平面位置的详细标高，如建筑物、绿化、园路、广场、沟渠的控制标高等；并要表示坡面排水走向。做土方施工用的图纸，则要注明进行土方施工各点的原地形标高与设计标高，标明填方区和挖方区，编制出土方调配表。

（9）在有明显特征的地方，如园路、广场、堆山、挖湖等土方施工项目所在地，绘出设计剖面图或施工断面图，直接反映标高变化和设计意图，以方便施工。

（10）编制出正式的土方估算表和土方工程预算表。

（11）将图、表不能表达出的设计要求、设计目的及施工注意事项等需要说明的内容，编定成竖向设计说明书，以供施工参考。

（12）在园林地形的竖向设计中，如何减少土方的工程量、节约投资和缩短工期，对整个园林工程具有很重要的意义。因此，对土方施工工程量应该进行必要的计算，同时还须提高工作效率，保证工程质量。

任务四　土方施工

【知识点】

土壤的工程性质及工程分类

土方施工前的准备及土方施工技术要求

【技能点】

掌握不同土壤性质情况下施工如何开展

掌握土方施工准备的开展和土方工程施工挖、运、填、压四个基本内容

【相关知识】

一、土方工程概况

园林用地设计地形的实现必然要依靠土方施工来完成。

任何建筑物、构筑物、道路及广场等工程的修建，都要在地面做一定的基础，挖掘基坑、路槽等，这些工程都是从土方施工开始的。在园林中地形的利用、改造或创造，如挖湖堆山、平整场地，都要依靠动土方来完成。土方工程量，一般来说在园林建设中是一项大工程，而且在建园中它又是先行的项目。它完成的速度和质量，直接影响着后续工程，所以它和整个建设工程的进度关系密切。土方工程的投资和工程量一般都很大，有的大工程施工期很长，如上海植物园，由于地势过低，需要普遍垫高，挖湖堆山，动土量近百万方，施工期从1974年至1980年，断断续续前后达六七年之久。由此可见，土方工程在城市建设和园林建设工程中占有重要地位。为了使工程能多快好省地完成，必须做好土方工程的设计和施工的安排。

（一）土方工程的种类及其施工要求

土方工程根据其使用期限和施工要求，可分为永久性和临时性两种，不论是永久性还是临时性的土方工程，都要求具有足够的稳定性和密实度，使工程质量和艺术造型都符合原设计的要求。同时在施工中还要遵守有关的技术规范和原设计的各项要求，以保证工程的稳定和持久。

（二）土壤的工程性质及工程分类

土壤的工程性质对土方工程的稳定性、施工方法、工程量及工程投资有很大关系，也涉及工程设计、施工技术和施工组织的安排。因此，对土壤的这些性质要进行研究并掌握。以下是土壤的几种主要的工程性质。

1. 土壤的密度

即单位体积内天然状况下的土壤质量，单位为 kg/m^3。土壤密度的大小直接影响着施工的难易程度，密度越大挖掘越难。在土方施工中把土壤分为松土、半坚土、坚土等类，所以施工中施工技术和定额应根据具体的土壤类别来制定。

2. 土壤的自然倾斜角（安息角）

土壤自然堆积，经沉落稳定后的表面与地平面所形成的夹角（图 2-13），就是土壤的自然倾斜角。在工程设计时，为了使工程稳定，其边坡坡度数值应参考相应土壤的自然倾斜角的数值。土壤自然倾斜角还受到其含水量的影响，见表 2-3。

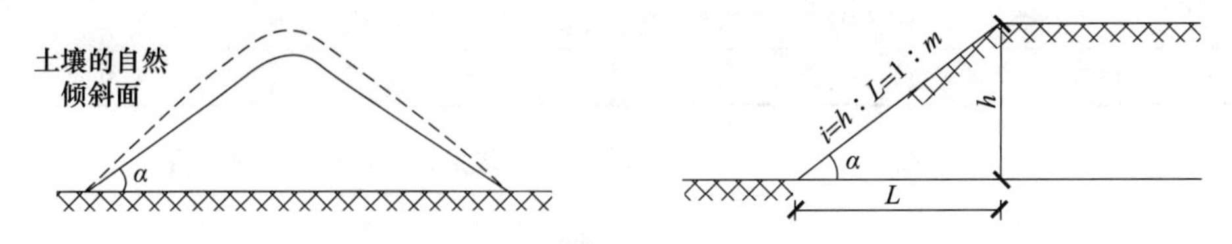

图 2-13　土壤自然安息角示意图

表 2-3　土壤的自然倾斜角

土壤名称	土壤的含水量			土壤颗粒尺寸/mm
	干的	潮的	湿的	
砾石	40°	40°	35°	2～20
卵石	35°	45°	25°	20～200
粗砂	30°	32°	27°	1～2
中砂	28°	35°	25°	0.5～1
细砂	25°	30°	20°	0.05～0.5
黏土	45°	35°	15°	<0.005
壤土	50°	40°	30°	0.02～0.2
腐殖土	40°	35°	25°	1～6

土方工程不论是挖方还是填方都要求有稳定的边坡。进行土方工程的设计或施工时，应该结合工程本身的要求（如填方或挖方、永久性或临时性）以及当地的具体条件（如土壤的种类及分层情况、压力情况），使挖方或填方的坡度合乎技术规范的要求，如情况在规范之外，必须进行实地测试来决定。

在高填或深挖时，应考虑土壤各层分布的土壤性质以及同一土层中土壤所受压力的变化，根据其压力变化采取相应的边坡坡度，例如填筑高 12m 的山（土壤质地相同），因考虑到各层土壤所承受的压力不同，可按其高度分层确定边坡坡度，由此可见，挖方或填方的坡度是否合理直接影响着土方工程的质量与数量，从而也影响到工程投资。关于边坡坡度的规定见表 2-4～表 2-7。

表 2-4　永久性土工结构物挖方的边坡坡度

项次	挖方性质	边坡坡度
1	在天然湿度，层理均匀，不易膨胀的黏土、砂质黏土、黏质砂土和砂类土内挖方，深度≤3m	1∶1.25
2	土质同上，挖深 3～12m	1∶1.5
3	在碎石土和泥炭土内挖方，深度为 12m 及 12m 以下，根据土的性质、层理特性和边坡高度确定	(1∶1.5)～(1∶0.5)

续表

项次	挖方性质	边坡坡度
4	在风化岩石内挖方，根据岩石性质、风化程度、层理特性和挖方深度确定	(1∶1.5)～(1∶0.2)
5	在轻微风化岩石内的挖方，岩石无裂缝且无倾向挖方坡角的岩层	1∶0.1
6	在未风化的完整岩石内挖方	直立的

表 2-5　深度在 5m 之内的基坑基槽和管沟边坡的最大坡度（不加支撑）

项次	土类名称	边坡坡度		
		人工挖土并将土抛于坑、槽或沟的上边	机械施工	
			在坑、槽或沟底挖土	在坑、槽或沟的上边挖土
1	砂土	1∶0.75	1∶0.67	1∶1
2	黏质砂土	1∶0.67	1∶0.5	1∶0.75
3	砂质黏土	1∶0.5	1∶0.33	1∶0.75
4	黏土	1∶0.33	1∶0.25	1∶0.67
5	含砾石卵石土	1∶0.67	1∶0.5	1∶0.75
6	泥灰岩白垩土	1∶0.33	1∶0.25	1∶0.67
7	干黄土	1∶0.25	1∶0.1	1∶0.33

表 2-6　永久性填方的边坡坡度

项次	土的种类	填方高度/m	边坡坡度
1	黏土、粉土	6	1∶1.5
2	砂质黏土、泥灰岩土	6～7	1∶1.5
3	黏质砂土、细砂	6～8	1∶1.5
4	中砂和粗砂	10	1∶1.5
5	砾石和碎石块	10～12	1∶1.5
6	易风化的岩石	12	1∶1.5

表 2-7　临时性填方的边坡坡度

项次	土的种类	填方高度/m	边坡坡度
1	砂石土和粗砂土	12	1∶1.25
2	天然湿度的黏土、砂质黏土和砂土	8	1∶1.25
3	大石块	6	1∶0.75
4	大石块（平整的）	5	1∶0.5
5	黄土	3	1∶1.5

3. 土壤的含水量

土壤的含水量是土壤孔隙中的水重和土壤颗粒重的比值。

土壤的含水量在5%以内称为干土，在30%以内称为潮土，大于30%称为湿土。土壤含水量的多少对土方施工的难易也有直接的影响。土壤含水量过小，土质过于坚实，不易挖掘；含水量过大，土壤易泥泞，也不利于施工，无论用人力还是机械施工，工效均降低。以黏土为例，含水量在30%以内最易挖掘，若含水量过大，则其本身性质发生很大变化，并丧失其稳定性，此时无论是填方还是挖方其坡度都显著下降，因此含水量过大的土壤不宜作回填之用。

在填方工程中，土壤的相对密实度是检查施工中土壤密实程度的标准，为了使土壤达到设计要求的密实度，可以采用人力夯实或机械夯实。一般采用机械压实，其密实度可达95%，而人力夯实的密实度在87%左右。大面积填方如堆山等，通常不加夯压，而是借土壤的自重慢慢沉落，久而久之也可达到一定的密实度。

4. 土壤的可松性

土壤经挖掘后，其原有紧密结构遭到破坏，土体松散而使体积增加。这一性质与土方工程的挖土量和填土量的计算及运输等都有很大关系。

二、土石方施工准备

土石方工程施工包括挖、运、填、压四方面内容。其施工方法可有人力施工、机械化施工和半机械化施工等。施工方式需要根据施工现场的现状、工程量和当地的施工条件确定。在规模大、土方较集中的工程中，应采用机械化施工；但对工程量小、施工点分散的工程，或因受场地限制等不便用机械化施工的地段，采用人工施工或半机械化施工。

（一）施工计划与安排

在土石方开始前，首先要对照园林总平面图、竖向设计图和地形图，在施工现场一面踏勘，一面核实自然地形现状，掌握了翔实的现状情况以后，可按照园林总平面工程的施工组织设计，做好土石方工程的施工计划。要根据甲方要求的施工进度及施工质量进行可行性分析和研究，制订出符合本工程要求及特点的各项施工方案和措施。对土方施工的分期工程量、施工条件、施工人员、施工机具、施工时间安排、施工进度、施工总平面布置、临时施工设施搭建等，都要进行周密的安排，力求开工后施工工作能够有条不紊地进行。

由于土石方工程在园林工程中是影响全局的最重要的基础工程，因此它的施工计划或施工组织可以直接按照园林的总平面图进行组织和实施。

（二）土石方调配

在做土石方工程施工组织设计或施工计划安排时，还要确定土石方量的相互调配关系。竖向设计所定的填方区，其需要填入的土方从什么地点取土？取多少土？挖湖挖出的土方运到哪些地点堆填？运多少到各个填方点？这些问题都要在施工开始前切实解决，也就是说，在施工前必须做好土石方调配计划。

土石方调配的一个原则是：就近挖方，就近填方，使土石方的转运距离最短。因此，在实际进行土石方调配时，一个地点挖起的土，优先调动到与其距离最近的填方区；近处填满后，余下的土方才向稍远的填方区转运。

（三）施工及现场准备

有一些土石方施工工地可能残留了少量待拆除的建筑物或地下构筑物，在施工前要拆除掉。施工现场残留有一些影响施工并经有关部门审查同意砍伐的树木，要进行伐除工作。如遇到大树古树很有保留价值时，要提请建设单位或设计单位对设计进行修改，以便将大树保留下来。因此，大树的伐除要慎而又慎，凡能保留的要尽量设法保留。

如果施工现场内的地面、地下或水下发现有管线通过，或有其他异常物体如地下文物、地下矿物或地下不明物时，应事先请有关部门协同查清。未查清前不可动工，以免发生危险或造成严重损失。

准备好施工工具和必要的施工消耗材料，做好调用工程机械、运土车辆的台班计划，落实机械设备的进场时间。按照施工计划，组织好足够的劳动力和施工技术人员，落实施工管理责任。做好一切进场施工的准备。

三、土方施工作业

（一）土方的挖掘

1. 人力施工

施工工具主要是锹、镐、钢钎等。人力施工不但要组织好劳动力，而且要注意安全和保证工程质量。

2. 机械施工

主要施工机械有推土机、挖土机等。在园林施工中，推土机应用比较广泛，例如在挖掘水体时，以推土机推挖，将土推至水体四周，再行运走或堆置地形，最后岸坡用人工修整。用推土机挖湖堆山效率较高。

（二）土方的运输

一般竖向设计都力求土方就地平衡，以减少土方的搬运量。土方运输是较艰巨的劳动，人工运土一般都是短途的小搬运。运输距离较长的，最好使用机械或半机械化运输。运输路线的组织很重要，卸土地点要明确，施工人员随时指点，避免混乱和窝工。如果使用外来土垫地堆山，必然会给下一步施工增加许多不必要的小搬运，从而浪费了人力和物力。

（三）土方的填筑

填土应该满足工程的质量要求，土壤的质量要依据填方的用途和要求加以选择，在绿化地段土壤应满足种植植物的要求，而作为建筑用地则以将来地基的稳定为原则。利用外来土垫地堆山，对土质应该验定放行，劣土及受污染土壤不应放入园内，以免将来影响植物的生长和危害游人健康。

（四）土方的压实

人力夯压可用夯、碾等工具；机械碾压可用碾压机或用拖拉机带动的铁碾。小型的夯压机械有内燃夯、蛙式夯等。

为了保证土壤的压实质量，土壤应该具有最佳含水量（表 2-8）。

表 2-8　各种土壤的最佳含水量

土壤名称	最佳含水量/%	土壤名称	最佳含水量/%
粗砂	8～10	黏土	20～30
细砂和黏质砂土	10～15	重黏土	30～35
砂质黏土	6～22		

如土壤过分干燥，需先洒水湿润后再压实。在压实过程中应注意以下几点：

(1) 压实工作必须分层进行。

(2) 压实工作要注意均匀。

(3) 压实松土时夯压工具应先轻后重。

(4) 压实工作应自边缘开始逐渐向中间收拢，否则边缘土方外挤易引起塌落。

四、修坡工程的施工

(一) 场地准备

对修坡工程而言，场地准备涉及四个方面：计划保留的现有植被和结构的保护、表层土的移走和储存、侵蚀和沉积控制以及清除和拆除。

1. 植物的保护

对于计划保留的树，应尽可能地避免在滴水线之内的任何干扰。这不仅是指开挖和回填，也指材料的存放和设备的移动，因为这将引起树和灌木根区压缩的增加以及透气性的减少。

2. 表层土的移走

应该对场地进行勘察，以确定表层土的数量和质量是否适合存放。表层土应仅仅在施工区域被剥去，若适合的话，可以在场地上堆积起来以备使用。如果表层土要堆放很长一段时间，应该种上一年生的草，以减少侵蚀损失。

3. 侵蚀和沉积控制

恰当地把雨水从受干扰区域引出，以维持表面的稳定性。过滤、收集沉积物等，这些措施必须符合调整的需要和规范。

4. 清除和拆除

如果建筑物、道路或别的结构影响拟定的开发项目，必须在施工开始前移走。对于有干扰的树和灌木以及任何可能在场地发现的杂物，应同样处理。

对于一个要开挖的场地来说，准备的最后一步是布置坡度标桩。坡度标桩表明了要完成拟定地基所需的开挖和回填量。

(二) 大开挖

在大规模或初步的土方平整阶段，主要进行土方挖掘和成型工作。大开挖的范围取决于工程的规模和复杂性。大开挖包括基本地形和基角的修整以及所有结构的基础开挖。

(三) 回填和精整

在初步坡度已经完成、结构已经建造好后，就要进行精整工作，这包括回填建筑物开挖的部分，如挡土墙和建筑基础，回填公共水管、污水管等的地沟。所有的回填材料必须正确压实，最大限度地减少将来的沉降问题，同时必须在不损坏公共设施和结构的方式下进行。最后一步是要确保土的形状和表面正确的成型，以及地基达到正确的标高。

(四) 表面平整

为完成这项工程，必须铺设表面平整材料，通常是首先铺坚硬的表面（如铺面），然后铺表面土。因为表面土和铺面代表竣工材料，这些材料最后的坡度必须和修坡平面图上所示的拟建竣工坡度（等高线和点高程）一致。

土方工程实例——杭州植物园山水园

山水园位于玉泉山东北麓，是杭州植物园的一个局部，与“玉泉观鱼”景点浑然一体，地形自然多变，山明水秀。在建园前，这里是一处山洼地，洼处有几块不同高程的稻田，两侧为坡地，坡地上有排水谷涧和少量裸岩。玉泉泉水流入洼地，出谷而去。

山水园的地形设计本着因地制宜、顺应自然的原则，将山洼处高低不等的几块稻田整理成两个大小不等的上、下湖。两湖之间以半岛分隔。这样处理不如将其拉成一个湖面开阔，但却使岸坡贴近水面，同时也减少了土方工程量，增加了水面的层次，且由于两湖间有落差，水声潺潺，水景自然多趣。湖周地形基本上是利用原有坡地，局部略加整理，山间小道适当降低路面，余土培于道路两侧坡地以增加局部地形的起伏变化。水园有二溪涧：一通玉泉；一通山涧。溪涧处理甚好，这两条溪涧把园中湖面和四周坡地建筑有机地结合起来（图 2-14）。

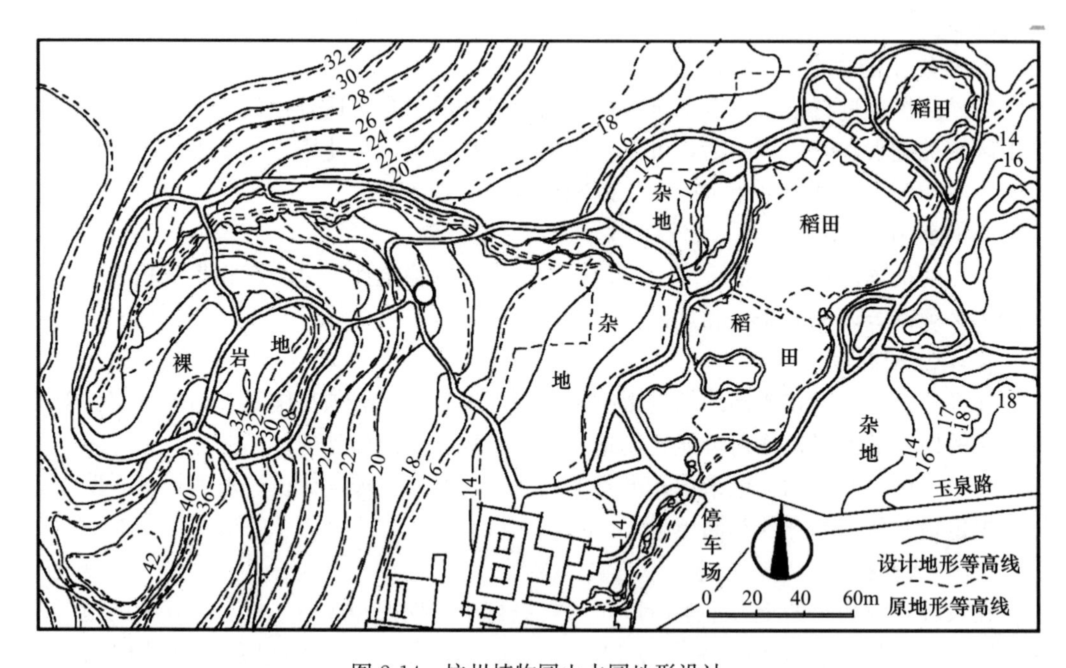

图 2-14　杭州植物园山水园地形设计

【思考与练习】

1. 在园林工程中，为什么要经常进行地形的改造？其作用是什么？
2. 在土方施工的过程中如何做到土方施工的安全？
3. 举例说明凹地形和凸地形在园林设计中的应用。
4. 园林地形设计资料收集的内容有哪些？
5. 简述等高线的概念和性质。
6. 地形设计的方法有哪些？

7. 土壤的工程性质有哪些？
8. 简述土壤的工程类型及工程性。
9. 土方施工前的准备工作有哪些？
10. 简述土方施工的方法。
11. 影响土方施工进度与施工质量的因素有哪些？实际工作中如何加快施工进度？
12. 土方施工前应做好哪些工作？安排适合的施工准备期有何意义？
13. 常用于土方工程计算的方法有哪几种？园林工程施工中该如何进行选择？

技能训练一　地形改造及土方量计算

一、训练目的

掌握地形设计的原则和方法，熟练掌握土方量计算方法。

二、材料及用具

图纸、圆规、尺、比例尺。

三、内容及方法

老师给出地形图，图上有原地形等高线，并给出地形的环境状况、改造后用途及要求。要求学生：

（1）对地形进行改造设计。

（2）写设计说明。

（3）绘制土方量调配表和土方量调配图。

四、要求

每人交两份图纸，一份是放大的该地形图纸；另一份图纸有设计说明、土方量计算表、土方量调配图和土方量调配表。

技能训练二　园林施工放样

一、训练目的

掌握根据施工图进行园林施工放样的步骤和方法。

二、实训材料及用具

施工图、经纬仪、标尺、丈绳、木桩、石灰等。

三、实训内容及方法

1. 在施工图上设置方格网。
2. 用经纬仪将方格网测设到实地，并在设计地形等高线和方格网的交点处立桩。
3. 在桩木上标出每个角点的原地形标高、设计标高及施工标高。
4. 如果是山体放线，要注意桩木的高度。

四、要求

将施工过程写成实习报告。

技能训练三　土山设计及模型制作

一、训练目的

理解和掌握竖向设计的基本理论和方法，能够独立完成土山模型制作。

二、材料及用具

橡皮泥、苯板、吹塑纸、大头钉、颜料、绘图纸、笔等。

三、训练步骤

1. 用等高线在图纸上绘制一处土山地形。

2. 把平面等高线侧放到苯板上。

3. 根据设计等高线用吹塑纸按比例及等高距制作土山骨架，固定在苯板上。

4. 用橡皮泥完善土山骨架，根据需要的颜色涂色，完成土山模型的制作。

四、要求

交土山模型。

项目三

园林给排水工程施工

【内容提要】

园林绿地的给水与排水系统是保证风景园林绿地实现其功能和效益的重要基础设施，它为游人和各种动植物的生活、生存提供了基本保证，也确保了园林绿地免遭洪涝之灾与环境安全。风景园林给排水工程是城市给排水工程的一个组成部分，二者有共同点，而风景园林绿地又有其自身的特点。

任务一　园林给水工程施工

【知识点】

掌握园林给水的基本知识

了解园林给水管网设计的方法

【技能点】

掌握园林排水的基本知识

掌握排水管线设计和施工

【相关知识】

一、概述

（一）园林给水工程概述

1. 园林用水的类型

公园中用水大致可分为以下几个方面：

（1）生活用水：餐厅、商店、茶室、小卖部、消毒饮水器及卫生设备等的用水。

（2）养护用水：植物灌溉、动物饲养、笼舍的冲洗以及夏季广场园路的喷洒用水。

（3）造景用水：各种水体如溪涧、湖泊、池沼、瀑布、跌水、喷泉等的用水。

（4）消防用水：公园中的主要建筑或古建筑周围应设的消防用水。

公园中除生活用水外，其他地方用水的水质要求可以根据情况适当降低，无害于植物、不污染环境的水都可使用。近几年，我国许多地区采用经处理的生活污水即中水进行园林灌溉和水景用水。园林给水工程的任务就是经济合理、安全可靠地满足用水要求。

2. 园林给水的特点

（1）用水点较分散。

（2）由于用水点分布于起伏的地形上，高程变化大。

（3）水质可根据用途的不同分别处理。

（4）用水高峰时间可以错开。

（5）饮用水（沏茶用水）的水质要求较高，以水质好的山泉最佳。

二、水源和水质

风景园林由于其所在地区的供水情况不同，取水方式也各异。城区的园林，可以从就近的市政给水管网引水，成为从属式的给水系统；郊区的园林绿地，可以采用多样的水源，其中以地表水和地下水两种水源为主。在干旱和用水紧张的地区，除这两种水源外，雨水、再生水等水源可以作为非饮用水的水源；在不影响园林绿地使用功能的前提下，甚至可以使用优质杂排水或污水进行绿地灌溉。不同水源的水质差异较大，需要进行相应的处理以达到卫生标准和使用标准。

（一）水源

1. 市政给水

市政给水的水质符合饮用水的标准，具有一定的水压，是风景园林用水的重要水源。

2. 地表水

在风景园林绿地附近，水质较好的地表水可以作为园林给水的水源，包括江、河、湖、库、塘和浅井中的水，这些水具有取水方便、水量充沛的特点，但由于长期暴露于地面，容易受到外界各种人为污染。

3. 地下水

地下水较丰富的地区可自行打井抽水。地下水包括泉水以及从深管井中取用的水。浅层地下水易受地面污染物的影响；深层地下水在地层渗透流动过程中，悬浮物和胶体大部分已经被截留去除，且不易受外界污染，故水质较好且稳定，但硬度较大。深层地下水一般情况下除做必要的消毒外，不必再净化。

4. 再生水

再生水（reclaimed water）也叫中水、回用水，是指污水经适当再生工艺处理后具有一定使用功能的水。经深度处理的再生水可以代替自来水，用于绿地灌溉、河湖等景观水体、道路冲刷、降尘、洗车、冲厕等非饮用用途。

（二）水质

1. 生活用水

生活用水必须经过严格净化消毒，水质应无色、无臭、无味、不混浊、无有害物质，特别是不含传染病菌，须符合国家颁布的《生活饮用水卫生标准》（GB 5749—2006）的规定。生活用水的常规净化处理工艺一般采用混凝、沉淀、过滤和消毒 4 个步骤。

风景园林绿地对饮用水水质的要求并不满足于一般的符合卫生标准，尤其是沏茶用的水对水质还有更高要求，历代都有人给宜茶的泉水评级分等。

2. 养护用水

养护用水对水质要求相对较低。灌溉植物、冲洗动物笼舍、清洒道路广场等用水只要无害于动植物、不污染环境且满足设备要求即可，甚至可以使用中水或经过一定处理的生活污水。

3. 造景用水

造景用水对水质的要求因水体的使用功能不同也略有差异。造景水体需符合相应类别的水标准，依据地表水水域环境功能和保护目标划分为5类：Ⅰ～Ⅲ类水质适用于各种水景要求，如儿童戏水池、游泳区、喷泉等；Ⅳ类水质适用于人体非直接接触的水景用水；Ⅴ类水质较差，主要适用一般景观要求水域（图3-1、图3-2）。

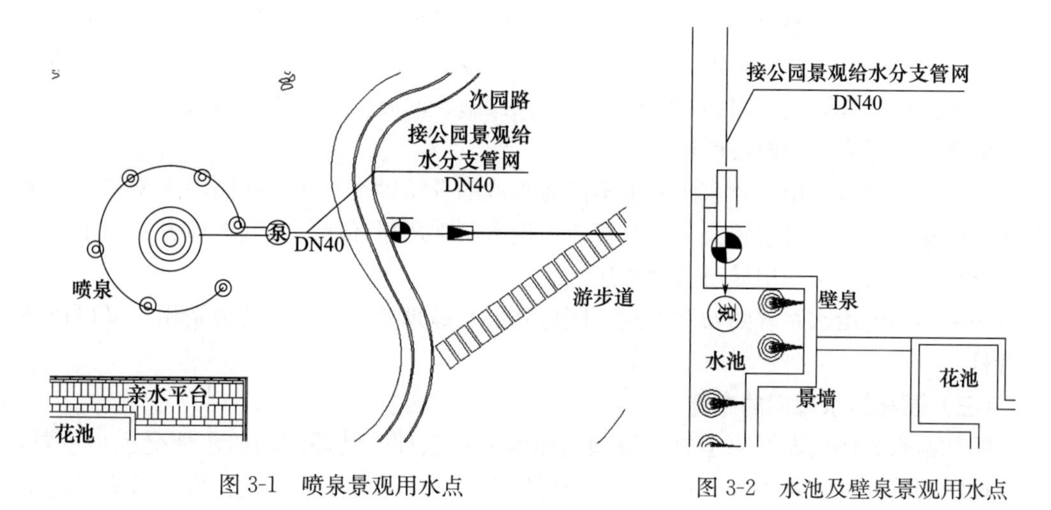

图3-1　喷泉景观用水点

图3-2　水池及壁泉景观用水点

4. 消防用水

消防用水是备用水源，对水质无特殊要求，允许使用有一定污染的水。备用的消防水池应定期维护，保持一定的水量和水质，以备不时之需。

（三）水质的处理

必须对水进行净化处理后才能作为生活饮用水使用。净化水基本包括混凝沉淀、过滤和消毒三个步骤。

1. 混凝沉淀（澄清）

在水中加入混凝剂，使水中产生一种絮状物，和杂质凝聚在一起，沉淀到水底。可以用硫酸铝作为混凝剂，在每吨水中加入粗制硫酸铝20～50g，搅拌后进行混凝沉淀。

2. 过滤（沙滤）

将经过混凝沉淀并澄清的水送进过滤池，透过过滤沙层，滤去杂质，进一步使水洁净。

3. 消毒

水过滤后，还会含有一些细菌。通过杀菌消毒处理，可使水净化到符合使用要求。通常采用加氯法，这是目前最基本的方法。

三、园林给水方式

（一）根据给水性质和给水系统构成分类

根据给水性质和给水系统构成的不同，可将园林给水分成以下三种方式：

（1）从属式：公园的水源来自城市管网，是城市给水管网的一个用户。

(2) 独立式：水源取自园内水体，独立取水进行水的处理和使用。如北京的颐和园，即采用较丰富的地下水自行打井抽水。

(3) 复合式：公园的水源兼由城市管网供水和园内水体供水。

(二) 根据水质、水压或地形高差要求分类

在地形高差显著或者对水质、水压有不同要求的园林绿地，可采用分区供水、分质供水和分压供水。

(1) 分区供水。如园内地形起伏较大，或管网延伸很远时，可以采用分区供水。

(2) 分质供水。用户对水质要求不同，可采取分质供水的方式。如园内游人生活用水，要求使用符合人们饮用的高水质水；浇洒绿地、灌溉植物及水景用水，只要符合无害于植物、不污染环境即可使用。

(3) 分压供水。用户对水压要求不同而采取的分压供水方式。如园内大型喷泉、瀑布或高层建筑对水压要求较大，因此要考虑设水泵加压循环使用；其他地方的用水对水压要求较小，可直接采用城市管网水压。

采用不同的给水系统的布置方式，既可降低水处理费用和水泵动力费用，又可以节省管材。

(三) 园林给水管网的布置

园林给水管网的布置除了要了解园内用水的特点外，其周围的给水情况也很重要，它往往影响管网的布置方式。一般小公园可以由一点引水；但大型的公园，特别是地形复杂的公园，最好多点引水，这样可以节约管材，减少水头损失。

(四) 管网布置的一般规定

1. 给水管网的基本布置形式和布置要点

(1) 给水管网的基本布置形式。

① 树枝状管网。这种布置方式较简单，省管材。管线形式就像树干分杈分枝，它适合于用水点较分散的情况，对分期建设的公园有利。但树枝状管网供水的保证率较差，一旦管网出现问题或需维修时影响面较大。

② 环状管网。是指把供水管网闭合成环，使管网供水能互相调剂，当管网中的某一管段出现故障时，也不致影响其他管段的供水，从而提高其可靠性。但这种布置形式使用的管材较多，投资较大。需要可靠环状管网供水的公园绿地以及风景园林中的主供水干管宜布置成环状（图 3-3）。

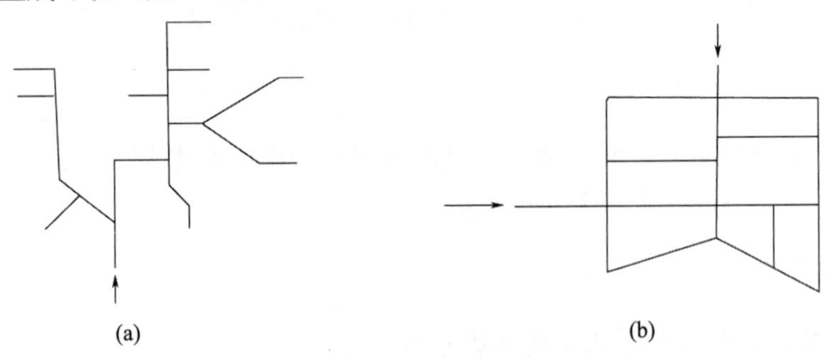

图 3-3 树枝状管网、环状管网

(a) 树枝状管网；(b) 环状管网

（2）给水管网的布置要点。

① 管网布置应力求经济与满足最佳水力条件：

a. 干管应靠近用水量最大处及主要用水点；

b. 干管应靠近调节设施（如高位水池或水塔）；

c. 管道应力求短而直。

② 管网布置应便于检修维护：

a. 干管应尽量埋设于绿地下，减少对道路、广场和水体的穿越；

b. 在阀门、仪表、附件等处应留有检查井；

c. 给水管网应有不小于 0.003 的坡度坡向泄水阀门井以便于放空检修；

d. 在保证不受冻的情况下，干管宜随地形起伏敷设，避开复杂地形和难以施工的地段，以减少敷设土石方工程量和便于检修。

③ 管网布置应保证使用安全，避免损坏和受到污染：

a. 给水管网和其他管道应按规定保持一定的安全距离，避免出现被污染的情况；

b. 管道埋深及敷设应符合规定，避免受冻、受压和受不均匀沉降的影响；

c. 穿越道路、广场、河流、水面以及其他构筑物等障碍物时应设置必要的防护措施。

（3）管网布置的一般规定。

① 管道埋深：风景园林给水干管的覆土深度应根据土壤冰冻深度、车辆荷载、管道材质及管道交叉等因素确定。管顶最小覆土深度不得小于土壤冰冻线以下 0.15m，行车道下的管线覆土深度不宜小于 0.70m，埋设在绿地中的给水支管最小埋深不应小于 0.50m。管道不宜埋得过深，埋得过深工程造价高，过浅则管道易遭破坏。

② 阀门及消火栓：在给水管道上应设置阀门。阀门的安装位置包括：给水管道的引入管段上，水表前和立管、环形管网的节点处，配水管起端，接有 3 个及 3 个以上配水点的支管，水池，水箱等处。阀门除安装在支管和干管的连接处外，要求每 500m 直线距离设一个阀门（图 3-4）。

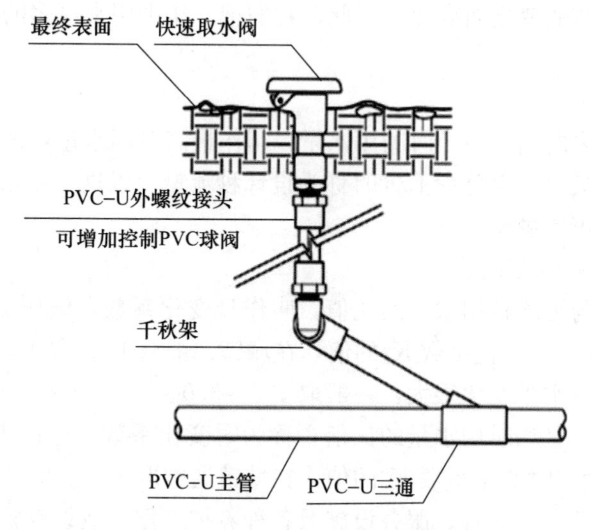

图 3-4　快速取水阀门安装示意图

在园林建筑设计时应同时设计消防给水系统。设置在给水管网上的消火栓，其间距不应超过 120m，保护半径不应大于 150m；设有消火栓的室外给水管网管径不应小于 100mm。室外消火栓应沿道路设置，为了便于消防车补给水，消火栓距路边不应超过 2m，距房屋外墙不宜小于 5m。

③ 管道材料的选择：给水管材可分为金属管材和非金属管材两大类，水管材料的选择取决于水管承受的压力、管内水质、敷设场所的条件及敷设方式等。埋地管道的管材应具有耐腐蚀性和承受相应的地面荷载的能力。当 DN≥75mm 时可采用有内衬的给水铸铁管、球墨铸铁管、给水塑料管和复合管；当 DN＜75mm 时可采用水煤气钢管、给水塑料管、复合管等。由于钢管耐腐蚀性差，容易污染水质，因此使用钢管时必须做好防腐处理。

四、园林给水的特点

（1）园林中用水点较分散；

（2）由于用水点分布于起伏的地形上，高程变化大；

（3）水质可据用途不同分别处理；

（4）用水高峰时间可以错开。

五、园林给水管网的计算

1. 设计用水量

园林给水系统的设计年限，应符合园林建设的总体规划，近、远期结合，以近期为主。一般近期规划年限采用 5～10 年，远期规划年限采用 10～20 年。设计给水系统时，首先须确定该系统在设计年限内达到的用水量。园林设计用水量主要包括园内生活用水量、养护用水量、造景用水量、消防用水量以及未预见用水量和管网漏失水量。

2. 最高日用水量

公园的用水量在任何时间都不是固定不变的，它随着一天中游人数量的变化而变化，随着一年中季节的变化而变化。因此，我们把一年中用水最多的一天的用水量称为最高日用水量。

3. 最高时用水量

最高日用水最多的当天一小时的用水量，叫作最高时用水量，即给水管网的设计用水量或设计流量，其单位换算为 L/s 时称为设计秒流量。以这个用水量进行设计时可在用水高峰保证水的正常供应。

4. 日变化系数和时变化系数

最高日用水量与平均日用水量的比值，叫作日变化系数，记作 K_d，K_d＝最高日用水量/平均日用水量。日变化系数 K_d的值，在城镇一般取 1.2～2.0，在农村由于用水时间很集中，各时段用水量变化很大，一般取 1.5～3.0。

最高时用水量与平均时用水量的比值，称为时变化系数，记作 K_h，K_h＝最高时用水量/平均时用水量。时变化系数 K_h的值，在城镇通常取 1.3～2.5，在农村则取 5～6。

公园中的各种活动、饮食、服务设施及各种养护工作、造景设施的运转基本上都集中在白天进行，随着时间的变化，用水量变化很大。而且游人更多集中在假日游玩，随着日期的不同，用水量的变化也很大。因此园林的时变化系数和日变化系数与城镇的相比，取值要更大些。在没有统一规定之前，建议 K_d取 2～3，K_h取 4～6。具体的取值要根据公园的位置、大小、使用性质等方面情况具体分析。

5. 流量、流速和管径

管道中的流量指的是单位时间内流过管道的水量，其计量单位为 m^3/h、m^3/s、L/s。流量（Q）与管径（d）和流速（v）有关。管径大，流量也大；流速越快，流量也越大。园林管网中的流量，实际上就是该管网供水范围内所有用水点的总用水量。

管道的流量就是管的过流断面与流速的积，即

$$Q=\left(\frac{\pi d^2}{4}\right)\times v$$

可导出

$$d=\sqrt{\frac{4Q}{\pi v}}$$

由上式可以看出，管径不但与流量有关，也与流速有关。流速的选择较复杂，涉及管网设计使用年限、管材价格、电费高低等，在实际工作中通常按经济流速的经验数值取用：$d<100$mm 时，$v=0.2\sim0.6$m/s；$d=100\sim400$mm 时，$v=0.6\sim1.0$m/s，此时的流速为经济流速，在此流速范围下，整个给水系统的成本降到最低；$d>4.0$mm 时，$v=1.0\sim1.4$m/s。

6. 水头

在给水管上任意点接上压力表所测得的读数即为该点的水压力值，通常以 kg/cm^2 表示。为便于计算管道阻力，并对压力有一较形象的概念，常以“水柱高度”表示。水力学上又将水柱高度称为“水头”，即 1kg/cm^2水压力等于 10 米水头。

在进行水头计算时，一般选择园内一个或几个最不利点进行计算，因为最不利点的水压可以满足，则同一管网的其他用水点的水压也能满足。所谓最不利点，是指处在地势高、距离引水点远、用水量大或要求工作水头特别高的用水点。水在管道中流动，必须具有足够的水压来克服沿程的水头损失，并使供水达到一定的高度以满足用水点的要求。水头计算的目的有两个方面：一是计算出最不利点的水头要求；二是校核城市自来水配水管的水压（或水泵扬程）是否能满足公园内最不利点配水的水头要求。

公园给水管段所需水压可以用下式表示：

$$H=H_1+H_2+H_3+H_4$$

式中　H——引水管处所需求的总水头（或水泵的扬程）（米水柱）；

H_1——引水点与用水点之间的地面高程差（m）：

H_2——计算配水点与建筑物进水管的标高差（m）；

H_3——计算配水点所需流出水头（m）；

H_4——管内因沿程和局部阻力而产生的水头损失值（米水柱）。

H_2 与 H_3 之和是计算用水点建筑物或构筑物从地面算起所需要的水压值。此数值在估算总水头时可参考以下数值，即按建筑物层数，确定从地面算起的最小保证水头值：平房，10 米水柱；二层，12 米水柱；三层，16 米水柱；三层以上，每增加一层增加 4 米水柱。

H_3 值随阀门类型而定，其水头值一般取 1.5～2.0 米水柱。

H_4 为沿程水头损失和局部水头损失之和。沿程水头损失可通过查水力计算表求得。局部水头损失通常根据管网性质按相应沿程水头损失的一定百分比计取：生活用水管网取 25%～30%；生产用水管网取 20%；消防用水管网取 10%。

通过水头计算，应使城市自来水配水管的水头大于公园内给水管网所需总水头 H。当城市配水管的水头大于 H 很多时，应充分利用城市配水管的水头，在允许的限值内适当缩小某些管段的管径，以节约管材；当城市配水管的水头小于 H 不很多时，为了避免设置局部升压设备而增加投资，可采取放大某些管段的管径，减少管网的水头损失来满足。

公园中的消防用水对一般较大型建筑物，如一些文艺演出场地、展览馆等，特别是古建筑，应该有专门设计。一般来说，对消灭 2～3 层建筑物的火灾，消防管网的水头值不小于 25m。

六、管网水力计算步骤

给水管网水力计算的目的是为确定主干给水管道和各用水点配水管道的选用提供依据。

管网的设计与计算步骤如下：

（1）收集并分析有关的图纸、资料。首先从公园设计图纸、说明书上了解原有的或拟建的建筑物、设施等的用途及用水要求、各用水点的高程等，然后掌握公园附近市政干管布置情况或其他水源情况。

（2）布置管网。在公园设计平面图上根据用水点分布情况、其他设施布置情况等，定出给水干管的位置、走向，并对节点进行编号，量出节点间的长度。

（3）求公园中各用水点的最高时用水量（设计流量）。在计算整个管网时，先将各用水点的设计流量 Q 及所要求的水头 H 求出，如各用水点用水时间一致，则各点设计流量的总和 $\sum Q$ 就是公园给水干管的设计流量。根据这一设计流量及公园给水管网布置所确定的管段长度，就可以查表求出各管段的管径、流速及其水头损失值。

（4）通过查水力计算表，确定支管和干管管段的管径，以及与该管径相应的流速和单位长度的水头损失。

（5）总水头 H 的计算（图 3-5）。

七、园林给水施工方法及技术

（一）园林给水工程测量

（1）平面控制测量。根据总平面图和建设单位提供的施工现场的基准控制点，用全站仪在场区按要求的导线精度进行测角、测距，联测的数据精度满足测量规范的要求后，即将其作为工程布设平面控制网的基准点和起算数据。

（2）工程定位放线。根据设计图纸计算待测点坐标，应用全站仪的坐标测量模式进行测量，测量点必须进行复核（图 3-6）。

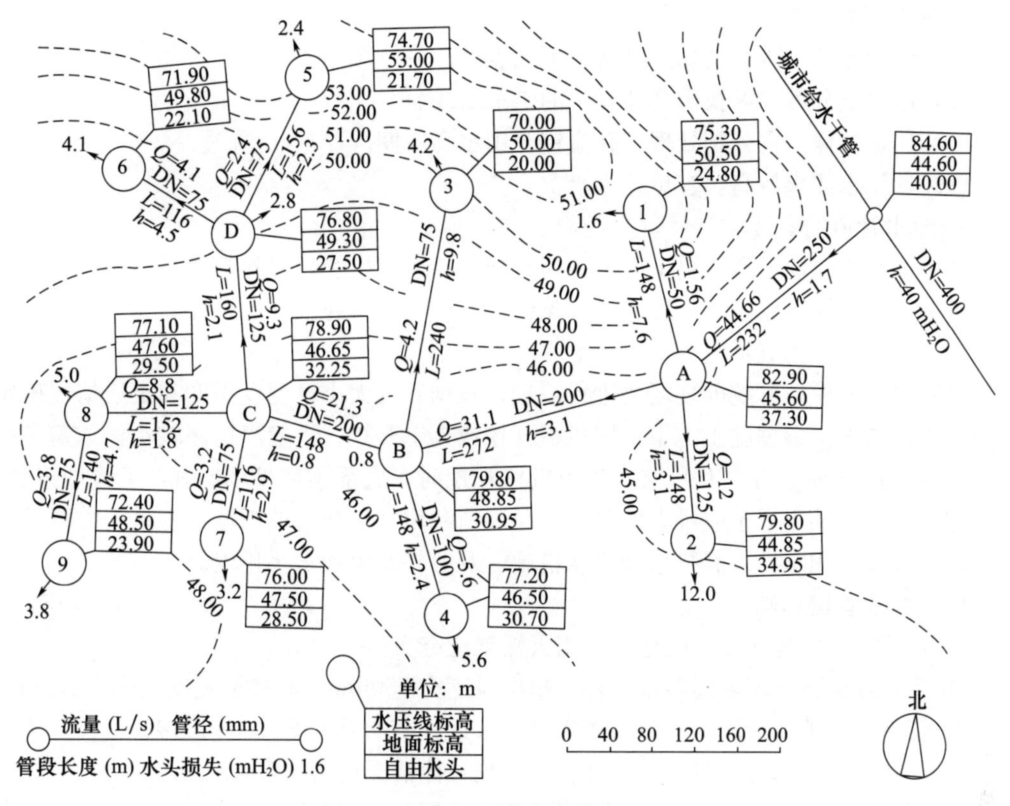

图 3-5　节点流量

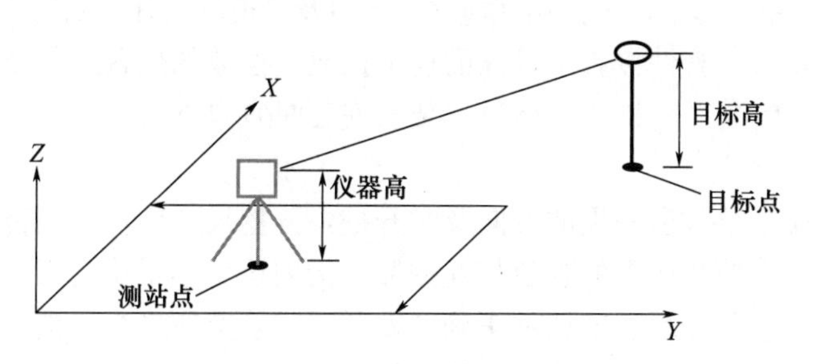

图 3-6　全站仪坐标测量示意图

（3）高程控制测量。测定地面点高程的测量工作，称为高程测量，根据仪器不同分为水准测量、三角高程测量、气压高程测量。

（二）园林给水工程施工

1. 管道选材

（1）管道选材及接口。目前埋地排水管材选用范围有碳钢管、球墨铸铁管、灰口铸铁管、预制混凝土管、预制钢筋混凝土管、各类塑料管、玻璃钢管、有衬里的金属管、不锈钢管等。

（2）管道基础。根据设计管顶覆土的深度要求不同，管道基础可分为素土基础、碎石基础、混凝土基础。施工中沟槽应采取适当的排水措施防止基土扰动，遇到软弱地基再另做处理。

2. 园林给水的特点

(1) 地形复杂。需认真确定供水最不利点。

(2) 用水点分散。需找出合理有序的供水路线。

(3) 用途多样。需分别处理，并应错开用水高峰期。

(4) 饮用水要求较高。宜单独供给。

3. 给水管道的安装

施工原则为先深后浅、自下而上；跨越挡土墙或结构物处要先于墙基础施工，采取有力措施，保护既有管线；分段开挖，见缝插针，为总体施工创造条件。

施工方法，分为五步进行。

(1) 管沟开挖。开挖前现场要进行清理，根据管径大小、埋设深度和土质情况确定底宽和边坡坡度。根据施工方案采用机械开挖或人工开挖。一般当挖深较小，或避免振动周围及需探查时才用人工开挖。使用机械开挖时，底部预留 20cm 用人工清理修整，不得超挖。挖出的土方不应堆在坡顶，以免因荷载增加引起边坡坍塌，多余土方要及时运走。沟底不应积水，应有排水和集水措施，及时将水用抽水泵排走。

(2) 给水管道基础。

① 在管基土质情况较好的地层采用天然素土夯实；

② 管基在岩石地段采用砂基础，砂垫层厚度为 150mm，砂垫层宽度为 $D+20$mm；

③ 管基在回填土地段，管基的密实度要求达到 95%再垫砂 200mm 厚；

④ 管基在软地基地段时，请设计验槽，视具体情况现场处理。

(3) 管道安装。给水管道及管件应采用“兜身吊带”或专用工具起吊，装卸时应轻装轻放，运输时应垫稳、绑牢，不得相互撞击。接口及管道的内外防腐层应采取保护措施。

安装前，宜将管、管件按施工设计的规定摆放，摆放的位置应便于起吊及运送。管道应在沟槽地基、管基质量检验合格后安装，安装时宜自下游开始，承口朝向施工前进的方向。

接口工作坑应配合管道铺设的方向及时开挖，开挖尺寸应符合规范规定。管节下沟槽时，不得与槽壁支撑与槽下的管道相互碰撞；沟内运管不得扰动天然地基。管道安装时，应将管节的中心及高程逐节调整正确，安装后的管节应进行复测，合格后方可进行下一道工序的施工；应随时清扫管道中的杂物，给水管道暂时停止安装时，两端应临时封堵。管道安装完毕后进行水压试验，试验压力为 1.0MPa。

(4) 管道试验。给水管道安装完成后，应进行强度和严密性试验。

应按试压的有关规定执行：管道分段试压的长度一般不超过 1000m，试验压力按设计要求为 1.1MPa。

试压段两端后背和管堵头接口，初次受力时，需特别慎重，要有专职人员监视两端管堵及后背的工作状况，另外，还要有一人来回联系，以便发现问题及时停止加压和处理，保证试压安全。试压时应逐步升压，不可一次加压过高，以免发生事故。每次升压后应随即观察检查，在没有发现问题后再继续升压，逐渐加到所规定的试验压力为止。加压过程中若有接口泄漏，应立即降压修理，并保证安全。

(5) 管道回填。管道回填应在管道安装、管道基础完成后并井室砂浆强度达到设计强度等级 70%后进行。回填分两步进行：先填两侧及管顶 0.5m 处，预留出接口处；待水压试验、管道安装等合乎要求后再填筑其余部分。回填应对称、分层进行，每层约30cm，按要求夯实，以防移位，逐层测压实度。

任务二　园林排水工程施工

【知识点】

掌握园林排水的基础知识

掌握如何选择合理的排水方式

【技能点】

能进行园林排水系统的设计及施工

【相关知识】

一、排水系统

城市污水是指排入城镇污水排水系统的生活污水、工业废水和截流的雨水。污水量是以 L 或 m^3 计量的。单位时间（s、h、d）内的污水量称污水流量。排水的收集、输送、处理和排放等设施以一定方式组合成的总体，称为排水系统。排水系统通常由管道系统（或称排水管网）和污水处理系统（污水处理厂）组成。管道系统是收集和输送废水的设施，把废水从产生处输送至污水厂或出水口，主要包括排水设备、检查井、管渠、水泵站等工程设施。污水处理系统是处理和利用废水的设施，它包括城市及工业企业污水厂（站）中的各种处理构筑物及除害设施等。

经过无害化处理的污废水可以重复循环使用。公园污水相对于城镇的污、废水构成还是比较简单的，仅仅包括少量的生活污水和雨水，处理起来比较方便、简单。而且公园的用水特点也比较突出，除生活用水外，其他方面用水的水质要求可以根据情况适当降低，无害于植物、不污染环境的水都可使用。因此在一些面积很大、用水量高、离城市管网较远的大型的公园中，可以考虑建设中水回用系统，建设小型水处理构筑物或安装水处理设备，将公园的污水回用，用于园林灌溉和水景用水。这样既能解决公园自用水问题，又为缓解用水压力和环境保护做出贡献。如果公园距离城市污水处理厂较近，因为中水的水费与城市自来水水费相比更便宜，也可以直接在园中接入城市中水管道。事实上，随着社会的发展和环境问题的凸显，中水会越来越多地被作为水源使用，甚至成为每个公园必不可少的供水水源。

二、排水系统的体制

分为合流制和分流制。将生活污水、工业废水和雨水混合在同一套沟道内排除的系统称为合流制。将生活污水、工业废水和雨水分别在两个或两个以上各自独立的管渠内排除的系统称为分流制。分流制又分三种：完全分流制，既有污水排水系统，又有雨水排水系统；不完全分流制，即只有污水排水系统，没有完整的雨水系统；半分流制，即既有污水排水系统，又有雨水排水系统。

三、影响城市排水系统布置的因素

影响因素有地形、竖向规划、污水厂位置、土壤条件、河流情况、污水种类和污染程度几个方面。下面介绍以地形为主要因素的几种布置形式（图 3-7）。

（1）正交式布置。其特点是干管长度短、管径小，方便、经济，排除污水迅速，但是易受污染，适用于分流制排水系统。

（2）截流式布置。适用于分流制污水排水系统。

（3）平行式布置。适用于地势向河流有较大倾斜的地区。

（4）分区式布置。适用于地势有高、低的地区。

（5）辐射分散式布置。适用于城市四周有河流、中间地势高的地区。

（6）环绕式布置。

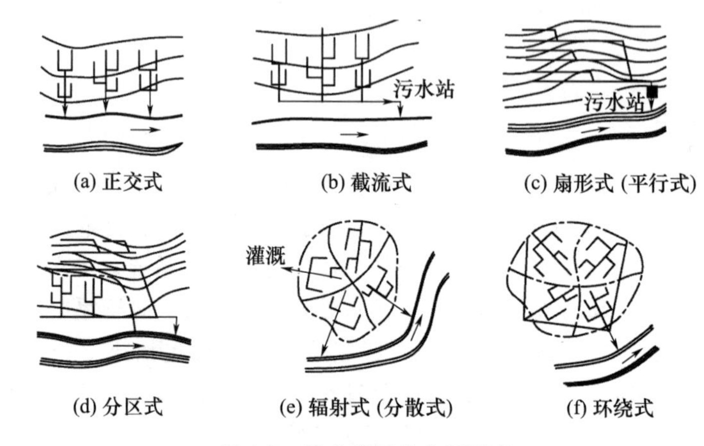

图 3-7　排水管网的布置形式

四、园林排水工程概述

（一）园林排水的特点

（1）主要是排除雨水和少量生活污水。

（2）园林中地形起伏多变，有利于地面水的排除。

（3）雨水可就近排入园中水体。

（4）园林绿地通常植被丰富，地面吸收能力强，地面径流较小，因此雨水一般采取以地面排除为主、沟渠和管道排除为辅的综合排水方式。

（5）排水方式应尽量结合造景。可以利用排水设施创造瀑布、跌水、溪流等景观。

（6）排水的同时还要考虑土壤能吸收到足够的水分，以利植物生长，干旱地区应注意保水。

（7）可以考虑在园中建造小型水处理构筑物或水处理设备。

（二）园林排水工程的组成

园林排水工程由从天然降水、污废水的收集和输送，到污水的处理和排放等一系列过程组成。从排水工程设施来分，可以分为两部分：一部分是作为排水工程主体部分的排水管渠，其作用是收集、输送和排放园林各处的污废水以及天然降水；另一部分是污水处理设施，包括必要的水池、泵房等构筑物。从排水的种类方面来分，分为雨水排水系统和污水排水系统。

1. 雨水排水系统的组成

园林内的雨水排水系统排除的对象包括雨水、园林生产废水和游乐废水。其基本构成部分有：

(1) 汇水坡地、给水浅沟和建筑物屋面、天沟、雨水斗、竖管、散水。

(2) 排水明沟、暗沟、截水沟、排洪沟。

(3) 雨水口、雨水井、雨水排水管网、出水口。

(4) 在利用重力自流排水困难的地方，还可以设置雨水排水泵站。

2. 污水排水系统的组成

园林内污水排水系统排除的对象主要是生活污水，包括室内和室外部分：

(1) 室内污水排放设施，如厨、厕的卫生设备，下水管道等；

(2) 除油池、化粪池、污水集水口；

(3) 污水排水干管、支管组成的管网；

(4) 管网附属构筑物，如检查井、连接井、跌水井等；

(5) 污水处理站或污水处理设备，包括污水泵房、澄清池、过滤池、消毒池、清水池等；

(6) 出水口。

3. 合流制排水系统的组成

合流制排水系统只设一套排水管网，其基本组成是雨水系统和污水系统的组合。常见的组成部分是：

(1) 雨水集水口、室内污水集水口；

(2) 雨水管渠、污水支管；

(3) 雨、污合流的干管；

(4) 管网上附属的构筑物，如雨水井、检查井、跌水井、截流式合流制系统的截流干管与污水支管交接处所设的溢流井等；

(5) 污水处理设施，如混凝澄清池、过滤池、消毒池、污水泵房等；

(6) 出水口。

五、园林排水方式

（一）地面排水

地面排水是最经济、最常用的园林排水方式，即利用地面坡度使雨水汇集，再通过沟、谷、涧、山道等加以组织引导，就近排入附近水体或城市雨水管渠。在我国，大部分公园绿地都采用地面排水为主、沟渠和管道排水为辅的综合排水方式，如颐和园、广州动物园、上海复兴岛公园等。复兴岛公园完全采用地面和浅明沟排水，不仅经济实用、便于维修，而且景观自然（图 3-8）。

雨水径流对地表的冲刷，是地面排水所面临的主要问题。必须进行合理的安排，采取措施防止地表径流冲刷地面，保持水土，维护园林景观（图 3-9）。通常可从以下三方面着手。

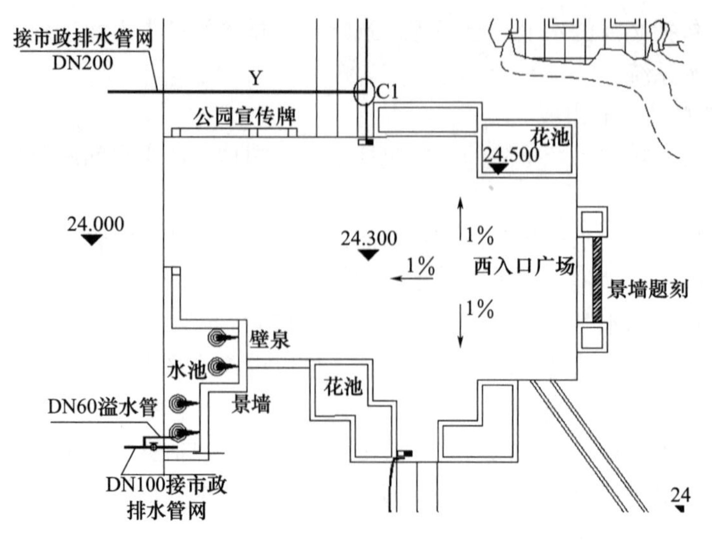

图 3-8　广场排水设置

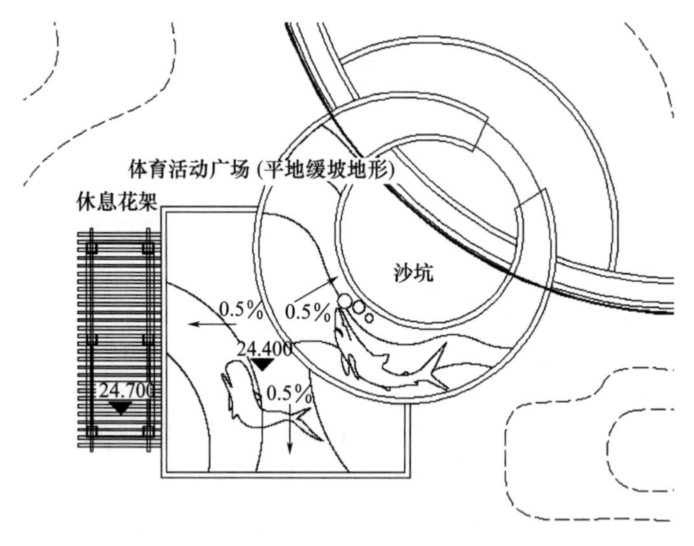

图 3-9　体育活动场所排水设置

1. 地形设计时充分考虑排水要求

(1) 注意控制地面坡度，使之不致于过陡，否则应另采取措施以减少水土流失。

(2) 同一坡度（即使坡度不大）的坡面不宜延伸过长，应该有起伏变化，以阻碍缓冲径流速度，同时也可以丰富园林地貌景观。

(3) 用顺等高线的盘山道、谷线等拦截和组织排水。

2. 发挥地被植物的护坡作用

地被植物具有对地表径流加以阻碍、吸收以及固土等作用，因而加强绿化、合理种植、用植被覆盖地面是防止地表水土流失的有效措施与合理选择。

3. 采取工程措施

在过长（或纵坡较大）的汇水线上以及较陡的出水口处，地表径流速度很大，则需利用工程措施进行护坡。以下介绍几种常用工程措施：

（1）“谷方”“挡水石”。地表径流在谷线或山洼处汇集，形成大流速径流，为防止其对地表的冲刷，可在汇水线上布置一些山石，借以减缓水流冲力，降低流速，起到保护地表的作用，这些山石就叫作“谷方”。“谷方”需深埋浅露加以稳固。“挡水石”则是布置在山道边沟坡度较大处，作用和布置方式同“谷方”相近。

（2）出水口处理。园林中利用地面或明渠排水，在排入园内水体时，为了保护岸坡，出水口应做适当处理。常见的有以下两种方式：

①“水簸箕”。它是一种敞口排水槽，槽身的加固可采用三合土、浆砌块石（或砖）或混凝土。当排水槽上下口高差大时可采取如下措施：可在下口设栅栏起消力和防护作用；在槽底设置“消力阶”；槽底做成连续的浅阶；在槽底砌消力块等。

② 埋管排水。利用路面或道路边沟将雨水引至濒水地段低处或排放点，设雨水口埋置暗管将水排入水体。

（二）明沟排水

公园排水用的明沟大多是土质明沟，其断面有梯形、三角形和自然式浅沟等形式（图 3-10），通常采用梯形断面。沟内可植草种花，也可任其生长杂草。在某些地段根据需要也可砌砖、石或混凝土明沟，断面常采用梯形或矩形（图 3-11）。

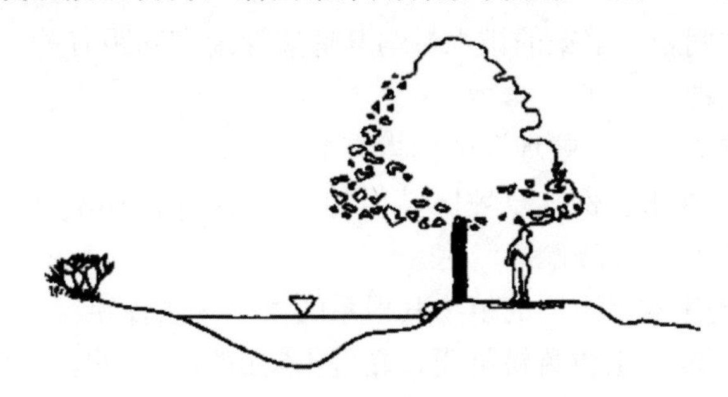

图 3-10　明沟排水

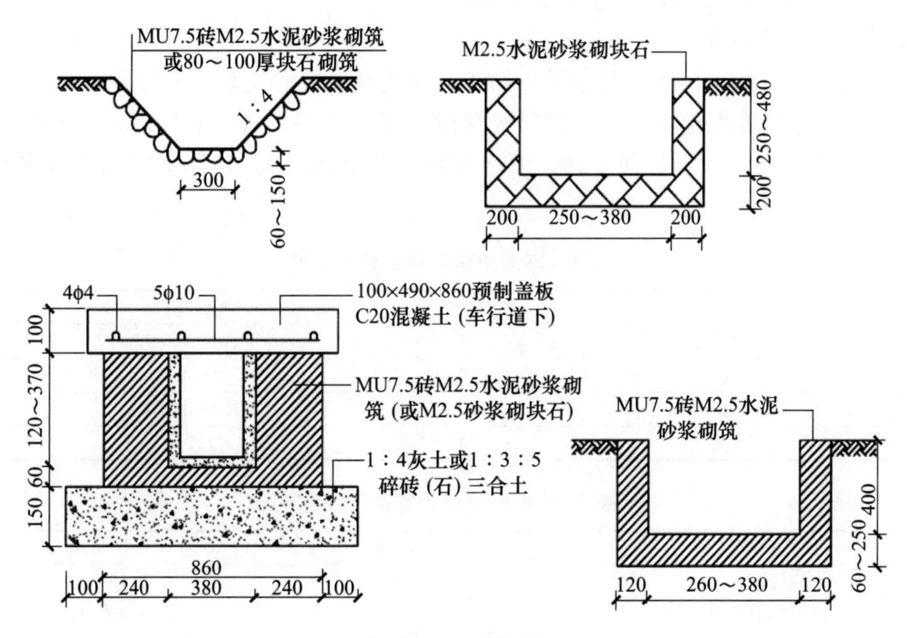

图 3-11　砌筑明沟

明沟的优点是工程费用较少、造价较低。但明沟容易淤积，滋生蚊蝇，影响环境卫生。在建筑物密度较高，交通繁忙的地区，可采用加盖明沟。

（三）暗渠排水

暗渠又叫盲沟，是一种地下排水渠道，用以排除地下水，降低地下水位。在一些要求排水良好的活动场地和地下水位较高的地区，以及作为某些不耐水的植物生长区的工程措施，效果较好，如体育场、儿童游戏场或地下水位过高影响植物种植和开展游园活动的地段，都可以采用暗渠排水。

1. 暗沟排水的优点

（1）取材方便，可废物利用，造价低廉。

（2）不需要检查井或雨水井之类的排水构筑物，地面不留“痕迹”，从而保持了绿地或其他活动场地的完整性，这对公园草坪的排水尤其适用。

2. 暗沟的布置和做法

（1）暗渠的布置。依地形及地下水的流动方向可做成干渠和支渠相结合的地下排水系统，暗渠渠底纵坡不小于5‰，只要地形等条件许可，纵坡坡度应尽可能取大些，以利地下水的排出。

（2）暗渠埋深和间距。暗渠的排水量与其埋置深度和间距有关。而暗渠的埋深和间距又取决于土壤的质地。

（3）暗沟的埋置深度。影响埋深的因素有如下几方面：

① 植物对水位的要求。例如草坪区暗渠的深度不小于1m，不耐水的松柏类乔木，要求地下水距地面不小于1.5m。

② 受根系破坏的影响。不同的植物其根系的大小深浅各异。

③ 土壤质地的影响。土质疏松可浅，黏重土应该深些，见表3-1。

④ 地面上有无荷载。

⑤ 在北方冬季严寒地区还有冰冻破坏的影响。

3. 支管的设置间距

暗渠支管的数量与排水量及地下水的排除速度有直接的关系。在公园或绿地中如需设暗沟排地下水以降低地下水位，暗渠的深度和密度可根据表3-1和表3-2选择。暗渠的造型，因采用透水材料多种多样，所以类型也多。图3-12是排水暗沟的几种构造，可供参考。

表3-1　不同土壤类别的埋设深度

土壤类别	埋深/m
砂质土	1.2
壤土	1.4～1.6
黏土	1.4～1.6
泥炭土	1.7

表3-2　柯派克氏管管深、管距

土壤种类	管距/m	管深/m
重黏土	8～9	1.15～1.30
致密黏土和泥炭岩黏土	9～10	1.20～1.35

续表

土壤种类	管距/m	管深/m
砂质或黏壤土	10～12	1.1～1.6
致密壤土	12～14	1.15～1.55
砂质壤土	1.4～1.6	1.15～1.55
多砂壤土或砂中含腐殖质	16～18	1.15～1.50
砂	20～24	

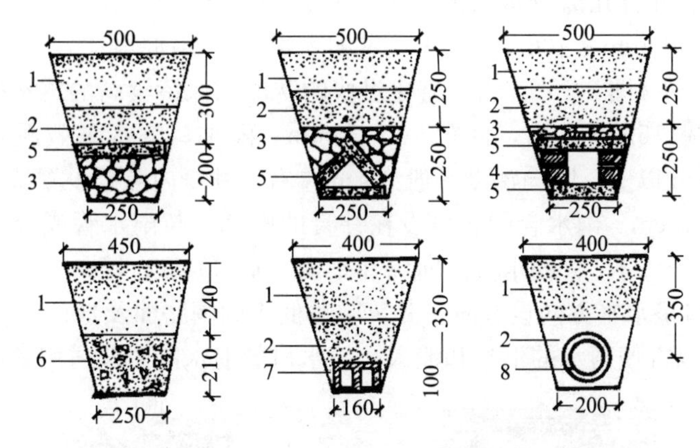

图 3-12　排水暗渠的 6 种构造

（四）管道排水

在园林中的某些地方，如低洼的绿地、广场及休息场所、建筑物周围，其积水、污水的排除，需要或只能利用敷设管道的方式进行。利用管道排水的优点是不妨碍地面活动、卫生和美观、排水效率高。缺点是造价高，检修困难（图 3-13）。

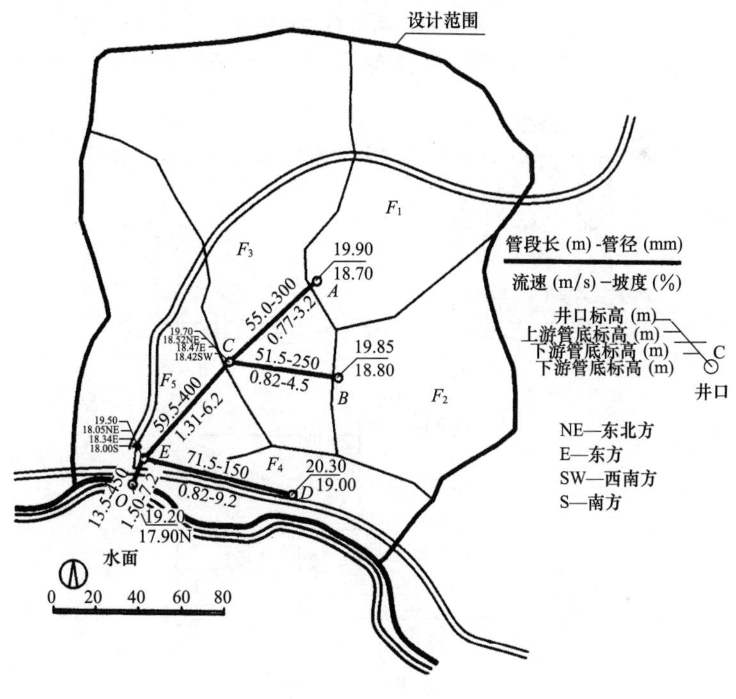

图 3-13　雨水管示意图

六、排水管网的附属构筑物

为了排除污水，除管渠本身外，还需在管渠系统上设置某些附属构筑物。在园林绿地中，这些构筑物常见的有雨水口、检查井、跌水井、闸门井、倒虹管、出水口等。

（一）雨水口

雨水口是在雨水管渠或合流管渠上收集雨水的构筑物。一般的雨水口，都是由基础、井身、井口、井箅几部分构成的（图 3-14）。其底部及基础可用 C15 混凝土做成，尺寸在 120mm×900mm×100mm 以上。井身、井口可用混凝土浇制，也可以用砖砌筑，砖壁厚 240mm（图 3-15）。为了避免过快的锈蚀和保持较高的透水率，井箅应当用铸铁制作，箅条宽 15mm 左右，间距 20～30mm。雨水口的水平截面一般为矩形，长 1m 以上、宽 0.8m 以上。竖向深度一般为 1m 左右。井身内需要设置沉泥槽时，沉泥槽的深度应不小于 12cm。雨水管的管口设在井身的底部。与雨水管或合流干管的检查井相接时，雨水口支管与干管的水流方向以在平面上成 60°角为好。支管的坡度一般不应小于 1%。雨水口呈水平方向设置时，井箅应略低于周围路面及地面 3cm 左右，并与路面或地面顺接，以方便雨水的汇集和泄入。雨水口的泄水能力及适用条件见表 3-3。

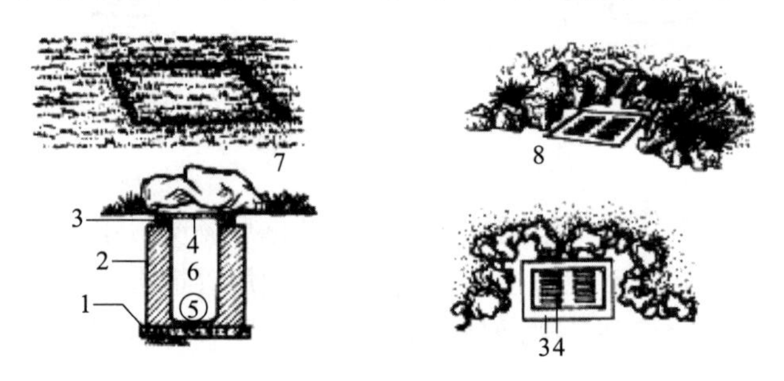

图 3-14　雨水口构筑物

1—基础；2—井深；3—井口；4—井箅；5—支管；6—井室；7—草坪窨井盖；8—山石围护雨水口

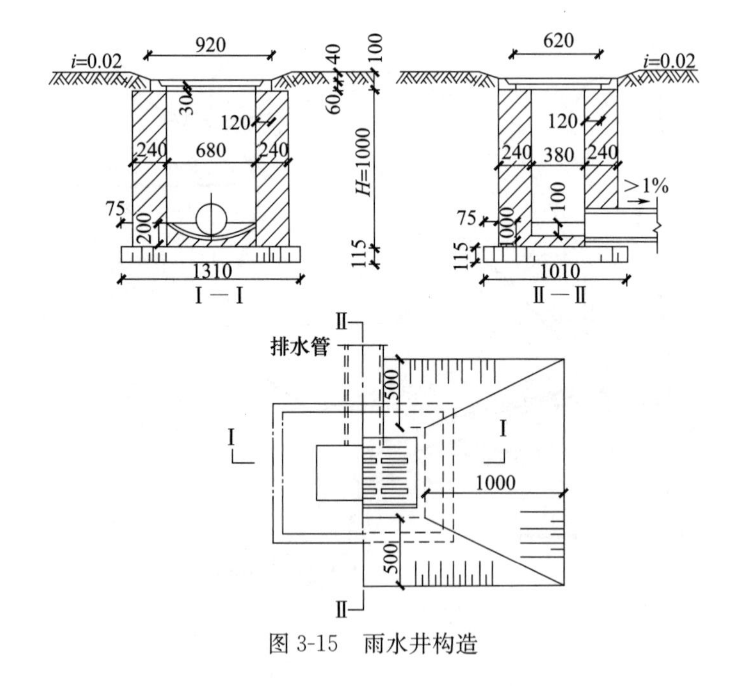

图 3-15　雨水井构造

表 3-3　常用雨水口的泄水能力和适用条件

名称	泄水能力/（L/s）	适用条件
（单箅） 边沟式雨水口 （双箅）	20 35	有道牙道路，纵坡平缓
（单箅） 联合式雨水口 （双箅）	30 50	有道牙道路，箅隙易被树叶堵塞时
（单箅） 平箅式（双箅）雨水口 （双箅）	15～20 35 50	有道牙道路，比较低洼处且箅易被树叶堵塞时
（单箅） 平箅式（双箅）雨水口 （三箅）	15～20 35 50	无道牙道路、广场、地面
小雨水口	约 10	降雨强度较小地区、有道牙道路

（二）检查井

检查井的功能是便于管道维护人员检查和清理管道。通常设在管渠交会、转弯、管渠尺寸或坡度改变、跌水等处以及相隔一定距离的直线管渠段上。一般采用圆形，由井底（包括基础）、井身和井盖（包括盖底）三部分组成（图 3-16）。检查井的最大间距见表 3-4。

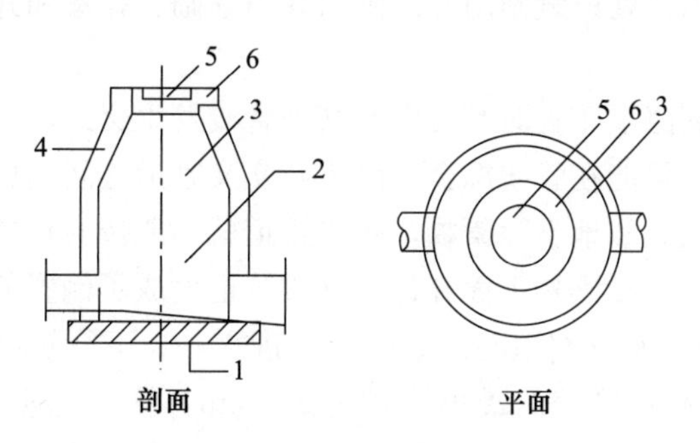

图 3-16　圆形检查井的构造

1—基础；2—井室；3—肩部；4—井颈；5—井盖；6—井口

表 3-4　检查井的最大间距

管别	管渠或暗渠净高/mm	最大间距/m
污水管道	＜500 500～800 800～1500 ＞1500	40 50 75 100
雨水管渠和合流管渠	＜500 500～800 800～1500 ＞1500	50 60 100 120

（三）跌水井

跌水井是设有消能设施的检查井。目前常用的跌水井有两种形式：竖管式（或矩形竖槽式）和溢流堰式（图 3-17）。前者适用于直径等于或小于直径 400mm 的管道，后者适用于直径 400mm 以上的管道。当上、下游管底标高落差小于 1m 时，一般只将检查井底部做成斜坡，不采取专门的跌水措施。

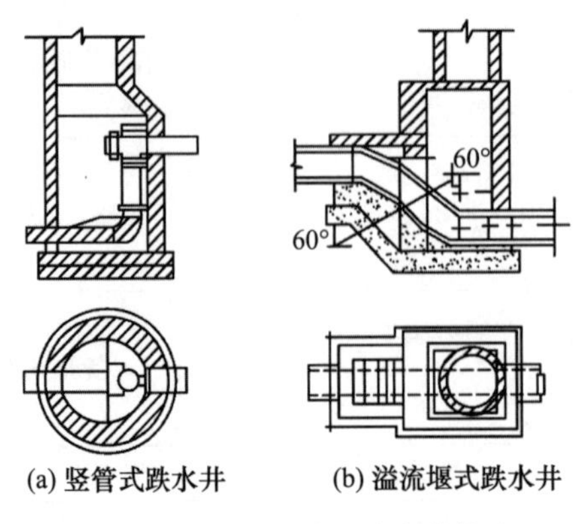

图 3-17　两种形式的跌水井构造

（四）闸门井

由于受到降雨或潮汐的影响，园林水体水位增高，可能会对排水管形成倒灌，或者为了防止无雨时污水对园林水体的污染，控制排水管道内水的方向与流量，就要在排水管网中或排水泵站的出口处设置闸门井。闸门井由基础、井室和井口组成。

（五）倒虹管

由于排水管道在同路下布置时有可能与其他管线发生交叉，而它又是一种重力自流式的管道，因此，要尽可能在管线综合中解决好交叉管道之间的标高关系，但有时受地形所限，如果要穿过沟渠和地下障碍物，排水管道就不能按照正常情况敷设，而不得不以一个下凹的折线形式从障碍物下面穿过。这段管道就成了倒置的虹吸管，即所谓的倒虹管（图 3-18）。一般排水管网中的倒虹管是由进水井、下行管、平行管、上行管和出水井等部分构成。倒虹管采用的最小管径为 200mm，管内流速一般为 1.2～1.5m/s，同时管内流速不得低于 0.9m/s，并应大于上游管内流速。平行管与上行管之间的夹角不小于 150°，要保证管内的水流有较好的水力条件，防止管内污物滞留。为了减少管内泥砂和污物淤积，可在倒虹管进水井之前的检查井内设一沉淀槽，使部分泥砂污物在此预沉下来。

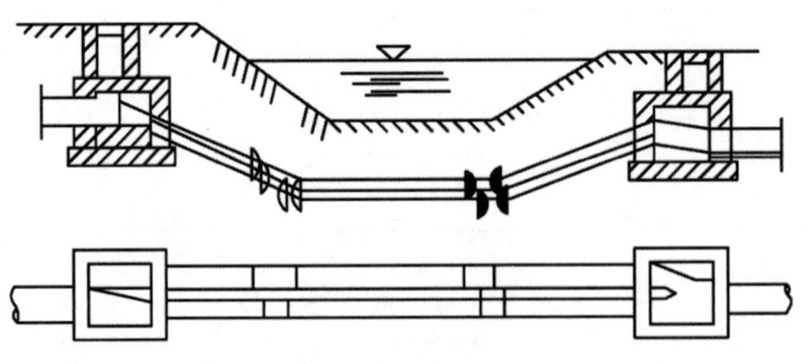

图 3-18　穿越河道的倒虹管示意图

（六）出水口

出水口是排水管渠内水流排入水体的构筑物，其形式和位置视水位、水流方向而定，管渠出水口不要淹没于水中，最好令其露在水面上。为了保护河岸、池壁及固定出水口，通常在出水口和河道连接部分做护坡或挡土墙等（图 3-19、图 3-20）。常见出水口形式见表 3-5。

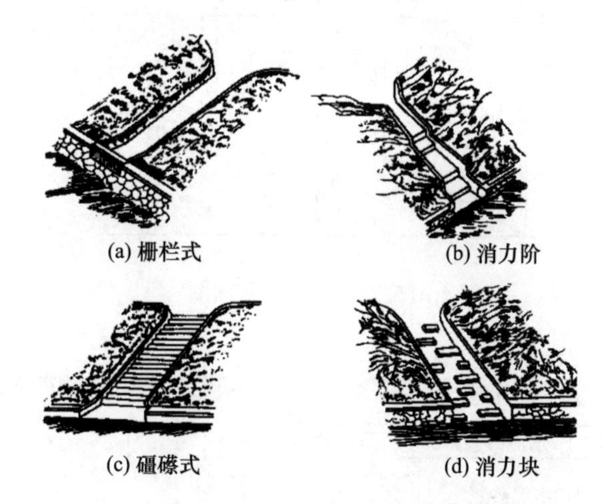

图 3-19　出水口的处理形式

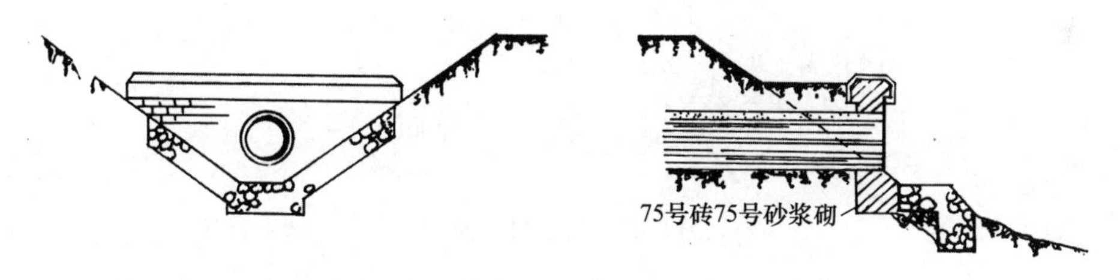

图 3-20　出水口构造

表 3-5　常见出水口形式和适用条件

名称	适用条件
一字出水口	排出管道与河流渠顺接处，岸坡较陡时
八字出水口	排出管道排入河渠岸坡较平缓时
门字出水口	排出管道排入河渠岸坡度较陡时
淹没出水口	排出管道末端标高低于正常水位时
跌水式出水口	排出管道末端标高高出洪水位较大时

七、雨水管渠的布置与设计

公园绿地应尽可能利用地形排除雨水，但在某些局部如广场、主要建筑周围或难以利用地面排水的局部，可以设置暗管或排水渠来排水。

（一）雨水管渠的布置

1. 雨水管道系统的组成

雨水管道系统通常由雨水口（图 3-21、图 3-22）、连接管、检查井（图 3-23）、干管、支管和出水口组成。

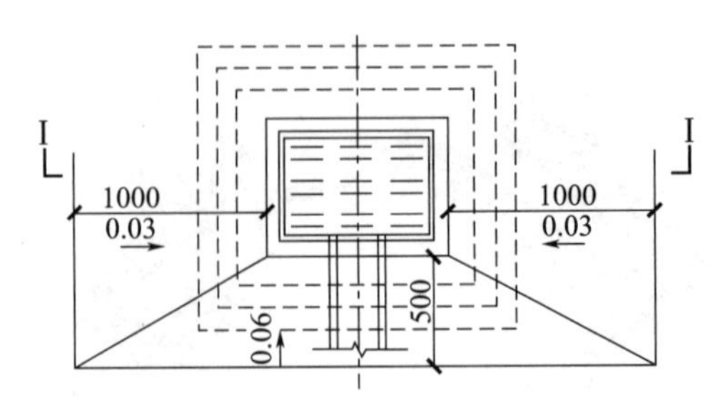

图 3-21　雨水口平面图

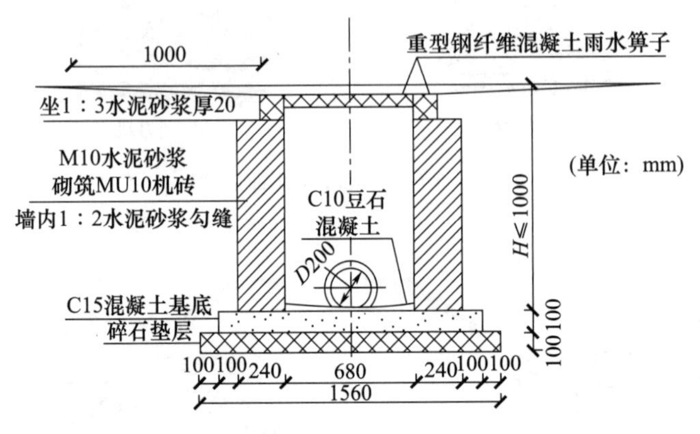

图 3-22　雨水口剖面图

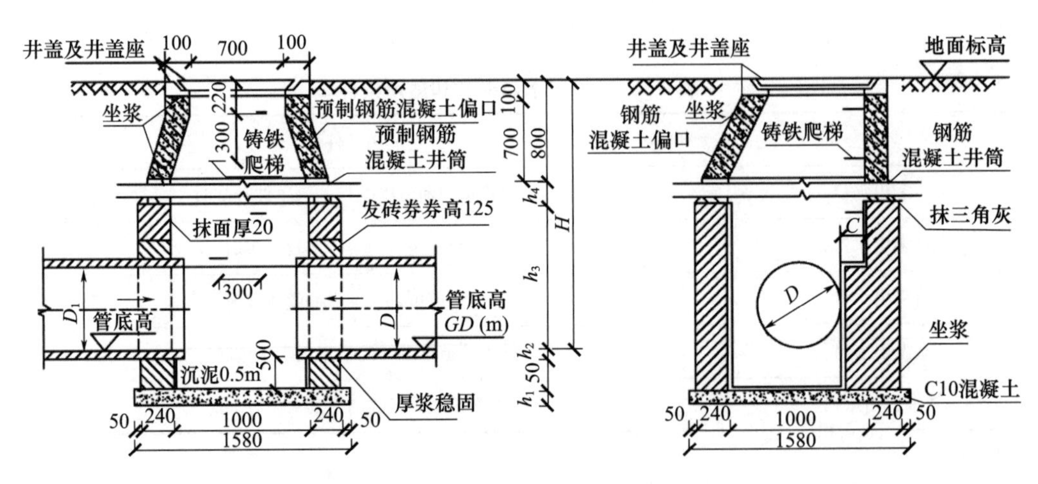

图 3-23　检查井结构剖面图

2. 雨水管渠布置的一般规定

（1）管道的最小覆土深度：根据雨水井连接管的坡度、冰冻深度和外部荷载情况决定。雨水管道的最小覆土深度不小于 0.7m。

（2）最小坡度：雨水管道多为无压自流管，只有具有一定的纵坡值，雨水才能靠自身重力向前流动，而且管径越小，所需最小纵坡值就越大。管渠纵坡的最小限值见表 3-6。

表 3-6　管渠纵坡的最小限值

管径/mm	最小纵坡/%	管径/mm	最小纵坡/%	沟渠	最小纵坡/%
200	0.4	350	0.3	土质明沟	0.2
300	0.33	400	0.2	砌筑梯形明渠	0.02

（3）最小容许流速：流速过小，不仅影响排水速度，水中杂质也容易沉淀淤积。各种管道在自流条件下的最小容许流速不得小于 0.75m/s，各种明渠不得小于 0.4m/s（个别地方可以酌减）。

（4）最大设计流速：流速过大，会磨损管壁，降低管道的使用年限。金属管的最大设计流速为 10m/s，非金属管为 5m/s，明渠的水流深度 h 为 0.4～10m 时，最大设计流速宜如表 3-7 所示。

表 3-7　明渠的最大设计流速

明渠类别	最大设计流速/（m/s）	明渠类别	最大设计流速/（m/s）
粗砂及贫砂质黏土	0.8	草皮护面	1.6
砂质黏土	1.0	干砌块石	2.0
黏土	1.2	浆砌块石及浆砌砖	3.0
石灰岩及中砂岩	4.0	混凝土	4.0

（5）最小管径尺寸及沟槽尺寸：

① 雨水管最小管径一般不小于 150mm，公园绿地的径流中因携带的泥沙较多，容易堵塞管道，故最小管径尺寸采用 300mm。

② 梯形明渠为了便于维修和排水通畅，渠底宽度不得小于 300mm；梯形明渠的边坡在用砖、石或混凝土砌筑时，一般采用 1∶0.75～1∶1 的边坡。边坡在无铺装情况下根据其土壤性质可采用表 3-8 的数值。

表 3-8　梯形明渠的边坡

土质	边坡	土质	边坡
粉砂	1∶3～1∶3.5	砂质黏土和黏土	1∶1.25～1∶1.15
松散的细砂、中砂、粗砂	1∶2～1∶2.5	砾石土和卵石土	1∶1.25～1∶1.5
细实的细砂、中砂、粗砂	1∶1.5～1∶2	半岩性土	1∶0.5～1∶1
黏质砂土	1∶1.5～1∶2	风化岩石	1∶0.25～1∶0.5

③ 管道材料的选择：排水管材的种类有铸铁管、钢管、石棉水泥管、陶土管、混凝土管和钢筋混凝土管等。室外雨水的无压排除通常选用陶土管、混凝土管和钢筋混凝土管。

3. 雨水管渠布置的要点

（1）尽量利用地表面的坡度汇集雨水，以使所需管线最短。在可以利用地面输送雨水的地方尽量不设置管道，使雨水能顺利地靠重力排入附近水体。

（2）当地形坡度较大时，雨水干管应布置在地形低的地方；当地形平坦时，雨水干管应布置在排水区域的中间地带，以尽可能地扩大重力排除范围。

（3）应结合区域的总体规划进行考虑，如道路情况、建筑物情况、远景建设规划等。

（4）雨水口的布置应考虑是否能及时排除附近地面的雨水，不致雨水漫过路面而影响交通。

（5）为及时快速地将雨水排入水体，若条件允许，应尽快采用分散出水口的布置形式。

（6）在满足冰冻深度和荷载要求的前提下，管道坡度宜尽量接近地面坡度。

（二）雨水管道设计步骤

雨水管道设计的主要步骤包括以下内容。

1. 收集资料

收集和整理所在地区和设计区域的各种原始资料，包括设计区域总平面布置图、竖向设计图，当地的水文、地质、暴雨等资料。

2. 划分流域

划分排水流域（汇水区），进行雨水管渠的定线；根据排水区域地形、地物等情况划分汇水区，通常按山脊线（分水岭）、建筑外端、道路等进行划分。

3. 做管道布置草图

根据汇水区划分、水流方向及附近城市雨水干管分布情况等，确定管道走向以及雨水口、检查井的位置。给各检查井编号并求其地面标高，标出各段管长。

4. 划分并计算各设计管段的汇水面积 F

各设计管段汇水面积应结合地形坡度、汇水面积的大小以及雨水管道布置等情况而划定。地形较平坦时，可按就近排入附近雨水干管的原则划分汇水面积；地形坡度较大时，按地面雨水径流的水流方向划分汇水面积。将每块面积进行编号，计算其面积的数值并标明在图中。

5. 确定各排水流域的平均径流系数 Ψ

径流系数 Ψ 是单位面积径流量与单位面积降雨量的比值。地面性质不同，其径流系数也不同，所以这一比值的大小取决于地表或地面物的性质。覆盖类型较多的汇水区，其平均径流系数应采用加权平均法求取。各类地面径流系数参考表 3-9。

表 3-9 不同性质地面的径流系数值

地面种类	Ψ 值	地面种类	Ψ 值
各种屋面、混凝土和沥青路面	0.9	干砌砖石和碎石路面	0.4
大块石铺砌路面和沥青表面处理的碎石路面	0.6	非铺砌土地面	0.3
级配碎石路面	0.45	绿地	0.15

八、园林排水工程的综合布置

管线综合布置的目的是合理安排各种管线，综合解决各种管线在平面和竖向上的相互影响，以避免在各种管线埋设时发生矛盾，造成人力、物力、财力和时间上的浪费。

(一) 一般原则

(1) 地下管线的布置，一般是按管线的埋深，由浅至深（由建筑物向道路）布置，常用的顺序如下：a. 建筑物基础；b. 电信电缆；c. 电力电缆；d. 热力管道；e. 煤气管；f. 给水管；g. 雨水管道；h. 污水管道；i. 路缘。

(2) 管线的竖向综合布置应遵循小管让大管、有压管让自流管、临时管让永久管、新建管让已建管的原则。

(3) 管线平面应做到管线短、转弯小，减少与道路及其他管线的交叉，并同主要建筑物和道路的中心线平行或垂直敷设。

(4) 干管应靠近主要使用单位和连接支管较多的一侧敷设。

(5) 地下管线一般布置在道路以外，但检修较少的管线（如污水管、雨水管、给水管）也可布置在道路下面。

(6) 雨水管应尽量布置在路边，带消火栓的给水管也应沿路敷设。

(二) 各种管线最小水平净距

为保证安全，避免各种管线、建筑物和树木之间相互影响，便于施工和维护，各种管线间水平距离应满足最小水平净距的规定。

九、园林排水工程的施工

园林绿地的排水主要采用地表及明沟排水方式，只有局部的地方采用暗管排水，仅作为辅助性的。采用明沟排水不宜搞得方方正正，而应因地制宜，应该结合当地地形情况，因势利导，做成一种浅沟式，适宜植物生长的形式。

(一) 排水管施工方法

1. 施工流程

施工流程为沟槽开挖→基坑支护→地基处理→基础施工→管道安装→基坑回填土。

2. 管沟开挖

一般采取平行流水作业，避免沟槽开挖后暴露过久，引起沟槽坍塌；同时可充分利用开挖土进行基坑回填，以减少施工现场的土方堆积和土方外运量。根据现况管线的分布和实际地质情况，拟采用人工配合机械开挖的方法。

3. 地基处理

管沟开挖完毕，按规定对基底整平，并清除沟底杂物，如遇不良地质情况或承载力不符合设计要求，应及时与建设、设计、监理单位协商，根据实际情况分别采用重锤夯实、换填灰土、填筑碎石、排水、降低水位等方法处理。

4. 管道安装

管道安装应首先测定管道中线及管底标高，安装时按设计中线和纵向排水坡度在垂直和水平方向保持平顺，无竖向和水平挠曲现象。排水管道安装时，管道接口要密贴，接口与下管应保持一定距离，防止接口振动。管道安装前应先检查管材是否破裂、承插口内外工作面是否光滑。管材或管件在接口前，用棉纱或干布将承口内侧和插口外侧擦拭干净，使接口面保持清洁，无尘砂与水迹。当表面沾有油污时，用棉纱蘸丙酮等清洁剂擦净。

5. 管沟回填

回填前应排除积水，并保护接口不受损坏。回填填料符合设计及有关规定要求，施工中可与沟槽开挖、基础处理、管道安装流水作业，分段填筑，分段填筑的每层应预留0.3m以上与下段相互衔接的搭接平台。管道两侧和检查井四周应同时分层、对称回填夯实。

（二）雨污排放系统施工

雨污排放系统施工前，先由技术部门复核检查井的位置、数量，管道标高、坡度等。然后核对现场测量图纸设计的市政雨污系统接口标高和现场实测的是否一致，确定无误后再进行施工。施工时应遵循由下而上的顺序进行，具体顺序如下：

（1）雨水井、污水井、检查井的施工。首先将现场的雨污管引出，确定井的位置，再根据图纸上的标高确定井的深度，然后进行挖土、垫层、砌筑抹灰等施工。各分项工程施工工艺参照前阶段结构和装饰施工的分项工程施工方案进行。

（2）雨水、污水管安装。雨水、污水排水管材插口与承口的工作面，应表面平整、尺寸准确，既要保证安装时插入容易，又要保证接口的密封性能。管材及配件在运输、装卸及堆放过程中严禁抛扔或激烈碰撞，避免阳光暴晒以防变形和老化。管材、配件堆放时，放平垫实，堆放高度不超过1.5m；承插式管材、配件堆放时，相邻两层管材的承口相互倒置，并让出承口部位，以免承口承受集中荷载。

（三）雨水、污水管道的闭水试验

排水管道闭水试验是在试验段内灌水，井内水位应为试验段上游管内顶以上2m（一般以一个井段为一段），然后在规定的时间里，观察管道的渗水量是否符合标准。试验前，用1∶3水泥砂浆砌24cm厚的砖将试验段两井内的上游管口堵头，并用1∶2.5砂浆抹面，将管段封闭严密。当堵头砌好后，养护3～4d达到一定强度后，方可进行灌水试验。灌水前，应先对管接口进行外观检查，如果有裂缝、脱落等缺陷，应及时进行修补，以防灌水时发生漏水而影响试验。漏水时，窨井边应设临时行人便桥，以保证灌水及检查渗水量等工作人员的安全。严禁工作人员站在井壁上口操作，上下沟槽必须设置立梯，戴上安全帽，并预先对沟壁的土质、支撑等进行检查，如有异常现象应及时排除，以保证闭水试验过程中的人员安全（图3-24）。

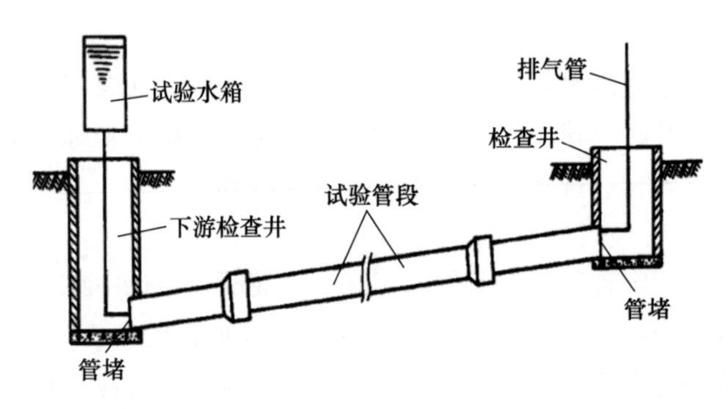

图3-24　闭水试验示意图

任务三　园林污水处理与污水管网施工

【知识点】

掌握污水处理方法

了解园林给水管网设计的方法

【技能点】

能阅读土方施工图纸

掌握排水管线设计和施工

【相关知识】

一、概述

园林中的污水是城市污水的一部分，但和城市污水不尽相同。园林污水量比较少，性质也比较简单。它基本上由两部分组成：一是餐饮部门排放的污水；二是厕所及卫生设备产生的污水。在动物园或带有动物展览区的公园里，还有部分动物粪便及清扫禽兽笼舍的脏水。由于园林污水性质简单、排放量少，所以处理这些污水也相对简单。

二、污水处理方法

（1）以除油池除污。除油池是用自然浮法分离，取出含油污水中浮油的一种污水处理池。污水从池的一端流入池内，再从另一端流出，通过技术措施将浮油导流到池外。用这种方式，可以处理公园内餐厅、食堂排放的污水。

（2）用化粪池化污。这是一种设有搅拌与加温设备，在自然条件下消化处理污物的地下构筑物，是处理公园宿舍、公厕粪便最简易的一种处理方法。其主要原理是：将粪便导流入化粪池沉淀，在厌氧细菌作用下发酵、腐化、分解，使污物中有机物分解为无机物。化粪池内部一般分为三格：第一格供污物沉淀发酵；第二格供污水澄清；第三格使澄清后的清水流入排水管网系统中。

（3）沉淀池。使水中的固体物质（主要是可沉固体）在重力作用下下沉，从而与水分离。根据水流方向，沉淀池可分为平流式、辐流式和竖流式三种。平流式沉淀池中水从池子一端流入，按水平方向在池内流动，从池的另一端溢出；池呈长方形，在进口处的底部有储泥斗。辐流式沉淀池，池表面呈圆形或方形，污水从池中间进入，澄清的污水从池周溢出。竖流式沉淀池，污水在池内也呈水平方间流动，水池表面多为圆形，但也有呈方形或多角形者；污水从池中央下部进入，由下向上流动，清水从池边溢出。

（4）过滤池。是使污水通过滤料（如砂等）或多孔介质（如布、网、微孔管等），以截留水中的悬浮物质，从而使污水净化的处理方法。这种方法在污水处理系统中，既用于以保护后续处理工艺为目的的预处理，也可用于出水能够再次复用的深度处理。

（5）生物净化池。是以土壤自净原理为依据，在污水灌溉的实践基础上，经间歇沙滤和接触滤池而发展起来的人工生物处理。污水长期以滴状洒布在表面上，就会形成生物膜。生物膜成熟后，栖息在膜上的微生物即摄取污水中的有机污染物作为营养，从而使污水得到净化。

三、污水的排放

（1）净化污水应根据其性质，分别处理。如饮食部门的污水主要是残羹剩饭及洗涤废水，污水中含有较多油脂。对这类污水，可设带有沉淀池的隔油井，经沉淀隔油后，排入就近的水体。这些肥水可以养鱼，也可以给水生生物施肥，水体中可广种藻类、荷花、水浮莲等水生植物。

（2）水生植物通过光合作用放出大量的氧，溶解在水中，为污水的净化创造了良好的条件。

（3）粪便污水处理则应采用化粪池。污水在化粪池中经沉淀、发酵、沉渣，液体在发酵澄清后，污水可排入城市污水管网，也可作园林树木的灌溉用水。

（4）少量的污水可排入偏僻的或不进行水上活动的园内水体。水体应种植水生植物及养鱼。对化粪池中的沉渣污泥，应根据气候条件每 3 个月至 1 年清理一次。这些污泥是很好的肥料。

（5）排放污水的地点应该远离设有游泳场之类的水上活动区，以及公园的重要部分。排放时也宜选择闭园休息时。

四、园林污水管网的施工

1. 污水管网方案交底

管网建设前，各方对方案的审查程序均较完善，但在管网建设过程中往往不能有效执行，无法确保管网建设质量。在这一方面，还需要加大管理力度。首先，开工前加强岗前培训，对作业人员进行全面的方案交底，对设计要求、施工措施、安全操作规程、施工验收规范等进行详细交底，同时需所有作业人员对交底进行书面签字。在建设工程中将方案细分到每个作业环节，采取表格形式由作业人员填写，管理人员监督，确保方案执行。其次，对管网施工过程细分停止点，如基础开挖到设计高程必须验槽，垫层的厚度、污水管网回填前的闭水试验、回填等必须经过验收合格后才能进入下一道工序。最后，在建设管控过程中，加强处罚力度，对不按方案执行、偷工减料的施工行为必须严惩并做返工处理，同时进行再教育，将屡教不改的施工队伍以及作业人员清理出场，确保建设质量。

2. 沟槽开挖和支护及排水设施

相关工作人员在开挖沟槽时，要利用人机结合的方法进行开挖。在具体的施工过程中，应当根据工区段的实际状况施工。沟槽开挖之前，相关工作人员要实地调查好管线铺设情况并且进行相应的物探工作，开挖时要通过精确的计算来确定好开挖的深度，避免与其相邻的其他管线遭到破坏。相关工作人员如果在开挖的过程中碰到其他管线，要和其他管线空出一段安全距离，并且采取一定的措施保护好其他管线，在此之后才能进行土方开挖工作。在具体的施工过程中，工作人员要在施工地设置一定的标志，避免行人及车辆影响施工进程。挖好土方以后，距离槽底 20cm 以上的位置需要人工修整底面，除此之外，相关工作人员也要清理好槽底的淤泥、松散土以及大石块。同时，沟槽内部的积水要去除，相关工作人员也要对沟槽的两边做好边坡支护工作。完善好地基底面以后，应当做好基础施工的跟进。在挖槽的过程中，堆土的高度要控制在 1.5m 以内，相关工作人员也要做好沟槽的支护工作。

3. 污水管道的闭水试验

（1）对雨污管道的外观质量进行全面检查，选择符合闭水试验要求的水源并加以使用。在雨污管道闭水试验开展前，需要封闭好试验管段，经过三四个小时且达到一定强度要求后方可进行试验。

（2）在开展雨污管道闭水试验的过程中，应严格遵守设计及试验方案等方面的要求，并对管道两端堵板的承载力进行科学分析，且进水管在与出水管在实践应用中应实施封堵操作，避免管道出现渗水现象，必要时可采用细砂浆进行修补处理。

（3）经过闭水试验未出现渗漏问题的雨污管道，方能应用于市政工程道路建设中，从而增强其在实践中的排水效果。

任务四　园林喷灌系统工程

【知识点】

掌握固定式喷灌系统设计和施工的方法

【技能点】

能进行固定式喷灌系统的设计及施工

【相关知识】

发挥灌溉对于风景园林的最佳使用功能和审美功能是非常重要的。虽然在自然条件下，本土树种都能够靠降水正常生长，但是经常有一些引进的物种或处于非理想生长状态的物种，需要一定的灌溉量来保证生长。灌溉系统是用于向绿地输水的完整的管、阀、喷水装置、控制装置、监测仪表和相关部件的组合。在水资源持续短缺的今天，应大力发展节水灌溉技术以提高水资源的利用效率。节水灌溉技术包括喷灌、微喷灌、滴灌、小管出流、渗灌等技术。

喷灌是利用机械加压，把水压送到喷头，经喷头作用将水分散成细小水滴后均匀地喷洒地面进行灌溉。喷灌近似于天然降水，对植物全株进行灌溉，可以洗去树叶上的尘土，增加空气湿度，不仅节约用水，灌水均匀，有利于实现灌溉自动化，对盐碱土的改良也有一定作用；但喷灌的基本建设投资高、耗能大、工作时受风的影响较大，超过3～4级风不宜进行。

滴灌和渗灌属于局部灌溉，通过管道系统和灌水器将水分、养分及其他可溶于水的物质以较小的流量均匀、准确地直接输送到植物根部附近的土壤表面或土层中，具有省水节能、灌水均匀、适应性强、操作方便等优点（图 3-25）。

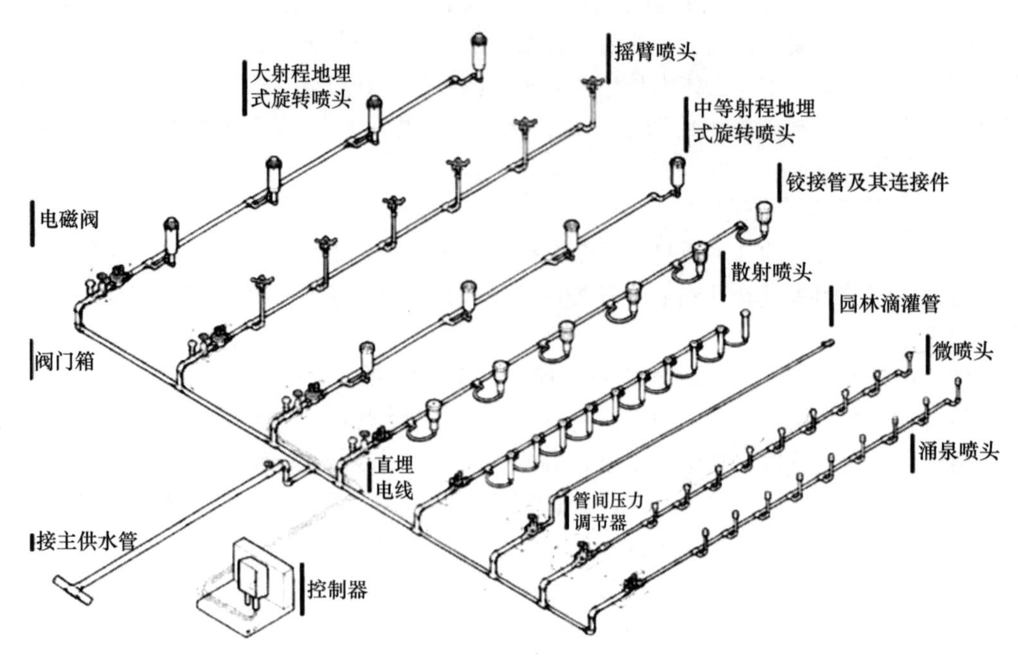

图 3-25 灌溉系统示意图

一、喷灌系统的组成与分类

(一) 喷灌系统的组成

喷灌系统的组成包括水源、输水管道系统、控制设备、过滤设备、加压设备、喷头等部分（图 3-26、图 3-27）。喷灌系统的设计就是要求有一个完善的供水管网，通过这个管网为喷头提供足够的水量和必要的工作压力，供所有喷头正常工作。

图 3-26 折射式喷头

图 3-27 摇臂式喷头

喷灌系统的水源可以有较多的选择，在可能的情况下应首先选择中水或地表水作为喷灌系统的水源，尽量减少对地下水和市政自来水等优质水资源的依赖，同时喷灌水源的水质应能满足植物生长的要求，不应改变原有土壤的物理和化学性质。当用中水作为灌溉用水时，应定期检验中水的出水水质。当一个水源不能完全保证喷灌用水的水量要求时，可以考虑使用多个水源同时供水。

当选择压力管网作为喷灌系统的水源时，可以直接利用管网压力为喷头供水，在压力不足或无压力水源时，需要采用水泵及动力设备升压。喷灌系统常用的加压设备有离心泵、潜水泵和深井泵。水泵的设计出水量应满足最大轮灌区的用水量，水泵的扬程应满足最不利点喷头的工作压力。

输水管道系统通常由主管和支管两级管道组成，可以将水配送到各个喷头。主管是全部或大部分时间都有水和压力的管网段，始于水源并延伸到支管的控制阀。主管上安装闸阀以便分区管理，也可以安装取水阀，便于临时连接水管取水。支管是工作管道，按一定间距安装有连接喷头的立管，只有喷头工作时支管内才充水。

在管道系统上还接有其他连接和控制的附属配件，如过滤器、化肥及农药添加器、水表，以及各种手控阀门、电磁阀和控制器等。手控阀门包括球阀、闸阀、蝶阀等。喷灌控制器应用于自动控制喷灌系统，可实现园林灌溉无人值守，提高自动化管理水平，其附属设备包括遥控器和传感器等。常用的传感器有降水传感器、土壤湿度传感器和风速传感器等。往往因为水压条件、游人游览需要、再生水灌溉等原因，绿地灌溉的时间段选择在夜间或清晨。时间控制器可以控制喷灌开始进行的时间、时长和间隔时间。遥控器和传感器配合使用，可以感应风力、气温、降雨、土壤湿度变化等，自动进行定时、定量灌溉。其他控制设备包括减压阀、止回阀、倒流防止器、排气阀、水锤消除阀、自动泄水阀、排空装置等。在使用饮用水作为喷灌水源或者水源之一时，必须通过安装止回阀等措施，防止喷灌系统中的水倒流进入自来水管网系统中，以免污染饮用水，造成卫生安全事故。

喷头是喷灌的专用设备，其作用是将有压力的集中水分散成细小的水滴，均匀洒布到土壤表面。喷头的性能参数是喷灌设计的重要数据，可以从工厂提供的产品性能参数中获得，主要包括有效射程、工作压力、仰射角、喷灌强度和单位时间喷水量等。

（二）喷灌系统的分类

依管道敷设方式，喷灌系统可分为移动式、固定式和半固定式三类。三种系统可根据灌溉地的情况酌情采用。

1. 移动式喷灌系统

移动式喷灌系统要求灌溉区有天然水源（池塘、河流等），其动力（电动机或汽油发动机）、水泵、管道和喷头等是可以移动的，由于管道等设备不必埋入地下，所以投资较小，机动性强，但管理劳动强度大。适用于水网地区的园林绿地、苗圃和花圃的灌溉（图 3-28）。

2. 固定式喷灌系统

这种系统有固定的泵站，供水的干管、支管均埋于地下，喷头固定于竖管上，也可临时安装。固定式喷灌系统的设备费用较高，但操作方便，节约劳力，便于实现自动化和遥控操作。适用于需要经常灌溉和灌溉期较长的草坪、大型花坛、花圃、庭院绿地等（图 3-29）。

图 3-28　移动式喷灌系统

图 3-29　固定式喷灌系统

3. 半固定式喷灌系统

其泵站和干管固定，支管及喷头可移动，优缺点介于上述二者之间。适用于大型花圃或苗圃（图 3-30）。

图 3-30　半固定式喷灌系统

此外，喷灌系统依供水方式分类，可以分为自压型喷灌系统和加压型喷灌系统。喷灌系统依控制方式分类，可以分为程序控制型喷灌系统和手动控制型喷灌系统。喷灌系统依喷头喷射距离分类，可以分为近射程喷灌系统和中、远射程喷灌系统。

二、固定式喷灌系统的设计

固定式喷灌系统规划设计的内容一般包括：勘测调查、喷灌系统选型和管网规划、水力计算和结构设计等。

（一）喷灌地区的勘测调查

要设计一个喷灌系统，首先要在灌区范围内进行调查，收集地形、气象、土壤、水文、植物材料等有关资料，并进行实地踏勘取得第一手材料。如果地形、土壤等资料不足，还需预先进行测量、实地观测等工作。喷灌系统设计必需的基本资料有以下几类：

（1）地形图。比例尺为 1∶1000～1∶500 的地形图，灌溉区的面积、位置、边界、形状、地形地势以及其他影响喷灌设计的道路、建筑等。

（2）气象资料。包括气温、降水、蒸发、湿度、风向、风速等，其中尤以风对喷灌影响最大。作为确定植物需水量和制订灌溉制度的主要依据，风向、风速资料是确定支管布置方向和确定喷灌系统有效工作时间所必需的依据。

（3）土壤资料。包括土壤的质地、持水能力、吸水能力和土层厚度等，主要用以确定灌溉制度和最大允许喷灌强度。

（4）植被情况。植被（或作物）的种类、种植面积、耗水量情况、根系深度等。植物的生长期、生长季节的降水量或降水速度、蒸发速度、土壤类型、植物的蒸腾量、植物的需水量等是喷灌设计的基础资料。喷灌的水量就是在生长期间植物所需的水量与天然降水之间的差值，不同植物种类有差异。

（5）水源条件。灌溉区水源条件的选择视具体情况而定。

（6）动力条件。可选择高位水、内燃机、电机等与水泵组成动力机组等。

（二）喷灌系统的设计

1. 喷头的选择

喷灌区域的大小和喷头的安装位置是选择喷头喷洒范围的主要依据。面积狭小区域应采用低射程喷头；面积较大时应使用中、远射程喷头，以降低综合造价。安装在绿地边界的喷头，应选择可调角度或固定角度的喷头，避免漏喷或喷出边界。喷头的水力性能应适合植物和土壤的特点，根据植物种类来选择水滴大小（即雾化指标），还要根据土壤透水性来选定喷头，使系统的组合喷灌强度小于土壤的渗吸速度。

2. 喷头的布置

喷头应等间距、等密度布置，最大限度地满足喷灌均匀度的要求，并充分考虑风对喷灌水量分布的影响，将这种影响的程度降到最低，做到无风或微风情况下不向喷灌区域外大量喷洒。充分考虑植物等障碍物对喷洒效果的影响，喷头与树木、草坪灯、音箱、果皮箱等物体的间距应该大于其射程的一半，避免由于遮挡出现漏喷的现象。有封闭边界的喷灌区域应首先在边界的转折点布置喷头，然后在转折点之间的边界上按一定的间距布置喷头，最后在边界之间的区域里布置喷头，要求一个轮灌区里喷头的密度尽量相等。对于无封闭边界的喷灌区域，喷头应首先从喷灌技术要求最高的区域开始布置，然后向外延伸。

喷头的喷洒方式有圆形喷洒和扇形喷洒两种。除了位于地块边缘的喷头做扇形喷洒外，其余均采用圆形喷洒。喷头的组合形式（也叫布置形式）是指各喷头相对位置的安排。喷头的基本布置形式有矩形和三角形两种。在喷头射程相同的情况下，不同的布置形式，其支管和喷头的间距也不同。

喷头布置完成以后应该核算喷灌强度和喷灌均匀度，如果不能满足设计要求，必须重新进行喷头选型和布置，直到喷灌强度和均匀度均满足设计要求为止。

3. 管网布置及轮灌区的划分

干管用于连接水源接入点和各个支管，一般情况下干管走向应与地块轴线一致，应尽量使干管与支管垂直相交。支管用于连接一组喷头，由阀门控制喷头的启闭。支管连接的喷头数量可以根据管理要求和经济因素等确定。较少的喷头管理灵活，而较多喷头可以减少控制阀门的数量。

4. 灌溉制度的设计

设计灌水定额是指一次灌水的水层深度（单位为 mm）或一次灌水单位面积的用水量（单位为 m^3/hm^2）。而设计灌水定额则是指作为设计依据的最大灌水定额。确定这一定额旨在使灌溉区获得合理的灌水量，使被灌溉的植被既能得到足够的水分，又不造成水的浪费。

5. 喷灌系统管道的水力计算

喷灌系统管道的水力计算和一般的给水管道的水力计算相仿，也是在保证用水量的前提下，通过计算水头损失来正确地选定管径及选配水泵与动力。

喷灌系统管径选择的原则是在满足下一级管道流量和压力的前提下，管道的年费用最小。管道的年费用包括投资成本和运行费用。对于一般规模的绿地喷灌系统，如果采用 PVC 管材，可以利用下面公式确定管径：

$$D=22.36\sqrt{\frac{Q}{v}}$$

式中 D——管道的公称外径（mm）；

Q——设计流量（m^3/h）；

v——设计流速（m/s）。

上式的适用条件是，设计流量 $Q=0.5\sim200m^3/h$，设计流速 $v=1.0\sim2.5m/s$。当计算的管径介于两种常用规格之间时，取大者。当管径 $D\leqslant50mm$ 时，设计流速不应超过表 3-10 规定的数值。从安全运行的角度考虑，所有规格的管道流速不宜超过 2.5m/s。

表 3-10 管道外径与最大流速对照表

外径/mm	15	20	25	32	40	50
最大流速/（m/s）	0.9	1.0	1.2	1.5	1.8	2.1

水头损失包括沿程水头损失和局部水头损失。沿程水头损失可用公式计算，也可以查管道水力计算表。根据已知的流量和管道品种，查相应管材的水力计算表，便可求得该管段的沿程水头损失值。局部水头损失，可按沿程水头损失值的 10%计算。

在喷灌系统的支管上，一般都要安装若干个竖管和喷头，在喷头同时工作时，每隔一定距离（喷头在支管上的间距）都有部分水量流出，所以向管末端支管流量是逐段减少的，在求取这种多孔口管道的水头损失时，为了便于计算，采用一个叫“多口系数”的概念。多口系数是指相同进口流量时，多出口等流量出流时的沿程水头损失与该管道只有末端出流时的沿程水头损失的比值。

三、微灌系统设计

与喷灌系统相反，微灌是直接将水浇到单个植物的灌溉系统，通过灌水器以微小的流量湿润植物根部附近土壤，利用轻度但频繁的灌溉以适应不同植物和土壤气候条件的需要。微灌可以按照植物需水要求适时适量地灌水，显著减少水的损失，省水省工；系统工作所需要的压力较小，减少了能耗；系统灌水均匀，对土壤和地形的适应性强。缺点是投资较大，对水质要求较高。

根据微灌所用的设备（主要是灌水器）及出流形式不同，主要有滴灌、微喷灌、小管出流和渗灌 4 种。

（1）滴灌。是利用安装在末级管道（称为毛管）上的滴灌器将压力水以水滴状湿润土壤。如将毛管和滴灌器放在地面，称为地表滴灌；也可以把它们埋入地下 30～40cm，称为地下滴灌。滴灌滴水器的流量通常为 2～12L/h。

（2）微喷灌。是利用直接安装在毛管上或与毛管连接的微喷头将压力水以喷洒状湿润土壤。微喷头的流量通常为 20～250L/h。

（3）小管出流。是利用小塑料管与毛管连接作为灌水器，以射流形式局部湿润植物附近的土壤。其流量为 80～250L/h。

（4）渗灌。是将渗水毛管埋入地下一定深度，压力水通过渗水毛管管壁的毛细孔以渗流形式湿润周围的土壤。其流量一般为 2～3L/（h・m）。

在场地的喷灌系统中，往往会因为场地中存在一些不适宜大中型喷头喷洒的区域，会在局部地方结合微灌系统配合使用。一些植物的特殊生长时期或某些特定植物也需要独立的微灌系统进行灌溉。

（一）滴灌系统

滴灌系统具有极大的灵活性，可以为不同植物选择不同流速的滴灌器或安排滴灌器的不同量，以适应植物个体的差异，节水的同时，连续地提供水分以接近植物生长所需的最佳土壤湿度，如图 3-31 所示。滴灌系统常与喷灌系统结合使用，以满足园林种植的复杂多样性。喷灌系统用于灌溉大面积的草坪或密林，而对于灌木、孤植乔木、行道树等，滴灌则具有独特优势。

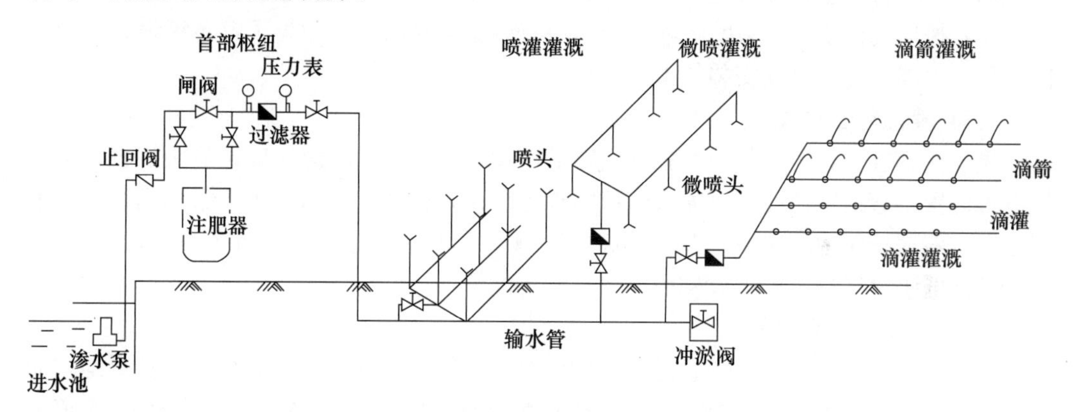

图 3-31　滴灌系统图示

滴灌器应围绕植物的根系，尤其是毛细根区对称布置，一般配有偶数个滴灌器，系统的设置应以适应植物的生长而进行微调。滴灌器数量应根据植物的大小、水流速度以及土壤类型确定。在滴灌器下方，不同种类的土壤会出现不同的浸润形状，因此在不同土壤条件下浇灌同等面积土地，需要的滴灌器数量是不同的。

（二）微喷灌系统

微喷灌是通过低压管道系统，以小的流量将水喷洒到土壤表面进行局部灌溉。微喷灌时水流以较大的流速由微喷头喷出，在空气阻力的作用下粉碎成细小的水滴降落在地面。微喷灌的特点是灌水流量小，一次灌水延续时间较长，灌溉周期短，需要的工作压力较低，能够较精确地控制灌水量，把水和养分直接输送到植物根部附近的土壤中。微喷灌系统在园林中适用于灌溉宽度和面积较小的绿地、花池、花坛以及灌丛、树丛等。

（三）渗灌系统

渗灌是一种地下节水灌溉方法，又称地下滴灌。灌溉水是通过渗灌管直接供给植物根部，地表及植物叶面均保持干燥。植物蒸发减至最小，计划湿润层土壤含水率均低于饱和含水率，因此，渗灌技术对水的利用率是目前所有灌溉技术中最高的。渗灌技术可为植物定量提供水、肥、药、气等生长所必需要素。它有疏松土壤、增强地力、提高肥力、增加地表温度、减少杂草和病虫害等功效。

四、园林喷灌系统工程施工

（一）施工工序

喷灌系统施工安装的总要求是，严格按设计进行，必须修改设计时应先征得建设单位、设计单位同意。喷灌系统施工工序：施工准备→施工放样→立标制桩、分组放线→水源管沟开挖→安装主管管线及线缆→安装支管管线→安装各种控制阀及砌闸阀井→泵站管沟夯实、回填土→安装球道分控制器→冲洗管道→安装喷头、快速给水阀→管道试运行、电路试运行。

（二）施工准备

（1）根据园林工程设计的总体布局，认真进行现场查勘，做到心中有数，了解当地冻土层厚度，确定给水管线的埋深度。

（2）在进行施工之前要先询问建设单位水源位置，并测量静态水压。

（3）按照设计要求，采购喷灌系统的所有设备和材料，要预先了解各种设备、材料的型号、性能，并掌握其安装技术。

（三）喷灌施工放样

先喷头后管道，对于每一块独立的喷灌区域，施工放样时应先确定喷头位置，再确定管道位置。管道定位前应对喷头定位结果进行认真核查，包括喷头数量和间距。喷灌的区域一般属于闭边界区域，草场、高尔夫球场等大型绿地喷灌区域多为开边界区域。对于不同的喷灌区域，施工放样的方法有所不同。

（四）绿化喷灌系统施工

不同形式的喷灌系统，其管道施工的内容也不同。移动式喷灌系统只是在绿地内布置水源（井、渠、塘等），主要是土石方工程，而固定式喷灌系统则还要进行管道的铺设。

1. 定线

定线就是把设计图纸上的设计方案直接布置到地面上去。对于水泵，定线应确定水泵的轴线位置、泵房的基脚位置和开挖深度；对于管道系统，则应确定干管的轴线位置，弯头、三通、四通及喷点（即竖管）的位置和管槽的深度。

2. 挖基槽和管槽

在便于施工的前提下，管槽尽量挖得窄些，只在接头处挖一较大的坑，这样管子承受的压力较小，土方量也小。管槽的底面就是管子的铺设平面，所以要挖平以减少不均匀沉陷。基坑管槽开挖后最好立即浇筑基础，铺设管道，以免长期敞开造成塌方和风化底土，影响施工质量及增加土方工作量。

3. 浇筑水泵基座

关键在于严格控制基脚螺钉的位置和深度，常用一个木框架，按水泵基脚尺寸打孔，按水泵的安装条件把基脚螺钉穿在孔内进行浇筑。

4. 安装水泵和管道

管道安装工作包括接收、装卸、运到现场、机械加工、接头、装配等。

5. 冲洗

管子装好后先不装喷头，开泵冲洗管道，把竖管敞开任其自由溢流，管中沙石都会被冲洗出来，以免以后堵塞喷头。

6. 试压

将开口部分全部封闭，竖管用堵头不应当有漏水情况，如发现漏水应及时修补，直至不漏为止。

7. 回填

经试压证明整个系统施工质量合乎要求才可以回填。如管子埋深较大，应分层轻轻夯实。采用塑料管应掌握回填时间，最好在气温等于土壤平均温度时回填，以减少温度变形。

8. 试喷

最后装上喷头进行试喷，必要时还应检查正常工作条件下各喷点处是否达到喷头的工作压力，用量雨筒测量喷灌均匀度，看是否达到设计要求，检查水泵和喷头运转是否正常。

【思考与练习】

1. 简述园林用水的类型和园林给水的特点。
2. 在设计给水管网前，通常要做好哪些准备工作?
3. 给水管网设计中一般应理解哪些基本概念?
4. 现代喷灌系统在园林绿地建设中有何作用?
5. 如何正确理解和运用管网布置的两种基本形式?
6. 管道敷设的原则有哪些?
7. 按管道敷设方式不同，喷灌系统分为哪几种类型?
8. 喷头布置时，怎样才能做到科学合理?
9. 管道冬季防冻，常用的泄水方法有哪几种?
10. 简述喷灌工程施工工序。
11. 园林排水的方式有哪几种?
12. 简述排水管网的布置形式。
13. 通常采取哪些有效措施来防止地表径流冲刷地面?
14. 简述雨水管渠的布置要点和设计步骤。
15. 如何选择公园或风景区的水源?
16. 管网布置的一般原则是什么? 布置形式有哪些?

17. 固定式喷灌设计的步骤和方法有哪些？
18. 管道施工的工作面应如何确定？
19. 安装给排水管时应注意哪些问题？
20. 管道基础常用的形式有哪几种？
21. 管道接口有哪几种形式？
22. 常用的管道接口方法有哪几种？
23. 为什么园林排水通常采用地面排水方式？
24. 防止地表径流的措施有哪些？

技能训练一　参观喷灌工程设施

1. 选择的实习对象应具有代表性，设施种类较齐全。有条件时应以大、中型喷灌系统为好。隐蔽设施尽可能选择现场施工场合进行。

2. 喷灌系统工作时，观察记录喷头的性能，如射程、射角、喷洒角度、喷灌均匀度、单喷头射程与喷头组合间距的关系以及组合喷灌均匀度等。

3. 喷灌系统停歇时，观察控制设备和加压设备，了解设备的种类、作用、主要性能指标及安全操作要领；绘制某一轮灌区管网平面布置草图。

技能训练二　喷灌设计与施工

一、实验目的

1. 通过实训，使学生掌握场地实测的方法。
2. 掌握喷灌设计的基本原理，并绘制喷灌设计图。
3. 掌握管道、管沟的开挖、下管、闭水试验及管道回填土的方法。
4. 掌握喷灌系统喷头喷水调试的方法。

二、材料及用具

图纸、经纬仪、标尺、丈绳、木桩、石灰、铁锹、镐、PVC 管道、PVC 接头、喷头、控制器、安装工具、堵头、压力试验机。

三、方法步骤

教学实训安排要与当地园林公司的具体工程项目相结合，或虚拟一处场地进行喷灌系统的布置。主要内容包括：

1. 熟悉喷灌系统布置的有关技术要求。
2. 施工场地的测量。
3. 进行喷灌系统的施工图设计。
4. 利用必要的工具将喷灌系统施工图准确无误地测放在地面上。
5. 基槽开挖和验收、管道连接、闭水试验。
6. 喷头连接、喷水试验。
7. 管沟回填、施工现场清理。

四、作业

以实训小组为单位，进行场地实测、施工图设计、备料和放线施工。每小组交一份实训报告，内容包括施工组织设计与施工记录报告。

技能训练三　参观调查某园林景观绿地的排水系统

1. 园林绿地最好具有明显的地貌变化兼管渠排水方式。

2. 通过调查、观察、分析、测绘园林绿地汇水区划分情况，标出水流方向，确认汇水线；确认该公园防止径流冲刷的措施和方法；观测雨水口、检查井和出水口等管渠附属构筑物的形式、平面布置及其关系等。

3. 概括总结该公园排水系统及设施的设计思路。

项目四

园林水景工程施工

【内容提要】

水景工程是园林工程中与水景相关的工程总称。水与其他造园要素配合，才能建造出符合现代人们需要的水景。在现代园林中，水仍然是一个重要主题，尤其是水资源相对充沛的南方，无论是城市公共空间还是日常居住环境，水景都得到广泛的应用。科技的进步，使得现代园林及环境设计的设计要素在表现手法上更加宽广与自由。夸张尺度的水池、瀑布、屋顶水池、旱喷泉等技术的应用，将形与色、动与静、秩序与自由、限定与引导等水的特性和作用发挥得淋漓尽致。水具有流动性，也具有可塑性，我们对水的设计实际上就是对盛水容器的设计。水景工程包括水景设计、水景构造与施工（图 4-1）。

图 4-1　水景

一、水景的类型与作用

(一) 水景的类型

1. 按水体的来源和存在状态划分

（1）天然型水景。天然型水景就是景观区域毗邻天然存在的水体（如江、河、湖等）而建，经过一定的设计，把自然水景“引借”到景观区域中的水景。

（2）引入型水景。引入型水景就是天然水体穿过景观区域，或经水利和规划部门的批准把天然水体引入景观区域，并结合人工造景的水景。

（3）人工型水景。人工型水景就是在景观区域内外均没有天然的水体，因而采用人工开挖蓄水，其所用水体完全来自人工，纯粹为人造景观的水景。

2. 按水体的形态划分

水的四种基本形式：静水、流水、落水、压力水反映了水从源头（喷涌的）到中间过渡（流动的或跌落的）、到终结（平静的）运动的一般趋势。因此在水景设计中可以以一种形式为主、其他形式为辅，也可利用水的运动过程创造水景系列，融不同水的形式于一体，体现水运动序列的完整过程。

（二）水景的作用

1. 景观作用

（1）基底作用。大面积的水面视域开阔、坦荡，能托浮岸畔和水中景观。即便水面不大，但水面在整个空间中仍具有面的感觉，水面仍可作为岸畔和水中景观的基底，从而产生倒影，扩大和丰富空间（图 4-2）。

图 4-2　水中倒影

（2）系带作用。水面具有将不同的园林空间、景点连接起来产生整体感的作用，还具有作为一种关联因素，使散落的景点统一起来的作用。前者称为线形系带作用，后者称为面形系带作用（图 4-3）。

图 4-3　曲水蜿蜒

（3）焦点作用。喷涌的喷泉、跌落的瀑布等动态形式的水的形态和声响能引起人们的注意，吸引人们的视线。此类水景通常安排在向心空间的焦点、轴线的交点、空间醒目处或视线容易集中的地方，以突出其焦点作用（图 4-4）。

图 4-4　林下跌水

2. 生态作用

地球上以各种形式存在的水构成了水圈，与大气圈、岩石圈及土壤圈共同构成了生物物质环境。作为地球水圈一部分的水景，为各种不同的动植物提供了栖息、生长、繁衍的水生环境，有利于维护生物的多样性，进而维持水体及其周边环境的生态平衡，对城市区域生态环境的维持和改善起到了重要的作用（图 4-5）。

图 4-5　生态水体

3. 调节气候，改善环境质量

水景中的水，对于改善居住区环境微气候以及城市区域气候都有着重要的作用，这主要表现在它可以增加空气湿度、降低温度、净化空气、增加负氧离子、降低噪声等。

4. 休闲娱乐作用

人类本能地喜爱水，接近、触摸水都会感到内心舒服、愉快。在水上还能从事多项娱乐活动，如划船、游泳、垂钓等。因此在现代景观中，水是人们消遣娱乐的一种载体，可以带给人们无穷的乐趣。

5. 蓄水、灌溉及防灾作用

水景中大面积的水体，可以在雨季起到蓄积雨水、减轻市政排污压力、减少洪涝灾害发生的作用。而蓄积的水源，又可以用来灌溉周围的树木、花丛、灌木和绿地等。特别是在干旱季节和震灾发生时，蓄水既可以用作饮用、洗漱等生活用水，还可用于地震引起的火灾扑救等。

二、城市水系规划概述

（一）城市水系

园林中的水体是城市水系的一个重要组成部分。园林水体不仅要满足园林绿地本身的要求，而且必须担负城市水系规划所赋予的任务，因此，在设计园林水体时，首先要了解城市水系。城市规划部门的任务之一就是调节和治理天然水体、开辟人工河湖、争取水利、防治水害，将城市水系联系成一个整体。同时，城市水系规划为各段水体确定了一些水工控制数据，如最高水位、最低水位、常水位、水容量、桥涵过水量、流速及各种水工设施。在进行园林内部水体设计时，要依据这些数据来进一步确定一些水工数据，进水、出水的水工构筑物和水位，并完成城市水系规划所赋予的功能。

（二）水系规划的内容

园林内部水景工程建设之前，要对以下内容进行调查：

（1）河段的等级划分及其主要功能。

（2）河段的近期及远期水位，包括最高水位、最低水位、常水位、水体高程、驳岸线高程。

（3）通过河段在城市负担任务的大小，确定水面面积及水体容积。

（4）确定滨河路高程及其断面形式。

（5）水工构筑物的位置、规格和要求。

园林水景工程除了满足以上水工要求以外，还要尽可能协调水工与园景其他要素的关系，同时满足生态需求，统一水工与水景的矛盾。

（三）水文知识

（1）水位。水体上表面的高程称为水位，通常通过水位标尺判定。

（2）流速。水在单位时间所走的距离，单位为 m/s。一般水中上表面流速大于下表面流速、中心流速大于岸边流速，因此要从多部位观察并取其平均值。对一定深度水流的流速，必须用流速仪测定。

（3）流量。在一定水流断面内单位时间内流过的水量。

任务一　水池工程

【知识点】

掌握水池的分类、结构、设计及施工知识和要点，了解水池设计的内容，掌握刚性水池施工技术过程、柔性结构水池施工过程。

【技能点】

能进行水池及植物种植水池的设计及施工，尤其是刚性水池和柔性结构施工过程和技术要点。

【相关知识】

一、水池概述

水池在园林中的用途十分广泛，可用作广场中心、道路尽端以及和亭、廊、花架等各种建筑小品组合形成富于变化的各种景观效果。常见的喷水池、观鱼池、海兽池及水生植物种植池等都属于这种水体类型。水池平面形状和规模主要取决于园林总体规划以及详细规划中的观赏与功能要求。水景中水池的形态种类众多，深浅和材料也各不相同。

（一）水池的分类

目前，园林景观中的人工水池按修建的材料和结构可分为刚性结构水池、柔性结构水池、临时简易水池三种。

1. 刚性结构水池

刚性结构水池也称为钢筋混凝土水池，其特点是池底池壁均配钢筋，寿命长、防漏性好，适用于大部分水池（图 4-6）。

图 4-6　刚性结构水池

2. 柔性结构水池

近几年，随着建筑材料的不断革新，出现了各种各样的柔性衬垫薄膜材料，改变了以往光靠加厚混凝土和加粗加密钢筋网防水的做法，例如北方地区水池的渗透冻害，开始选用柔性不渗水材料做防水层。其特点是寿命长，施工方便且自重轻，不漏水，特别适用于小型水池和屋顶花园水池。目前，在水池工程中常用的柔性材料有玻璃布沥青席、三元乙丙橡胶（EPDM）薄膜、聚氯乙烯（PVC）衬垫薄膜、膨润土防水毯等。某柔性水池结构如图 4-7 所示。

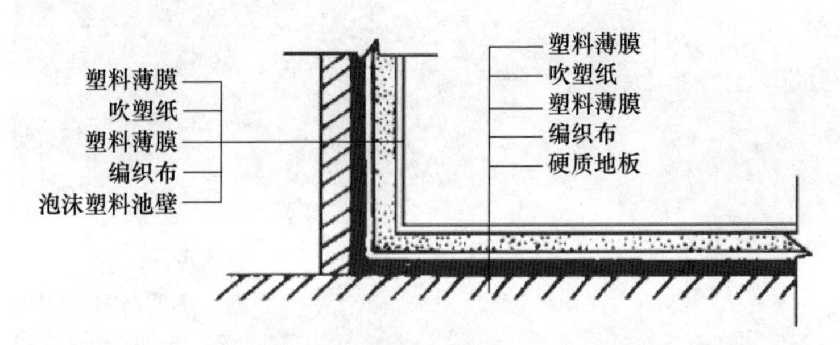

图 4-7 某柔性结构水池结构剖面图

3. 临时简易水池

此类水池结构简单，安装方便，使用完毕后能随时拆除，甚至还能反复利用。一般适用于节日、庆典、小型展览等水池的施工。

临时水池的结构形式不一。对于铺设在硬质地面上的水池，一般可采用角钢焊接、红砖砌筑或者泡沫塑料制成池壁，再用吹塑纸、塑料布等分层铺垫池底和池壁，并将塑料布反卷包住池壁外侧，用素土或其他重物固定，内侧池壁可用树桩做成驳岸，或用盆花遮挡，池底可视需要再铺设砂石或少量卵石点缀；另一种可用挖水池基坑的方法建造：先按设计要求挖好基坑并夯实，再铺上塑料布，塑料布应至少留 15cm 在池缘，并用天然石块压紧，池周按设计要求种上草坪或铺上苔藓，一个临时水池便可完成。

4. 按功能分类

（1）喷水池。以喷水为主要景观，水池主要起到承接流动水容器的作用（图 4-8）。

图 4-8 喷水池

（2）观鱼池。在园林中，养鱼池主要用作饲养各式观赏鱼类、水生动物等。根据水生动物的种类不同，对水池的水、池壁结构、水的种类等要求都不同（图 4-9）。

（3）海兽池。主要用于养育海兽，如海豚、海豹、海狮等，在设计前应充分了解所养育动物的生物特性。

图 4-9　观鱼池

（4）水生植物池。规则式或自然式水景池都可以搭配适用的水生植物，增加观赏的情趣。

（5）假山水池。将假山置入水池，山水的结合相得益彰，是我国传统园林中常见的手法（图 4-10）。

图 4-10　假山水池

（6）海浪池。利用高科技手段，模拟自然界中海洋的各种形态，使人们在其中享受海的惊险与刺激。

（7）涉水池。为人们特别是儿童嬉水之用，一般水深为 30cm 以下，池底应做防滑处理，并尽量设置过滤和消毒装置，以防儿童误饮（图 4-11）。

5. 按水的形态分类

（1）静水水池。水体保持相对的静止状态，常以湖、塘、池等成片状汇集的水体形式出现，给人以宁静、安谧、祥和的感受。而其平静如镜的水面映着周围景色的倒影，增加了空间层次感。

图 4-11　涉水池

（2）动水水池。以水的动态特征作为观赏与利用的形式，有自然的，也有人工的，如瀑布、跌水、涌流、喷泉等。

二、水池的基本结构

水池的结构形式较多，下面主要介绍园林中常用的刚性结构水池的基本结构。

（一）压顶

压顶属池壁顶端装饰部位，作用是保护池壁，防止污水泥砂流入池内。下沉式水池压顶至少要高出地面 5～10cm，且压顶距水池常水位为 200～300mm。其材料一般采用花岗岩等石材或混凝土，厚 10～15cm。常见的压顶形式有两种，一种是有沿口的压顶，它可以减少水花飞溅，并能使波动的水面快速平静下来，形成镜面倒影；另一种为无沿口的压顶，会使浪花四溅，有强烈的动感（图 4-12）。

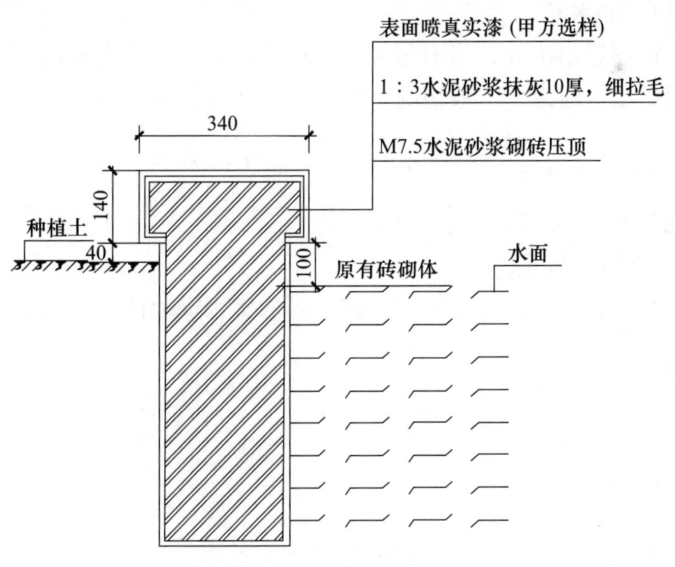

图 4-12　水池压顶剖面图

（二）池壁

池壁是水池竖向部分，承受池水的水平压力，一般采用混凝土、钢筋混凝土或砖块。钢筋混凝土池壁厚度一般不超过 300mm，常用 150～200mm，宜配直径 8mm、12mm 钢筋，中心距 200mm，C20 混凝土现浇。同时，为加强防渗效果，混凝土中需加入适量防水粉，一般占混凝土的 3%～5%，过多会降低混凝土的强度。

（三）池底

池底直接承受水的竖向压力，要求坚固耐久。多用现浇钢筋混凝土池底，厚度应大于 20cm，如果水池容积大，需配双层双向钢筋网。池底设计需有一个排水坡度，一般不小于 1%，坡向泄水口。

（四）防水层

水池工程中，好的防水层是保持水池质量的关键。目前，水池防水材料种类较多，有防水卷材、防水涂料、防水嵌缝油膏等。一般水池用普通防水材料即可。钢筋混凝土水池防水层可以采用抹 5 层防水砂浆做法，层厚 30～40mm。还可用防水涂料，如沥青、聚氨酯、聚苯酯等。

（五）基础

基础是水池的承重部分，一般由灰土或砾石三合土组成，要求较高的水池可用级配碎石。一般灰土层厚 15～30cm，C10 混凝土层厚 10～15cm。

（六）施工缝

水池池底与池壁混凝土一般分开浇筑，为使池底与池壁紧密连接，池底与池壁连接处的施工缝可设置在基础上方 20cm 处。施工缝可留成台阶形，也可加金属止水片或遇水膨胀胶带。

（七）变形缝

长度在 25m 以上水池要设变形缝，以缓解局部受力。变形缝间距不大于 20cm，要求从池壁到池底结构完全断开，用止水带或浇灌沥青做防水处理。

（八）溢水口、溢水管

溢水口常设在理想水位处，当雨季或地面径流大时，水流大量进入池中，超过既定水位，溢水口提供溢水通道。一般情况下，溢水口通过溢水管与排水管相连。溢水口的形式有附壁式、直立式、套叠式。

（九）进水口及给水管道

一般设有截门井，以控制水量。

（十）泄水口及排水管道

设在池底，有管道连接，用于池水的排放。通常也安装截门以控制排水量。

三、阀门井

阀门井即截门，为控制进、排水而设。

四、种植池（槽）

种植池不同于一般水池，其构筑要求要保证水质的控制与调节。应有进水口及进水管道、溢水口、泄水口等。不同种类的植物应有不同的池深。

五、水池设计

水池设计包括平面设计、立面设计、剖面设计、管线设计等。

（一）水池的平面设计

水池的平面设计显示水池在地面以上的平面位置和尺寸。水池平面可以标注各部分的高程，标注进水口、溢水口、泄水口、喷头、集水坑、种植池等的平面位置以及所取剖面的位置等内容。

（二）水池的立面设计

水池的立面设计反映主要朝向立面的高度和变化，水池的深度一般根据水池的景观要求和功能要求而定。水池池壁顶面与周围环境要有合适的高程关系，一般以最大限度地满足游人的亲水性要求为原则。池壁顶除了使用天然材料，表现其天然特性外，还可用规整的形式，加工成平顶或挑伸，或中间折拱或曲拱，或向水池一面倾斜等多种形式。

（三）水池的剖面设计

水池的剖面设计应从地基至池壁顶注明各层的材料和施工要求。剖面应有足够的代表性，如一个剖面不足以反映时可增加剖面。某水景工程水池剖面如图 4-13 所示。

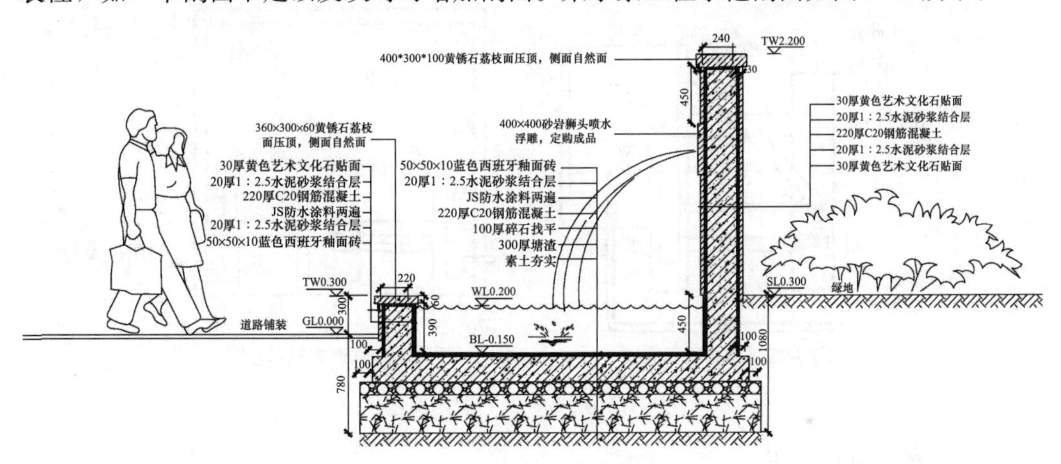

图 4-13　特色水景工程集水池剖面图

（四）水池的管线设计

水池中的基本管线包括给水管、补水管、泄水管、溢水管等。有时给水与补水管道使用同一根管子。给水管、补水管和泄水管为可控制的管道，以便更有效地控制水的进出。溢水管为自由管道，不加闸阀等控制设备以保证其畅通。对于循环用水的溪流、跌水、瀑布等，还包括循环水的管道。对配有喷泉、水下灯光的水池还存在供电系统设计问题（图 4-14）。

一般水景工程的管线可直接敷设在水池内或直接埋在土中。大型水景工程中，如果管线多而且复杂时，应将主要管线布置在专用管沟内。

水池设置溢水管，以维持一定的水位和进行表面排污，保持水面清洁。溢水口应设格栅或格网，以防止较大漂浮物堵塞管道。

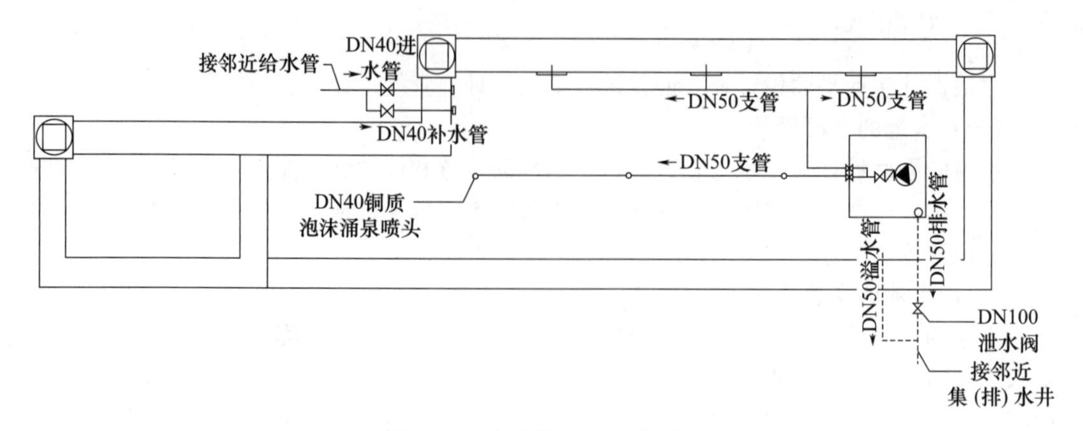

图 4-14　水池管线布置平面图

水池应设泄水口，以便于清扫、检修和防止停用时水质腐败或结冰，池底都应有不小于 1%的坡度，坡向泄水口或集水坑。水池一般采用重力泄水，也可利用水泵的吸水口兼作泄水口（图 4-15）。

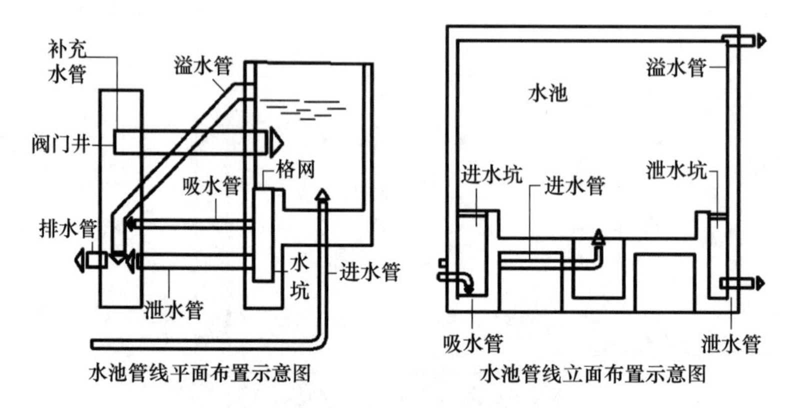

图 4-15　水池管线布置示意图

（五）其他配套设计

在水池中可以布设卵石、汀步、跳水石、跌水台阶、置石、雕塑等景观设施。对于有跌水的水池，跌水线可以设计成规整或不规整的形式，是设计时重点强调的地方。池底装饰可利用人工铺砌砂、砾石或钢筋混凝土池底，再在其上选用池底装饰材料。

六、水池施工技术

目前，园林人工水池从结构上可以分为刚性结构水池、柔性结构水池、临时简易水池三种，具体可根据功能的需要适当选用。

（一）刚性结构水池施工技术

刚性结构水池也称钢筋混凝土水池，其结构如图 4-16 所示。钢筋混凝土水池的施工过程可分为：材料准备→池面开挖→池底施工→浇筑混凝土池壁→混凝土抹灰→试水等。

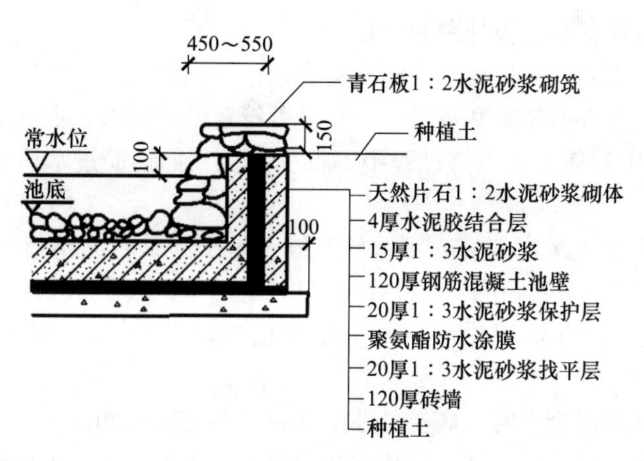

图 4-16　刚性结构水池的结构

1. 施工准备

（1）混凝土配料。基础与池底：水泥 1 份、细砂 2 份、粒料 4 份，所配的混凝土强度等级为 C20。池底与池壁：水泥 1 份、细砂 2 份、0.6～2.5cm 粒料 3 份，所配的混凝土强度等级为 C15。防水层：防水剂 3 份，或其他防水卷材。

（2）添加剂。混凝土中有时需要加入适量添加剂，常见的有 U 形混凝土膨胀剂、加气剂、氯化钙促凝剂、缓凝剂、着色剂等。

（3）池底池壁必须采用 42.5MPa 以上普通硅酸盐水泥，水灰比≤0.55；粒料直径不得大于 40mm，吸水率不大于 1.5%，混凝土抹灰和砌砖抹灰用 32.5MPa 水泥或 42.5MPa 水泥。

（4）场地放线。根据设计图纸定点放线。放线时，水池的外轮廓应包括池壁厚度。为使施工方便，池外沿各边加宽 50cm，用石灰或黄砂放出起挖线，每隔 5～10m（视水池大小）打一小木桩，并标记清楚。方形（含长方形）水池，直角处要校正，并最少打 3 个桩；圆形水池，应先定出水池的中心点，再用线绳（足够长）以该点为圆心、水池宽的一半为半径（注意池壁厚度）画圆，石灰标明，即可放出圆形轮廓。

2. 池基开挖

目前挖方有人工挖方和人工结合机械挖方，可以根据现场施工条件确定挖方方法。开挖时一定要考虑池底和池壁的厚度。如为下沉式水池，应做好池壁的保护，挖至设计标高后，池底应整平并夯实，再铺上一层碎石、碎砖作为底座。如果池底设置有沉泥池，应结合池底开挖同时施工。

3. 池底施工

混凝土这种结构的水池池底，如其形状比较规整，则 50m 内可不做伸缩缝；如其形状变化较大，则在其长度约 20m 处并在其断面狭窄处做伸缩缝。一般池底可根据景观需要，进行色彩上的变化，如贴蓝色的瓷砖等，以增加美感。混凝土池底施工要点如下：

（1）依情况不同加以处理。如基土稍湿而松软时，可在其上铺厚 10cm 的碎石层，并加以夯实，然后浇灌混凝土垫层。

（2）混凝土垫层浇完隔 1～2d（应视施工时的温度而定），在垫层面测量确定底板中心，然后根据设计尺寸进行放线，定出柱基以及底板的边线，画出钢筋布线，依线绑扎钢筋，接着安装柱基和底板外围的模板。

（3）在绑扎钢筋时，应详细检查钢筋的直径、间距、位置、搭接长度、上下层钢筋的间距、保护层及埋件的位置和数量，看其是否符合设计要求。上下层钢筋均应用铁撑（铁马凳）加以固定，使之在浇捣过程中不发生变化。如钢筋过水后生锈，应进行除锈处理。

（4）底板应一次连续浇筑完，不留施工缝。施工间歇时间不得超过混凝土的初凝时间。如混凝土在运输过程中产生初凝或离析现象，应在现场进行二次搅拌后方可入模浇捣。底板厚度在 20cm 以内时，可采用平板振动器，20cm 以上则采用插入式振动器。

（5）池壁为现浇混凝土时，底板与池壁连接处的施工缝可留在基础上 20cm 处。施工缝可留成台阶形、凹槽形，加金属止水片或遇水膨胀橡胶带。各种施工缝的优缺点及做法见表 4-1。

表 4-1　各种施工缝的优缺点及做法

施工缝种类	简图	优点	缺点	做法
台阶形	B；B/2；≥200	可增加接触面积，使渗水路线延长和受阻，施工简单，接缝表面易清理	接触面简单，双面配筋时不易支模，阻水效果一般	支模时，可在外侧安设方木，混凝土终凝后取出
凹槽形	B/3；B/3；B；B/3；≥200	加大了混凝土的接触面，使渗水路线受更大阻力，提高了防水质量	在凹槽内易于积水和存留杂物，清理不净时影响接缝的严密性	支模时将方木置于池壁中部，混凝土终凝后取出
加金属止水片	金属止水片；≥100；≥200	适用于池壁较薄的施工缝，防水效果比较可靠	安装困难，且需耗费一定数量的钢材	将金属止水片固定在池壁中部，两侧等距
加遇水膨胀橡胶止水带	遇水膨胀橡胶止水带；≥200	施工方便，操作简单，橡胶止水带遇水后体积迅速膨胀，将缝隙塞满、挤密		将腻子（泥子）型橡胶止水带置于已浇筑好的施工缝中部即可

4．水池池壁施工技术

人造水池一般采用垂直形池壁。垂直形的优点是池水降落之后，不至于在池壁淤积泥土，从而使低等水生植物无从寄生，同时易于保持水面洁净。垂直形的池壁，可用砖石或水泥砌筑，以瓷砖、罗马砖等饰面，甚至做成图案加以装饰。某特色水景水池及景墙立面图如图 4-17 所示。

（1）混凝土浇筑池壁的施工技术。做水泥池壁，尤其是矩形钢筋混凝土池壁时，应先做模板以固定之，池壁厚 15～25cm，水泥成分与池底同。目前有无撑及有撑支模两种方法。有撑支模为常用的方法。当矩形池壁较厚时，内外模可在钢筋绑扎完毕后一次立好。浇捣混凝土时操作人员可进入模内振捣，并应用串筒将混凝土灌入，分层浇捣。矩形池壁拆模后，应将外露的止水螺栓头割去。池壁施工要点：

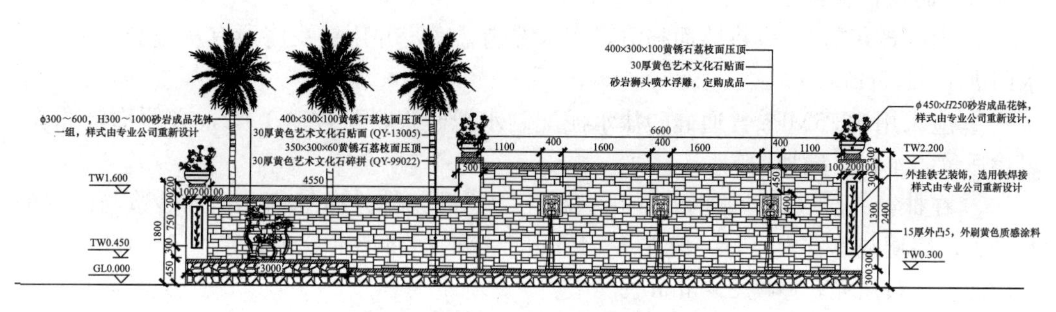

图 4-17　特色水景水池及景墙立面图

① 水池施工时所用的水泥强度等级不宜低于 42.5，水泥品种应优先选用普通硅酸盐水泥，不宜采用火山灰质硅酸盐水泥和粉煤灰硅酸盐水泥。所用石子的最大粒径不宜大于 40mm，吸水率不大于 1.5%。

② 池壁混凝土每 $1m^3$ 水泥用量不少于 320kg，含砂率宜为 35%～40%，灰砂比为（1∶2）～（1∶2.5），水灰比不大于 0.6。

③ 固定模板用的铁丝和螺栓不宜直接穿过池壁。当螺栓或套管必须穿过池壁时，应采取止水措施。常见的止水措施有：螺栓上加焊止水环，止水环应满焊，环数应根据池壁厚度确定；在混凝土中预埋套管时，管外侧应加焊止水环，管中穿螺栓，拆模后将螺栓取出，套管内用膨胀水泥砂浆封堵；支模时，在螺栓两边加堵头，拆模后，将螺栓沿平凹坑底割去角，用膨胀水泥砂浆封塞严密。

④ 在池壁混凝土浇筑前，应先将施工缝处的混凝土表面凿毛，清除浮粒和杂物，用水冲洗干净，保持湿润。再铺上一层厚 20～25mm 的水泥砂浆。水泥砂浆所用材料的灰砂比应与混凝土材料的灰砂比相同。

⑤ 浇筑池壁混凝土时，应连续施工，一次浇筑完毕，不留施工缝。

⑥ 池壁有密集管群穿过预埋件或钢筋稠密处浇筑混凝土有困难时，可采用相同抗渗等级的细石混凝土浇筑。

⑦ 池壁混凝土浇筑完后，应立即进行养护，并充分湿润，养护时间不得少于 14 昼夜。拆模时池壁表面温度与周围气温的温差不得超过 15℃。

（2）混凝土砖砌池壁施工技术。用混凝土砖砌筑池壁大大简化了混凝土施工的程序。但混凝土砖一般只适用于古典风格或设计规整的池塘。混凝土砖 10cm 厚，结实耐用，常用于池塘建造；也有大规格的空心砖，但使用空心砖时，中心必须用混凝土浆填塞。有时也用双层空心砖墙中间填混凝土的方法来增加池壁的强度。用混凝土砖砌池壁的一个好处是，池壁可以在池底浇筑完工后的第二天再砌。一定要趁池底混凝土未干时将边缘处拉毛，池底与池壁相交处的钢筋要向上弯曲伸入池壁，以加强结合部的强度，钢筋伸到混凝土砌块池壁后或池壁中间。由于混凝土砖是预制的，所以池壁四周必须保持绝对的水平。砌混凝土砖时要特别注意保持砂浆厚度均匀。

5. 池壁抹灰施工技术

抹灰在混凝土及砖结构的池塘施工中是一道十分重要的工序。它使池面平滑，不会伤及池鱼。此外，池面光滑也便于清洁工作。

(1) 砖壁抹灰施工要点。

① 内壁抹灰前 2d 应将墙面扫清，用水洗刷干净，并用铁皮将所有灰缝刮一下，要求凹进 1～1.5cm。

② 应采用 32.5MPa 普通硅酸盐水泥配制水泥砂浆，配合比 1∶2，必须称量准确，可掺适量防水粉，搅拌均匀。

③ 在抹第一层底层砂浆时，应用铁板用力将砂浆抹入砖缝内，增加砂浆与砖壁的黏结力，底层灰不宜太厚，一般在 5～10mm。第二层将墙面找平，厚度 5～12mm。第三层面层进行压光，厚度 2～3mm。

④ 砖壁与钢筋混凝土底板结合处，要特别注意操作，加强转角抹灰厚度，使其呈圆角，防止渗漏。

⑤ 外壁抹灰可采用 1∶3 水泥砂浆。

(2) 钢筋混凝土池壁抹灰要点。

① 抹灰前将池内壁表面凿毛，不平处铲平，并用水冲洗干净。

② 抹灰时可在混凝土墙面上刷一遍薄的纯水泥浆，以增加黏结力。其他做法与砖壁抹灰相同。

6. 压顶

规则水池顶上应以砖、石块、石板、大理石或水泥预制板等做压顶。压顶或与地面平，或高出地面。当压顶与地面平时，应注意勿使土壤流入池内，可将池周围地面稍向外倾。有时在适当的位置上，将顶石部分放宽，以便容纳盆钵或其他摆饰。图 4-18 所示是几种常见压顶的做法。

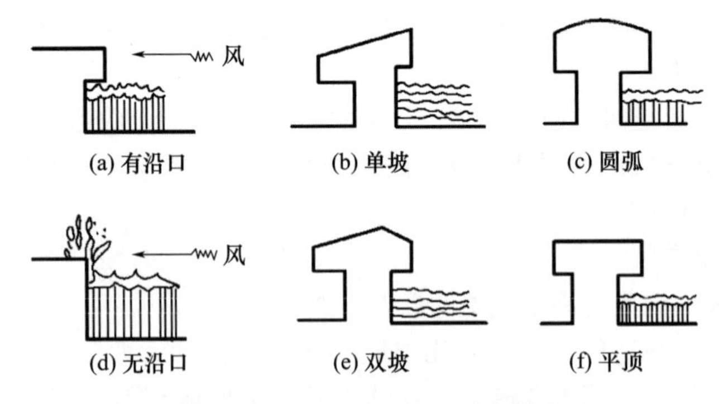

图 4-18　水池池壁压顶形式与做法

7. 刚性水池施工工程质量要求

(1) 砖壁砌筑必须做到横圆竖直、灰浆饱满，不得留踏步式或马牙槎。砖的强度等级不低于 MU7.5，砌筑时要挑选，砂浆配合比要称量准确，搅拌均匀。

(2) 钢筋混凝土壁板和壁槽灌缝之前，必须将模板内杂物清除干净，用水将模板湿润。

(3) 池壁模板无论采用无支撑法还是有支撑法，都必须将模板紧固好，防止混凝土浇筑时模板发生变形。

(4) 防渗混凝土可掺用木质素磺酸钙减水剂。掺用减水剂配制的混凝土，耐油、抗渗性好，而且节约水泥。

（5）矩形钢筋混凝土水池，由于工艺需要，长度较长，在底板、池壁上设有伸缩缝。施工中必须将止水钢板或止水胶皮正确固定好，并注意浇筑，防止止水钢板、止水胶皮移位。

（6）水池混凝土强度的高低，养护是重要的一环。底板浇筑完后，在施工池壁时，应注意养护，保持湿润。池壁混凝土浇筑完后，在气温较高或干燥情况下，过早拆模会引起混凝土收缩产生裂缝。因此，应继续浇水养护，底板、池壁和池壁灌缝的混凝土的养护期应不少于 14d。

7. 试水

试水工作应在水池全部施工完成后方可进行。其目的是检验结构的安全度，检查施工质量。试水时应先封闭管道孔。由池顶放水入池，一般分几次进水，根据具体情况，控制每次进水高度。从四周进行外观检查，做好记录，如无特殊情况，可继续灌水到储水设计标高。同时要做好沉降观察。

灌水到设计标高后，停 1d，进行外观检查，并做好水面高度标记，连续观察 7d，外表面无渗漏及水位无明显降落方为合格。水池施工中还涉及许多其他工种与分项工程，如假山工程、给排水工程、电气工程、设备安装工程等，可参考其他相关章节或其他相关书籍。

（二）柔性结构水池施工

1. 玻璃布沥青席水池（图 4-19）

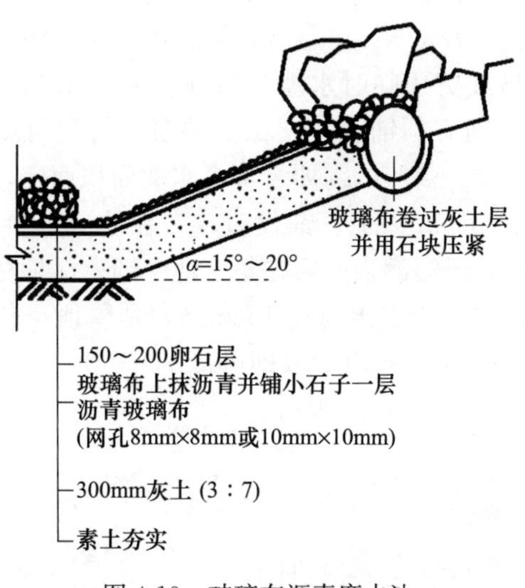

图 4-19　玻璃布沥青席水池

这种水池施工前得先准备好沥青席。方法是以沥青 0 号∶3 号＝2∶1 调配好，按调配好的沥青 30%、石灰石矿粉 70%的配比，且分别加热至 100℃，再将矿粉加入沥青锅拌匀，把准备好的玻璃纤维布（孔目 8mm×8mm 或者 10mm×10mm）放入锅内蘸匀后慢慢拉出，确保黏结在布上的沥青层厚度在 2～3mm，拉出后立即撒滑石粉，并用机械碾压密实，每块席长 40m 左右。

施工时，先将水池土基夯实，铺 300mm 厚 3∶7 灰土保护层，再将沥青席铺在灰土层上，搭接长 5～100mm，同时用火焰喷灯焊牢，端部用大块石压紧，随即铺小碎石一层。最后在表层散铺 150～200mm 厚卵石一层即可。

2. 三元乙丙橡胶（EPDM）薄膜水池（图 4-20）

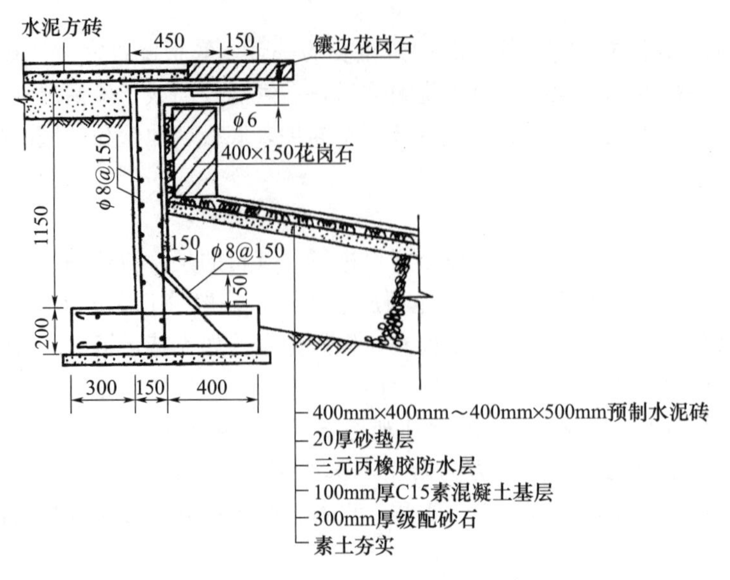

图 4-20　三元乙丙橡胶（EPDM）薄膜水池结构

EPDM 薄膜类似于丁基橡胶，是一种黑色柔性橡胶膜，厚度为 3～5mm，能经受温度－40～80℃，扯断强度＞7.35N/mm²，使用寿命可达 50 年。其施工方便，自重轻，不漏水，特别适用于大型展览用临时水池和屋顶花园用水池。建造 EPDM 薄膜水池，要注意衬垫薄膜与池底之间必须铺设一层保护垫层，材料可以是细砂（厚度＞5cm）、废报纸、旧地毯或合成纤维。薄膜的需要量可视水池面积而定，不过要注意薄膜的宽度必须包括池沿，并保持在 30cm 以上。铺设时，先在池底混凝土基层上均匀地铺一层 5cm 厚的砂子，并洒水使砂子湿润，然后在整个池中铺上保护材料，之后就可铺 EPDM 衬垫薄膜了。注意薄膜四周至少多出池边 15cm。如是屋顶花园水池或临时性水池，可直接在池底铺砂子和保护层，再铺 EPDM 即可。

常见水池做法如图 4-21～图 4-24 所示。

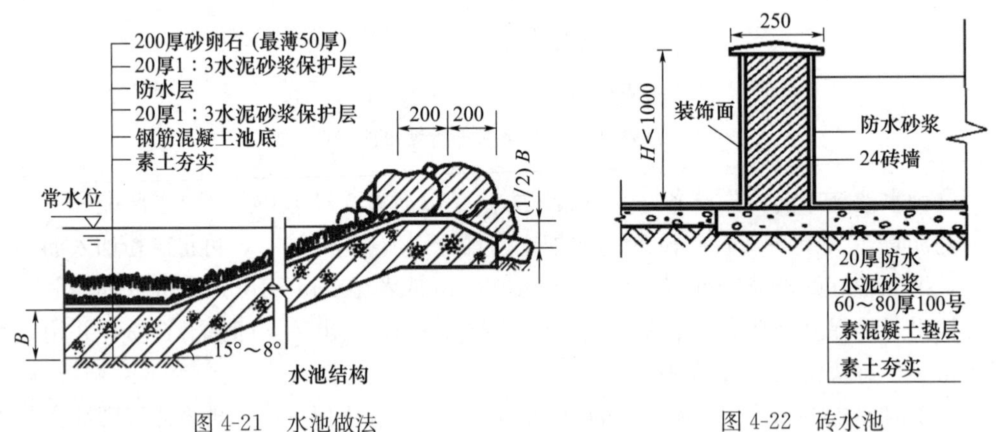

图 4-21　水池做法　　　　图 4-22　砖水池

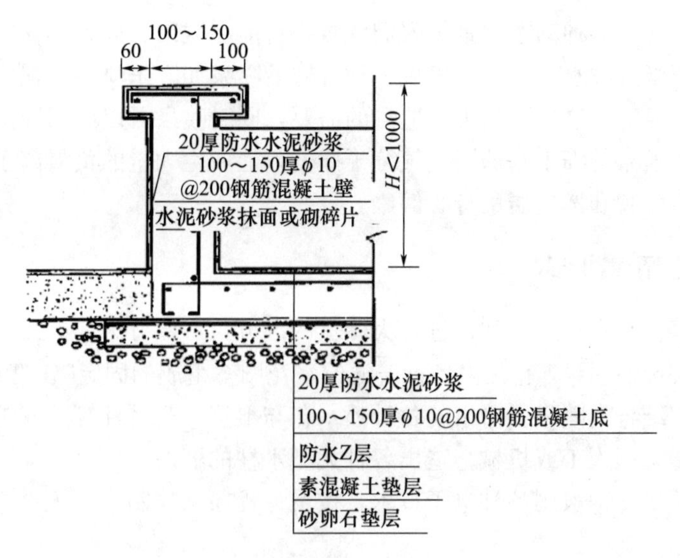

图 4-23　钢筋混凝土地上水池

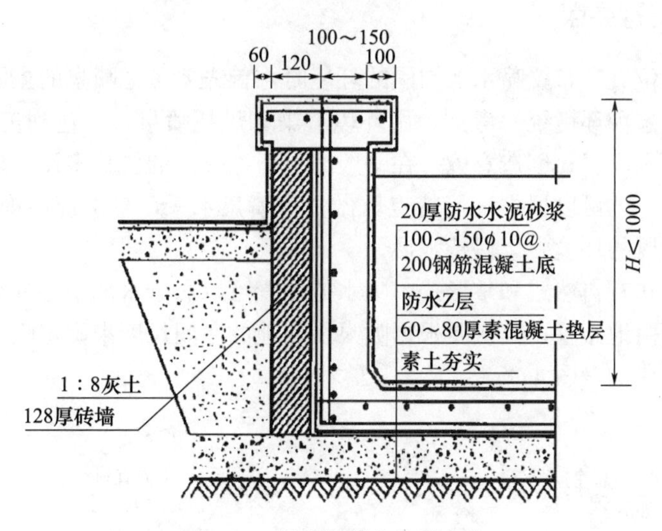

图 4-24　钢筋混凝土地下水池

任务二　喷泉工程施工

【知识点】

掌握喷泉的分类，了解喷泉的作用、布置形式和布置要点，掌握喷头和喷泉的造型，对喷头设计和现代喷泉的类型予以重点学习。

【技能点】

能够进行喷泉的设计及施工

【相关知识】

一、概述

喷泉原是一种自然景观，是承压水的地面露头。但人工喷泉却是将压力水喷出后所形成的各种姿态作为一种动态水景供人们欣赏。目前在城市、风景园林以及住宅小区中大量运用人工喷泉这种水景形式，出现各种各样的喷泉如音乐喷泉、程序控制喷泉、旱地喷泉、雾化喷泉等。这主要是为了造景的需要，同时喷泉可以湿润周围空气、减少尘埃、降低气温。喷泉的细小水珠同空气分子撞击，能产生大量的负氧离子。因此，喷泉有益于改善城市面貌和增进居民身心健康。

二、喷泉的布置形式

喷泉有很多种类和形式，如果进行大体上的区分，可以分为如下几类：

（1）普通装饰性喷泉。它是由各种普通的水花图案组成的固定喷水型喷泉。

（2）与雕塑结合的喷泉。喷泉的各种喷水花与雕塑、观赏柱等共同组成景观。

（3）水雕塑。用人工或机械塑造出各种大型水柱的姿态。

（4）自控喷泉。一般用各种电子技术，按设计程序来控制水、光、音、色，形成多变奇异的景观。

三、喷泉布置要点

在选择喷泉位置，布置喷水池周围的环境时，首先要考虑喷泉的主题、形式要与环境相协调，把喷泉和环境统一考虑，用环境渲染和烘托喷泉，并达到美化环境的目的，或借助喷泉的艺术联想，创造意境。在一般情况下，喷泉的位置多设于建筑、广场的轴线焦点或端点处，也可以根据环境特点，做一些喷泉水景，自由地装饰室内外的空间。喷泉宜安置在避风的环境中以保持水形。

喷水池的形式有自然式和整形式。喷水的位置可以居于水池中心，组成图案，也可以偏于一侧或自由地布置；其次要根据喷泉所在地的空间尺度来确定喷水的形式、规模及喷水池的大小比例（图 4-25）。

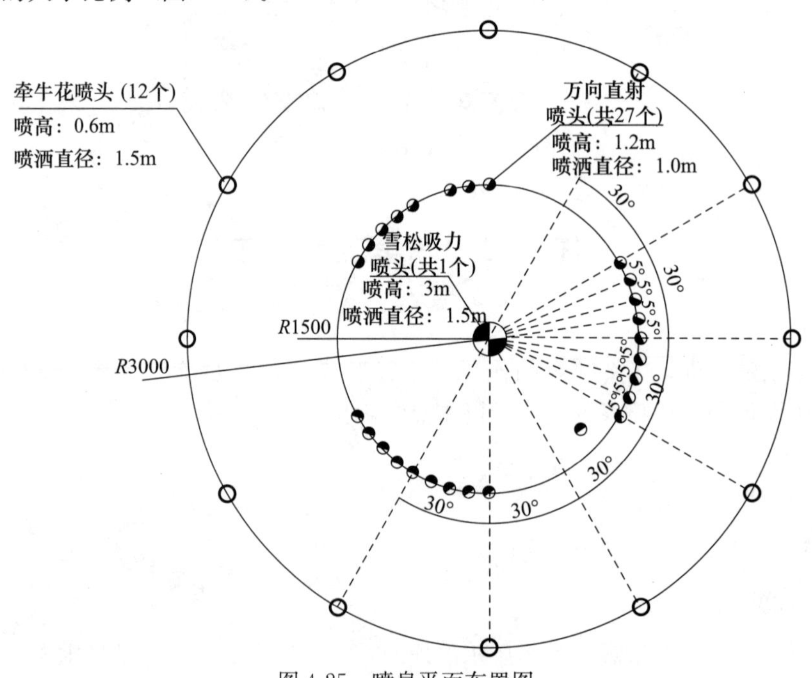

图 4-25　喷泉平面布置图

四、喷头与喷泉造型

（一）常用的喷头种类

（1）单射流喷头。是喷泉中应用最广的一种喷头，又称直流喷头，见图 4-26（a）。

（2）喷雾喷头。这种喷头内部装有一个螺旋状导流板，使水流做圆周运动，水喷出后，形成细细的、弥漫的雾状水流，见图 4-26（b）。

（3）环形喷头。喷头的出水口为环形断面，即外实内空，使水形成集中而不分散的环形水柱。它以雄伟、粗犷的气势跃出水面，带给人们奋发向上的气氛。其构造见图 4-26（c）。

（4）旋转喷头。它利用压力水由喷嘴喷出时的反作用力或其他动力带动回转器转动，使喷嘴不断地旋转运动，从而丰富了喷水造型，喷出的水花或欢快旋转或飘逸荡漾，形成各种扭曲线形，婀娜多姿。图 4-26（d）是这种喷头的构造情况。

（5）扇形喷头。这种喷头的外形很像扁扁的鸭嘴。它能喷出扇形的水膜或像孔雀开屏一样美丽的水花，构造如图 4-26（e）所示。

（6）多孔喷头。多孔喷头可以由多个单射流喷嘴组成一个大喷头；也可以由平面、曲面或半球形的带有很多细小孔眼的壳体构成喷头，它们能呈现出造型各异的盛开的水花，如图 4-26（f）所示。

（7）变形喷头。通过喷头形状的变化使水花形成多种花式。变形喷头的种类很多，它们的共同特点是在出水口的前面有一个可以调节的、形状各异的反射器，水流通过反射器使水花造型，从而形成各式各样的、均匀的水膜，如牵牛花形、半球形、扶桑花形等，如图 4-26（g）、（h）所示。

（8）蒲公英形喷头。这种喷头是在圆球形壳体上装有很多同心放射状喷管，并在每个管头上装有一个半球形变形喷头。因此，它能喷出像蒲公英一样美丽的球形或半球形水花。它可单独使用，也可以几个喷头高低错落地布置，显得格外新颖、典雅，如图 4-26（i）、（j）所示。

（9）吸力喷头。此种喷头是利用压力水喷出时在喷嘴的喷口处附近形成负压区，由于压差的作用，它能把空气和水吸入喷嘴外的环套内，与喷嘴内喷出的水混合后一并喷出。此时水柱的体积膨大，同时因为混入大量细小的空气泡，形成白色不透明的水柱。它能充分地反射阳光，因此光彩艳丽。夜晚如有彩色灯光照明则更为光彩夺目。吸力喷头又可分为喷水喷头、加气喷头和吸水加气喷头，其形式如图 4-26（k）所示。

（10）组合式喷头。由两种或两种以上形体各异的喷嘴，根据水花造型的需要，组合成一个大喷头，叫组合式喷头，它能够形成较复杂的花形，如图 4-26（l）所示。

（二）喷泉的水形设计

喷泉水形是由喷头的种类、组合方式及俯仰角度等几个方面因素共同塑造的。喷泉水形的基本构成要素，就是由不同形式喷头喷水所产生的不同水形，即水柱、水带、水线、水幕、水膜、水雾、水花、水泡等。由这些水形按照设计构思进行不同的组合，就可以创造出千变万化的水形设计。

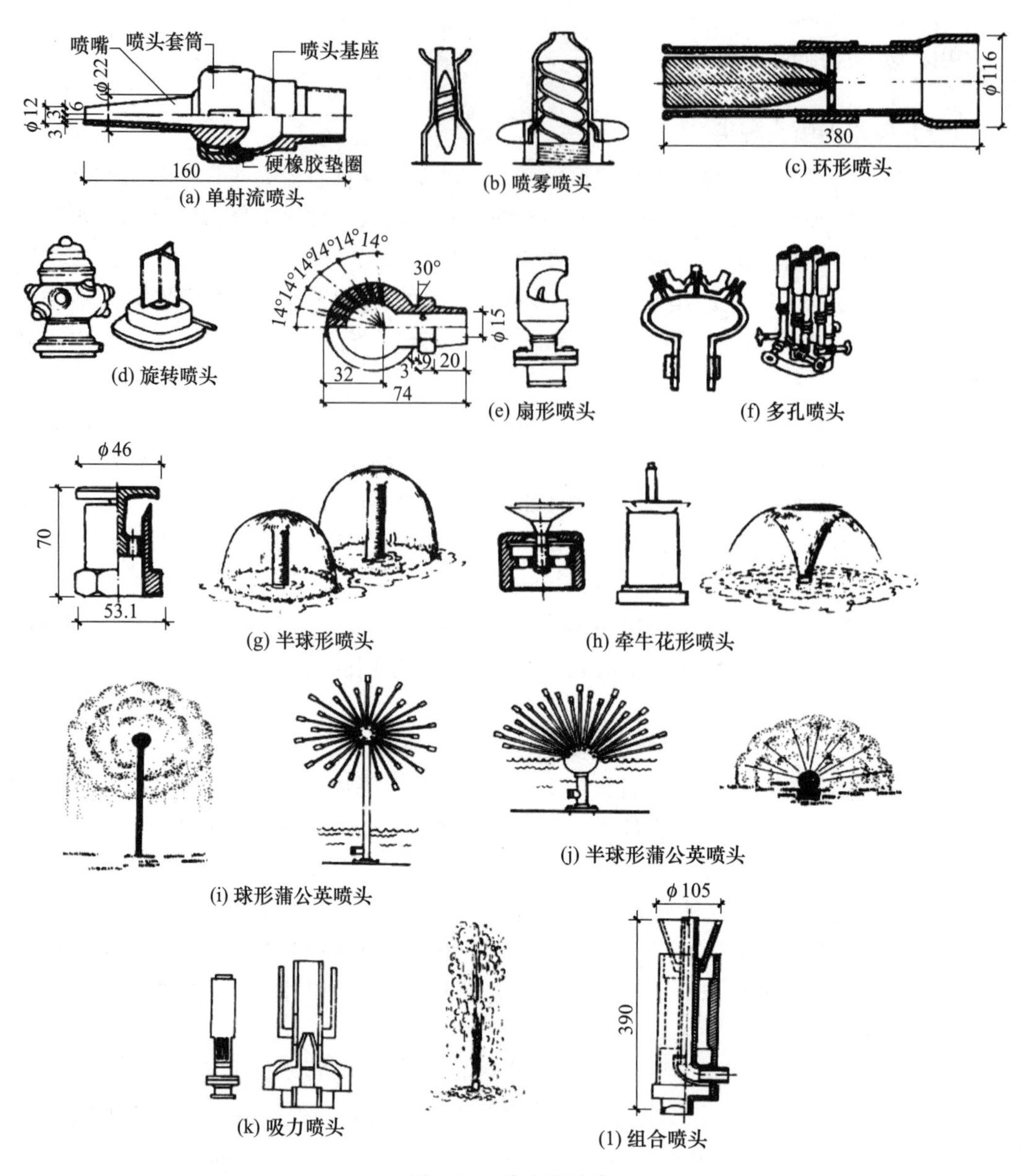

图 4-26 喷头的种类

水形的组合造型也有很多方式，既可以采用水柱、水线的平行直射、斜射、仰射、俯射，也可以使水线交叉喷射、相对喷射、辐状喷射、旋转喷射，还可以用水线穿过水幕、水膜，用水雾掩藏喷头，用水花点击水面等。从喷泉射流的基本形式来分，水形的组合形式有单射流、集射流、散射流和组合射流 4 种。常见的基本水形见表 4-2。

表 4-2 喷泉中常见的基本水形

序号	名称	水形	备注
1	单射形		单独布置

续表

序号	名称	水形	备注
2	水幕形	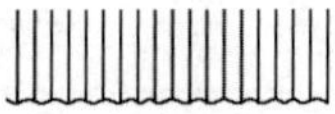	布置在圆周上
3	拱顶形		布置在圆周上
4	向心形	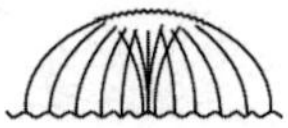	布置在圆周上
5	圆柱形	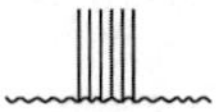	布置在圆周上
6	编织形		
	向外编织	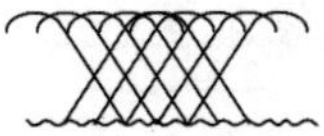	布置在圆周上
	向内编织		布置在圆周上
	篱笆形		布置在圆周或直线上
7	屋顶形		布置在直线上
8	喇叭形	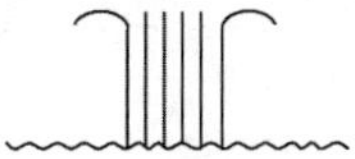	布置在圆周上
9	圆弧形		布置在曲线上
10	蘑菇形		单独布置
11	吸力型		单独布置，此型可分为吸水型、吸气型、吸水吸气型
12	旋转型	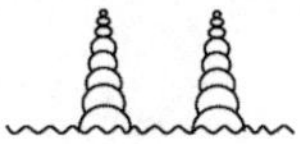	单独布置
13	喷雾型	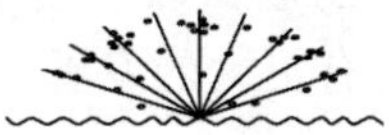	单独布置

续表

序号	名称	水形	备注
14	洒水型		布置在曲线上
15	扇形		单独布置
16	孔雀形		单独布置
17	多层花型		单独布置
18	牵牛花形		单独布置
19	半球形		单独布置
20	蒲公英形		单独布置

上述各种水形除单独使用外，还可以将几种水形根据设计意图自由组合，形成多种美丽的水形图案（图 4-27）。

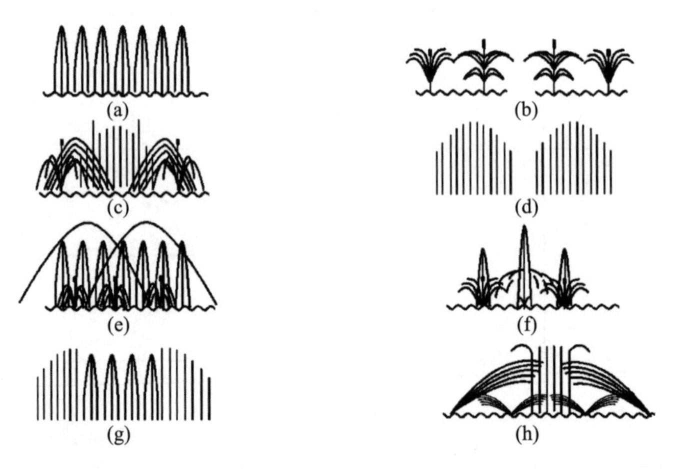

图 4-27　水形组合

（三）现代喷泉类型

随着喷头设计的改进、喷泉机械的创新以及喷泉与电子设备、声光设备等的结合，喷泉的自由化、智能化和声光化都将有更大的发展，将会带来更加美丽、更加奇妙和更加丰富多彩的喷泉水景效果。

1. 音乐喷泉

音乐喷泉是在程序控制喷泉的基础上加入音乐控制系统，计算机通过对音频及MIDI信号的识别，进行译码和编码，最终将信号输出到控制系统，使喷泉及灯光的变化与音乐保持同步，从而达到喷泉水型、灯光及色彩的变化与音乐情绪的完美结合，使喷泉表演更生动、更加富有内涵（图4-28）。

图4-28　喷泉的不同高度设计

2. 程控喷泉

将各种水型、灯光，按照预先设定的排列组合进行控制程序的设计，通过计算机运行控制程序发出控制信号，使水型、灯光实现多姿多彩的变化。另外，喷泉在实际制作中还可分为水喷泉、旱喷泉及室内盆景喷泉等。

3. 旱泉

喷泉放置在地下，表面饰以光滑美丽的石材，可铺设成各种图案和造型。水花从地下喷涌而出，在彩灯照射下，地面犹如五颜六色的镜面，将空中飞舞的水花映衬得无比娇艳，使人流连忘返。停喷后，不阻碍交通，可照常行人，非常适合于宾馆、饭店、商场、大厦、街景小区等。

4. 跑泉

尤适合于江、河、湖、海及广场等宽阔的地点。计算机控制数百个喷水点，随音乐的旋律超高速跑动，或瞬间形成排山倒海之势，或形成委婉起伏波浪式，或组成其他的水景，衬托景点的壮观与活力。

5. 室内喷泉

各类喷泉都可采用。控制系统多为程控或实时声控。娱乐场所建议采用实时声控，伴随着优美的旋律，水景与舞蹈、歌声同步变化，相互衬托，使现场的水、声、光、色达到完美的结合，极具表现力。

6. 层流喷泉

又称波光喷泉，采用特殊层流喷头，将水柱从一端连续喷向固定的另一端，中途水流不会扩散、不会溅落。白天，就像透明的玻璃拱柱悬挂在天空，夜晚在灯光照射下，犹如雨后的彩虹，色彩斑斓。适用于各种场合与其他喷泉相组合。

7. 趣味喷泉

（1）子弹喷泉。在层流喷泉的基础上，将水柱从一端断续地喷向另一端，犹如子射出枪膛般迅速准确射到固定位置。适用于各种场合与其他喷泉相结合。

（2）鼠跳泉。一段水柱从一个水池跳跃到另一个水池，可随意启动，当水柱在数个水池之间穿梭跳跃时即构成鼠跳喷泉的特殊情趣。

（3）时钟喷泉。用许多水柱组成数码点阵，随时反映日期、小时、分钟及秒的运行变化，构成独特趣味。

（4）游戏喷泉。一般是旱泉形式，地面设置机关控制水的喷涌或音乐，游人在其间不小心碰触到，则忽而这里喷出雪松状水花，忽而那里喷出摇摆飞舞的水花令人防不胜防，可嬉性很强。适合于公园、旅游景点等，具有较强的营业性能。

（5）乐谱喷泉。用计算机对每根水柱进行控制，其不同的动态与时间差反映在整体上即构成形如乐谱般起伏变化的图形，也可把7个音阶做成踩键，控制系统根据游人所踩旋律及节奏控制水形变化，娱乐性强。适用于公园，旅游景点等，具有营业性能。

（6）喊泉。由密集的水柱排列成坡形，当游人通过话筒时，实时声控系统控制水柱的开与停，从而显示所喊内容，趣味性很强。适用于公园、旅游景点等，具有极强的营业性能。

8. 激光喷泉

配合大型音乐喷泉设置一排水幕，用激光成像系统在水幕上打出色彩斑斓的图形、文字或广告，既渲染美化了空间又起到宣传、广告的效果。适用于各种公共场合，具有极佳的营业性能。

9. 水幕电影

水幕电影是通过高压水泵和特制水幕发生器，将水自上而下高速喷出，雾化后形成扇形“银幕”，由专用放映机将特制的录影带投射在“银幕”上，形成水幕电影。当观众在观赏电影时，扇形水幕与自然夜空融为一体，当人物出入画面时，好似人物腾起飞向天空或自天而降，产生一种虚无缥缈和梦幻感觉，令人神往。

五、喷泉的控制方式

喷泉喷射水量、时间和喷水图样变化的控制，主要有以下四种方式：

（一）手阀控制

这是最常见和最简单的控制方式，在喷泉的供水管上安装手控调节阀，用来调节各管段中水的压力流量，形成固定的水姿形式。

（二）继电器控制

通常用时间继电器按照设计时间程序控制水系、电磁阀、彩色灯等的启闭，从而实现可以自动变换的喷水水姿形式。

（三）音响控制

声控喷泉的原理是将声音信号转变为电信号，经放大及其他一些处理，推动继电器或其电子式开关，再去控制设在水路上的电磁阀的启闭，从而控制喷头水流的通断。这样，随着声音的起伏，人们可以看到喷水大小、高矮和形态的变化。它能把人们的听觉和视觉结合起来，使喷泉喷射的水花随着音乐优美的旋律而翩翩起舞。

（四）电脑控制

计算机通过对音频、视频、光线、电流等信号的识别，进行译码和编码，最终将信号输出到控制系统，使喷泉及灯光的变化与音乐变化保持同步，从而达到喷泉水形、灯光、色彩、视频等与音乐情绪的完美结合，使喷泉表演更生动、更加富有内涵。

六、喷泉的给排水系统

喷泉的水源应为无色、无味、无有害杂质的清洁水。因此，喷泉除用城市自来水作为水源外，也可用地下水；其他像冷却设备和空调系统的废水也可作为喷泉的水源。

（一）喷泉的给水方式

喷泉的给水方式有下述4种：

（1）直流式供水（自来水供水）。流量在2～3L/s以内的小型喷泉，可直接由城市自来水供水，使用后的水排入雨水管网。

（2）离心泵循环供水。为了确保水具有必要的、稳定的压力，同时节约用水，减少开支，对于大型喷泉，一般采用循环供水。循环供水的方式可以设水泵房。

（3）潜水泵循环供水。将潜水泵放置于喷水池中较隐蔽处或低处，直接抽取池水向喷水管及喷头循环供水。这种供水方式较为常见，一般多适用于小型喷泉。

（4）高位水体供水。在有条件的地方，可以利用高位的天然水塘、河渠、水库等作为水源向喷泉供水，水用过后排放掉。为了确保喷水池的卫生，大型喷泉还可设专用水泵，以供喷水池水的循环，使水池的水不断流动；并在循环管线中设过滤器和消毒设备，以消除水中的杂物、藻类和病菌。

喷水池的水应定期更换。在园林或其他公共绿地中，喷水池的废水可以和绿地喷灌或地面洒水等结合使用，做水的二次使用处理。

（二）喷泉管线的布置

大型水景工程的管道可布置在专用或共用管沟内，一般水景工程的管道可直接敷设在水池内。为保持各喷头的水压一致，宜采用环状配管或对称配管，并尽量减少水头损失。每个喷头或每组喷头前宜设置调节水压的阀门。对于高射程喷头，喷头前应尽量保持较长的直线管段或设整流器。喷泉给排水系统的构成见图4-29。

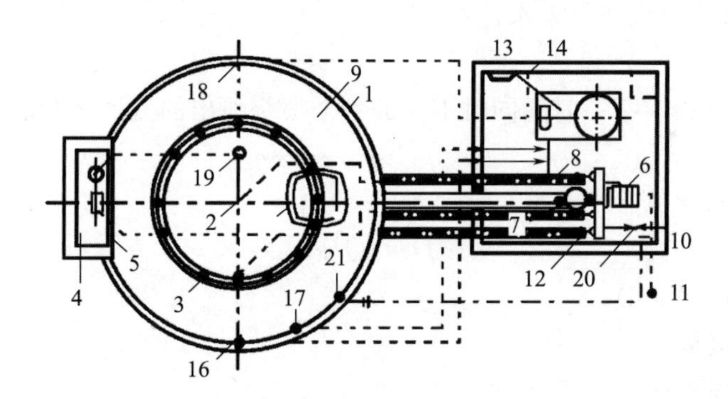

图4-29　喷泉给排水系统的构成

1—喷水池；2—加气喷头；3—装有直射流喷头的环状管；4—高位水池；5—堰；6—水泵；7—吸水滤网；8—吸水关闭阀；9—低位水池；10—风控制盘；11—风传感计；12—平衡阀；13—过滤器；14—泵房；15—阻涡流板；16—除污器；17—真空管线；18—可调球状进水装置；19—溢流排水口；20—控制水位的补水阀；21—液位控制器

喷泉给排水管网主要由进水管、配水管、补充水管、溢流管和泄水管等组成。水池管线布置示意如图4-30所示。

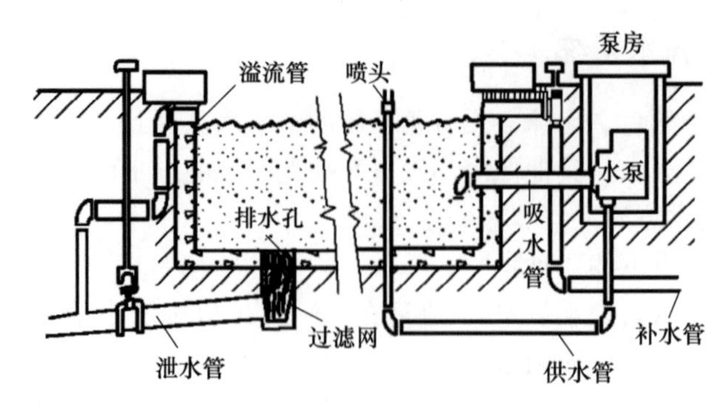

图 4-30　水池管线布置示意图

七、喷泉的水力计算及水泵选型

各种喷头因流速、流量的不同，喷出的花型会有很大差异，达不到预定的流速、流量则不能获得设计的效果，因此喷泉设计必须经过水力计算，主要是求喷泉的总流量、扬程和管径。

（一）流量、总流量和总扬程

1. 单个喷嘴的流量 q

$$q=uf\ (2gH)^{1/2}\times10^{-3}$$

式中　q——喷嘴流量（m^3/s）；

u——流量系数，与喷嘴的形式有关，一般在 0.62～0.94 之间；如蘑菇式喷头为 0.8～0.98；雾状喷头为 0.9～0.98；牵牛花喷头为 0.8～0.9；

f——喷嘴出水口断面面积（mm^2）；

g——重力加速度（$9.80m/s^2$）；

H——喷头入口水压（米水柱）。

2. 总流量 Q

喷泉总流量是指在某一时间同时工作的各个喷头喷出的流量之和的最大值。即

$$Q=q_1+q_2+\cdots+q_n$$

选择合适的进水管径 D：

$$D=4Q/\pi v$$

式中　D——管径（mm）；

Q——总流量（m^3/s）；

π——圆周率（3.1416）；

v——流速（通常选用 0.5～0.6m/s）。

另外，也可依据如下公式：

进水管径：　$D\geqslant 800\times Q^{1/2}$（mm）

泄水管管径：　$d=17.9\times F^{0.5}\times H^{0.25}\times T^{-0.5}$

式中　F——水池面积（m^2）；

H——水池水深（m）；

T——要求泄水时间（h），一般选用 4～8h，不超过 12h。

3. 总扬程

水泵的提水高度叫扬程。一般将水泵进、出水池的水位差称为净扬程，加上水流进出水管的水头损失称为总扬程。即：总扬程＝净扬程＋损失扬程。损失扬程的计算比较复杂。对一般的喷泉，可以粗略地取净扬程的10％～30％作为损失扬程。表4-3为损失扬程估算表。

表4-3　损失扬程估算表

净扬程	损失扬程
5m以下	1m
6～10m	1～2m
11～15m	2～3m
16～20m	3～4m
21～40m	4～8m

（二）选择合适的水泵

根据以上所计算的总扬程以及水泵铭牌上的扬程（在一定转速下效率最高时的扬程，一般称为“额定扬程”），确定合适的水泵。

1. 水泵的选型

喷泉用水泵以离心泵、潜水泵最为普遍。单级悬壁式离心泵的特点是依靠泵内的叶轮旋转所产生的离心力将水吸入并压出。它结构简单，使用方便，扬程选择范围广，应用广泛，常有IS型、DB型。潜水泵使用方便，安装简单，不需要建造泵房，主要型号有QY型、QD型、B型等。

2. 水泵的性能

水泵选择要做到“双满足”，即流量满足、扬程满足。为此，先要了解水泵的性能，再结合喷泉水力计算结果，最后确定泵型。通过铭牌能基本了解水泵的规格及主要性能。

（1）水泵型号。按流量、扬程、尺寸等给水泵编的型号，有新旧两种型号。

（2）水泵流量。指水泵在单位时间内的出水量，单位用m^3/h或L/s。

（3）水泵扬程。指水泵的总扬水高度。

（4）允许吸水真空高度。是防止水泵在运行时产生汽蚀现象，通过试验而确定的吸水安全高度，其中已留有0.3m的安全距。该指标表明水泵的吸水能力，是水泵安装高度的依据。

3. 泵型的选择

通过流量和扬程两个主要因子选择水泵，方法如下：

（1）确定流量。按喷泉水力计算的总流量确定。

（2）确定扬程。按喷泉水力计算的总扬程确定。

（3）选择水泵。水泵的选择应依据所确定的总流量、总扬程，查水泵铭牌即可选定。

八、喷泉构筑物

（一）喷水池

喷水池是喷泉的重要组成部分。其本身不仅能独立成景，起点缀、装饰、渲染环境的作用，而且能维持正常的水位以保证喷水。因此可以说喷水池是集审美功能与实用功能于一体的人工水景。

喷水池的形状、大小应根据周围环境和设计需要而定。形状可以灵活设计，但要求富有时代感；水池大小要考虑喷高，喷水越高，水池越大，一般水池半径为最大喷高的1～1.3倍，平均池宽可为喷高的3倍。实践中，如用潜水泵供水，吸水池的有效容积不得小于最大一台水泵3min的出水量。水池水深应根据潜水泵、喷头、水下灯具等的安装要求确定，其深度不能超过0.7m；否则，必须设置保护措施（图4-31）。

图4-31 喷水池（深）

1. 喷水池常见的结构与构造

喷水池由基础、防水层、池底、池壁、压顶等部分组成。

（1）基础。基础是水池的承重部分，由灰土和混凝土层组成。施工时先将基础底部素土夯实，密实度不得低于85%。灰土层厚30cm（3∶7灰土）。C10混凝土厚10～15cm。

（2）防水层。水池工程中，防水工程质量的好坏对水池安全使用及其寿命有直接影响。目前，水池防水材料种类较多，按材料分，主要有沥青类、塑料类、橡胶类、金属类、砂浆、混凝土及有机复合材料等。按施工方法分，有防水卷材、防水涂料、防水嵌缝油膏和防水薄膜等。

（3）池底。池底直接承受水的竖向压力，要求坚固耐久。多用现浇钢筋混凝土池底，厚度应大于20cm，如果水池容积大，要配双层钢筋网。施工时，每隔20m选择最小断面处设变形缝，变形缝用止水带或沥青麻丝填充；每次施工必须从变形缝开始，不得在中间留施工缝，以防漏水（图4-32、图4-33）。

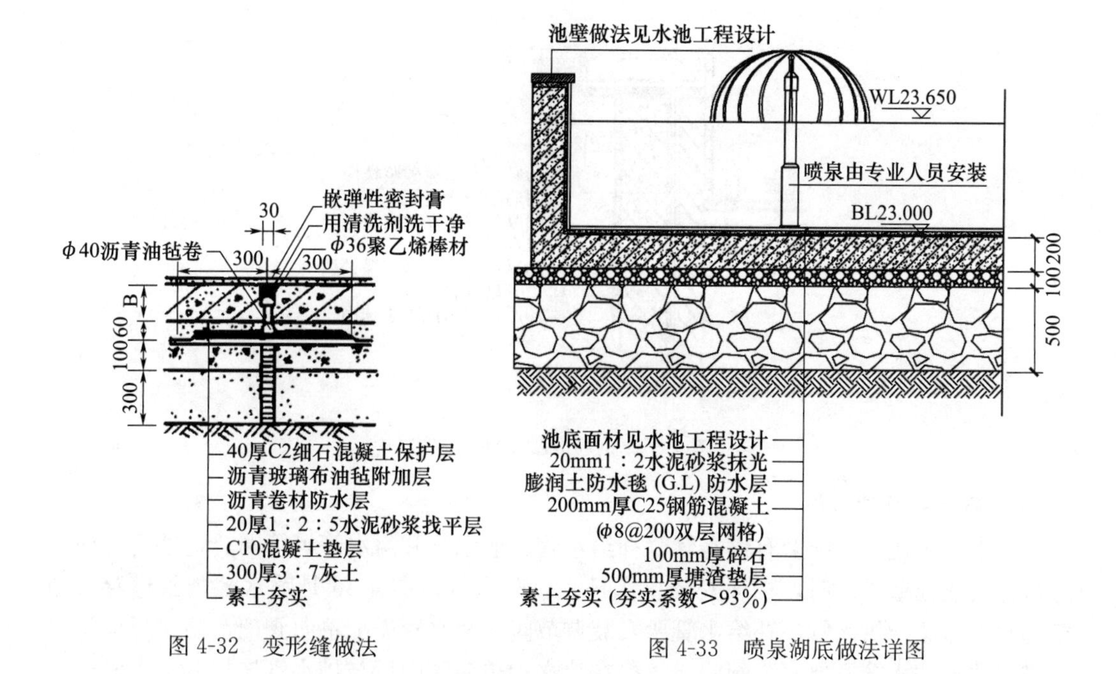

图 4-32　变形缝做法　　　　图 4-33　喷泉湖底做法详图

（4）池壁。是水池竖向的部分，承受池水的水平压力。池壁一般有砖砌池壁、块石池壁和钢筋混凝土池壁三种，如图 4-34 所示。池壁厚视水池大小而定，砖砌池壁采用标准砖，M7.5 水泥砂浆砌筑，壁厚>240mm，如图 4-35 所示。

（5）压顶。压顶是池壁最上部分，它的作用是保护池壁，防止污水泥砂流入池内。下沉式水池压顶至少要高于地面 5～10cm。池壁高出地面时，压顶的做法见水池压顶做法。

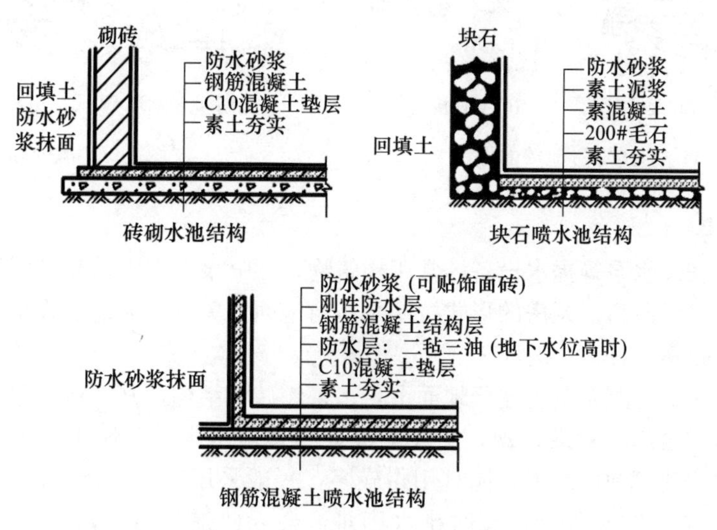

图 4-34　喷水池池壁（底）的构造

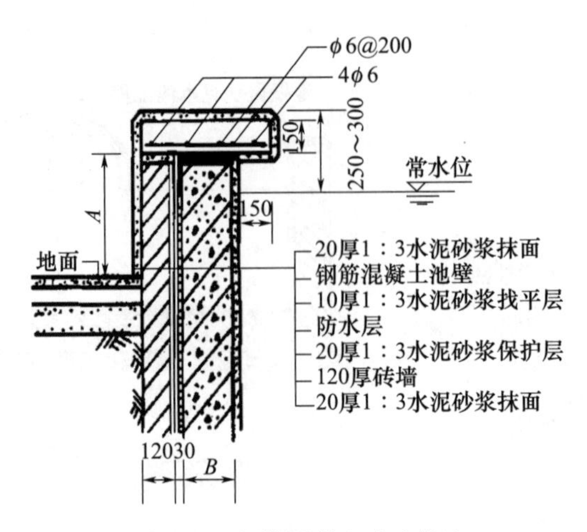

图 4-35 钢筋混凝土池壁做法

2. 喷水池其他设施

喷水池中还必须配套有供水管、补给水管、泄水管和溢水管等管网。这些管有时要穿过池底或池壁，这时，必须安装止水环，以防漏水。图 4-36 是喷水池内管道穿过池壁的常见做法。供水管、补给水管要安装调节阀；泄水管需配单向阀门，防止反向流水污染水池；溢水管不要安装阀门，直接在泄水管单向阀门后与排水管连接。为了利于清淤，在水池的最低处设置沉泥池，也可做成集水坑（图 4-37）。

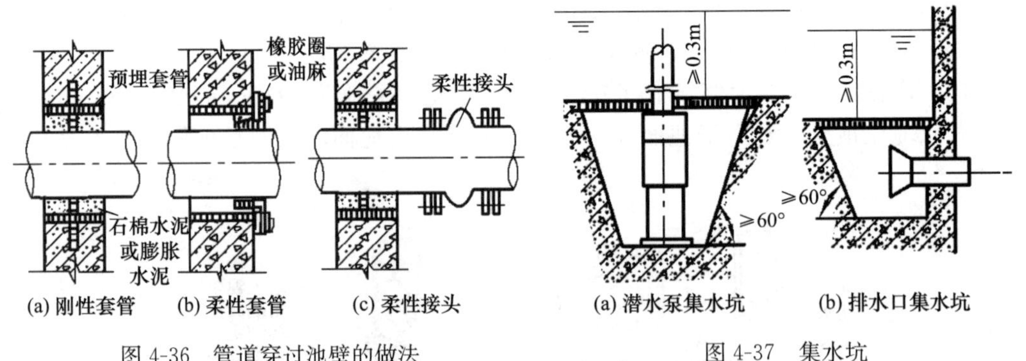

图 4-36 管道穿过池壁的做法

图 4-37 集水坑

（二）泵房

泵房是指安装水泵等提水设备的常用构筑物。在喷泉工程中，凡采用清水离心泵循环供水的都要设置泵房。泵房的形式按照泵房与地面的关系分为地上式泵房、地下式泵房和半地下式泵房三种。

地上式泵房的特点是泵房建于地面上，多采用砖混结构，其结构简单，造价低，管理方便，但有时会影响喷泉景观，实际中最好和管理用房配合使用，适用于中小型喷泉。地下式泵房建于地面之下，园林用得较多，一般采用砖混结构或钢筋混凝土结构，特点是需做特殊的防水处理，有时排水困难，会因此提高造价，但不影响喷泉景观（图 4-38、图 4-39）。

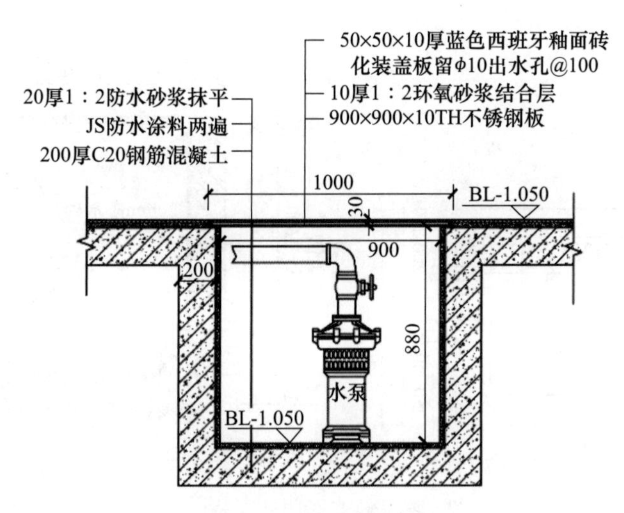

图 4-38　泵池剖面图

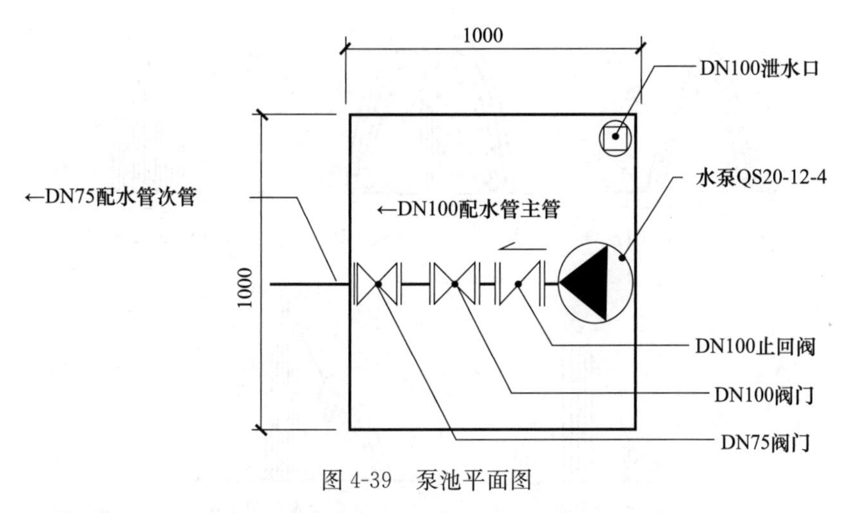

图 4-39　泵池平面图

（三）阀门井

有时在给水管道上要设置给水阀门井，根据给水需要可随时开启和关闭，便于操作。给水阀门井内安装截止阀控制。

（1）给水阀门井。一般为砖砌圆形结构，由井底、井身和井盖组成。

（2）排水阀门井。用于泄水管和溢水管的交接，并通过排水阀门井排入下水管网。泄水管道要安装闸阀，溢水管接于阀后，确保溢水管排水畅通（图 4-40）。

（四）喷泉照明的特点

目前，喷泉的配光已成为喷泉设计的重要内容。喷泉照明多为内侧给光，根据灯具的安装位置，可分为水上环境照明和水体照明两种方式。

水上环境照明，灯具多安装于附近的建筑设备上。特点是水面照度分布均匀，色彩均衡、饱满，但往往使人们眼睛直接或通过水面反射间接地看到光源，眼睛会产生眩晕。水体照明，灯具置于水中，多隐蔽，多安装于水面以下 5cm 处，特点是可以欣赏水面波纹，并能随水花的散落映出闪烁的光，但照明范围有限。喷泉配光时，其照射的方向、位置与喷水水姿有关（图 4-41）。

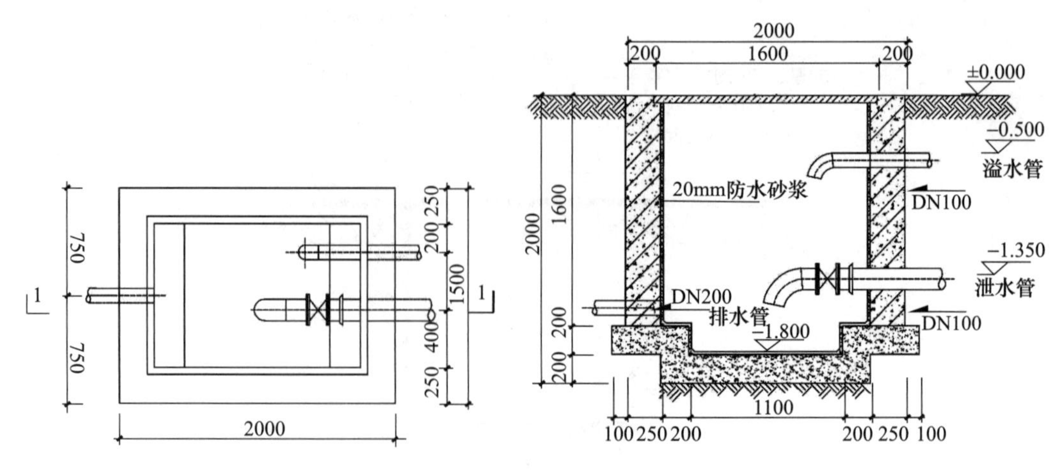

图 4-40　排水阀门井安装详图

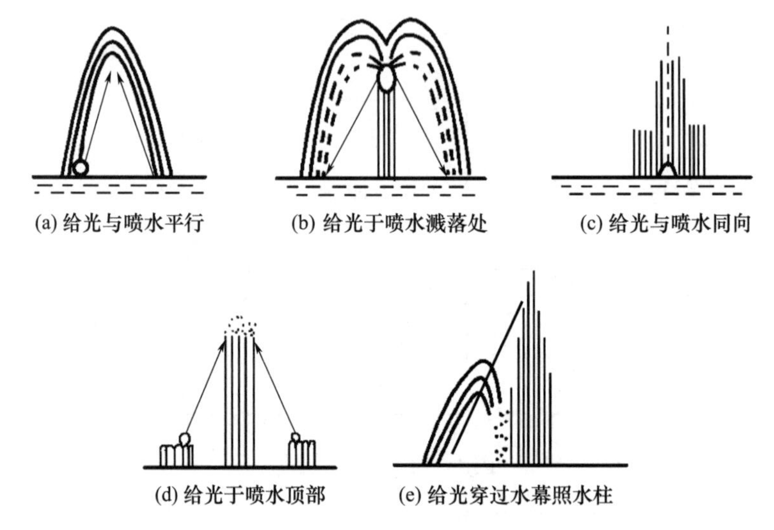
(a) 给光与喷水平行　(b) 给光于喷水溅落处　(c) 给光与喷水同向

(d) 给光于喷水顶部　(e) 给光穿过水幕照水柱

图 4-41　喷泉给光示意图

喷泉照明线路要采用水下防水电缆，其中一根要接地，且要设置漏电保护装置。照明灯具应密封防水，安装时必须满足施工相关技术规程要求。电源线要通过护缆塑管（或镀锌管）由池底接到安装灯具的地方，同时在水下安装接线盒，电源线的一端与水下接线盒直接相连，灯具的电缆穿进接线盒的输出孔并加以密封，并保证电缆护套管充满率不超过45％。

任务三　瀑布跌水溪流工程

【知识点】

了解瀑布跌水溪流的构成和分类，掌握瀑布跌水溪流设计的要点和瀑布在营建中要注意的问题。

【技能点】

瀑布跌水溪流的设计及施工技术要点

【相关知识】

一、瀑布工程

（一）瀑布的构成和分类

1. 瀑布的构成

瀑布一般由背景、上游积聚的水源、落水口、瀑身、承水潭及下流的溪水组成。人工瀑布常以山体上的山石、树木组成浓郁的背景，上游积聚的水（或水泵动力提水）流至落水口，落水口也称瀑布口，其形状和光滑程度影响到瀑布水态，其水流量是瀑布设计的关键。瀑身是观赏的主体，落水后形成深潭经小溪流出，其模式如图 4-42 所示。

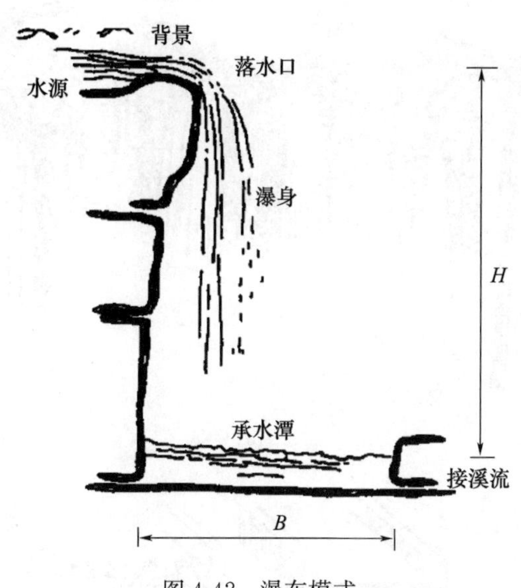

图 4-42　瀑布模式

B—承水潭宽度；*H*—瀑身高度

2. 瀑布的分类

瀑布种类的划分依据，一是流水的跌落方式，二是瀑布口的设计形式。

（1）按流水的跌落方式分，有直瀑、分瀑、跌瀑和滑瀑四种（图 4-43）。

① 直瀑：即直落瀑布。这种瀑布的水流是不间断地从高处直接落入其下的池、潭水面或石面。若落在石面，就会产生飞溅的水花四散。直瀑的落水能够造成声响喧哗，可为园林环境增添动态水声。

② 分瀑：实际上是瀑布的分流形式，因此又叫分流瀑布。它是由一道瀑布在跌落过程中受到中间物阻挡一分为二，再分成两道水流继续跌落。这种瀑布的水声效果也比较好。

③ 跌瀑：也称跌落瀑布，是由很高的瀑布分为几跌，一跌一跌地向下落。跌瀑适宜布置在比较高的陡坡坡地，其水形变化较直瀑、分瀑都大一些，水景效果的变化也多一些，但水声要稍弱一点。

④ 滑瀑：就是滑落瀑布。其水流顺着一个很陡的倾斜坡面向下滑落。斜坡表面所使用的材料质地情况决定着滑瀑的水景形象。斜坡是光滑表面，则滑瀑如一层薄薄的透明纸，在阳光照射下显示出湿润感和水光的闪耀。

（2）按瀑布口的设计形式来分，瀑布有布瀑、带瀑和线瀑三种。

① 布瀑：瀑布的水像一片又宽又平的布一样飞落而下。瀑布口的形状设计为一条水平直线。

② 带瀑：从瀑布口落下的水流，组成一排水带整齐地落下。瀑布口设计为宽齿状，齿排列为直线，齿间的间距全部相等。齿间的小水口宽窄一致，相互都在一条水平线上。

③ 线瀑：排线状的瀑布水流如同垂落的丝帘，这是线瀑的水景特色。线瀑的瀑布口形状是设计为尖齿状的。尖齿排列成一条直线，齿间的小水口呈尖底状。从一排尖底状小水口上落下的水，即呈细线形。随着瀑布水量增大，水线也会相应变粗（图 4-43）。

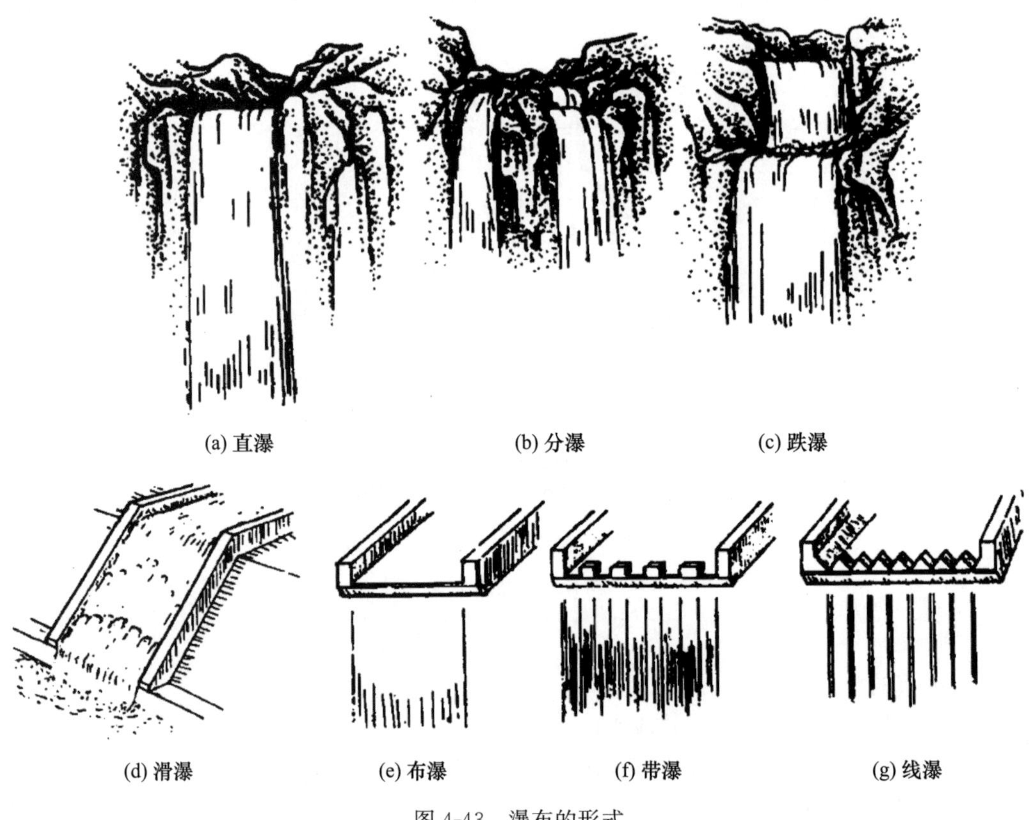

图 4-43　瀑布的形式

（二）瀑布的设计

1. 瀑布的设计要点

（1）筑造瀑布景观，应师法自然，以自然的瀑布作为造景砌石的参考，来体现自然情趣。

（2）设计前需先行勘察现场地形，以决定大小、比例及形式，并依此绘制平面图。

（3）瀑布设计有多种形式，筑造时要考虑水源的大小、景观主题，并依照岩石组合形式的不同进行合理的创新和变化。

(4) 庭园属于平坦地形时，瀑布不要设计得过高，以免看起来不自然。

(5) 为节约用水、减少瀑布流水的损失，可装置循环水流系统的水泵（图 4-44），平时只需补充一些因蒸散而损失的水量即可。

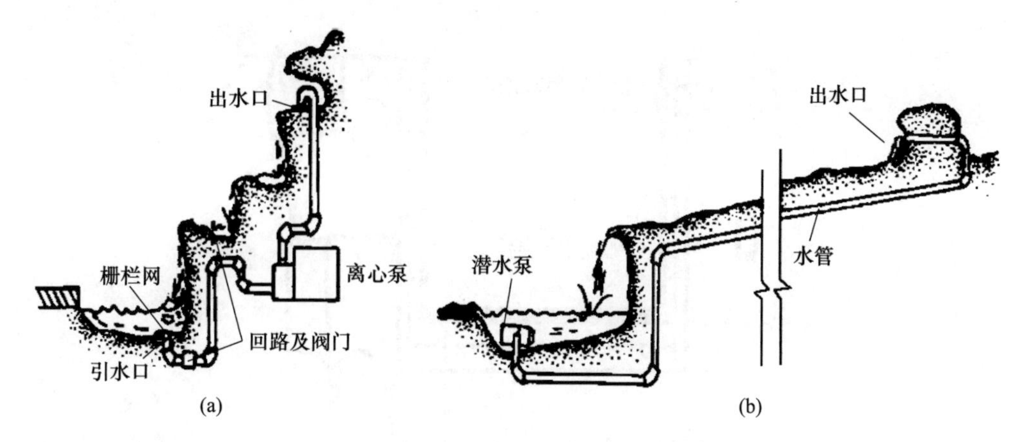

图 4-44　水泵循环供水瀑布示意图

(6) 应以岩石及植物隐蔽出水口，切忌露出塑胶水管，否则将破坏景观的自然。

(7) 岩石间的固定除用石与石互相咬合外，目前常以水泥强化其安全性，但应尽量以植栽掩饰，以免破坏自然山水的意境。

2. 瀑布用水量的估算

人工建造瀑布、其用水量较大，因此多采用水泵循环供水。其用水量标准可参阅表 4-4。水源要达到一定的供水量，据经验：高 2m 的瀑布，每 1m 宽度的流量约为 0.5m^2/min 较为适宜。

表 4-4　瀑布用水量估算表（每 1m 用水量）

瀑布落水高度/m	蓄水池水深/m	用水量/（$L \cdot s^{-1}$）	瀑布落水高度/m	蓄水池水深/m	用水量/（$L \cdot s^{-1}$）
0.30	6	3	3.00	19	7
0.90	9	4	4.50	22	8
1.50	13	5	7.50	25	10
2.10	16	6	>7.50	32	12

(三) 瀑布的营建

1. 顶部蓄水池的设计

蓄水池的容积要根据瀑布的流量来确定，要形成较壮观的景象，就要求其容积大；相反，如果要求瀑布薄如轻纱，就没有必要太深、太大。蓄水池结构如图 4-45 所示。

2. 堰口处理

所谓堰口，就是使瀑布的水流改变方向的山石部位。其出水口应模仿自然，并以树木及岩石加以隐蔽或装饰。当瀑布的水膜很薄时，能表现出极其生动的水态。

3. 瀑身设计

瀑布水幕的形态也就是瀑身，它是由堰口及堰口以下山石的堆叠形式确定的。例如，堰口处的整形石呈连续的直线，堰口以下的山石在侧面图上的水平长度不超出堰口，则这时形成的水幕整齐、平滑，非常壮丽。堰口处的山石虽然在一个水平面上，但水际线伸出、缩进，可以使瀑布形成的景观有层次感。瀑布不同的落水形式如图 4-46 所示。

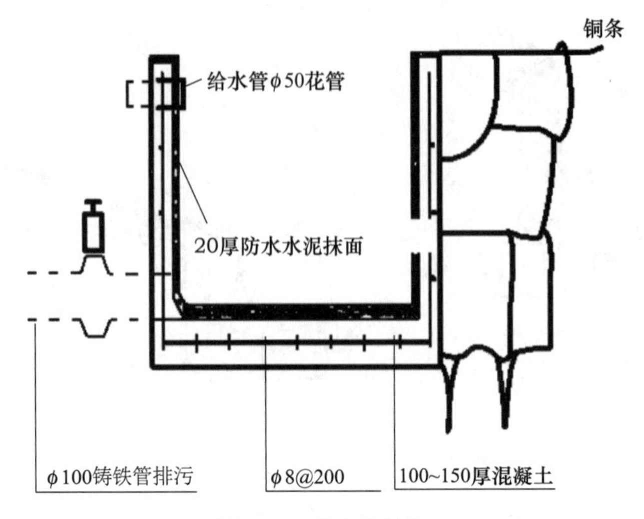

图 4-45 蓄水池结构

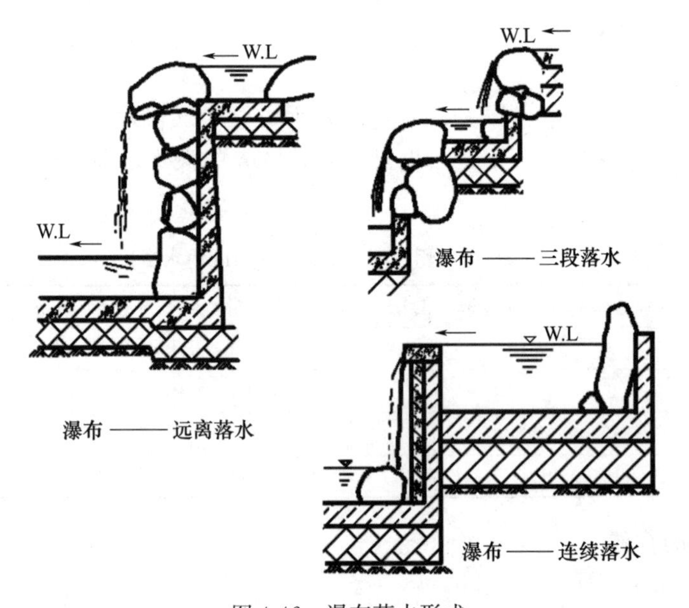

图 4-46 瀑布落水形式

4. 潭（受水池）

天然瀑布落水口下面多为一个深潭。在做瀑布设计时，也应在落水口下面做一个受水池。为了防止落时水花四溅，一般的经验是使受水池的宽度不小于瀑身高度的 2/3。即 $B \geqslant 2/3H$，B 为瀑布的受水池潭的宽度，H 是瀑身高度。

5. 与音响、灯光的结合

利用音响效果渲染气氛，模拟水声如波涛翻滚的意境；也可以把彩色的灯光安装在瀑布的对面，晚上就可以呈现出彩色瀑布的奇异景观。

二、跌水工程

（一）跌水的特点

跌水本质上是瀑布的变异，它强调一种规律性的阶梯落水形式。跌水的外形就像一道楼梯，其构筑方法和前面的瀑布基本一样，只是它所使用的材料更加自然美观，如经过装饰的砖块、混凝土、厚石板、条形石板或铺路石板，目的是取得规则式设计所严格要求的几何结构。

（二）跌水的形式

跌水的形式有多种，就其落水的水态，一般将其分为以下几种形式：

（1）单级式跌水。也称一级跌水。溪流下落时，如果无阶状落差，即为单级跃水。单级跌水由进水口、胸墙、消力池及下游溪流组成。

（2）二级式跌水。即溪流下落时，具有两阶落差的跌水。通常上级落差小于下级落差。二级跌水的水流量较单级跌水小，故下级消力池底厚度可适当减小。

（3）多级式跌水。即溪流下落时，具有三阶以上落差的跌水，如图 4-47 所示。多级跌水一般水流量较小，因而各级均可设置蓄水池（或消力池），水池可为规则式也可为自然式，视环境而定。

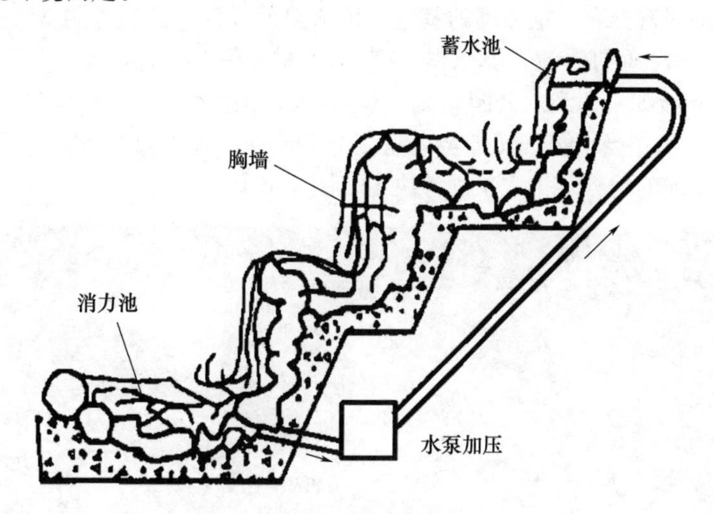

图 4-47　多级跌水

（4）悬臂式跌水。悬臂式跌水的特点是其落水口的处理与瀑布落水口泻水石的处理极为相似，它是将泻水石突出成悬臂状，使水能泻至池中间，因而落水更具魅力。

（5）陡坡跌水。陡坡跌水是以陡坡连接高、低渠道的开敞式过水构筑物，在园林中多应用于上下水池的过渡。由于坡陡水流较急，需有稳固的基础。

三、溪流工程

水景设计中的溪流形式多种多样，其形态可根据水量、流速、水深、水宽、建材以及沟渠等自身的形式而进行不同的创作设计。

园林的溪流中，为尽量展示溪流、小河流的自然风格，常设置各种主景石，如隔水石（铺设在水下，以提高水位线）、切水石或破浪石（设置在溪流中，使水产生分流的石头）、河床石（设在水面下，用于观赏的石头）、垫脚石（支撑大石头的石头）、横卧石（压缩溪流宽度，因此形成隘口、海峡的石头）等。在天然形成的溪流中设置主景石，可更加突出其自然魅力。溪流平面示意见图 4-48。

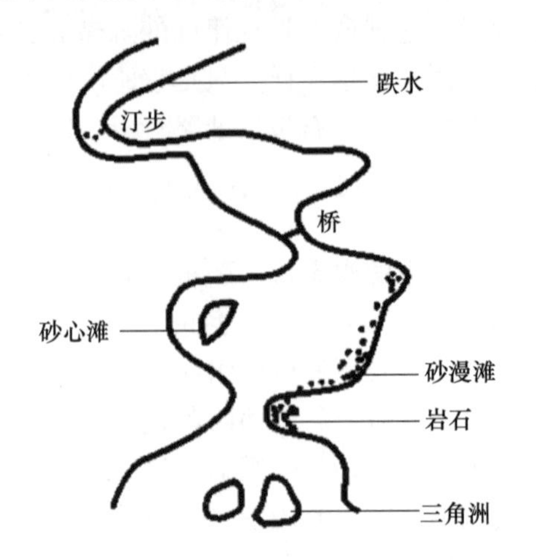

图 4-48　溪流平面示意图

布置溪流最好选择有一定坡度的基址，依流势而设计，急流处为 3%左右，缓流处为 0.5%～1%。普通的溪流，其坡势多为 0.5%左右。溪流宽度 1～2m，水深 5～10cm。而大型溪流如古川亲水公园溪流，长约 1km、宽 2～4m，水深 30～50cm，河床坡度却为 0.05%，相当平缓。其平均流量为 $0.5m^3/s$，流速为 20cm/s。一般溪流的坡势应根据建设用地的地势及排水条件等决定（图 4-49）。

图 4-49　溪流景观

（一）溪流的设计要点

（1）明确溪流的功能，如观赏、嬉水、养殖昆虫、植物等。依照功能进行溪流水底、防护堤细部、水量、水质、流速设计调整。

（2）对游人可能涉入的溪流，其水深应设计在 30cm 以下，以防儿童溺水。同时，水底应做防滑处理。另外，对不仅用于儿童嬉水还可游泳的溪流，应安装过滤装置（一般可将瀑布、溪流、水池的循环、过滤装置集中设置）。

（3）为使庭园更显开阔，可适当加大自然式溪流的宽度，增加曲折，甚至可以采取夸张设计。

（4）对溪底，可选用大卵石、砾石、水洗砾石、瓷砖、石料等铺砌处理，以显美化景观。大卵石、砾石溪底尽管不便清扫，但如适当加入砂石、种植苔藻会更展现其自然风格，也可减少清扫次数。

（5）栽种石菖蒲、芦苇等水生植物处的水势会有所减弱，应设置尖桩压实植土。

（6）水底与防护堤都应设防水层，防止溪流渗漏。

（二）溪流的施工

1. 施工工艺流程

施工准备→溪道放线→溪槽开挖→溪底施工→溪壁施工→溪道装饰→试水。

2. 施工要点

（1）施工准备。主要环节是进行现场踏勘，熟悉设计图纸，准备施工材料、施工机具、施工人员。对施工现场进行清理平整，接通水电，搭设必要的临时设施等。

（2）溪道放线。依据已确定的小溪设计图纸，用石灰、黄砂或绳子等在地面上勾画出小溪的轮廓，同时确定小溪循环用水的出水口和承水池间的管线走向。

（3）溪槽开挖。小溪要按设计要求开挖，最好掘成 U 形坑，因小溪多数较浅，表层土壤较肥沃，要注意将表土堆放好，作为溪涧种植用土。溪道开挖要求有足够的宽度和深度，以便安装散点石。

（4）溪底施工。

① 混凝土结构。在碎石垫层上铺上砂子（中砂或细砂），垫层 2.5～5cm，盖上防水材料（EPDM、油毡卷材等），然后现浇混凝土（水泥强度等级、配合比参阅水池施工），厚度 10～15cm（北方地区可适当加厚），其上铺水泥砂浆约 3cm，再铺素水泥浆 2cm，按设计放入卵石即可。

② 柔性结构。如果小溪较小，水又浅，溪基土质良好，可直接在夯实的溪道上铺一层 2.5～5cm 厚的砂子，再将衬垫薄膜盖上。衬垫薄膜纵向的搭接长度不得小于 30cm，留于溪岸的宽度不得小于 20cm，并用砖、石等重物压紧。最后用水泥砂浆把石块直接贴在衬垫薄膜上。

（5）溪壁施工。溪岸可用大卵石、砾石、瓷砖、石料等铺砌处理。和溪道底一样，溪岸也必须设置防水层，防止溪流渗漏。

（6）溪道装饰。为使溪流更自然有趣，可用较少的鹅卵石放在溪床上，这会使水面产生轻柔的涟漪。同时按设计要求进行管网安装，最后点缀少量景石，配以水生植物，饰以小桥、汀步等小品。

（7）试水。试水前应将溪道全面清洁和检查管路的安装情况，而后打开水源，注意观察水流及岸壁，如达到设计要求，说明溪道施工合格。

（三）溪流剖面构造图（图 4-50～图 4-52）

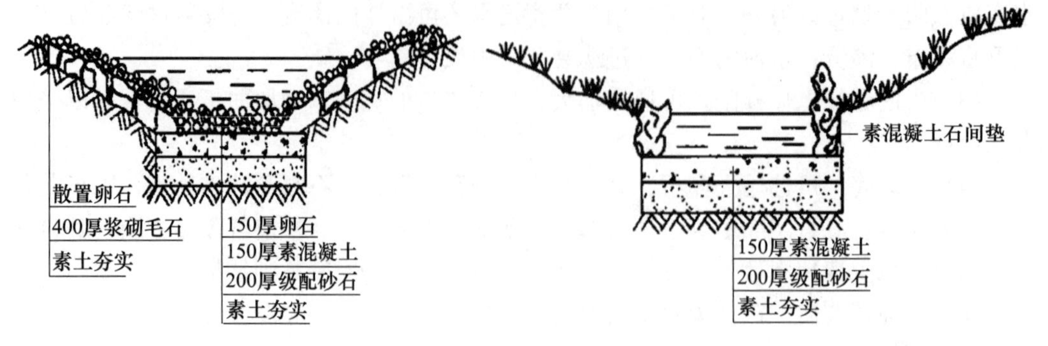

图 4-50　卵石护坡小溪结构　　　图 4-51　自然山石草护坡小溪结构

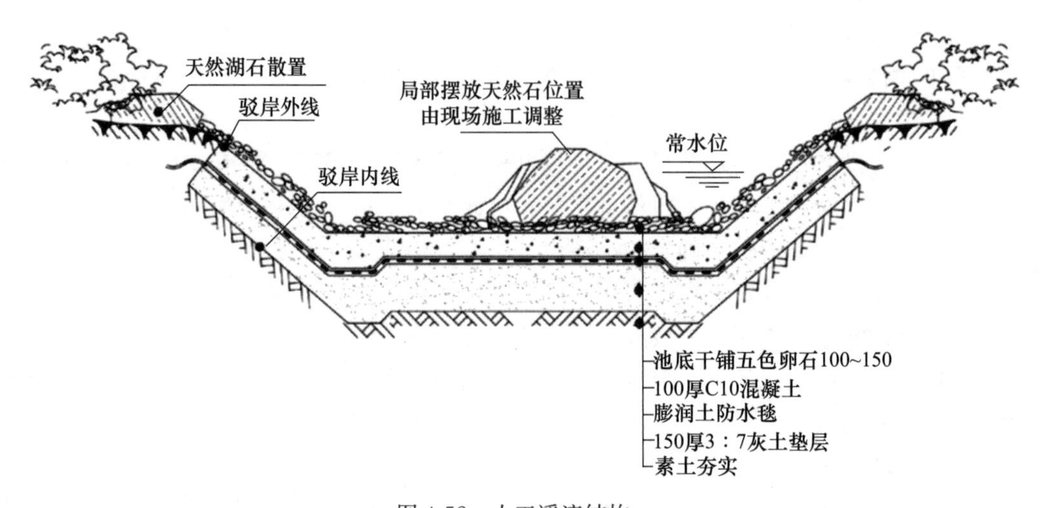

图 4-52　人工溪流结构

任务四　驳岸与护坡工程施工

【知识点】

掌握驳岸护坡的分类及设计施工等相关知识

【技能点】

掌握软硬两种驳岸的设计及施工要点

【相关知识】

一、驳岸工程

园林驳岸是在园林水体边缘与陆地交界处，为稳定岸壁、保护湖岸不被冲刷或水淹所设置的构筑物。园林驳岸也是园景的组成部分。在古典园林中，驳岸往往用自然山石砌筑，与假山、置石、花木相结合，共同组成园景。驳岸必须结合具体环境的艺术风格、地形地貌、地质条件、材料特性、种植特色以及施工方法、经济要求来选择其结构形式，在实用、经济的前提下注意外形的美观，使其与周围景色相协调。

（一）驳岸的设计

1. 破坏驳岸的主要因素

驳岸可分成湖底以下基础部分、常水位以下部分、常水位与最高水位之间的部分和不淹没的部分，不同部分其破坏因素不同。湖底以下驳岸基础部分的破坏原因包括：

（1）由于池底地基强度和岸顶荷载不一而造成不均匀的沉陷，使驳岸出现纵向裂缝甚至局部塌陷。

（2）在寒冷地区水深不大的情况下，可能由于冰胀而引起基础变形。

（3）木桩做的桩基因受腐蚀或水底一些动物的破坏而朽烂。

（4）在地下水位很高的地区会产生浮托力影响基础的稳定。

2. 驳岸平面位置和岸顶高程的确定

与城市河湖接壤的驳岸，应按照城市规划河道系统规定的平面位置建造；园林内部驳岸则根据设计图纸确定平面位置。技术设计图上应该以常水位线显示水面位置。整形驳岸，岸顶宽度一般为 30～50cm。如驳岸有所倾斜则根据倾斜度和岸顶高程向外推算。岸顶高程应比最高水位高出一段距离，一般是高出 25cm～1m。一般情况下驳岸以贴近水面为好。在水面积大、地下水位高、岸边地形平坦的情况下，对于人流稀少的地带，可以考虑短时间被洪水淹没带来的损失，即大面积垫土或增高驳岸的造价。驳岸的纵向坡度应根据原有地形条件和设计要求安排，不必强求平整，可随地形有缓和的起伏，起伏过大的地方甚至可做成纵向阶梯状。

3. 园林驳岸的结构形式

根据驳岸的造型，可以将驳岸划分为规则式驳岸、自然式驳岸和混合式驳岸三种。

（1）规则式驳岸。指用砖、石、混凝土砌筑的比较规整的驳岸，如常见的重力式驳岸、半重力式驳岸和扶壁式驳岸（图 4-53）等。园林中用的驳岸以重力式驳岸为主，要求较好的砌筑材料和施工技术。这类驳岸简洁明快、耐冲刷，但缺少变化。

（2）自然式驳岸。自然式驳岸指外观无固定形状或规格的岸坡处理，如常见的假山石驳岸、卵石驳岸、仿树桩驳岸等。这种驳岸自然亲切，景观效果好（图 4-54）。

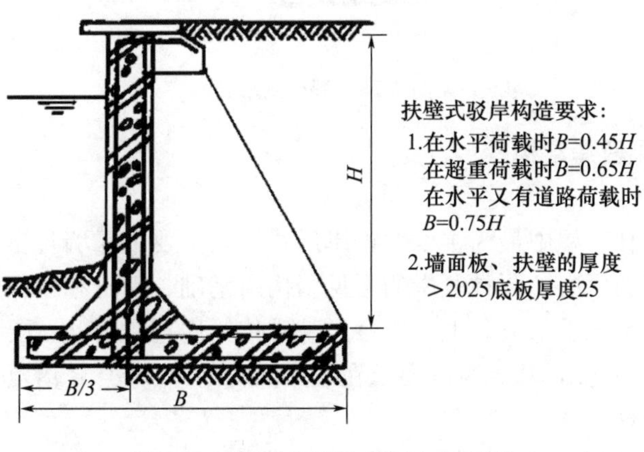

图 4-53　规则式驳岸（扶壁式驳岸）

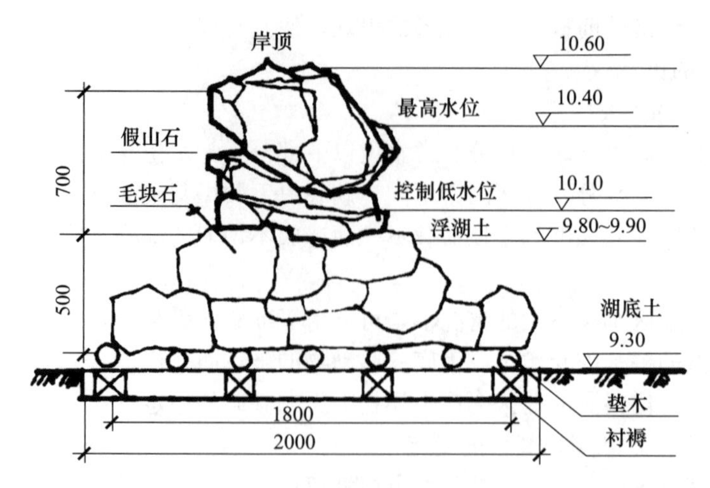

图 4-54　杭州西湖苏堤山石驳岸

(3) 混合式驳岸（图 4-55）。这种驳岸结合了规则式驳岸和自然式驳岸的特点，一般用毛石砌墙、自然山石封顶，园林工程中也较为常用。

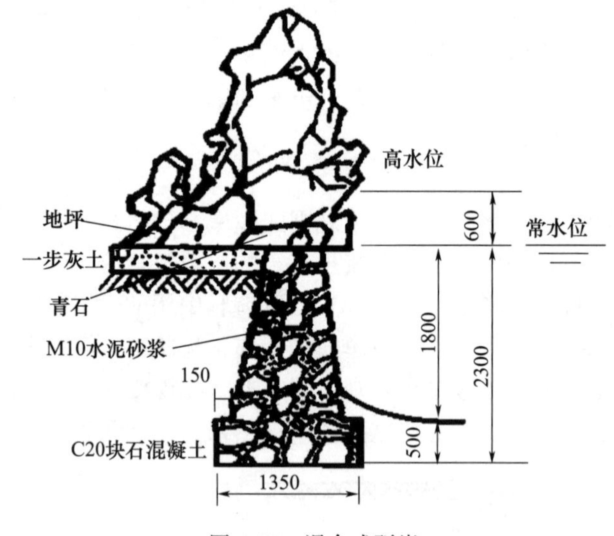

图 4-55　混合式驳岸

(二) 园林常见驳岸结构

1. 砌石驳岸

砌石驳岸是园林工程中最为主要的护岸形式。它主要依靠墙身自重来保证岸壁的稳定，抵抗墙后土壤的压力。园林驳岸的常见结构由基础、墙身和压顶三部分组成。

(1) 基础是驳岸承重部分，上部质量经基础传给地基。因此，要求基础坚固，埋入湖底深度不得小于 50cm，基础宽度要求在驳岸高度的 0.6～0.8 倍范围内；如果土质疏松，必须做基础处理。

(2) 墙身是基础与压顶之间的主体部分，多用混凝土、毛石、砖砌筑。墙身承受压力最大，主要来自垂直压力、水的水平压力及墙后土壤侧压力，为此，墙身要确保一定厚度。

(3) 压顶为驳岸最上部分，作用是增强驳岸稳定，阻止墙后土壤流失，美化水岸线。压顶用混凝土或大块石做成，宽度 30～50cm。

2. 桩基驳岸

桩基是常用的一种水工地基处理手法。基础桩的主要作用是增强驳岸的稳定性，防止驳岸的滑移或倒塌，同时可加强土基的承载力。其特点是：基岩或坚实土层位于松土层，桩尖打下去，通过桩尖将上部荷载传给下面的基础或坚实土层；若桩打不到基岩，则利用摩擦，借木桩表面与泥土间的摩擦力将荷载传到周围的土层中，以达到控制沉陷的目的。

图 4-56 是桩基驳岸结构图，它由桩基、“卡当石”碎填料、盖桩石、混凝土基础、墙身和压顶等部分组成。“卡当石”是桩间填充的石块，主要是保持木桩的稳定。盖桩石为桩顶浆砌的条石，作用是找平桩顶以便浇灌混凝土基础。碎填料多用石块，填于桩间，主要是保持木桩的稳定。基础以上部分与砌石驳岸相同。

桩基的材料，有木桩、石桩、灰土桩和混凝土桩、竹桩、板桩等。木桩要求耐腐、耐湿、坚固，如柏木、松木、橡树、榆树、杉木等。桩木的规格取决于驳岸的要求和地基的土质情况，一般直径 10～15cm，长 1～2m，弯曲度（d/l）小于 1%。桩木的排列常布置成梅花桩、品字桩或马牙桩。梅花桩一般每平方米 5 个桩。

竹桩、板桩驳岸是另一种类型的桩基驳岸。驳岸打桩后，基础上部临水面墙身由竹篱（片）或板片镶嵌而成，适用于临时性驳岸。竹篱驳岸造价低廉，取材容易，施工简单，工期短，能使用一定年限，凡盛产竹子，如毛竹、大头竹、勒竹、撑篙竹的地方均可采用（图 4-57）。

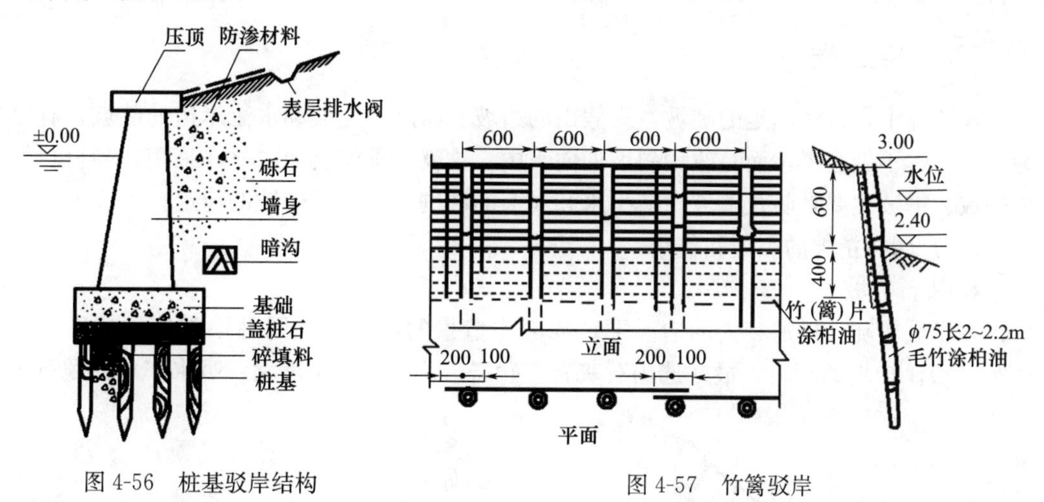

图 4-56　桩基驳岸结构　　图 4-57　竹篱驳岸

（三）驳岸施工

驳岸施工前必须放干湖水，或分段堵截围堰逐一排空。现以砌石驳岸说明其施工要点。砌石驳岸施工工艺流程为：放线→挖槽→夯实地基→浇筑混凝土基础→砌筑岸墙→砌筑压顶。

1. 放线

布点放线应依据施工设计图上的常水位线来确定驳岸的平面位置，并在基础两侧各加宽 20cm 放线。

2. 挖槽

一般采用人工开挖，工程量大时可采用机械挖掘。为了保证施工安全，挖方时要保证足够的工作面，对需要放坡的地段，务必按规定放坡。岸坡的倾斜可用木制边坡样板校正。

3. 夯实地基

基槽开挖完成后将基槽夯实，遇到松软的土层时，必须铺厚 14～15cm 灰土（石灰与中性黏土之比为 3∶7）一层加固。

4. 浇筑混凝土基础

采用块石混凝土基础。浇筑时要将块石垒紧，不得列置于槽边缘。然后浇筑 M15 或 M20 水泥砂浆，基础厚度 400～500mm，高度常为驳岸高度的 0.6～0.8 倍。灌浆务必饱满，要渗满石间空隙。北方地区冬季施工时可在砂浆中加 3%～5%的 NaCl 用以防冻。

5. 砌筑岸墙

M5 水泥砂浆砌块石，砌缝宽 1～2cm，每隔 10～25m 设置伸缩缝，缝宽 3cm，用板条、沥青、石棉绳、橡胶、止水带或塑料等材料填充，填充时最好略低于砌石墙面。缝隙用水泥砂浆勾满。

6. 砌筑压顶

压顶宜用大块石（石的大小可视岸顶的设计宽度选择）或预制混凝土板砌筑。砌时顶石要向水中挑出 5～6cm，顶面一般高出最高水位 50cm，必要时亦可贴近水面。

二、护坡工程

在园林中，自然山地的陡坡、土假山的边坡、园路的边坡和水池岸边的陡坡，有时为顺其自然不做驳岸，而是改用斜坡伸向水中，这就要求能就地取材，采用各种材料做成护坡。护坡主要是防止滑坡，减少水和风浪的冲刷，以保证岸坡的稳定。

（一）园林护坡的类型和作用

1. 块石护坡

在岸坡较陡、风浪较大的情况下，或因为造景的需要，在园林中常使用块石护坡（图 4-58）。护坡的石料，最好选用石灰岩、砂岩、花岗岩等密度大、吸水率小的顽石。

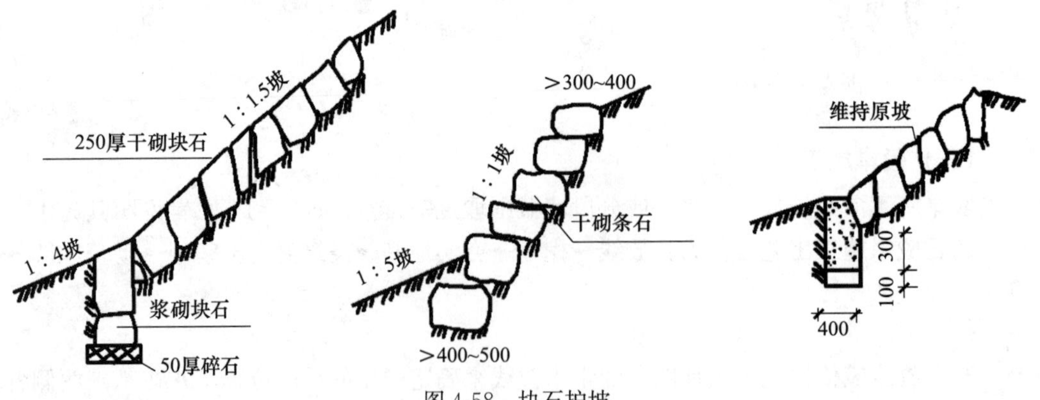

图 4-58 块石护坡

2. 园林绿地护坡

（1）草皮护坡。当岸壁坡角在自然安息角以内、地形变化在 1∶20～1∶5 间起伏时，可以考虑用草皮护坡，即在坡面种植草皮或草丛，利用土中的草根来固土，使土坡能够保持较大的坡度而不滑坡（图 4-59）。

图 4-59　草皮护坡

（2）花坛式护坡。将园林坡地设计为倾斜的图案、文字类模纹花坛或其他花坛形式，既美化了坡地，又起到了护坡的作用（图 4-60）。

图 4-60　花坛式护坡

（3）石钉护坡。在坡度较大的坡地上，用石钉均匀地钉入坡面，使坡面土壤的密实度增长，抗坍塌的能力也随之增强。

（4）预制框格护坡。一般是用预制的混凝土框格，覆盖、固定在陡坡坡面，从而固定、保护了坡面；坡面上仍可种草种树。当坡面很高、坡度很大时，采用这种护坡方式比较好。因此，这种护坡最适于较高的道路边坡、水坝边坡、河堤边坡等的陡坡。

（5）截水沟护坡。为了防止地表径流直接冲刷坡面，在坡的上端设置一条小水沟，以阻截、汇集地表水，从而保护坡面。

（6）编柳抛石护坡。采用新截取的柳条十字交叉编织。编柳空格内抛填厚 200～400mm 的块石，块石下设厚 10～20cm 的砾石层以利于排水和减少土壤流失。柳格平面尺寸为 1m×1m 或 0.3m×0.3m，厚度为 30～50cm。柳条发芽便成为较坚固的护坡设施。

（二）坡面构造设计

各种护坡工程的坡面构造，实际上是比较简单的，它不像挡土墙那样要考虑泥土对砌体的侧向压力，护坡设计要考虑的只是如何防止陡坡的滑坡和如何减轻水土流失。根据护坡做法的基本特点，下面将各种护坡方式归入植被护坡、预测框格护坡和截水沟护坡三种坡面构造类型，并对其设计方法给予简要的说明。

1. 植被护坡的坡面设计

这种护坡的坡面是采用草皮护坡、灌丛护坡或花坛护坡方式所做的坡面，实际上都是用植被来对坡面进行保护，因此，这三种护坡的坡面构造基本上是一样的。一般而言，植被护坡的坡面构造从上到下的顺序是植被层、坡面根系表土层和底土层（图 4-61）。为了避免地表径流直接冲刷陡坡坡面，还应在坡顶部顺着等高线布置一条截水沟，拦截雨水。

2. 预制框格护坡的坡面设计

预制框格由混凝土、塑料、铁件、金属网等材料制作，其每一个框格单元的设计形状和规格大小都可以有许多变化。框格一般是预制生产的，在边坡施工时再装配成各种简单的图形。用锚和矮桩固定后，再往框格中填满肥沃壤土，土要填得高于框格，并稍稍拍实，以免下雨时流水渗入框格下面，冲刷走框底泥土，使框格悬空。预制混凝土框格的参考形状及规格尺寸举例如图 4-62 所示。

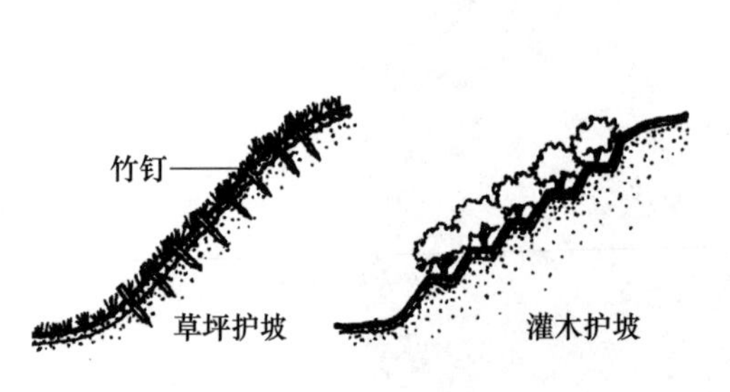

图 4-61　植被护坡坡面的两种断面

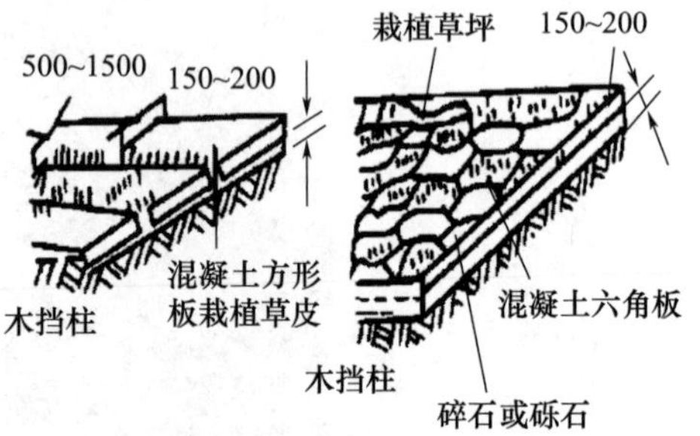

图 4-62　预制框格护坡

3. 护坡的截水沟设计

截水沟一般设在坡顶，与等高线平行。沟宽 20～45cm、深 20～30cm，用砖砌成。沟底、沟内壁用 1∶2 水泥砂浆抹面。为了不破坏坡面的美观，可将截水沟设计为盲沟，即在截水沟内填满砾石，砾石层上面覆土种草，从外表看不出坡顶有截水沟，但雨水流到沟边就会下渗，然后从截水沟的两端排出坡外（图 4-63）。

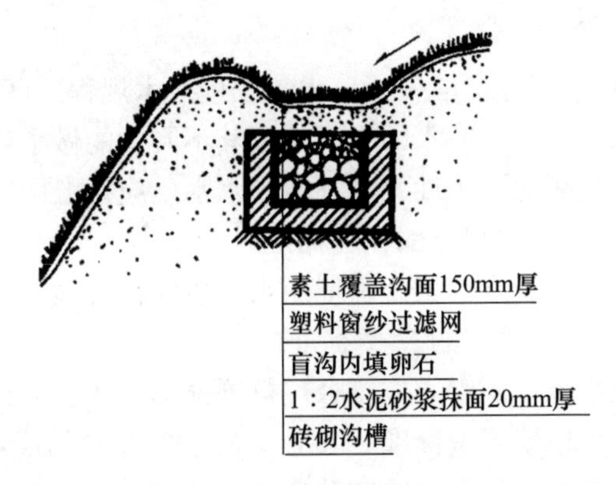

图 4-63　截水沟的构造

（三）护坡工程的施工工序

为了保障护坡工程的质量，应按如下施工工序进行操作。

1. 放线挖槽

（1）用方格网络法将设计图纸的要求落实到基地现场。

（2）开槽。放足规定余量，在线内挖基础梯形槽，并人工夯实或用蛙式夯实机夯实土基。

2. 砌坡脚石，铺倒滤层

坡脚石应选用大石块，并灌足砂浆。其上做倒滤层 1～3 层。第一层为粗砂，其上铺放小卵石或小碎石，厚度控制在 15～25cm；要分层填筑倒滤层，层厚均匀，抹灰。

3. 铺砌块石

铺砌块石自坡脚石起，以品字形砌筑，由下而上，保持与铺面平行，石隙间填碎石和砂浆，要求饱满、平整。每隔 20～25m 留一条 3cm 宽的伸缩缝，每隔 5～20m 预留一个泄水孔。

4. 勾缝

块石交接处应用 M7.5 水泥砂浆勾缝，要求压实、均匀、饱满。

5. 浆砌压顶石

M7.5 水泥砂浆浆砌压顶。

任务五　水景净化系统工程

【知识点】

园林水景水质知识

水质处理方法

【技能点】

水质保障措施

再生水利用方式

【相关知识】

一、园林水景的水质要求

我国于 2015 年发布了行业标准《喷泉水景工程技术规程》(CJJ/T 222—2015)，该规程对水景工程的水源、充水、补水的水质根据其不同功能做了较明确的规定。

(1) 人体非全身性接触的娱乐性景观环境用水水质应符合国家标准《地表水环境质量标准》(GB 3838—2002) 中规定的Ⅳ类标准。

(2) 人体非直接接触的观赏性景观环境用水水质应符合国家标准《地表水环境质量标准》(GB 3838—2002) 中规定的 V 类标准。

(3) 高压人工造雾系统水源水质应符合现行国家标准《生活饮用水卫生标准》(GB 5749—2006) 或《地表水环境质量标准》(GB 3838—2002) 的规定。

(4) 高压人工造雾设备的出水水质应符合现行国家标准《生活饮用水卫生标准》(GB 5749—2006) 的规定。

(5) 旱泉、水旱泉的出水水质应符合现行国家标准《生活饮用水卫生标准》(GB 5749—2006) 的规定。

(6) 在水资源匮乏地区，如采用再生水作为初次充水或补水水源，其水质不应低于现行国家标准《城市污水再生利用 景观环境用水水质》(GB/T 18921—2019) 的规定。

当水景工程的水质无法满足上述规定时，应进行水质净化处理。

北京奥运会期间所建设的奥运公园是从北小河污水处理厂取景用水。北小河污水处理厂是北京市第一座二级污水处理厂，于 1990 年竣工并投入运行，日处理污水 40000m^3，承担着亚运村及北苑一带流域范围的污水收集和处理工作。改扩建工程完成后，北小河污水处理厂日处理达到 100000m^3 的能力。北小河污水处理厂采用国际上最先进的膜处理技术，使其出水水质可以达到高级景观用水甚至饮用水的标准。

二、景观环境用水再生水利用方式

(1) 污水再生水厂的水源宜优先选用生活污水或不包含重污染工业废水在内的城市污水。

(2) 当完全使用再生水时，景观河道类水体的水力停留时间宜在 5d 以内。

(3) 完全使用再生水作为景观湖泊类水体，在水温超过 25℃时，其水体静止停留时间不宜超过 3d；而在水温不超过 25℃时，则可适当延长水体静止停留时间，冬季可延长水体静止停留时间至一个月左右。

(4) 当加设表曝类装置增强水面扰动时，可酌情延长河道类水体水力停留时间和湖泊类水体静止停留时间。

(5) 流动换水方式宜采用低进高出。

(6) 应充分注意两类水体底泥淤积情况，进行季节性或定期性清淤。

三、地表水水域功能和标准分类

依据地表水水域环境功能和保护目标，按功能高低依次划分为五类：

(1) Ⅰ类。主要适用于源头水、国家自然保护区。

（2）Ⅱ类。主要适用于集中式生活饮用水地表水源地一级保护区、珍稀水生生物栖息地、鱼虾类产卵场、仔稚幼鱼的索饵场等。

（3）Ⅲ类。主要适用于集中式生活饮用水地表水源地二级保护区、鱼虾类越冬场、洄游通道、水产养殖区等渔业水域及游泳区。

（4）Ⅳ类。主要适用于一般工业用水区及人体非直接接触的娱乐用水区。

（5）Ⅴ类。主要适用于农业用水区及一般景观要求水域。

对应地表水上述五类水域功能，将地表水环境质量标准基本项目标准值分为五类，不同功能类别分别执行相应类别的标准值。水域功能类别高的标准值严于水域功能类别低的标准值，同一水域兼有多类使用功能的，执行最高功能类别对应的标准值。“实现水域功能”与“达功能类别标准”为同含义。

四、水质的保障措施和水质处理方法

水质的保障措施和水质处理方法应符合下列规定：

（1）水质保障措施和水质处理方法的选择应经技术经济比较确定。

（2）宜利用天然或人工河道，且应使水体流动。

（3）宜通过设置喷泉、瀑布、跌水等措施增加水体溶解氧。

（4）可因地制宜采取生态修复工程净化水质。

（5）应采取抑制水体中菌类生长，防止水体藻类滋生的措施。

（6）容积不大于 $500m^3$ 的景观水体宜采用物理化学处理方法，如混凝沉淀、过滤、加药气浮和消毒等。

（7）容积大于 $500m^3$ 的景观水体宜用生态生化处理方法，如生物接触氧化、人工湿地等。

五、水景水质存在的问题及原因

1. 水景设计时存在的问题

目前水景设计时对水质要求的问题，主要是设计与治理缺少同步考虑。这方面问题主要是由于专业不同造成的。设计公司设计时一般只考虑景观手法和文化表现，没有考虑水质的治理问题，而水质治理问题是由环境保护专业来解决的。

2. 水景治理方面的问题

水景治理维护需要用许多心思，水景若不进行治理与养护，即会变成浑水和污水，也可能对景观本身产生极为不利的影响。

大多数景观水体（如人工湖、人工池塘等），由于没有按自然水理设计，大多是基本封闭的系统，几乎无自净能力。而且大多数景观水体内部结构不合理，加上外来物质输入，随着时间的推移必将产生富营养化，最终使得水体变得浑浊不堪，后果严重的甚至导致水体发黑、变臭，严重影响景观水体的美观。

3. 污染物的主要来源

作为人工景观水体，其污染物主要来源于区域内排放的生活污水、雨水、生活垃圾、建筑垃圾及其渗滤液、漂浮物和施工尘土等。尤其是生活污水中含有大量的有机污染物及氮、磷等植物营养物，植物营养物进入天然水体后将使水体水质恶化，加速水体的富营养化过程，影响水面的利用。

4. 水景水质变坏的主要原因

大量的研究成果表明，景观水体（特别是封闭水体）中的有机物是引起富营养化的罪魁祸首，富营养化主要表现为藻类过量繁殖，是导致水体变黑、变臭的根本原因。藻类是一种低等植物，其种类繁多，主要有蓝藻、绿藻、硅藻、褐藻和金藻等。藻类一般是无机营养的，其细胞内含有叶绿素及其他辅助色素，能进行光合作用。在有光照时，能利用光能吸收二氧化碳合成细胞物质，蓝藻是单细胞或丝状的群体，其细胞内除含有叶绿素等色素外，还含有多量的蓝藻类，因此藻体呈蓝绿色，有时带黄褐色甚至红色。在水池湖泊中生长旺盛时，能使水色变成蓝色或其他颜色，并同时发出草腥气味或霉味。

除病原微生物之外，其他微生物对水质的影响主要表现在物理性质方面，当它们大量繁殖时会使水混浊，呈现颜色或发出不良气味。这类微生物包括藻类、原生动物等，其中以藻类更为重要。这是因为一般湖泊水中所含有机物往往较少，却含有足够的无机养料，可供自养型的藻类很好地利用。

绿藻是单细胞或多细胞的绿色植物，有的个体较大，如水绵、水网藻等，有些则很小，必须用显微镜才能看到，如小球藻等。其细胞中的色素以叶绿素为主，大部分种类适合在微碱性环境中生长，且在春夏之交和秋季生长得最旺盛，并产生鱼腥味。

【思考与练习】

1. 水体的形成可以分为哪几类？
2. 谈谈驳岸与护坡施工方法有何不同。
3. 谈谈溪涧的施工要点。
4. 水池的设计包括哪些内容？
5. 谈谈喷泉的设计要点。
6. 简述驳岸的形式和景观效果。
7. 简述砌筑类驳岸的常见结构与施工方法。
7. 简述常见铺石护坡的施工方法和步骤。
9. 简述人工湖的施工方法及步骤。
10. 水池的结构主要分几部分？
11. 简述水池的施工步骤。
12. 瀑布设计布置要点有哪几个方面？
13. 简述喷泉的供水形式，并以线路图示意。
14. 喷泉管道布置的基本要求有哪些？
15. 简述喷泉水力计算的步骤及方法。
16. 简述水池的设计及施工工艺。
17. 简述瀑布的设计及施工工艺。
18. 水景的作用和水景的构成有哪些？

技能训练一　喷水池的设计

一、实验目的

通过设计，掌握喷水池的设计方法及基本模式，了解水景和园林意境的统一关系，熟悉喷水池设计包括的内容、图纸表示以及水池构造。

二、材料及用具

图纸、绘图板、硫酸纸、针管笔等。

三、方法步骤

某居住区入口广场的喷泉设计，喷水池要求循环供水。

四、作业

1. 做喷泉造型设计，并完成喷水池总平面图、立面图、剖面图。
2. 完成喷水池结构设计，完成相关图纸。
3. 喷水池管线布置，完成管道布置平面图和管道轴测图。

技能训练二　喷泉的安装

一、实验目的

掌握喷泉系统的安装程序及技术要点。

二、材料及用具

喷泉设备、工具、管线、阀门、灯具、碰头、控制器等。

三、内容及方法

1. 管道安装。
2. 电器安装。

四、作业

每组安装一套小型的喷泉设备。

技能训练三　瀑布跌水的设计

一、训练目的

通过设计，掌握瀑布跌水的设计方法及基本模式，了解瀑布跌水与园林景观载体之间协调统一的关系，熟悉瀑布跌水设计包括的内容、图纸表示以及循环构造。

二、材料及用具

图纸、绘图板、硫酸纸、针管笔等。

三、方法步骤

某公园假山瀑布跌水的设计，要求循环供水。

四、作业

1. 进行瀑布跌水设计，并完成瀑布跌水总平面图、立面图、剖面图。
2. 完成瀑布跌水结构设计，完成相关图纸。
3. 进行瀑布跌水管线布置，完成管道布置平面图和管道轴测图。

技能训练四　锦鲤池净化系统的设计

一、训练目的

掌握锦鲤池净化系统的安装程序及技术要点，能用图纸表示净化及循环构造。

二、材料及用具

1. 图纸、绘图板、硫酸纸、针管笔等。

2. 净化设备、工具、管线、阀门、控制器等。

三、内容及方法

1. 某庭院锦鲤池净化系统的设计。

2. 管道、器具安装。

四、作业

1. 锦鲤池净化系统的设计，完成总平面图、立面图、剖面图。

2. 每组安装一套小型的净化系统设备。

项目五

园路、场地与园桥工程施工

【内容提要】

园路是园林的重要组成部分，它像人体的脉络一样贯穿全园，形成完善的交通网络，是联系各个景区和景点的纽带与风景线。园林中的场地具有交通集散、游憩活动及园务管理等功能和作用，从某种意义上说是园路的扩大部分。在园路穿过园林水体处、岛屿和湖岸的连接处、无路可通的陡岸峭壁处以及横跨风景区的山沟处等地方，需要设置园桥。

园路、园林场地及园桥工程在园林工程设计中占有重要的地位。通过本项目的学习，使读者能够掌握园路的布局设计、结构设计及铺装设计；掌握园路施工的流程及步骤；掌握园林场地中停车场及回车场的设计；掌握园桥类型及其选址的要求。

任务一　园路设计

【知识点】

园路的功能和类型

园路的设计

【技能点】

园路布局设计

园路结构设计

园路铺装设计

【相关知识】

一、园路的功能

（一）组织空间、引导游览

在公园和风景名胜区常常是利用地形、园林建筑、园林植物或园路将全园分隔成各种不同功能的空间，同时又通过园路将各个空间联系成一个整体。园路能将设计者的造景场景通过观赏游廊组织传达给游客，起到向游客展示园林风景画面的作用。另外，可通过园路的布局和路面组织的图案，引导游客按照设计者的意图、路线和角度来观赏景物。

（二）组织交通

园路不仅对游客的集散、疏导起重要作用，也能满足园林绿化、建筑维护、园务管理、安全防火、职工生活等园务工作的交通运输需要。对于小型公园或绿地，园路的游览功能和交通运输功能可以结合在一起考虑，以便节省用地。对于大型园林，由于园务工作量较大，需要分开设置以避免互相干扰，为车辆设置专门的路线和出入口。

（三）构成园景

园路优美的曲线创造了园路的形式美，同时丰富多彩的路面铺装也创造了复杂多变的地面景观，并可与周围的地形、水体、园林建筑、园林植物、园林置石等景物紧密结合，不仅是“因景设路”，而且是“因路得景”，使园路可行、可游、可赏，行、游、赏为一体。

（四）综合功能

园林中可利用园路组织排水，防止水土流失。也可利用园路的不同铺装形式进行空间的界定、功能区的划分、障碍性铺装等，具有其他综合功能。

二、园路的分类

（一）按园路的功能划分

1. 主园路

又称主干道，是贯穿园林内所有游览区或串联公园内所有景区的，起到骨干主导作用的园路，一般设计宽度为6～10m。主园路常作为导游线，对游人的游园活动进行有序的组织和引导；同时，它也可满足少量园务运输车辆通行的要求。

2. 次园路

又称次干道，是联系各重要景点或风景地带的重要园路，其宽度一般为2～3.5m。次园路有一定的导游性，主要供游人游览观景用，一般不能够通行机动车。

3. 游步道

即游览小道或散步小道，是游人漫步观景之用，其宽度一般为1～2m。游步道的布置很灵活，平地、坡地、山地、水边、草坪、花坛、屋顶花园等处，都可以铺装游步道（图5-1）。

(a) 嵌草路面

(b) 鹅卵石石板路面

图5-1　游览小道

（二）按园路的横断面划分

1. 路堤型

横断面采用平道牙，路面两侧设置明沟来组织路面雨水的排放（图5-2）。横断面由主路面、路肩、边沟、边坡等组成。路面较宽的路堤型园路也可以设置绿化分隔带。园林中的次干道或者游步道常采用这种形式，一般主要供游人观赏、行游之用。

2. 路堑型

横断面采用立道牙，路面低于周围，道牙高于路面，起到阻挡绿地水土的作用（图 5-3）。路面常需设置雨水口和排水管线等附属设施将雨水组织到地下管线中去，道路断面上通常还设置绿化带将道路分为多块板的结构以利于行车和交通组织。园林中的主干道常采取这种形式，尤其是大型公园中的行车道。

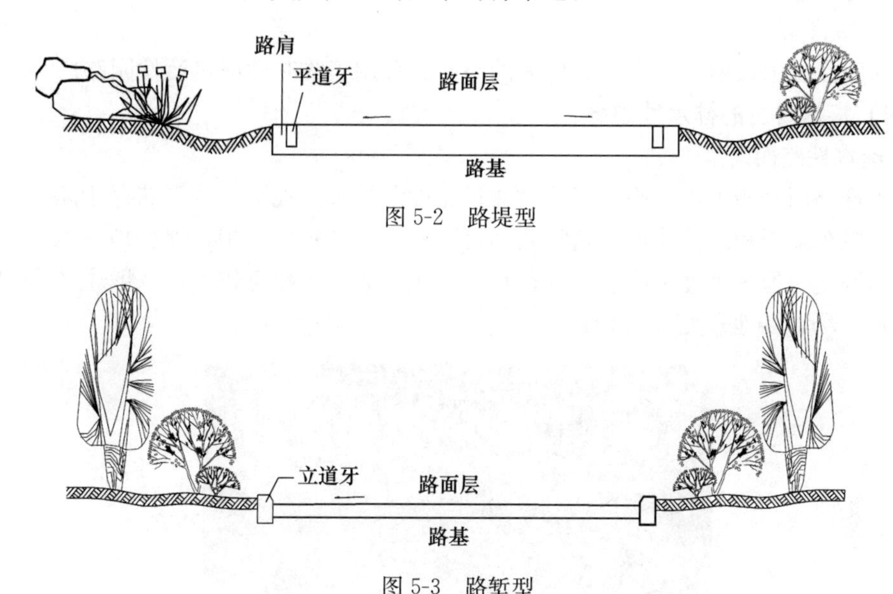

图 5-2　路堤型

图 5-3　路堑型

3. 特殊型

其路线或为非连续的，或其横断面宽度连续变化，或因坡度陡峭而产生形式上的变化，包括步石、汀步、磴道、攀梯、栈道等（图 5-4）。

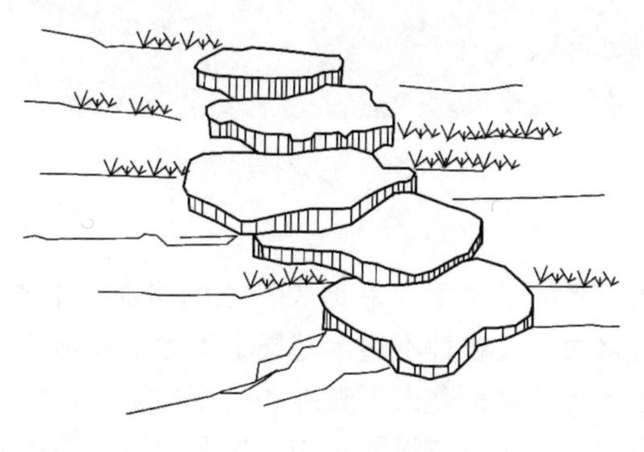

图 5-4　特殊型

（三）按园路的路面使用材料划分

1. 整体路面

整体路面是指整体浇筑、铺筑的路面，常用水泥混凝土或沥青混凝土铺筑。它平整、耐压、耐磨、整体性好，用于通行车辆或人流集中的公园主路。

2. 块料路面

块料路面是利用各种天然或人工块材铺筑的路面，包括各种强度高、质感好的天然石块、预制混凝土板、砖、陶瓷砖、木板、橡胶块等块料的路面，适用于公园步行路，或通行少量轻型车的地段。

3. 碎料路面

碎料路面是用小青砖、瓦片、碎石、卵石、碎瓷片等材料拼砌铺设的路面，主要用于庭院和各种游憩、散步的小路。

4. 简易路面

简易路面是由煤屑、三合土等构成的路面，多用于临时性或过渡性园路。

(四) 根据路面的排水性划分

1. 透水性路面

透水性路面是指下雨时雨水能及时通过路面结构渗入地下，或者储存于路面材料的空隙中，减少地面积水的路面。这种路面可减轻排水系统的负担，保护地下水资源，有利于生态环境，但平整度、耐压性往往存在不足，养护工作量较大，一般主要应用于游步道、停车场、场地等处（图 5-5）。

图 5-5　透水性路面

2. 非透水性路面

非透水性路面是指吸水率低，主要靠地表排水的路面。不透水的现浇混凝土路面、沥青路面、高分子材料路面以及各种不透水基层上用砂浆铺贴砖、石、混凝土预制块等材料铺成的园路都属于此类。这种路面平整度和耐压性较好，整体铺设的可用作机动车交通、人流量大的主要园路，块材铺设的多用于次要园路、游步道、场地等（图 5-6）。

三、园路的布局设计

园林绿地设计之初，首先考虑的就是园路的布局设计，主干道、次干道和游步道应如何布局，怎样分布，设计成曲线还是直道等。园路的布局设计是园路设计中首先要考虑的一项工作。

图 5-6　非透水性铺装园路

（一）园路的形式

在园林工程中园路一般从形式上可分为直线式园路和曲线式园路。

1. 直线式园路

园路为直线，这类园路宽窄无变化，一般无明显的起伏，是规则式园林园路的基本形式（图 5-7）。

图 5-7　直线式园路

2. 曲线式园路

园路为自然或有规可循的曲线形，这类园路一般宽窄可随地形景观要求而变（图 5-8）。

（二）设计依据

园路的布局设计要以园林本身的性质、特征及功能为依据，主要有以下几个方面：

（1）园林工程的建设规模决定了园路布局设计的道路类型和布局特点。一般较大的公园，要求园路主干道、次干道和游步道三者齐备，并使铺装式样多样化，从而使园路成为园林造景的重要组成部分。而相对于面积较小的园林绿地，园路的布局往往只有次干道及游步道的设计。

图 5-8　曲线式园路

（2）园林绿地的规划形式决定了园路布局设计的风格。如规则式园林，园路布局应为直线或有规可循的曲线，园路的铺装也和园林风格相适应；自然式园林的园路布局应为无规可循的自由曲线路和宽窄不等的变形路为主。

（三）园路布局设计的原则

要使设计的园路充分体现使用功能和造景功能，达到和谐，充分展现艺术美，应遵循以下几个原则。

1. 因地制宜的原则

园路的布局设计，除了依据园林工程建设的规模及规划形式外，还必须结合地形地貌设计。一般园路宜曲不宜直，贵在合乎自然，追求自然野趣，依山随势，回转曲折；曲线要自然流畅，犹若流水，随地势就形。

2. 满足使用功能，体现以人为本的原则

园路的设计必须遵循游人行走的行为习惯和行为心理的要求。也就是说，园路的布局设计除了必须满足导游和组织交通的作用外，更多地为游人服务、满足游人需求。

3. 切忌设计无目的、死胡同的园路

园林工程建设中的道路应形成一个环状道路网络，四通八达，道路设计要做到有的放矢，因景设路、因游设路，不能漫无目的，更不能使游人正在游行时遭遇“此路不通”，此乃园路设计最忌讳的。

4. 综合园林造景进行布局设计的原则

园路是园林工程建设造景的重要组成部分，园路的布局设计一定要坚持路为景服务，要做到因路通景，同时也要使园路与其他造景要素很好地结合，使整个园路更加和谐，并创造出一定的意境来。

（四）园路布局设计应注意的问题

要使园路布局合理，除遵循以上原则外，还应注意以下几方面的问题：

（1）两条自然式园路相交于一点，所形成的对角不宜相等。道路需要转换方向时，离原交叉点要有一定长度作为方向转变的过程。两条直线道路相交时，可以正交，也可以斜交。为了美观实用，要求交叉在一点上，对角相等，这样会显得自然和谐。

（2）两路相交所形成的角度一般不宜小于 60°。若受实际情况限制，角度太小，可以在交叉处设立一个三角形绿地，使交叉所形成的尖角得以缓和。

(3) 若三条园路相交在一起，三条路的中心线应交会于一点上，否则显得杂乱。

(4) 由主干道上发散的次干道分叉的位置，宜在主干道突出的位置处，这样会显得流畅自如。

(5) 在较短的距离内道路的一侧不宜出现两个或两个以上的道路交叉口，尽量避免多条道路交叉在一起。如果避免不了，则需在交界处形成一个场地。

(6) 凡道路交叉所形成的大小角宜采用弧线，每个转角需要圆润。

(7) 自然式道路在通向建筑正面时，应逐渐与建筑物对齐并趋垂直，在顺向建筑时，应与建筑趋向平行。

(8) 两条相反方向的曲线园路相遇时，应在交接处有较长距离的直线，切忌是S形。

(9) 园路布局应随地形、地貌、地物而变化，做到自然流畅、美观协调。

(五) 园路布局设计的要点

1. 园路的尺度、分布密度要主次分明

园路的尺度、分布密度应该是人流密度客观、合理的反映。人流量相对较大的区域，如各类场地设施出入口，园路的尺度和密度就需要相对大一些，而人流量相对较少的场地边缘地区，园路的尺度和密度就可以相应地降低、调整。

2. 园路路口的规划要合理有序

园路路口的规划是园路建设的重要组成部分。从规则式园路系统到自然式园路系统的相互比较情况来看，自然式园路系统中以三岔路口为主，而在规则式园路系统中则十字路口比较多，但从加强巡游性角度来考虑，路口设置应少一些十字路口、多一点三岔路口。

3. 园路与建筑

在园路与建筑物的交界处常常能形成路口。从园路与建筑相互交接的实际情况来看，一般都是在建筑物近旁设置一块较小的缓冲场地，园路则通过这块场地与建筑物交接。多数情况下应这样处理，但一些起过道作用的建筑，如游廊等，也常常不设缓冲小场地，根据对园路和建筑相互关系的处理和实际工程设计中的经验来处理园路与建筑的关系。

4. 园路与水体

中国园林常常以水体为中心，而主干道环绕水体、联系各景区，是较为理想的处理手法。当主干道临水面布置时，园路不应始终与水体平行，否则会因缺少变化而显得平淡乏味。理想的园路与水体的关系是根据地形的起伏、周围的自然景色与功能景色，使主干道与水体若即若离。落入水体的道路可用桥、堤或汀步相接。

5. 园路与山石

在园林中，经常在园路两侧布置一些山石，组成夹景，形成一种幽静的氛围。在园路的交叉口、转弯处也常设置假山，既能疏导交通，又能起到美观的作用。

6. 园路与种植

塑造林荫夹道可以形成视觉效果良好的园路绿化，在郊区大面积绿化中，行道树可与路两旁的绿化种植结合在一起，不按间距，灵活种植，形成路在林中走的意境。同时，可以在局部稍做浓密处理，形成阻隔，成为障景，呈现“山重水复疑无路，柳暗花明又一村”的优美意境。可以利用植物强调园路的转弯，比如种植大量五颜六色的花卉，既有引导游人的功能，又极其美观。

7. 园路的竖向设计

园路的竖向设计应紧密结合地形，依山就势，盘旋起伏，既可获得较好的风景效果，又可以减少土方工程量，保证路基的稳定。同时，园路应有 0.3%～0.8%的纵坡度和 1.5%～3%的横坡度，以保证地面水的排除。

四、园路的线形设计

（一）园路的平面线形设计

园路中心线在水平面上的投影形态称为园路的平面线形。

1. 线形种类

园路的平面线形是由三种线形——直线、圆曲线和缓和曲线构成的，称为“平面线形三要素”。通常直线与圆曲线直接衔接（相切）；当车速较高、圆曲线半径较小时，直线与圆曲线之间以及圆曲线之间要设置回旋型的缓和曲线。

2. 园路平面线形设计的原则

（1）平面线形连续、顺畅，并与地形、地物相适应，与周围环境相协调。

（2）满足行驶力学上的基本要求和视觉、心理上的要求。

（3）保证平面线形的均衡与连贯。

（4）避免连续急弯的线形。

（5）平曲线应有足够的长度。

（6）园路的曲折应有目的性。一方面为了满足地形地物及功能上的要求，如避绕障碍、串联景点、围绕草坪、组织景观、增加层次、延长游览路线、扩大视野等，另一方面应避免无艺术性、功能性和目的性的过多弯曲。

3. 平曲线半径的选择

当车辆在弯道上行驶时，为了使车体顺利转弯，保证行车安全，要求弯道外侧部分应采用圆弧曲线，该曲线称为平曲线，其半径称为平曲线半径（图 5-9）。由于园路设计的车速较低，一般可以不考虑行车速度，只要满足汽车本身（前后轮间距）的最小转弯半径即可。因此，平曲线最小半径不小于 10m。

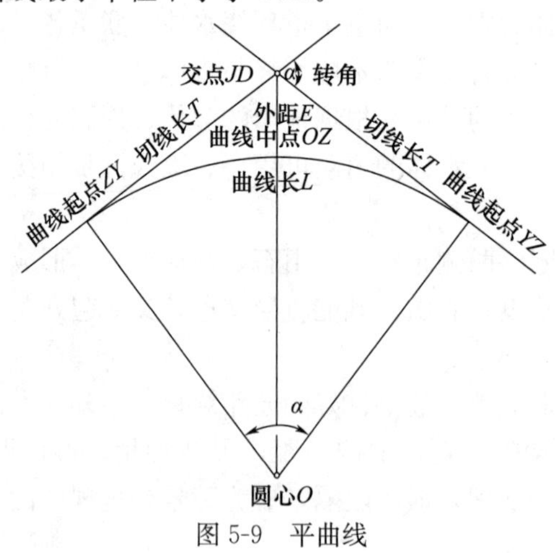

图 5-9 平曲线

4. 平曲线的最小长度

如平曲线太短，汽车在曲线上行驶时间过短会使驾驶操纵来不及调整，一般应控制平曲线的最小长度。园路的平曲线和圆曲线最小长度应符合表 5-1 的规定。

表 5-1　园路的平曲线和圆曲线最小长度

设计时速/（km/h）	20	25	30	35	40	50	60
圆曲线最小长度/m	20	20	25	30	35	45	50
平曲线最小长度/m	40	50	70	80	90	100	120

5. 道路超高、曲线加宽

在圆曲线上车辆的行驶除受到重力的作用外，还受到离心力的作用，两种力的合力作用使得行驶在平曲线上的汽车有两种横向不稳定的危险，即向外滑移和倾覆。为了平衡离心力，需要将路面做成外侧高的单向横坡形式，即道路超高。公园园路的在计算行车速度为 50～60km/h 时最大为 4%，行车速度为 20～40km/h 时最大为 2%。

当汽车在弯道上行驶时，由于前轮的轮迹较大、后轮的轮迹较小，会出现轮迹内移现象；同时，本身所占宽度也较直线行驶时大；弯道半径越小，这一现象越严重。为了防止后轮驶出路外，车道内侧（尤其是小半径弯道）需适当加宽，称为曲线加宽。曲线加宽值与车体长度的平方成正比、与弯道半径成反比。

6. 园路交叉节点设计

园路借助交叉口相互连接形成道路系统。交叉点应综合考虑其几何形状和交通组织方式，以保证车辆交通安全，游人集散通畅。一般常见的交叉节点按其几何形状划分为十字形、T 形、X 形、Y 形、错位交叉和多路交叉等（图 5-10）。

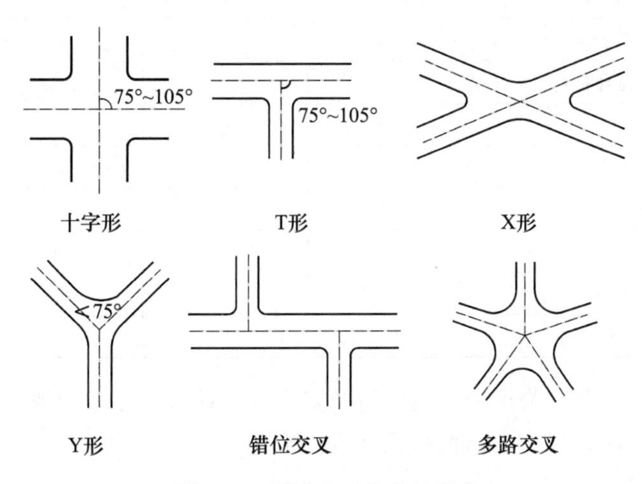

图 5-10　道路交叉节点的形式

（二）园路的纵断面设计

1. 园路纵断面设计的主要内容

（1）确定路线各处合适的标高。

（2）设计各路段的纵坡及坡长。

（3）保证视距要求，选择各处竖曲线的合适半径，设置竖曲线并计算施工高度等。

2. 园路纵断面设计要求

(1) 园路一般根据造景的需要，随地形的变化而起伏变化。

(2) 园路与相连的城市道路在高程上应有合理的衔接。

(3) 在满足造园艺术要求的情况下，尽量利用原地形，保证路基的稳定，并减少土方量。

(4) 园路应配合组织园内地面排水，并与各种地下管线密切配合，共同达到经济合理的要求。

3. 园路的纵坡

(1) 最大纵坡。为保证行车安全等，应对园路的最大纵坡加以限制。适于自行车行驶的纵坡宜在2.5%以下。在游步道上，道路的起伏变化可以更大一些，一般在12%以下为舒适的坡道，超过12%时行走较为费力，一般超过15%应设台阶。山地公园因通汽车需要，局部地段纵坡可在20%，但坡道长度应严格限制。

(2) 最小纵坡。为保证纵向排水，园路应限制纵坡的最小值。因路面材料不同，最小坡度也有所变化。当采用最小坡度值时应使用大的纵坡度，以利于雨水的排除。园路的最大和最小坡度及纵坡值见表5-2。

表5-2 各种类型路面的纵坡度 %

路面类型	纵坡			
	最小	最大		特殊
		游览大道	园路	
水泥混凝土路面	0.3	6	7	10
沥青混凝土路面	0.3	5	6	10
块石、“炼砖”路面	0.4	6	8	11
拳石、卵石路面	0.5	7	8	7
粒料路面	0.5	6	8	8
改善土路面	0.5	6	6	8
游步小道	0.3	—	8	—
自行车道	0.3	3	—	—
广场、停车场	0.3	6	7	10
特别停车场	0.3	6	7	10

(3) 陡坡坡长限制。为保证车辆的行驶安全，应该限制陡坡的坡长，并在纵坡长度达到限制坡长时，应设置较小纵坡路段（表5-3）。

表5-3 车行园路纵坡限制坡长

计算行车速度/(km/h)	40			50			60			80		
纵坡度/%	6.5	7	8	6	6.5	7	6	6.5	7	5	5.5	6
纵坡限制坡长/m	300	250	200	350	300	250	400	350	300	600	500	400

缓和坡段的纵坡不应大于3%。坡段长度过短极不利于行车，又有碍视距，因此要求坡段最小长度应不小于相邻两竖曲线的长度之和。当车速在20～50km/h之间时，坡

段长度不宜小于 60～140m。为自行车设计的园路纵坡大于或等于 2.5%时，应按表 5-4 的规定限制坡长。

表 5-4　自行车道纵坡限制坡长

坡度/%	3.5	3	2.5
自行车道纵坡限制坡长/m	150	200	300

（三）园路的横断面设计

垂直于园路中心线方向的断面叫园路的横断面，它能直观地反映路宽，道路和横坡及地上、地下管线位置等情况。园路横断面设计的主要任务是结合实际地形在满足交通、环境以及排水要求的前提下，经济合理地确定园路的宽度、路拱的形式以及路拱横坡坡度值等。

1. 园路的通行能力

通行能力是指在一定的道路和交通条件下，单位时间内通过某一断面的最大车辆数或行人数量。园路的通行能力是园路规划设计的基本依据，其具体数值因具体情况不同而有显著的变化。由于园路上的机动车交通量不大，因此园路宽度通常以非机动车和游人的通行能力作为设计依据。

（1）自行车车道通行能力。根据自行车高峰期间连续车流通过观测断面后实测资料计算，自行车路段可能通行能力推荐值为：有分隔设施时，为 2100veh/（h·m）；无分隔设施时，为 1800veh/（h·m）。不受平面交叉影响的一条自行车车道路段设计通行能力可以按可能通行能力的 0.9 倍计算，而受交叉口影响的自行车车道的路段设计通行能力有分隔设施时推荐值为 1000～1200veh/（h·m）；以路面标准划分机动车道与非机动车道时，推荐值为 800～1000veh/（h·m）。

（2）人行园路通行能力。风景园林中的园路步行速度一般较低，采用 0.5～0.8m/s。基本通行能力是按照理想条件计算而得。但实际上，横向干扰、携带重物、地区季节因素、环境景物、标贴橱窗的吸引力等，对步行速度均有影响，因此对基本通行能力应予以折减。

2. 园路的宽度

重点风景区的游览大道或大型园林的主干道的路面宽度应考虑通行卡车、大型客车。园路宽度应根据估算的游人量进行核算，一般不小于 5m。

公园主干道由于交通的需要，应能通行汽车。对重点文物保护区主要建筑四周的道路，应能通行消防车。干道的路面宽度一般不小于 3.5m。如果车辆双向行驶，应在不大于 300m 的距离内选择有利地点设置错车道，并使驾驶人员能看到相邻两错车道之间的车辆。设置错车道路段的路面宽度应不小于 5m，有效长度不小于 20m。

公园中专为自行车行驶的道路宽度，其单车车道宽度为 1.5m，双车道宽度为 2.5m，三车道为 3.5m。游步道一般为 1～2.5m，供单人通行时为 0.6～0.8m，双人通行时最小为 1.2m。由于游览的特殊需要，游步道宽度的上下限均允许灵活设计。

在居住区、学校、医院及其他公共场所，游人出行具有一定的时间特征，路面的宽度应以特定时段交通繁忙时的通行安全为主要设计依据。

3. 园路横断面的基本形式

园路的横断面形式依据车行道的条数通常可分为“一块板”（机动车与非机动车在一条车行道上混合行驶，上行、下行不分隔）、“两块板”（机动车与非机动车混驶，但上、下行由道路中央分隔带分开）等几种形式（图 5-11）。

园路宽度的确定依据其分级而定，应充分考虑所承载的内容。园路的横断面形式最常见的为“一块板”形式，在面积较大的公园主路偶尔也会出现“两块板”的形式。园林中的道路不像城市中的道路那样程式化，有时道路的绿化带会被路侧的绿化所取代，变化形式较灵活。

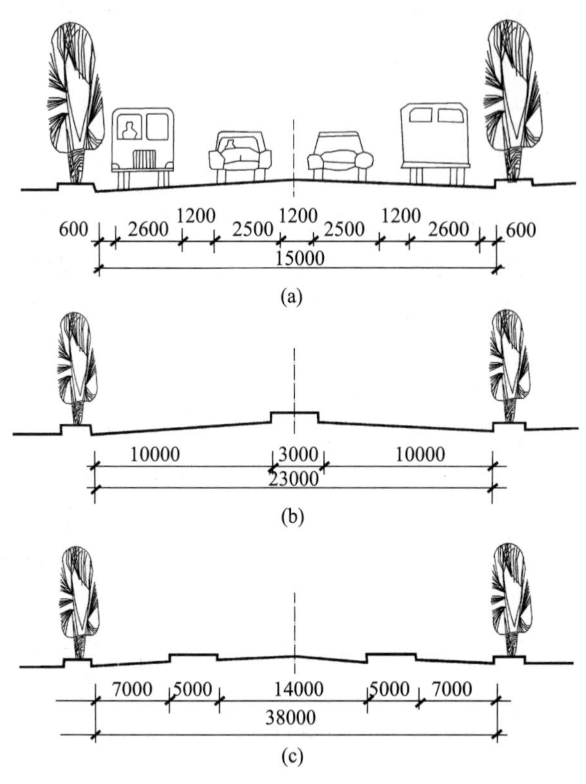

图 5-11　道路横断面的组成形式

（a）一块板；（b）两块板；（c）三块板

4. 园路的横坡

由拱顶向两侧倾斜的坡度称为路拱坡度，也称横坡，以百分率表示。园路的横坡也可以采用单面坡向路边的雨水口倾斜，但在积雪冻融地区，应设置双向路拱。不同类型的路面由于表面的平整度和透水性不同，应结合当地的自然条件选用不同的横坡度（表 5-5）。

表 5-5　各种类型路面的横坡度　　%

路面类型	横坡	
	最小	最大
水泥混凝土路面	1.5	2.5
沥青混凝土路面	1.5	2.5

续表

路面类型	横坡	
	最小	最大
块石、“炼砖”路面	2	3
拳石、卵石路面	3	4
粒料路面	2.5	3.5
改善土路面	2.5	4
游步小道	1.5	3
自行车道	1.5	2
广场、停车场	1.5	2.5
特别停车场	0.5	1

5. 道牙与路肩

道牙，也叫路缘石、缘石，是设在路面边缘与横断面其他组成部分分界处的标石，使路面与路肩及其他部分在高程相互衔接，并能保护路面，便于排水。道牙的形式有立式、斜式与平式（图 5-12）。立道牙又称侧石，用于路堑式园路的边缘，其顶面高出路面 10～20cm，通常为 15cm。斜式或平式适用于出入口、人行道两端及人行横道两端，便于推行儿童车、轮椅及残疾人车通行。路堤式园路在路肩与路面边缘采用平式道牙。

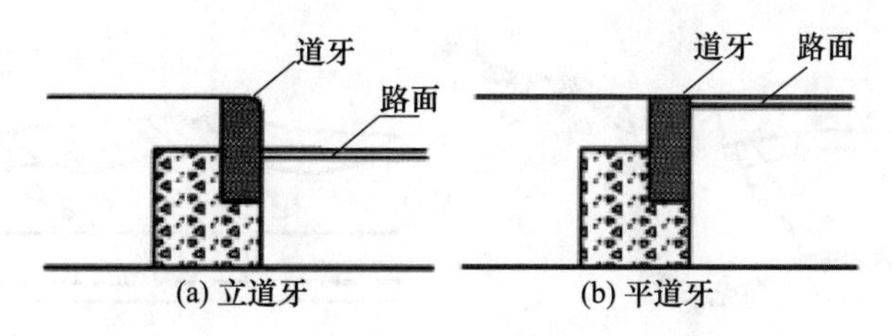

图 5-12　道牙构造

在路堤式园路车行道外缘（道牙外侧）至路面边缘具有一定宽度的带状部分，称为路肩。其作用是保护车行道的功能、供临时停放车辆并作为路面的横向支撑，以及供行人通行。土路肩的排水能力远低于路面，其横坡度较路面宜增大 1.0%～2.0%，硬路肩视具体情况（材料、宽度）可与路面同一横坡，也可稍大于路面。

6. 边沟与边坡

边沟的功能是排除路面及边坡处汇集的地表水，一般在路堤式园路等地段设置，其形式多样。边沟长度，多雨地区以 200～300m 为宜，一般 500m 内设出口排水。在游步道两侧设置的浅边沟可以作为路面的一部分供游园高峰时游人使用。

路基边坡是路基的一个重要组成部分，它的陡缓程度直接影响路基的稳定和路基土石方的数量。路堤的边坡坡度应根据填料的物理力学性质、气候条件、边坡高度，以及基底的工程地质和水文地质条件进行合理选定。

五、园路的结构设计

园路的结构形式有多种，典型的园路结构包括面层、结合层、基层、路基等。此外，要根据需要进行道牙、雨水井、明沟、台阶、礓礤、种植池等附属工程的设计，各部分必须满足一定的结构和功能需要。

（一）园路路面的病害

园路的“病害”是指园路破坏的现象。一般常见的病害有裂缝、凹陷、啃边、翻浆等。路面的这些常见的病害，在进行路面结构设计时，必须给予充分的重视。

1. 裂缝与凹陷

这种破坏是地基土过于湿软或基层厚度不够、强度不足，在路面荷载超过土基的承载力时造成的。土基的不均匀沉陷也是原因之一。

2. 啃边

路肩和道牙直接支撑路面，使之横向保持稳定。因此路肩与其基土必须紧密结实，并有一定的坡度。由于雨水的侵蚀和车辆行驶时对路面边缘的啃食作用，使之损坏，并从边缘起向中心发展，这种破坏现象叫啃边（图 5-13）。

3. 翻浆

在季节性冰冻地区，地下水位高，特别是对于粉砂性土基，由于毛细管的作用，水分上升到路面下，冬季气温下降，水分在路面下形成冰粒，体积增大，路面就会出现隆起现象，到春季上层冻土融化，而下层尚未融化，这样使土基变成湿软的橡皮状，路面承载力下降，这时如果车辆通过，路面下陷，邻近部分隆起，并将泥土从裂缝中挤出来，使路面破坏，这种现象叫翻浆（图 5-14）。

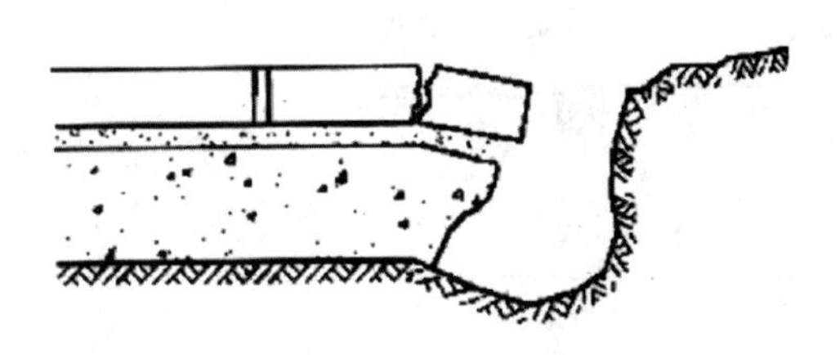

图 5-13　园路的啃边破坏

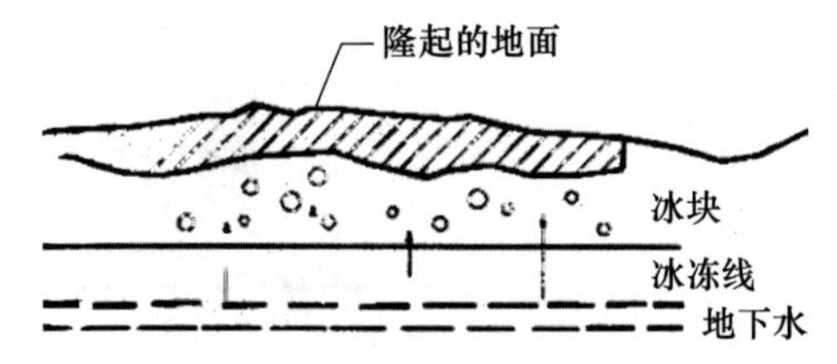

图 5-14　园路的翻浆破坏

（二）园路的结构组成

1. 园路的路基

路基是路面的基础，它为园路提供一个平整的基面，承受由路面传下来的荷载，并保证路面有足够的强度和稳定性。如果土基的稳定性不良，应采取措施，以保证路面的使用寿命。

2. 园路的基层

基层在路基之上，主要起承重作用，它一方面承受由面层传下来的荷载，一方面把荷载传给路基。由于基层不外露，不直接受车辆、人为及气候条件等因素的影响，因此基层的选择需要满足一定的条件。

3. 园路的结合层

结合层是指在采用块料铺装面层时，面层和基层之间的一层。结合层的主要作用是结合面层和基层，同时起到找平的作用，一般用 3～5cm 粗砂、水泥砂浆或白灰砂浆即可。

结合层的材料一般选择：

（1）混合砂浆。由水泥、白灰、砂组成，强度高，黏性、整体性好，适合铺块料面层，但造价高。

（2）白灰干砂。施工操作简单，遇水自动凝结。由于白灰体积膨胀，密实性好，是一种比较好的结合层。

（3）净干砂。施工简单，造价低廉。但最大的缺点是砂子遇水会流失，造成结合层不平整，下雨时面层以下积水，人行走时往往挤出泥浆，使行人不便，现在应用较少。

4. 园路的面层

面层是直接同车辆、行人以及大气接触的表面层，应具有足够的抵抗行车垂直力、水平力及冲击力作用的能力和良好的水稳定性，应具有耐磨、良好的抗滑性和平整度、少尘、不反光、易清扫等特点。面层有时由 2 层或 3 层组成，修筑面层用的材料主要有：水泥混凝土、沥青与矿料组成的混合料、砂砾或碎石掺土（或不掺土）的混合料、块石及混凝土预制块以及陶瓷、片石等其他饰面材料等。

（三）园路路面设计

1. 路面的分级

以交通性为主的路面等级是按面层材料组成、结构强度、路面所能承担的交通任务和使用品质来划分的，通常分成四个等级。

（1）高级路面。结构强度高，使用寿命长，适应较大的交通量，平整无尘；能保证高速、安全、舒适的行车要求；养护费用少，运输成本低；建设投资大，需要优质材料。

（2）次高级路面。各项指标低于高级路面，造价较高级路面低，但要定期维修养护。

（3）中级路面。结构强度低，使用年限短，平整度差，易扬尘，行车速度低，只能适应较小的交通量，造价低；但经常性的维修养护工作量大，行车噪声大，不能保证行车舒适，运输成本高。

（4）低级路面。结构强度很低，水稳性、平整度和透水性都差，晴天扬尘，雨天泥泞，只能适应低交通量下的低速行车，雨季不能保证正常行车，造价最低；但养护工作量最大，运输成本最高。

2. 路面的分类

路面是用各种材料按不同材料配制方法和施工方法铺筑而成，在力学性质上也互有异同。根据不同的使用目的，可将路面分类如下。

（1）按材料和施工方法分类。可分为五大类：碎（砾）石类、结合料稳定类、沥青类、水泥混凝土类、块料类。

（2）按力学特性分类。通常分为柔性路面、半刚性路面和刚性路面三种类型。

① 柔性路面：主要包括用各种粒料基层和各类沥青面层、碎（砾）石面层、块料面层所组成的路面结构。柔性路面以层状结构支撑在路基的多层体系上，具有弹性、黏性、塑性和各向异性，刚度小，在荷载作用下所产生的弯沉变形较大，抗拉强度低，荷载通过各结构层向下传递到土基，使土基受到较大的单位压力，因而土基的强度、刚度和稳定性对路面结构整体强度和刚度有较大影响。

② 半刚性路面：指用石灰或水泥稳定土、石灰或水泥处置碎（砾）石，以及各种含有水硬性结合料的工业废渣做成的基层结构。在前期具有柔性结构层的力学特性，当环境适宜时，其强度与刚度会随着时间的推移而不断增大，到后期逐渐向刚性结构层转化，板体性增强，但它的最终抗弯拉强度和弹性模量还是远较刚性结构层低。含这类基层的路面称为半刚性路面。

③ 刚性路面：主要指用水泥混凝土作面层或基层的路面结构。水泥混凝土的强度，特别是抗弯拉（抗折）强度，比基层等路面材料要高得多，呈现较大的刚性，在车轮荷载作用下的垂直变形极小，传递到地基的单位压力要较柔性路面小得多。刚性路面坚固耐久，稳定性好，保养翻修少，但初期投资较大。

（四）常用的园路结构

1. 车行园路结构

常用的风景园林车行道的园路结构如图 5-15 所示。

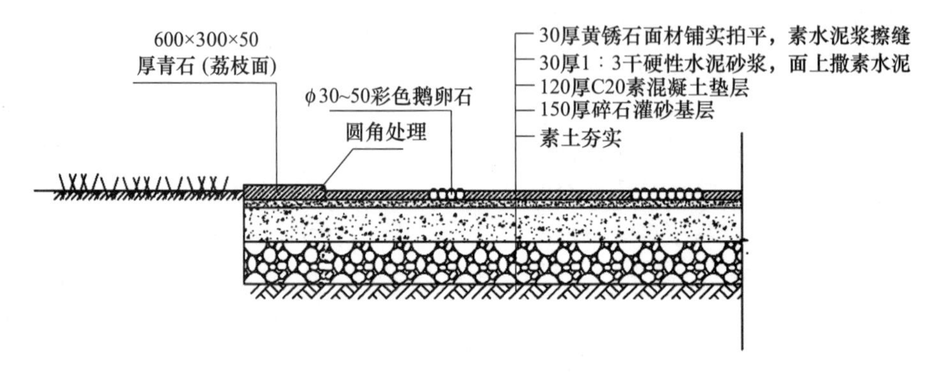

图 5-15　主园路构造详图

常用风景园林车行道路面构造组合见表 5-6。

表 5-6　常用风景园林车行道路面构造组合

路面等级	路面类型及构造层次			
	沥青砂	沥青混凝土	现浇混凝土	预制混凝土块
高级路面	（1）15～20 厚细粒混凝土 （2）50 厚黑色碎石 （3）150 厚沥青稳定碎石 （4）150 厚二灰土垫层	（1）50 厚沥青混凝土 （2）160～200 厚碎石 （3）150～200 厚中砂或灰土	（1）100～250 厚 C20 或 C30 混凝土 （2）100～250 厚级配砂石或粗砂垫层	（1）100～120 厚预制 C25 混凝土 （2）30 厚 1：4 干硬性水泥砂浆，面上撒素水泥 （3）100～250 厚级配砂石或粗砂垫层
	沥青贯入式	沥青表面处置	料石	块石
次高级路面	（1）40～60 厚沥青贯入式面层 （2）160～200 厚碎石 （3）150 厚中砂垫层	（1）15～25 厚沥青表面处理 （2）160～200 厚碎石 （3）150 厚中砂垫层	（1）60～120 厚料石 （2）30 厚 1：3 水泥砂浆 （3）150～300 厚二灰碎石 （4）250～400 厚灰土或及匹配砾石	（1）150～300 厚块石或条石 （2）30 厚粗砂垫层 （3）150～250 厚级配砂石或灰土

续表

路面等级	路面类型及构造层次			
	沥青砂	沥青混凝土	现浇混凝土	预制混凝土块
中级路面	级配碎石	泥结碎石		
	（1）80 厚级配碎石（粒径≥ 40mm） （2）150 ～ 250 厚级配砂石或二灰土	（1）80 厚泥结碎石（粒径≥ 40mm） （2）100 厚碎石垫层 （3）150 厚中砂垫层		
低级路面	三合土	改良土		
	（1）100 ～ 120 厚石灰水泥焦渣 （2）100 ～ 150 厚块石	150 厚水泥黏土或石灰黏土（水泥含量 10%，石灰含量 12%）		

2. 人行园路结构

常用的人行园路路面结构组合形式见表 5-7。

表 5-7　常用的人行园路路面结构组合形式

路面类型	结构层次	路面类型	结构层次
现浇混凝土	（1）70～100 厚 C20 混凝土 （2）100 厚级配砂石或粗砂垫层或 150 厚 3∶7 灰土	料石	（1）60 厚料石 （2）30 厚 1∶3 水泥砂浆 （3）1500～300 厚灰土或级配砾石
预制混凝土块	（1）50～60 厚预制 C25 混凝土块 （2）30 厚 1∶3 水泥砂浆或粗砂 （3）100 厚级配砂石或 150 厚 3∶7 灰土	砖砌路面	（1）砖平铺或侧铺 （2）30 厚 1∶3 水泥砂浆或粗砂 （3）150 厚级配砂石或灰土
沥青混凝土	（1）40 厚沥青混凝土 （2）100～150 厚级配砂石或 150 厚 3∶7 灰土 （3）50 厚中砂或灰土	花砖路面	（1）各种花砖面层 （2）30 厚 1∶3 水泥砂浆或粗砂 （3）60～100 厚 C20 混凝土 （4）150 厚级配砂石或灰土
碎石（瓦片）拼花	（1）1∶3 水泥砂浆嵌卵石或瓦片拼花（卵石粒径 20～30 时厚为 60，粒径≥30 时厚为 90） （2）25 厚 1∶3 白灰砂浆 （3）150 厚 3∶7 灰土或级配砂石	石板路面	（1）20～30 厚石板 （2）30 厚 1∶3 水泥砂浆 （3）100 厚 C15 素混凝土 （4）150 厚级配砂石或灰土
石砌路面	（1）60～120 厚块石或条石 （2）30 厚粗砂 （3）150～250 厚级配砂石或 200 厚 3∶7 灰土	嵌草砖	（1）50～100 厚嵌草砖 （2）30 厚粗砂垫层 （3）100～200 厚级配砂石或天然砂砾

续表

路面类型	结构层次	路面类型	结构层次
水洗豆石	（1）30～40 厚 1∶2∶4 细石、混凝土、水洗豆石 （2）100～150 厚 C20 混凝土 （3）100～150 厚灰土或二灰碎石或天然砂砾或级配砂石	木板	（1）15～60 厚防腐木板 （2）角钢龙骨或木龙骨 （3）100～150 厚 C20 混凝土 （4）100～300 厚灰土或二灰碎石或天然砂砾或级配砂石
高分子材料路面	（1）2～10 厚聚氨酯树脂等高分子材料面层 （2）40 厚密级配沥青混凝土 （3）40 厚粗级配沥青混凝土 （4）100～150 厚级配砂石或 150 厚 3∶7 灰土	砂土路面	120 厚石灰黏土焦渣或水泥黏土（石灰∶黏土∶焦渣为 7∶40∶53）

园路的结构设计在实际工程中应根据现场情况加以调整。另外，园路的结构材料应能做到就地取材，根据地方特色来选择合适的材料，以有效降低园路的造价。

六、园路的铺装设计

园路是游览者可以直接感受的重要界面，因此应对园路路面进行装饰和美化，以创造更优美的游览环境。

（一）园林路面的风格

感受自然的气息是园路铺装的景观追求。自然的景观特性必来源于材料的自然属性，天然及其再生材料如天然的砂、石、木材、树皮、稻壳等正是自然的语言符号，而自然的纹理、粗糙的表面、不规则的形状则是与自然相通的景观语言。糙面的铺装材料在室外应用广泛，源于其自然的特性。中国园林在园路铺装设计上形成了自己特有的风格。

1. 寓意性

中国园林强调“寓情于景”，在铺装设计时，有意识地根据不同主题的环境，采用不同的纹样、材料来加强意境（图 5-16、图 5-17）。

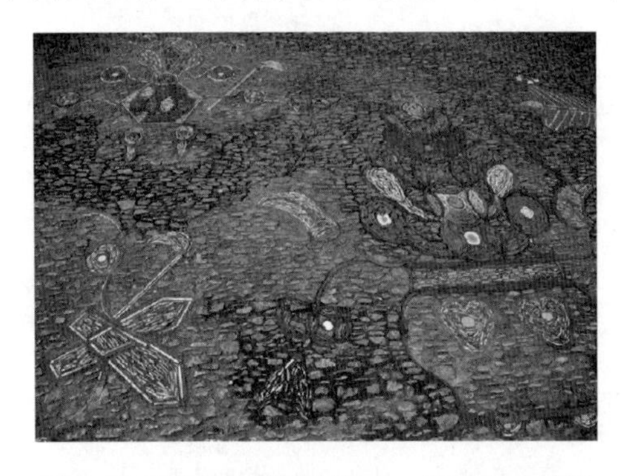

图 5-16　雕砖卵石嵌花路——传统苏式铺装

图 5-17　雕砖卵石嵌花路——现代苏式铺装

2. 装饰性

园路作为园景的一部分，应根据景的需要做设计，铺装或朴素、粗犷，或舒展、自然，或古拙、端庄，或活泼、生动。优秀的园路设计应以不同的纹样、质感、尺度、色彩，并按不同的风格和时代要求来装饰园林。

3. 柔和性

园路铺装应有柔和的光线和色彩，减少反光、刺眼的感觉。广州园林中用各种条纹水泥混凝土砖，按不同方向排列，产生很好的光彩效果，使路面既朴素又丰富，并且减少了路面的反光强度。

4. 协调性

在进行铺装设计时，应与地形、植物、山石等很好地配合与协调，共同构成景观。铺装与植物的配合，不仅能丰富景色，使路面变得生气勃勃，而且嵌草的路面可以改变土壤的水分和通气的状态，为场地的绿化创造有利的条件，并能降低地表温度，对改善局部小气候有利。

（二）现代园路材料的应用

园林中的材料可以分为天然材料和人工材料。就铺装材料而言，天然材料有石材、木材、竹、土等，人工材料有混凝土、水泥、砖、瓦、陶瓷、玻璃、橡胶、塑料、金属等。在我国现代园林中，园路的铺装材料可谓种类繁多，除了传统的各种石材外，还有陶瓷制品、混凝土制品、砖制品、木材、生态铺装材料等。

1. 石材

石材是所有铺装材料中最为自然的一种。它的耐久性和观赏性都很高，是铺装的首选材料。石材的选择范围很广，有石灰石、砂岩、页岩、花岗岩等，而且颜色也非常丰富，从白色、淡紫、粉红、浅黄，一直到黑色，应有尽有（图 5-18）。

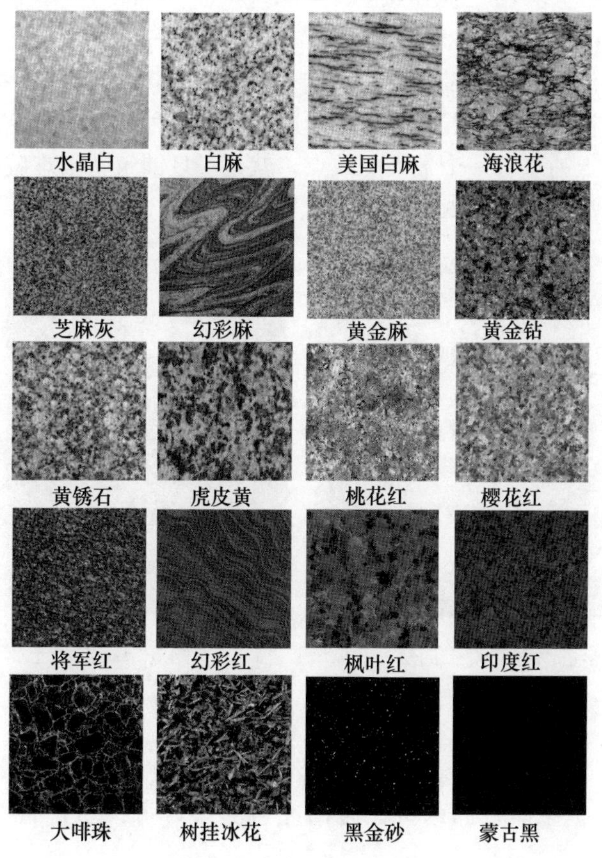

图 5-18　天然石材常用品种

2. 木材

木质铺装给人以柔和、亲切的感觉，它的获取（包括制造、运输和供应）所需要的能量少，给环境带来的负荷也小，而且越是自然未经处理的木材，它的可循环利用能力越强。木材不但富有很好的质感和较好的可塑性，而且具有生命力，随着时间的推移，地衣和苔藓的附着，都会逐渐改变其色彩，使其越来越自然地融入园林环境中（图 5-19）。

图 5-19　木制铺装

3. 混凝土

混凝土铺装造价低廉、铺设简单，具有极高的可塑性，可以根据需要制成各种形状，而且耐久性也很好。将其混入着色剂后还能制成各种颜色的彩色混凝土，满足不同的铺装需要。混凝土铺筑有一个最大的缺点，就是一旦铺筑就很难破碎和移动，因此在铺筑前一定要考虑清楚（图 5-20、图 5-21）。

图 5-20　彩色沥青混凝土面层

图 5-21　混凝土露骨料饰面

4. 砖

砖铺路面施工简单，形式多样，是园路常用的材料。各类铺地砖只要经过精心的烧制，都能同混凝土一样坚固耐久。砖的颜色繁多，可以拼出许多图案，效果很好（图 5-22）。

图 5-22　砖铺园路

5. 生态型铺装材料

(1) 透气透水性材料。透气透水性材料是指能够使雨水通过，直接渗入路基的材料，具有使水还原于地下的性能。这种材料适用于人行道、居住区小路、园路及停车场等地面的铺装。它具有以下优点：改善植物和土壤微生物的生存条件和生活环境；减少城市雨水管道设施和负担；减少对公共水域的污染；蓄养地下水源；增加路面的抗滑性能，改善步行条件；增加路面的空气湿度，减少热辐射；有利于降低城市噪声，改善城市的生活环境（图 5-23）。

图 5-23　透气透水铺装材料

(2) 塑木复合材料（WPC）。塑木复合材料是用木纤维或其他植物纤维填充、增强的改性热塑性材料，兼有木材和塑料的性能和优点，经挤出或压制成型材、板材或其他制品，替代木材和塑料。塑木复合材料的应用，有效地减少了原始木材的用量，能够保护森林、回收再利用旧木粉和塑料（图 5-24）。

(3) 树皮、木屑。园林中，为了增加天然野趣，往往用一些纯天然的，甚至是废弃的材料来铺设小径，如树皮、木屑等。我们可以将树皮切成不规则的块，把待铺设的路面土刨松，再将树皮覆盖其上，浇一遍水，使树皮与土壤有机结合，这样，一条天然环保的园路就铺设成了（图 5-25）。

图 5-24　塑木复合铺装材料

图 5-25　树皮铺装

（4）砂砾。砂砾铺就的园路耐践踏性强，雨水能够很快渗入土中，可保持园路清洁，不会造成泥泞。颗粒大小均匀的砂砾可使人脚感舒适、平整，既环保又能给游人带来一种天然的感觉（图 5-26）。

图 5-26　砂砾铺路

（三）园路铺装的形式

根据路面铺装材料、结构特点，可以把园路的路面铺装形式分为整体路面铺装、块料铺装、粒料和碎料铺装、其他铺装等大类。

1. 整体路面铺装

整体路面铺装是指整体浇筑、铺装的路面，常用的有沥青混凝土路面、水泥混凝土路面等。

（1）沥青混凝土路面。用沥青混凝土作为面层使用的整体路面，根据骨料粒径大小，有细粒式、中粒式和粗粒式沥青混凝土之分，有传统的黑色和彩色（包括脱色）、透水和不透水的类别。黑色沥青路面一般不用其他方法对路面进行装饰处理。而彩色沥青是在改性沥青的基础上，用特殊工艺将沥青固有的黑褐色脱色，然后与石料、颜料及添加剂等混合搅拌生成，或者在黑色沥青混凝土中加入彩色骨料而成。彩色沥青路面一般用于公园绿地和风景区的行车主路上。由于彩色沥青具有一定的弹性，也适用于运动场所及一些儿童和老人活动的地方。

（2）水泥混凝土路面。水泥混凝土路面属于刚性路面，对路面的装饰：在混凝土表面直接处理形成各种变化；在混凝土表面增加抹灰处理；用各种贴面材料进行装饰。

2. 块料铺装

（1）石材块料。料石是利用打凿整形的石板或石块用作路面的结构面层（图 5-27）。厚度为 50～100mm，规格从 100mm×100mm 的小方石到面积超过 1m² 的条石，大小较随意，较大石块通常厚度也较大。石块价格较高，通常仅用于步行道路和小面积铺装上。

（2）预制混凝土砖。预制混凝土砖可设计为各种形状、各种颜色和各种规格尺寸，还可以相互组合成不同图纹和不同装饰色块，是目前公园绿地游览步道及广场铺地最常见的材料之一（图 5-28）。混凝土块料可加工成方形、长方形、六角形、楔形、异型、圆形等，厚度 50～100mm 不等。

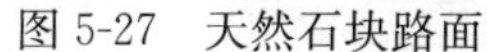

图 5-27　天然石块路面

图 5-28　预制混凝土方砖

（3）烧结砖。烧结砖是以黏土或页岩、煤矸石、粉煤灰为主要原料，经过焙烧而成的普通砖。以黏土为主要原料，经配料、制坯、干燥、焙烧而成的烧结普通砖统称黏土砖，有红砖和青砖两种。黏土砖是一种传统的建筑材料，普通砖的尺寸为 240mm×115mm×53mm。

（4）非烧结砖。非烧结砖是相对于烧结砖而言的，即不经烧结而用于砌筑墙体的砖，包括蒸压灰砂砖、粉煤灰砖、炉渣砖和碳化砖等。国标中规定砖的外形为直角六面体，砖的尺寸为长 240mm、宽 115mm、高 53mm。

（5）其他块料。除上述类型的块料外，还有如工程塑料、高分子块料、木材等块料用于地面铺装。

3. 粒料和碎料铺装

用卵石、瓦片、片状砾石等粒料和碎料通过碾压或镶嵌的方法，形成园路的结构面层（图 5-29）。砾石或卵石路面因石材不同可以形成不同的色彩和质感，适用于车流量不大、不使用急刹车或急加速的园路和步行道路，需要经常进行维护。

中国传统园林中以规整的砖、瓦为骨构成图案，以不规则的石板、卵石以及碎砖、瓦条、碎瓷片、碎缸片填心的做法，组成各种精美图案的彩色铺地称为“花街铺地”（图 5-30）。

图 5-29　卵石铺装

图 5-30　花街铺地

4. 其他园路铺装形式

（1）台阶。当路面坡度超过 8%时，为了便于行走，在不通行车辆的路段上可以设置台阶。台阶的宽度与路面相同，每级台阶的高度为 10～17cm、宽度为 30～38cm。一般台阶不宜连续使用，如地形许可，每 10～18 级后应设一段平坦的地段，使游人恢复体力。为了防止台阶积水、结冰，每级台阶应有 1%～2%向下的坡度，以利排水。

（2）礓礤。礓礤在坡度较大的地段上，一般纵坡超过 15%时，本应设台阶，但为了能通行车辆，将斜面做成锯齿形坡道，称为礓礤（图 5-31）。

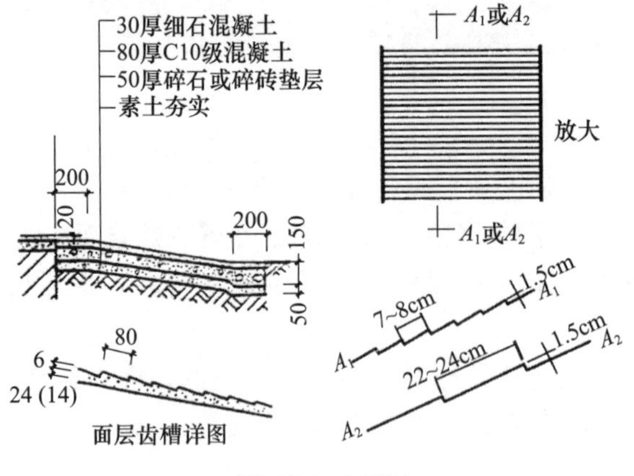

图 5-31　礓礤

（3）磴道。在地形陡峭的地段，可结合地形或利用露岩设置磴道。当其纵坡大于31°（60%）时，应做防滑处理，并设扶手栏杆等。

（4）种植池。在路边或广场上栽种植物，一般应留种植池。种植池的大小应由所栽植物的要求而定，在栽种高大乔木的种植池上应设保护栅。种植池格栅是保护种植池内土壤、扩大铺装活动面积的一种带孔洞的材料，常用混凝土、铸铁、工程塑料或其他透水铺装材料等，外形根据种植池的形状而变化，图案则多种多样（图 5-32）。

（5）步石。在自然式草地或建筑附近的小块绿地上，可以用一至数块天然石块或预制圆形、树桩形、木纹板形等铺装，自由组合于草地之中。

一般步石的数量不宜过多，块体不宜太小，两块相邻块体的中心距离应考虑人的跨越能力和不等距变化。这种步石与自然环境协调，能取得轻松活泼的效果（图 5-33）。

图 5-32　种植池

图 5-33　嵌草铺装

任务二　园路施工

【知识点】

园路施工准备

园路施工工艺

园路铺装验收标准规范

【技能点】

基层施工

面层施工

【相关知识】

一、园路施工准备

施工前准备工程必须综合现场施工情况，考虑流水作业，做到有条不紊；否则会在开工后造成人力、物力的浪费，甚至造成施工停歇。

施工准备的基本内容，一般包括技术准备、物资准备、施工组织准备、施工现场准备和协调工作准备等，有的必须在开工前完成，有的则可贯穿于施工过程中进行。

(一) 技术准备

1. 做好现场调查工作

(1) 广场底层土质情况的调查。

(2) 各种物资资源和技术条件的调查。

2. 做好各单位的协调工作

做好与设计的协调配合工作，会同建设单位、监理单位引测轴线定位点、标高控制点，以及对原结构进行放线复核。

(1) 熟悉施工图。

(2) 进行技术交底。

(二) 资源准备

1. 劳动力准备

根据园路工程的进度安排和园路工程量的核算，进行园路施工队伍人员和数量的合理安排。

2. 材料准备

根据园路施工进度的安排和材料需要量，组织分期分批进场，按规定的地点和方式堆放。材料进场后，应按规定对材料进行试验和检验。

3. 施工机械准备

根据园路施工进度的安排和园路施工方法的选定，有计划有组织地进行有关园路施工机械和施工机具的进场安排和安拆工作。

(三) 施工组织准备

1. 建立健全现场施工管理体制

施工项目部应根据施工组织设计建立健全施工现场施工管理体制。建立园路施工工艺制度、园路隐蔽工程自检制度、园路工程质量检验制度等各项施工管理方面的制度。

2. 主要机构组织表

施工项目部合理组织园路的质检组织、安全生产组织等，做到责任到人。

(四) 施工现场准备

开工前要迅速做好施工现场准备工作，以利工程有秩序地按计划进行。所以现场准备工作进行得快慢，会直接影响工程质量和施工进展。

二、施工工艺

园路的施工工艺一般包括定点放线、开挖路槽、铺筑基层、铺筑结合层、铺筑面层及安装道牙等。

(一) 定点放线

按路面设计的中线，在地面上每20～50m放一中心桩，在弯道的曲线上应在曲头、曲中和曲尾各放一中心桩，并在各中心桩上写明标号，再以中心桩为准，根据路面宽度定边桩，最后放出路面的平曲线。

(二) 开挖路槽

按设计路面的宽度，每侧放出20cm挖槽，路槽的深度应等于路面的厚度，槽底应有2%～3%的横坡度。路槽挖好后，在槽底上洒水，使它潮湿，然后用蛙式跳夯机夯实 2～3 遍，路槽平整度允许误差不大于 2cm。

（三）铺筑基层

根据设计要求准备铺筑的材料，在铺筑时应注意对于灰土基层一般实厚为 15cm、虚铺厚度为 24cm。

（四）铺筑结合层

一般用水泥、白灰、砂混合砂浆或 1∶3 白灰砂浆。砂浆摊铺宽度应大于铺装面5～10cm，已拌好的砂浆应当日用完。也可以用 3～5cm 的粗砂均匀摊铺而成。

（五）铺筑面层

面层的铺砖应轻轻放平，用橡胶槌敲打稳定，不得损伤砖的边角；如发现结合层不平时应拿起铺砖重新用砂浆找齐，严禁向砖底填塞砂浆或支垫碎砖块等。采用橡胶带做伸缩缝时应将橡胶带平正直顺地紧靠方砖。铺好砖后应沿线检查平整度，发现方砖有移动现象时应立即修整，最后用干砂掺入 1∶10 的水泥，拌和均匀后将砖缝灌注饱满，并在砖面泼水使砂灰混合料下沉填实。

（六）安装道牙

道牙基础宜与路床同时填挖碾压以保证整体的均匀密实度。结合层宜铺筑 20～30 厚 1∶3 水泥砂浆。道牙安装要平稳牢固，并用 1∶3 水泥砂浆勾缝，缝宽 5mm。道牙背后应用 C10 素混凝土护牢，其宽度 10cm、高度 10cm，边上做路肩加以保护（图 5-34）。

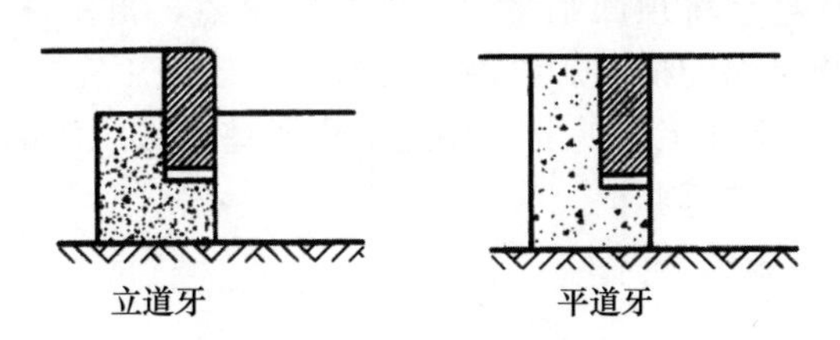

图 5-34　园路道牙的形式

三、基层施工

园路基层结构种类很多，施工方法也不同。园路常用基层材料为碎（砾）石、级配砂石和灰土。

（一）碎（砾）石基层

碎（砾）石基层是用尺寸均匀的碎（砾）石作为基本材料，以石屑、黏土或石灰土作为填充结合料，经压实而成的结构层。碎石层的结构强度，主要靠碎石颗粒间的嵌挤作用以及填充结合料的黏结作用。碎石颗粒尺寸为 0～75mm，通常以 25mm 以上的碎石为骨料、5～25mm 的石屑或石渣为嵌缝料、0～5mm 的米石为封面料。

填隙碎（砾）石基层施工一般按下列工序进行：摊铺粗骨料→稳压→撒填充料→压实→“铺撒”嵌缝料→碾压。

（二）级配砂石基层

级配砂石是粗、细碎石和石屑各占一定比例的混合料，其颗粒组成符合密实级配要求。级配砂石基层是经摊铺整型并适当洒水碾压后所形成的具有一定密实度和强度的基层，它的厚度一般为 10～20cm，若厚度超过 20cm 应分层铺筑。

级配砂石基层的施工程序是：摊铺砂石→洒水→碾压→养护。

（三）石灰土基层

在粉碎的土中掺入适量的石灰，按一定的技术要求，把土、灰、水三者拌和均匀，在最佳含水量的条件下压实成型的结构称为石灰土基层。

石灰土力学强度高，有较好的整体性、水稳性和抗冻性。它的后期强度也高，适用于各种路面的基层、底基层和垫层。

石灰土基层的施工程序是：铺土→铺灰→拌和与洒水→碾压→初期养护。

四、面层施工

在完成的路面基层上，重新定点、放线，每 10m 为一施工段落，根据设计标高、路面宽度定放边桩、中桩，打好边线、中线。设置整体现浇路面边线处的施工挡板，确定砌块路面的砌块列数及拼装方式，并将面层材料运入现场。

（一）水泥混凝土面层施工

水泥混凝土面层的施工应首先核实、检验和确认路面中心线、边线及各设计标高点正确无误。若是钢筋混凝土面层，则按设计选定钢筋并编扎成网。钢筋网应在基层表面以上架空，架空高度应距混凝土面层顶面 5cm。钢筋网接近顶面设置要比在底部加筋更能防止表面开裂，也更便于充分捣实混凝土。按设计的材料比例，配制、浇筑、捣实混凝土，并用 1m 以上的直尺将顶面刮平。顶面稍干一点，再用抹灰砂板抹平至设计标高。施工中要注意做出路面的横坡和纵坡。混凝土面层施工完成后，应即时开始养护。养护期应为 7d 以上，冬季施工后的养护期还应更长些。可用湿的稻草、锯末、湿砂及塑料薄膜等覆盖在路面上进行养护。

（二）沥青路面面层施工

1. 下封层施工

认真按验收规范对基层严格验收。如有不符合要求要求处进行处理，认真对基层进行清扫，并用森林灭火器吹干净。采用汽车式洒布机进行下封层施工。

2. 沥青混合料的拌和

沥青混合料由间隙式拌和机拌制，骨料加热温度控制在 17.5～19.0℃之间。沥青采用导热油加热至 160～170℃，沥青混凝土的拌和时间由试拌确定，出厂的沥青混合料温度严格控制在 155～170℃之间。

3. 热拌沥青混合料的运输

汽车从拌和机向运料车上放料时，每卸一斗混合料应挪动一下汽车的位置，以减少粗细骨料的离析现象，也可以由现场试验确定，特别是在大气温度骤变时不可拖延，但也不能过早，过早会导致粗骨料从砂浆中脱落。

4. 沥青混合料的碾压

压实后的沥青混合料符合压实度及平整度的要求。选择合理的压路机组合方式及碾压步骤，以达到最佳结果。沥青混合料压实采用钢筒式静态压路机及轮胎压路机或振动压路机组合的方式。压路机的数量根据生产现场情况决定。沥青混合料的压实按初压、复压、终压（包括成型）三个阶段进行。压路机以慢而均匀的速度碾压。复压紧接在初压后进行，应符合的要求为：复压采用轮胎式压路机，碾压遍数应经试压确定，不少于 4～6 遍，以达到要求的压实度，并无显著轮迹。终压紧接在复压后进行。终压选用双轮钢筒式压路机碾压，不宜少于两遍，并无轮迹。采用钢筒式压路机时，相邻碾压带应重叠后轮 1/2 宽度。

5. 接缝、修边

摊铺时梯队作业的纵缝采用热接缝。施工时将已铺混合料部分留下 10～20cm 宽暂不碾压，作为后摊铺部分的高程基准面，最后做跨缝碾压以消除缝迹。

相邻两幅及上下层的横向接缝均错位 5m 以上。上下层的横向接缝可采用斜接缝，上面层应采用垂直的平接缝。铺筑接缝时，可在已压实部分上面铺筑些热混合料使之预热软化，以加强新旧混合料的黏结。但在开始碾压前应将预热用的混合料铲除。

做完的摊铺层外露边缘应准确到要求的线位。修边切下的材料及任何其他的废弃沥青混合料从路上清除。

（三）片块状材料的地面铺筑

片块状材料做路面面层，在面层与道路基层之间的结合层做法有两种：一种是用湿性的水泥砂浆、石灰砂浆或混合砂浆作为材料，另一种是用干性的细砂、石灰粉、灰土（石灰和细土）、水泥粉砂等作为结合材料或垫层材料。

（四）地面镶嵌与拼花

施工前，要根据设计图样准备镶嵌地面用的砖石材料。设计有精细图形的，先要在细密质地青砖上放好大样，再精心雕刻，做好雕刻花砖，施工中可嵌入铺地图案中。要精心挑选铺地用石子，挑选出的石子应按照不同颜色、不同大小、不同形状分类堆放，铺地拼花时才能方便选用。

（五）混合路面面层施工

混合路面是指不同的面层材料混合间铺的路面。当用不同厚度的块料混铺时，应先铺厚度大的块料，再铺厚度小的块料，并使小块铺料的顶面略高于大块铺料 1～2mm，以使砂浆沉降稳定后相互平整。当用规则块料（石材、大方砖或预制混凝土砖等）与卵石混铺时（如花街铺地、雕砖卵石路面），要按设计图案先铺块料并用以控制路面标高和坡度，再在其空间摊铺水泥砂浆镶嵌卵石。注意及时清扫干净砂浆。

（六）嵌草路面的铺装

嵌草路面有两种类型：一种为在块料铺装时，在块料之间留出空隙，其间种草，如冰裂纹嵌草路面、空心砖纹嵌草路面、人字纹嵌草路面等；另一种是制作成可以嵌草的各种纹样的混凝土铺地砖（图 5-35）。

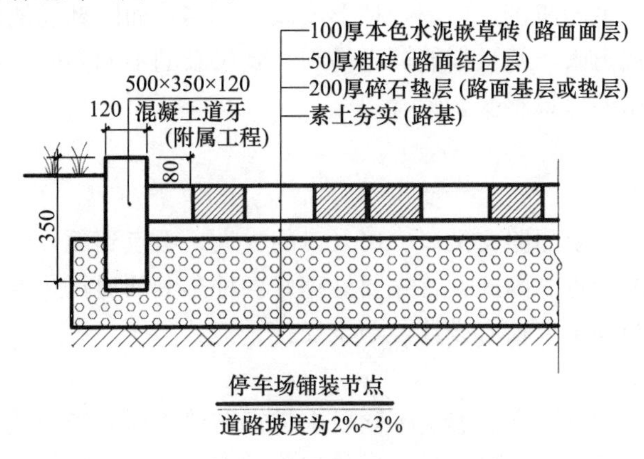

图 5-35　停车场嵌草铺装施工剖面图

五、园路铺装验收标准

各层的坡度、厚度、平整度和密实度等符合设计要求，且上下层结合牢固。

变形缝的位置与宽度、填充材料质量及块料间隙大小合乎要求。

不同类型面层的结合及图案正确，各层表面与水平面或与设计坡度的偏差不得大于 30mm。

水泥混凝土、水泥砂浆、水磨石等整体面层和铺在水泥砂浆上的块状面层与基层结合良好，不留空鼓。面层不得有裂纹、脱皮、麻面和起砂等现象。

各层的厚度与设计厚度的偏差不宜超过该层厚度的 10%。

各层的表面平整度应达到检测要求，如水泥混凝土面层允许偏差不宜超过 4mm，大理石、花岗石面层允许偏差不超过 1mm，用 2m 长的直尺检查。

任务三　园林场地及其施工

【知识点】

园林场地的作用与类型。

园林场地设计。

【技能点】

停车场设计。

园林场地施工。

【相关知识】

一、园林场地的作用与类型

（一）园林场地的作用

园林场地是园路的扩大部分，其往往存在于园林的出入口、园林建筑前、道路交叉口，或道路一侧、园林一角，或公园管理处等多种地段，具有交通集散、游憩活动及园务管理等功能和作用。园林中每个景区和每个景点都由园路加以联系，园路是所有景区景点相互联系必不可少的纽带，使得园林形成风景序列。而园林场地的存在，使得园林中各种立面能够展现出来，使人们能够容易观赏到风景的不同侧面、不同层次和不同形象，给人以丰富多彩的风景感受。

（二）园林场地的类型

1. 交通集散场地

交通集散场地是主要园路交叉口、出入口的放大，由点到面，以供游人集散。园林出入口是主要园路的起点。因此，首先要处理好各种车辆的通行及停放、各类人员的出入和停留。在艺术布局上要精心设计，巧于安排。

2. 游憩活动场地

游憩活动场地应根据不同内容、不同要求进行布置，做到美观适用、各具特色。集体活动要布置在场地开阔、阳光充足、风景优美的草坪上；青少年活动则多布置在疏林草地；其他供游人休息散步、赏景拍照的场地则可以布置在有风景可赏的地方，并设亭、廊、花架、雕塑、花坛、假山、喷泉、园椅、园灯、小树丛等，供人们长时间地逗留休息。

3. 园务管理场地

园务管理场地应与园务管理专用出入口、苗圃等地有方便的联系，还要与园林主要景观保持一定的距离，相对独立。最好能设障景，如树丛、竹林等。

二、园林场地设计

（一）园林场地设计的原则

1. 系统性

园林场地是园林空间体系中的重要节点，其功能、性质、类型、规模应有所区别，有所侧重。每个园林场地要根据其周边环境特点确定其功能、性质和规模，只有这样才能使园林场地符合整个园林体系，做到局部服务于整体。

2. 多样性

园林场地是多样化的，不仅体现其功能的多样化，还体现其空间表现和空间类型的多样化。由于园林场地是游人享受城市文明及园林文化的舞台，它既能反映游人的需要，其内部设施和小品也要多样化，使艺术性、娱乐性、休闲性及纪念性等和谐共生。

3. 特色性

个性特征是指通过人的生理和心理感受到的与其他场地不同的内在本质和外部特征。园林场地应通过特定的使用功能、场地条件、人文主题及周边景观艺术特色来塑造特点。

4. 完整性

园林场地的完整性主要包括功能的完整性和环境的完整性。功能的完整性主要是指其相对明确的功能，做到主次分明、重点突出。环境的完整性是指要考虑场地周边的环境、空间的连续性等问题。

5. 文化性

园林场地作为园林内的开放空间要有能满足和体现公园历史风貌、文化内涵等内容，要符合、尊重历史，又要有所创新和发展。

6. 尺度适配性

尺度适配原则是根据园林场地不同的使用功能和主题要求，确定广场合适的规模和尺度。

（二）园林场地周边景观设计

园林场地周围的建筑、树木、背景等多种景物构成了场地的外环境，同时也是场地空间的外缘竖向界面。周围景物的高度与场地宽度之间的关系往往对场地空间的艺术效果影响较大。场地宽度是景物高度的 3～6 倍时，场地空间的开敞度及闭合度适中。

（三）园林场地地面设计

园林场地的艺术效果除了受周围环境景观影响外，场地的平面形状、面积大小以及地面铺装形式也同样对场地的艺术效果起作用。

1. 场地的平面形状

园林场地有封闭式的，也有开放式的。其平面形状多为规则的几何形，常以长方形和圆形为主。从空间艺术的要求来看，广场的长度不应大于其宽度的 3 倍；长宽比在 4∶3、3∶2 或 2∶1 时，艺术效果比较好。面积较小的园景小场地，可采用自然形或不规则的几何形等，其形状设计更要自由些，但是，任何场地都需要形态各异的园路设计进行连接（图 5-36）。

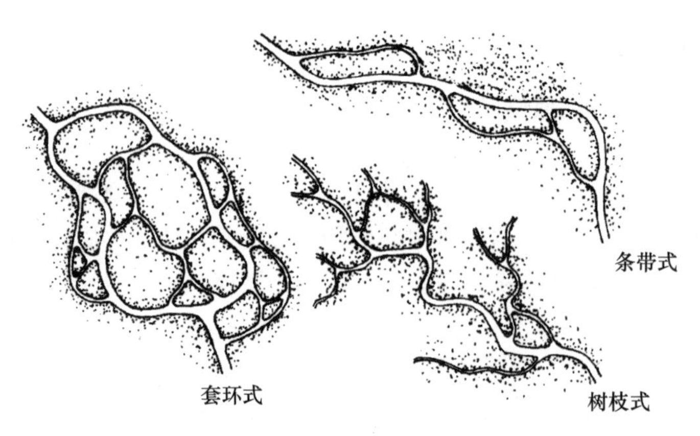

图 5-36　三种园路布局形式

2. 园林场地的面积

担负着节假日文艺活动和集会功能的园景广场，其人群活动所需面积可按 0.5m^2/人来计算，场地大部分面积都要做成铺装地面。以主题纪念为主的场地，其路面铺装和纪念设施占用地面将占广场总面积的 40%以上。以景观、绿化为主的休息场地，其绿化面积则应占 60%以上。而公园出入口内外的门景场地，由于人、车集散，交通性较强，绿化用地就不能有很多，一般都在 10%～30%之间；其路面铺装面积常达到 70%以上。

3. 场地的功能分区

园林场地的周边接入道路不多，路口较少，所以其平面形状一般都比较完整。设计园林场地时，一般先要把场地的纵轴线、主要横轴线和广场中心确定下来。利用轴线的自然划分，把场地分成几个具有相似和对称形状的区域，然后根据路口分布和周围环境情况，赋予各区以不同的功能，成为在景观上协调统一、在功能上互有区别的各个功能区。

4. 地面装饰设计

园林场地的地面铺装面积一般较大，在场地设计中占有重要的地位。地面除了常用整体现浇的混凝土外，还常用各种抹面、贴面、镶嵌及砌块进行装饰美化，园路铺装中所述的形式，一般都可以在场地铺装中采用。地面装饰设计包括：

（1）图案式地面装饰；

（2）色块式地面装饰；

（3）线条式地面装饰；

（4）阶台式地面装饰。

（四）园林场地内景设计

园林场地内部可以安排的景观设施多种多样，有雕塑、喷泉、水池、花坛、草坪、树阵、游廊、花架、景观亭等多种形式。花坛、水池、草坪等平面形状要与其所处的园林场地的平面形式相协调。雕塑、喷泉等景观小品的竖向高度要与场地的大小相适宜，满足适宜的视距和视角。游廊、花架、景观亭等园林建筑的设置要与该场地的功能和周边环境相适宜。树阵可以结合座凳方式形成林荫树阵场地供游人休息等。因此，园林场地内部的景观设计要依据场地的功能、平面形状及空间属性等多方面进行设计。

（五）园林场地休憩设施布置

园林场地是吸引游人停留下来驻足观景的场地，必须设置足够的休憩设施。除去游艺、集会活动性质的园景场地之外，一般的休憩性园景场地都要按游人容纳量的一定比例来计算所需座位数。

休憩设施可采取集中方式布置在场地某区域；其他部分则可与场地多种景观与设施结合起来，灵活地布置在场地上（图 5-37、图 5-38）。分散布置的休憩设施基本有四种布置方式，第一种是选用铁、木、塑料、石材或混凝土制作的桌、椅、凳，分散布置在场地边缘的乔木林带下面或场地中的遮阴树下。第二种是在上有树木遮阴的铺装地面或场地道路旁边，分散布置一些大小相间、高低有别、顶面平整光洁的自然石块，既作场地和路边的自然景物装饰，又兼作座凳使用。第三种方式，是结合着场地内的花台、栏杆、挡土墙等的设计，在这些环境小品上附设座位或座椅部分，使其既起到花台、栏杆和挡土墙的作用，又具备一些座凳的功能。第四种，则是直接利用花坛、花台、水池的边缘石和池壁顶面作为座凳替代物。将边缘石和池壁的顶面设计成高、宽各为 30～40cm 的尺寸，表面用花岗石、釉面砖、白色水磨石等光洁材料装饰，可作为休憩座凳，还可减少广场上其他凳、椅的设置数量。

场地内休憩设施的布置，都应当紧密结合具体的场地形状，因地制宜地做好安排，使园景场地的休息功能体现得更为充分（图 5-39）。

图 5-37　树池结合座椅

图 5-38　有树木遮阴的座椅形式

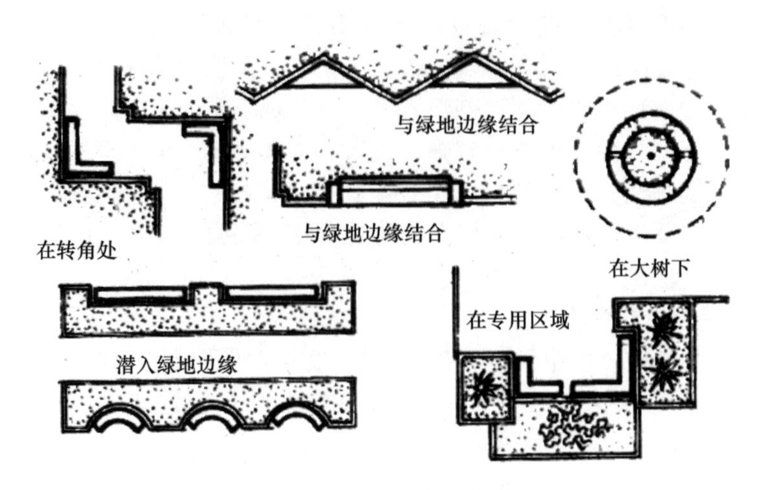

图 5-39　场地的座凳设置

三、园林场地施工

园林场地工程的施工程序基本与园路工程相同。但由于场地内还往往存在着花坛、草坪、水池等地面景物，因此它又比一般道路工程的施工内容更复杂。下面仅从场地的施工准备、场地处理和地面铺装三方面来了解场地的施工问题。

（一）施工准备

1. 材料准备

准备施工机具、路面基层和面层的铺装材料，以及施工中需要的其他材料；清理施工现场。

2. 场地放线

按照场地设计图所绘施工坐标方格网，将所有坐标点测设到场地上，并打桩定点。然后以坐标桩点为准，根据场地设计图，在场地地面上放出场地的边线，主要地面设施的范围线和挖方区、填方区之间的零点线。

3. 地形复核

对照场地竖向设计图，复核场地地形。各坐标点、控制点的自然地坪标高数据有缺漏的，要在现场测量补上。

（二）场地处理

1. 挖方与填方施工

挖、填方工程量较小时，可用人力施工；工程量大时，应该进行机械化施工。预留作草坪、花坛及乔灌木种植地的区域，可暂不开挖。水池区域要同时挖到设计深度。填方区的堆填顺序，应当是先深后浅，先分层填实深处，后填浅处。每填一层就夯实一层，直到设计的标高处。挖方过程中挖出适宜栽培的肥沃土壤，要临时堆放在场地外边，以后再填入花坛、种植土中。

2. 场地整平与找坡

挖、填方工程基本完成后，对挖填出的新地面进行整理。要铲平地面，使地面的平整度变化限制在 20mm 以内。根据各坐标桩标明的该点填挖高度数据和设计的坡度数据，对场地进行找坡，保证场地内各处地面都基本达到设计的坡度。土层松软的局部区域，还要做地基加固处理。

3. 确定雨水口

根据场地周边与建筑、园路、管线等的连接条件，确定边缘地带的竖向连接方式，调整连接点的地面标高；还要确认地面排水口的位置，调整排水沟管的底部标高，使场地地面与周围地坪的连接更自然，排水、通道等方面的矛盾降至最低。

（三）地面施工

1. 基层的施工

按照设计的场地层次结构与做法进行施工，可参照前面关于园路地基与基层施工的内容，结合场地地坪面积更宽大的特点，在施工中注意基层的稳定性，确保施工质量，避免今后场地地面发生不均匀沉降。

2. 面层的施工

采用整体现浇面层的区域，可把该区域划分成若干规则的地块，每一地块面积在 7m×9m 至 9m×10m 之间，然后一个地块一个地块地施工。地块之间的缝隙做成伸缩缝，用沥青棉纱等材料填塞。

3. 地面装饰

依照设计的图案、纹样、颜色、装饰材料等进行地面装饰性铺装，其铺装方法参照前面有关内容。

场地地面还有一些景观设施，如花坛、草坪、树木种植地等，其施工的情况当然和铺装地面不同。如花坛施工，先要按照花坛设计图将花坛中心点的位置测设到地面相应位点，并打木桩标定；然后以中心点为准，进行花坛的放线；在放出的花坛边线上即可砌筑花坛边缘石，最后做成花坛。又如草坪的施工，则是在预留的草坪种植地周围砌筑道牙或砌筑边缘石，再整平土面，铺种草坪。再如水池的施工，在挖方工程中已挖出水池基本形状，这时主要根据水池设计图进行池底的铺装、池壁的砌筑和池岸的装饰。关于花坛、草坪以及乔灌木种植地施工的具体情况，以及水池的建造施工，在本书其他章节详细叙述（图 5-40）。

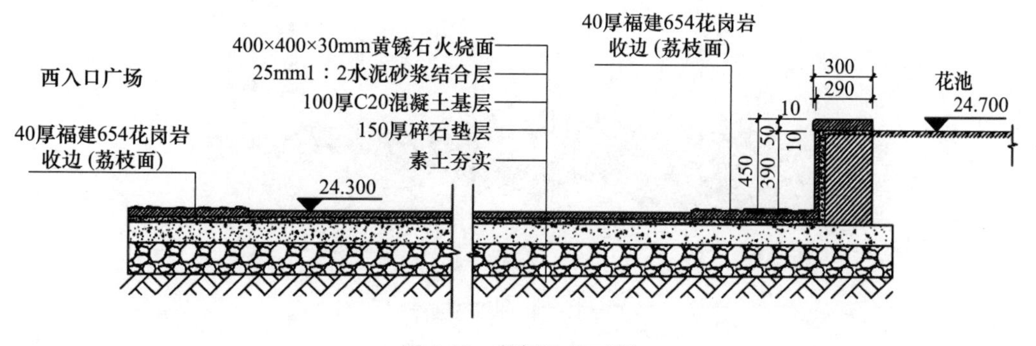

图 5-40　某场地施工图

任务四　园桥工程

【知识点】

园桥的功能与选址

园桥的造型设计

【技能点】

栈道设计

汀步设计

【相关知识】

一、园桥的功能与选址

（一）园桥的功能和作用

园桥最基本的功能就是联系园林水体两岸上的道路，使园路不至于被水体阻断。由于它直接伸入水面，能够集中视线，就自然而然地成为某些局部环境的一种标志点，因而园桥能够起到导游作用，可作为导游点进行布置。

在园林水景的组成中，园桥可以作为一种重要景物，与水面、桥头植物一起构成完整的水景形象。园桥本身也有很多种艺术造型，具有很强的观赏特性，可作为园林水体中的重要景点。事实上，如杭州西湖的断桥（图 5-41）、扬州瘦西湖的五亭桥、北京颐和园的十七孔桥和玉带桥、桂林七星岩的花桥等，都成为园林某些局部甚至整个园林的水面主景。

图 5-41　杭州西湖断桥

（二）园桥的环境与选址

园桥所在环境主要是园林水环境，但也有少数情况下作为旱桥布置在没有水面的地方。

在大水面上造桥，最好采用曲桥、廊桥、栈桥等比较长的园桥，桥址应选在水面相对狭窄的地方。这样可以缩短建桥的长度，节约工程费用，又可以利用桥身来分割水体。桥下不通游船时，桥面可设计得低平一些，使人更接近水面；桥下需要通过游船时，则可把部分桥面抬高，做成拱桥样式。在湖中岛屿靠近湖岸的地方，一般也要布置园桥。要根据岛与岸的距离，决定设置长桥还是短桥。在大水面沿边与其他水道相交接处，设置拱桥或其他园桥，可以增添岸边景色。

二、园桥的造型设计

（一）园桥的造型形式

常见的园桥造型形式，归纳起来主要有以下几类（图 5-42）。

1. 平桥

有木桥、石桥、钢筋混凝土桥等。桥面平整，结构简单，平面形状为一字形。桥边常不做栏杆或只做矮护栏。桥体的主要结构部分是石梁、钢筋混凝土直梁或木梁，也常见直接用平整石板、钢筋混凝土板作桥面而不用直梁的。

2. 平曲桥

基本情况和一般平桥相同。桥的平面形状不为一字形，而是左右转折的折线形。根据转折数，可有三曲桥、五曲桥、七曲桥、九曲桥等。桥面转折多为 90°直角，但也可采用 120°钝角，偶尔还可用 150°转角。平曲桥桥面设计为低而平的效果最好。

3. 拱桥

常见有石拱桥和砖拱桥，也少见有钢筋混凝土拱桥。拱桥是园林中造景用桥的主要形式。其材料易得，价格便宜，施工方便；桥体的立面形象比较突出，造型可有很大变化；圆形桥孔在水面的投影也十分好看。因此，拱桥在园林中应用极为广泛。

4. 亭桥

在桥面较高的平桥或拱桥上修建亭子，就做成亭桥。亭桥是园林水景中常用的一种景物，它既是供游人观赏的景物点，又是可停留其中向外观景的观赏点。

5. 廊桥

这种园桥与亭桥相似，也是在平桥或平曲桥上修建风景建筑，只不过其建筑是采用长廊的形式罢了。廊桥的造景作用和观景作用与亭桥一样。

6. 吊桥

是以钢索、铁链为主要结构材料（在过去，则有用竹索或麻绳的），将桥面悬吊在水面上的一种园桥形式。这类吊桥吊起桥面的方式又有两种：一种是全用钢索、铁链吊起桥面，并作为桥边扶手；另一种是在上部用大直径钢管做成拱形支架，从拱形钢管上等距地垂下钢制缆索吊起桥面。吊桥主要用在风景区的河面上或山沟上。

7. 栈桥与栈道

架长桥为道路，是栈桥和栈道的根本特点。严格地讲，这两种园桥并没有本质上的区别，只不过栈桥更多的是独立设置在水面上或地面上，而栈道则更多地依傍于山壁或岸壁。

8. 浮桥

将桥面架在整齐排列的浮筒（或舟船）上，可构成浮桥。浮桥适用于水位常有涨落而又不便人为控制的水体中。

9. 汀步

这是一种没有桥面、只有桥墩的特殊的桥，或者也可说是一种特殊的路，是采用线状排列的步石、混凝土墩、砖墩或预制的汀步构件布置在浅水区、沼泽区、沙滩上或草坪上。

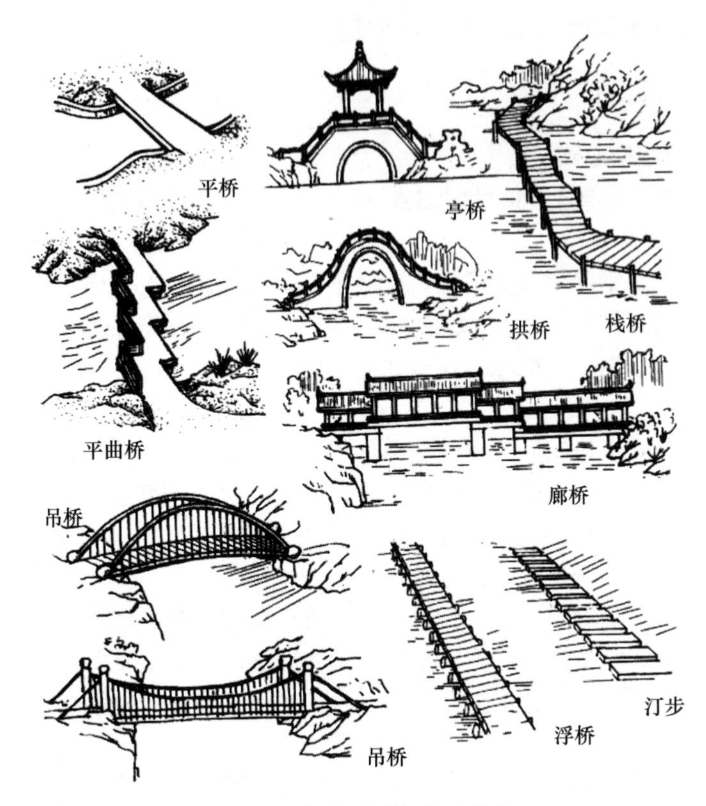

图 5-42　各类园桥的造型形式

（二）桥体的结构设计

园桥的结构形式随其主要建筑材料而有所不同。例如，钢筋混凝土园桥和木桥的结构常用板梁柱式，石桥常用拱券式或悬臂梁式，铁桥常采用桁架式，吊桥常用悬索式等，都说明建筑材料与桥的结构形式是紧密相关的。

1. 板梁柱式

以桥柱或桥墩支承桥体质量，以直梁按简支梁方式两端搭在桥柱上，梁上铺桥板作桥面。在桥孔跨度不太大的情况下，也可不用桥梁，直接将桥板两端搭在桥墩上，铺成桥面。桥梁、桥面板一般用钢筋混凝土预制或现浇；如果跨度较小，也可用石梁和石板（图 5-43）。

2. 悬臂梁式

即桥梁从桥孔两端向中间悬挑伸出，在悬挑的梁头再盖上短梁或桥板，连成完整的桥孔。这种方式可以增大桥孔的跨度，以方便桥下行船。石桥和钢筋混凝土桥都可采用悬臂梁式结构。

图 5-43　石板桥

3. 拱券式

桥孔由砖石材料拱券而成，桥体质量通过拱券传递到桥墩。单孔桥的桥面一般也是拱形，所以它基本上都属于拱桥。三孔以上的拱券式桥（图 5-44），其桥面多做成平整的路面形式，但也常有把桥顶做成半径很大的微拱形桥面的。

图 5-44　拱桥

4. 桁架式

用铁制桁架作为桥体。桥体杆件多为受拉或受压的轴力构件，这种杆件不产生弯矩，使构件的受力特性得以充分发挥。杆件的节点多为铰接。

5. 悬索式

为一般索桥的结构方式。以粗长的悬索固定在桥的两头，底面有若干根钢索排成一个平面，其上铺设桥板作为桥面；两侧各有一至数根钢索从上到下竖向排列，并由许多下垂的钢绳相互串联在一起，下垂钢绳的下端则吊起桥板。

三、汀步的种类及设计

汀步是用一些板块状材料按一定的间距铺装的连续路面，板块材料可称为步石。这种路面具有简易、造价低、铺装灵活、适应性强、富有情趣的特点，既可作永久性园路，也可作临时性便道。

（一）汀步的种类

按照步石平面形状的特点和步石排列的布置方式，可把汀步分为规则式汀步和自然式汀步两类。

1. 规则式汀步

步石形状规则整齐，并常常整齐地铺成园路，这种汀步就是规则式汀步。规则式汀步步石的宽度应在 400～500mm 之间，步石与步石之间的净距宜在 50～150mm 之间。在同一条汀步路上，步石的宽度及排列间距都应当统一。常见的规则式汀步有如下三种。

（1）墩式汀步。步石呈正方形或长方形的矮柱状，排列成直线形或按一定半径排列成规则的弧线形。这种汀步显得厚重、稳实，宜布置在浅水中作为过道。

（2）板式汀步。以预制的铺砌板规则整齐地铺设成间断式、连续式园路，就属于板式汀步。板式汀步主要用于旱地，如布置在草坪上、砂地上、泥地上等（图 5-45）。

（3）荷叶汀步。这种汀步一般用在庭园水池中，其步石面板形状为规则的圆形，属规则式汀步，但步石的排列却不规则整齐，要排列为自然式（图 5-46）。

图 5-45　板式汀步

图 5-46　荷叶汀步

2. 自然式汀步

这类汀步的步石形状不规则，常为某种自然物的形状。步石的形状、大小可以不一致，其布置与排列方式也不能规则整齐，要自然错落地布置。步石之间的净距也可以不统一，可在 50～200mm 之间变动。常见的自然式汀步主要有下述两种。

（1）自然山石汀步。选顶面较平整的片状自然山石，按照左右错落、自然曲折的方式布置成汀步园路。在草坪上，步石的下部 1/3～1/2 高应埋入土中。在浅水区中，步石下部稍浸入水中，底部一定要用石片垫稳，并用水泥砂浆与基座山石结合牢固（图 5-47）。

（2）仿自然树桩汀步。步石被塑造成顶面平整的树桩形状。树桩按自然式排列，有大有小、有宽有窄、有聚有散，错落有致。这种汀步路布置在草坡上能与环境协调；布置在水池中也可以，但与环境的协调性不及在草坡和草坪上（图 5-48）。

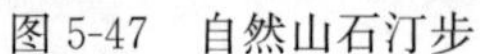

图 5-47　自然山石汀步

图 5-48　仿自然树桩汀步

（二）汀步的设计

1. 板式汀步的设计

板式汀步的铺砌板，平面形状可为长方形、正方形、圆形、梯形、三角形等。梯形和三角形铺砌板主要是用来相互组合，组成板面形状有变化的规则式汀步路面。铺砌板的宽度和长度可根据设计确定，其厚度常设计为 80～120mm。混凝土强度等级可采用 C15～C20；纵向配筋可用直径 8mm 或 10mm 钢筋，间距 150～200mm；横向配筋用直径 6mm 或 8mm 钢筋，间距 180～250mm。板面可以用彩色水磨石装饰，不同颜色的彩色水磨石铺路板能够铺装成美观的彩色路面。

2. 荷叶汀步的设计

步石由圆形面板、支承墩（柱）和基础三部分构成。圆形面板应设计 2～4 种尺寸规格，如直径为 450mm、600mm、750mm、900mm 等。采用 C20 细石混凝土预制面板，以直径 6mm 钢筋做环状筋，取间距 120～150mm；再以直径 8mm 钢筋做辐状筋，每 20°分布 1 根；面板中部的下方要预留几根钢筋头，与其下的支柱焊接。面板顶面可仿荷叶进行抹面装饰。抹面材料用白色水泥加绿色颜料调成浅果绿色，再加绿色细石子，按水磨石工艺抹面。抹面前要先用铜条嵌成荷叶叶脉状，抹面完成后一并磨平。为了防滑，顶面一定不能磨得很光。荷叶汀步的支柱，可用混凝土柱，也可用石柱，其设计按一般矮柱处理。基础应牢固，至少要埋深 300mm；其底面直径不得小于汀步面板直径的 2/3。

3. 仿树桩汀步的设计

用水泥砂浆砌砖石做成树桩的基本形状，表面再用 1∶2.5 或 1∶3 有色水泥砂浆抹面并塑造树根与树皮形象。树桩顶面仿锯截状做成平整面，用仿木色的水泥砂浆抹面。待抹面层稍硬时，用刻刀刻划出一圈圈年轮环纹，清扫干净后，再调制深褐色水泥浆，抹进刻纹中。抹面层完全硬化之后，打磨平整，使年轮纹显现出来。

【思考与练习】

1. 园路的功能和类型有哪些?
2. 园路设计的准备工作有哪些?
3. 园路布局设计应注意的事项有哪些?
4. 园路线形设计中的平曲线、道路超高、曲线加宽等怎样确定?
5. 园路纵断面设计的要求有哪些?
6. 园路的宽度怎样确定?
7. 园路横断面的基本形式有哪些类型?
8. 园路路拱有哪些类型?
9. 盲道设计的要点有哪些?
10. 园路路面的病害有哪些?其发生原因分别是什么?
11. 园路结构设计的原则是什么?
12. 园路结构的组成有哪些?
13. 园路路基的病害原因有哪些?
14. 保证路基强度的工程措施有哪些?
15. 园路路面的分级和分类是怎样的?
16. 常用的人行园路结构有哪些?
17. 简述园路施工的工艺。
18. 特殊地质气候下园路施工的要求有哪些?
19. 园路铺装验收标准有哪些?
20. 园林场地的作用和类型有哪些?
21. 园林场地的设计原则是什么?
22. 园桥的功能和作用有哪些?
23. 园桥选址的注意事项有哪些?
24. 园桥的造型设计有哪些类型?
25. 栈道结构设计的要求有哪些?
26. 汀步种类及其设计有哪些类型?

技能训练一　园路、场地布局设计

一、实验目的

通过该技能训练，要求学生能够掌握园路及场地的布局设计。

二、材料与工具

铅笔、橡皮、针管笔、草图纸、硫酸纸、画板、丁字尺等绘图工具。

三、方法与步骤

1. 给定学生某块绿地平面图及设计任务、设计要求。
2. 学生根据设计任务及要求草图绘制该绿地园路及场地布局。
3. 方案确定后、硫酸纸、钢笔、墨线上正图。

四、考核要点

1. 园路、场地布局合理，主次明显，场地功能分区合理。

2. 线条流畅，优美。

3. 画面布局设计合理，图面整洁。

五、作业

略

技能训练二　园路结构及铺装设计

一、实验目的

通过该技能训练，要求学生能够掌握至少六种常用园路的结构设计及其铺装设计。

二、材料与工具

铅笔、橡皮、针管笔、草图纸、硫酸纸、画板、丁字尺等绘图工具。

三、方法与步骤

1. 选定园路、场地布局设计中六种以上园路及场地进行铺装样式设计。

2. 结构设计。

四、考核要点

1. 铺装样式多样，样式美观，色彩协调。

2. 结构设计合理。

3. 图面美观、整洁，线条流畅。

五、作业

略

技能训练三　卵石铺装园路施工

一、实验目的

通过该项技能训练，使学生掌握园路的施工工艺及步骤，尤其是掌握卵石铺装园路的面层施工要点。

二、材料与工具

施工图纸、施工场地及施工材料。

三、方法与步骤

（一）施工准备。

（二）路槽开挖。

（三）基层施工。

（四）垫层施工。

（五）面层施工。

（六）养护管理。

四、考核要点

施工工序正确，操作符合流程，验收符合规范。

五、作业

略

技能训练四　园林场地类型调查及铺装实测

一、实验目的

通过该技能训练，使学生掌握园林场地的类型及其功能，以及园林场地内外部景观的设计、铺装形式等。

二、材料与工具

皮尺等测量工具、硫酸纸、铅笔、针管笔、绘图纸。

三、方法与步骤

1. 选定当地某公园或园林绿地，调查该绿地内的场地类型。
2. 用皮尺等测量工具实地测量该园林场地的尺寸及内外环境。
3. 根据测量数据绘制园林场地。
4. 细化该场地铺装样式。

四、考核要点

符合现场尺寸，图面美观整洁。

五、作业

略

项目六

置石与假山工程施工

【内容提要】

置石与假山是中国传统园林的重要组成部分，它独具中华民族文化艺术魅力，目前在各类园林绿地中得到广泛应用。置石与假山艺术是一种造型艺术，它靠着形象的魅力去感染观者，在应用的过程中置石与假山造型不断丰富、不断创新，出现了多种形式新颖的造型。同时，现代科技与工业技术应用于园林造景中，尤其是人工塑山塑石的出现，使园林置石与假山的类型与造型更加丰富。

研究置石、假山的造型、设计与应用，掌握置石与假山工程施工技艺方法是园林工程设计与施工的一项重要内容。通过本项目的学习，使学生能够掌握置石与假山材料、置石与假山造型设计、置石与假山施工工艺以及人工塑山塑石工艺。

任务一　置石与假山材料

【知识点】

山石景观的功能

山石材料的种类

【技能点】

山石材料的识别

【相关知识】

一、山石景观的功能

（一）地形和骨架作用

采用主景突出布局方式的园林或局部空间，或以假山为主景，或以假山作为地形骨架，道路、建筑等的起伏、曲折皆以此为基础来变化。如北京北海公园的琼华岛、南京瞻园、上海豫园、扬州个园和苏州环秀山庄（图 6-1）等都以假山作为主要的观赏对象。

（二）空间组织的功能

划分空间的手段很多，但利用假山划分空间是从地形骨架的角度来划分的，具有自然和灵活的特点。特别是用山水结合的方式来组织空间，使空间更富于变化。利用假山高大的体量和在空间中的曲折延展，并结合其他构景要素，灵活运用障景、对景、背景、框景、夹景等手法，可以有效地划分和组织空间（图 6-2）。

图 6-1　环秀山庄

图 6-2　假山

（三）点景与造景功能

在我国南、北方各地园林中均可见山石的这种作用，尤以江南私家园林运用更广泛。如苏州留园东部庭院的空间，基本上是用山石和植物装点的，有的以山石作花台，或以石峰凌空造景，或借粉墙前散置，或以竹、石结合作为廊间转折的小空间和窗外的对景（图 6-3）。

图 6-3　苏州留园冠云峰

（四）山石的工程功能

除了用作造景以外，山石还有一些实用方面的功能。在坡度较陡的土山坡地常散置山石以护坡。这些山石可以阻挡和分散地面径流，降低地面径流的流速从而减少水土流失。在坡度更陡的山上往往开辟成自然式的台地，在山的内侧所形成的垂直土面多采用山石作挡土墙。自然山石挡土墙的功能和常规挡土墙的基本功能相同，而在外观上曲折、起伏、凸凹有致。

在用地面积有限的情况下要堆较高的土山，常利用山石作山脚。这样可以缩小土山所占的底盘面积而又具有相当的高度和体量。江南私家园林中还广泛地利用山石作为花台栽植牡丹、芍药和其他观赏植物，并用花台来组织庭院中的游览路线。在自然式水体驳岸的处理上，常常用假山石做压顶，形成凹凸变化、高低不齐、错落有致的假山石驳岸。

（五）山石的使用功能

石屏风、石榻、石桌、石几、石凳、石栏等石作小品，既不怕日晒夜露，又可结合造景。例如，现置无锡惠山山麓的唐代之“听松石床”，又称“偃人石”（图 6-4），床、枕兼得于一石，石床另端又镌有李阳冰所题的篆字“听松”，是实用结合造景的好例子。此外，山石还用作室内外楼梯（称为云梯）、园桥、汀石和镶嵌门、窗、墙等。

图 6-4 听松石床

二、山石景观的类型

（一）假山的类型

1. 按堆山材料划分

从堆山主要材料分，有土山、土石山、石土山和石山等四类。

（1）土山。以泥土作为基本堆山材料。这种类型的假山占地面积往往很大，是构成园林基本地形和基本景观的重要元素。

（2）土石山。是土多石少的山。

（3）石土山。石多土少的山。这种土石结合、露石不露土的假山，占地面积小，但山的特征最为突出，适于营造奇峰、悬崖、深峡、崇山峻岭等多种山地景观，在江南园林中数量最多。

（4）石山。其堆山材料主要是自然山石。只在石间空隙处填土配植植物。这种假山一般规模都比较小，主要用在庭院、水池等比较闭合的环境中，或者作为瀑布、山泉的山体应用。

2. 按景观特征划分

从景观特征来分，可分为仿真型、写意型、透漏型、实用型、盆景型等五类（图 6-5）。

（1）仿真型。这种假山的造型模仿的是真实的自然山形，山景如同真山一般。峰、崖、岭、谷、洞、壑的形象都按照自然山形塑造，能够以假乱真，达到“虽由人作，宛自天开”的景观效果。

（2）写意型。其山景也具有一些自然山形特征，但经过明显的夸张处理。在塑造山形时，特意夸张了山体的动势、山形的变异和山景的寓意，而不再以真山山形为造景的主要依据。

（3）透漏型。山景基本没有自然山形的特征，而是由很多穿眼嵌空的奇形怪状的石堆叠成可游、可行、可登攀的石山地。山体中洞穴、孔眼密布，透漏特征明显，身在其中，也能感到一些山地境界。

（4）实用型。这类假山既可能有自然山形特征，又可以没有山的特征，其造型多数是一些庭院实用品类的形象，如庭院山石门、山石屏风、山石墙、山石楼梯等。在现代公园中，也常把工具房、配电房、厕所等附属小型建筑掩藏于假山内部。这种在山内藏有功能性建筑的假山，也属于实用山一类。

（5）盆景型。在有的园林露地庭园中，还布置有大型的山水盆景。盆景中的山水景观大多数都是按照真山真水形象塑造的，而且还有着显著的小中见大的艺术效果，能够让人领会到咫尺天涯的山水意境。

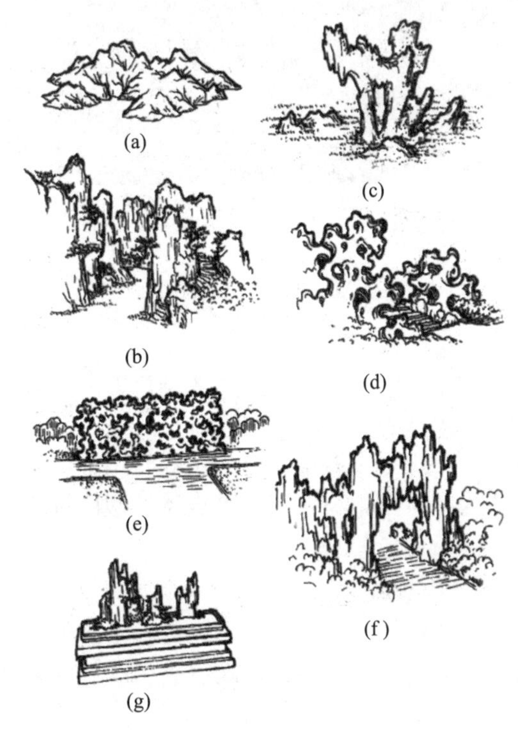

图 6-5　假山的类型

(a)、(b) 仿真型；(c) 写意型；(d) 透漏型；(e)、(f) 实用型；(g) 盆景型

（二）石景的类型

根据石块数量和景观特点，园林石景基本可以分为子母石、散兵石、单峰石、象形石、石玩石等五类（图 6-6）。

1. 子母石

是以一块大石为主，带有几个大小有别的较小石块所构成的一组景物石。母石和子石紧密联系，相互呼应，有聚有散地自然分布于草坪上、山坡上、水池中、树林边、路边等地方。

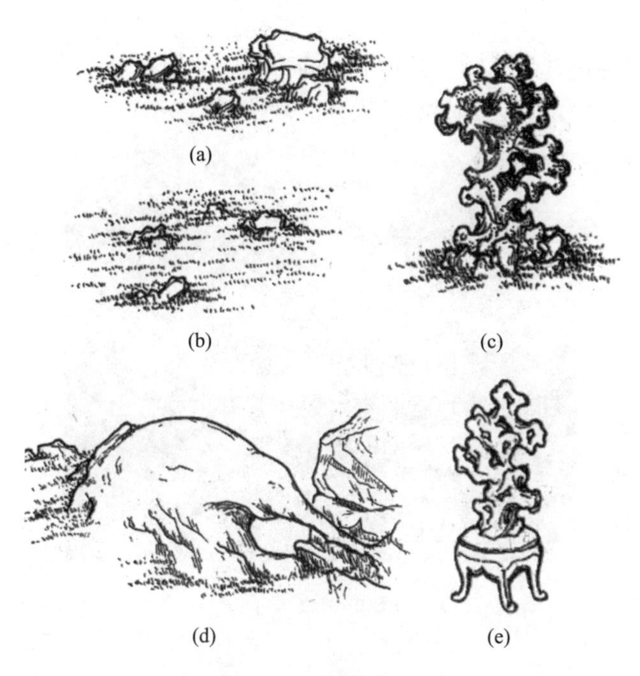

图 6-6　石景的类型

（a）子母石；（b）散兵石；（c）单峰石；（d）象形石；（e）石玩石

2. 散兵石

无呼应联系的一群自然山石分散布置在草坪、山坡等处，主要起点缀环境、烘托野地氛围的作用，这样的一群或几块山石就叫散兵石。

3. 单峰石

是由形状古怪奇特，具有透、漏、皱、瘦特点的一块大石，或是由若干小石拼合成的大石独立构成石景，这种石景即是单峰石。如上海、苏州、杭州等地历史上遗留下来，号称江南名石的“玉玲珑”“冠云峰”“瑞云峰”“绉云峰”，就属于这类石景（图 6-7）。

图 6-7　绉云峰

4. 象形石

是天生具有某种逼真的动物、器物形象的石景。这种石景十分难得，但如果有幸能够获得，布置在园林中，将会引起游人极大的兴趣（图 6-8）。

图 6-8　象形石

5. 石玩石

是形态奇特、精致或质地与色彩晶莹美丽的观赏石，主要供室内陈列观赏，古代也称为“石供”“石玩”。

三、山石景观的材料

（一）山石种类

1. 湖石类

（1）太湖石。太湖石又称南太湖石（图 6-9）。真正的太湖石原产于苏州所属太湖中的洞庭西山，其中消夏湾一带出产的太湖石品质最优良。这种山石是一种石灰岩，质坚而脆，由于风浪或地下水的溶融作用，其纹理纵横，脉络显隐。石面上遍多坳坎，称为“弹子窝”，扣之有微声，还很自然地形成沟、缝、窝、穴、洞、环，有时窝洞相套，玲珑剔透，蔚为壮观，有如天然的雕塑品，观赏价值比较高。因此常选其中形体险怪“嵌空穿眼”者作为特置石峰。此石水中和土中皆有所产。

图 6-9　上海豫园玉玲珑

(2) 房山石。房山石又称北太湖石，产于北京房山大灰石一带山上，因此得名，也属石灰岩。新开采的房山石呈土红色、橘红色或更淡一些的土黄色，日久以后表面带些灰黑色，质地不如南方的太湖石那样脆，但有一定的韧性。这种山石也具有太湖石的窝、沟、环、洞等的变化，因此也有人称之为北太湖石。它的特征除了颜色和太湖石有明显区别以外，密度比太湖石大，扣之无共鸣声，多密集的小孔穴而少有大洞，因此外观比较沉实、浑厚、雄壮（图 6-10）。

图 6-10　房山石假山

(3) 英德石。原产广东省英德县一带。岭南园林中有用这种山石掇山，也常见于几案石品。英德石质坚而特别脆，用手指弹扣有较大的共鸣声。淡青灰色，有的间有白脉笼络。这种山石多为中、小形体，很少见有很大块的。英德石又可分白英、灰英和黑英三种，一般所见以灰英居多，白英和黑英均甚罕见，所以多用作特置或散点（图 6-11）。

图 6-11　英德石假山

(4) 灵璧石。原产安徽省灵璧县。石产土中，被赤泥渍满，须刮洗方显本色。其石中灰色而甚为清润，质地亦脆，用手指弹亦有共鸣声。石面有坳坎的变化，石形亦千变万化，但其眼少有宛转回折，须经人工修饰以全其美。这种山石可掇山石小品，更多的情况下作盆景石玩（图 6-12）。

(5) 宣石。产于安徽省宁国市，其色有如积雪覆盖于灰色石上，也由于被赤土积渍，因此又带些赤黄色，非刷净不见其质，所以越旧越白。由于它有积雪一般的外貌，扬州个园的冬山、深圳锦绣中华的雪山均用它作为材料，效果显著（图 6-13）。

图 6-12　灵璧石贡石

图 6-13　扬州个园宣石假山（冬山）

2. 黄石

黄石是一种呈茶黄色的细砂岩，以其黄色而得名。质重、坚硬、形态浑厚沉实，且具有雄浑挺括之美。其产于大多山区，但以江苏常熟虞山质地最好（图 6-14）。

3. 青石

属于水成岩中呈青灰色的细砂岩，质地纯净而少杂质。由于是沉积而成的岩石，石内就有一些水平层理。水平层的间隔一般不大，所以石形大多为片状，而有“青云片”的称谓。青石在北京园林假山叠石中较常见，在北京西郊洪山口一带都有出产（图 6-15）。

图 6-14　扬州个园黄石假山（秋山）

图 6-15　颐和园乐寿堂青芝岫（“败家石”）

4. 笋石

颜色多为淡灰绿色、土红灰色或灰黑色。质重而脆，是一种长形的砾岩岩石（图 6-16）。石形修长呈条柱状，立于地上即为笋石，顺其纹理可竖向劈分。石柱中含有白色的小砾石，如白果般大小。石面上“白果”未风化的，称为龙岩；若石面砾石已风化成一个个小穴窝，则称为风岩。石面还有不规则的裂纹。石笋石产于浙江与江西交界的常山、玉山一带。

5. 钟乳石

多为乳白色、乳黄色、土黄色等颜色；质优者洁白如玉，作石景珍品；质色稍差者可作假山。钟乳石质重、坚硬，是石灰岩被水溶解后又在山洞、崖下沉淀生成的一种石灰华。石形变化大，石内较少孔洞，石的断面可见同心层状构造。这种山石的形状千奇百怪，石面肌理丰腴，用水泥砂浆砌假山时附着力强，山石结合牢固，山形可根据设计需要随意变化。钟乳石广泛出产于我国南方和西南地区（图 6-17）。

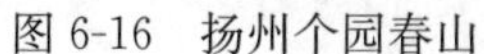

图 6-16　扬州个园春山

图 6-17　钟乳石假山

6. 石蛋

即大卵石，产于河床之中，经流水的冲击和相互摩擦磨去棱角而成。大卵石的石质有花岗石、砂岩、流纹岩等，颜色白、黄、红、绿、蓝等各色都有。这类石多用作园林的配景小品，如路边、草坪、水池旁等的石桌、石凳，棕树、蒲葵、芭蕉、海竽等植物处的石景（图 6-18）。

7. 黄蜡石

黄蜡石是具有蜡质光泽、圆光面形的墩状块石，也有呈条状的。其产地主要分布在我国南方各地。此石以石形变化大而无破损、无灰砂，表面滑若凝脂、石质晶莹润泽者为上品。一般也多用作庭园石景小品，将墩、条配合使用，成为更富于变化的组合景观（图 6-19）。

图 6-18　石蛋与植物造景的结合

图 6-19　黄蜡石石景景观

8. 水秀石

水秀石颜色有黄白色、土黄色至红褐色，是石灰岩的碎屑，随着含有碳酸钙的地表水被冲到低洼地或山崖下沉淀凝结而成。石质不硬，疏松多空，石内含有草根、苔藓、枯枝化石和树叶印痕等，易于雕琢。其石面形状有：纵横交错的树枝状、草秆化石状、杂骨状、粒状、蜂窝状等凹凸形状。

各类园林景石形态如图 6-20 所示。

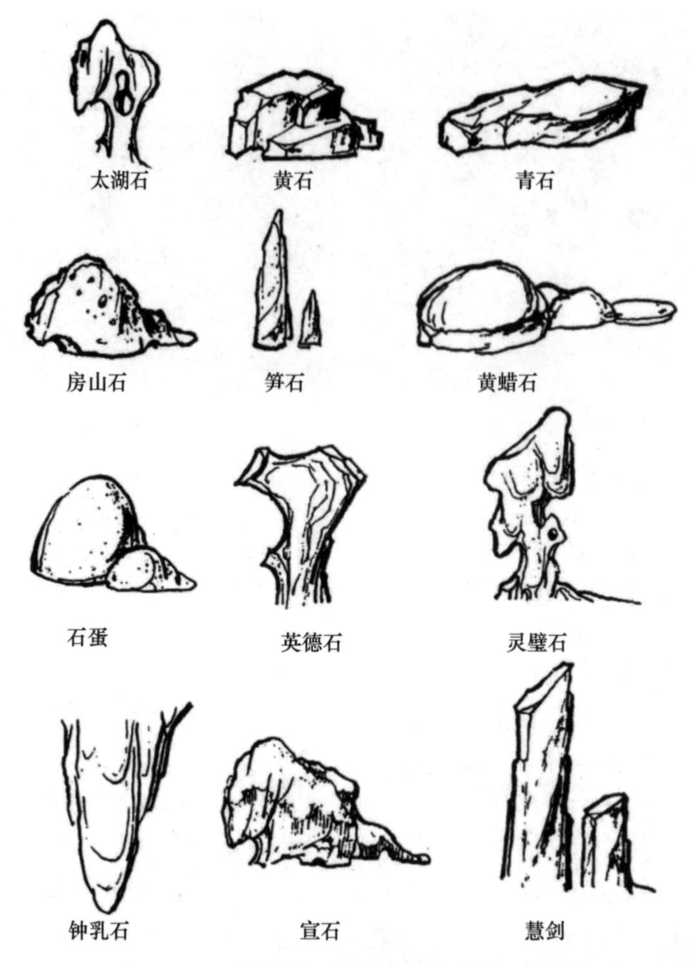

图 6-20　各种园林景品

（二）基础材料

假山的基础材料常见的有木桩基础材料、灰土基础材料、浆砌块石基础材料和混凝土基础材料。

1. 木桩基础材料

这是一种古老的基础做法，但至今仍有实用价值。木桩多选用柏木桩或杉木桩，选取其中较平直而又耐水湿的作为桩基材料。木桩顶面的直径在 10～15cm，平面布置按梅花形排列，故称“梅花桩”。

2. 灰土基础材料

北方园林中位于陆地上的假山多采用灰土基础，灰土基础有比较好的凝固条件。灰土凝固后便不透水，可以减少土壤冻胀的破坏。这种基础材料主要是用石灰和素土按 3∶7的比例混合而成。

3. 浆砌块石基础材料

这是采用水泥砂浆或石灰砂浆砌筑块石作为假山的基础。可用 1∶2.5 或 1∶3 水泥砂浆砌一层块石，厚度为 300～500mm，水下砌筑所用水泥砂浆的比例则应为 1∶2。

4. 混凝土基础材料

现代的假山多采用浆砌块石或混凝土基础。陆地上选用不低于C10的混凝土，水中假山采用C15水泥砂浆砌块石或C20的素混凝土做基础为妥（图6-21）。

图6-21 混凝土浇筑

（三）填充材料

填充式结构假山的山体内部填充材料主要有：泥土、无用的碎砖、石块、灰块、建筑渣土、废砖石、混凝土。混凝土是采用水泥、砂、石按（1∶2∶4）～（1∶2∶6）的比例搅拌配制而成。

（四）胶结材料

胶结材料是指将山石黏结起来掇石成山的一些常用黏结性材料，如水泥、石灰、砂和颜料等，市场供应比较普遍。黏结时拌和成砂浆。受潮部分使用水泥砂浆，水泥与砂配合比为（1∶1.5）～（1∶2.5）；不受潮部分使用混合砂浆，水泥∶石灰∶砂＝1∶3∶6。水泥砂浆干燥比较快，不怕水。混合砂浆干燥较慢，怕水，但强度较水泥砂浆高，价格也较低廉。

假山所用石材如果是灰色、青灰色山石，则在抹缝完成后直接用扫帚将缝口表面扫干净，同时也使水泥缝口的抹光表面不再光滑，从而更加接近石面的质地。对于假山采用灰白色湖石砌筑的，要用灰白色石灰砂浆抹缝，以使色泽近似。采用灰黑色山石砌筑的假山，可在抹缝的水泥砂浆中加入炭黑，调制成灰黑色浆体后再抹缝。对于土黄色山石的抹缝，则应在水泥砂浆中加进柠檬铬黄。如果用紫色、红色的山石砌筑假山，可以采用铁红把水泥砂浆调制成紫红色浆体再用来抹缝等。

任务二 园林置石工程

【知识点】

石景的设计形式

【技能点】

石景的造型与布置

【相关知识】

一、石景的设计形式

在园林工程建设中，将形态独特的单体山石或几块、十几块小型山石，艺术地构成园林小景称为置石。置石是以山石为材料做独立性或附属性的造景布置，主要表现山石的个体美或局部的组合美，不具备完整的山形。

(一) 独立成景的置石

置石的特点是以少胜多、以简胜繁，量虽少而对质地要求更高。一般置石的场地不大，这就要求造景的目的性更加明确，格局严谨，手法洗练，“寓浓于淡”，使之有独特之处。

1. 特置

特置也称孤赏石、峰石，指用某单块山石的姿态突出，或玲珑或奇特，特意摆在一定的地点作为一个小景或局部的一个构图中心来处理的山石造景；也有将两块或多块纹路类似的石头拼缀在一起，形成一个完整的孤赏石的做法。特置石多为湖石，对湖石的特置要求为“透、漏、瘦、皱”四字，后人又加一“丑”字。特置可在正对大门的广场上、门内前庭中或别院中（图 6-22）。

图 6-22　特置景石

特置石的要求：

(1) 应选择体量大、造型轮廓突出、色彩纹理奇特、颇有动势的山石。

(2) 一般置于相对封闭的小空间，成为局部构图的中心。

(3) 石高与观赏距离一般介于（1∶2）～（1∶3)，如石高 3～6.5m，则观赏距离为 8～18m，在这个距离内才能较好地品玩石的体态、质感、线条、纹理等，为使视线集中、造景突出，可使用框景等造景手法，或立石于场地中心使石位于各视线的交点上，或石后有背景衬托。

(4) 可采用整形的基座，也可以坐落于自然的山石面上，这种自然的摹座称“磐”，带有整形基座的山石也称为台景石。台景石一般是石纹奇异、有很高欣赏价值的天然石，有的台景石基座、植物、山石相组合，仿佛大盆景，可展示整体之美。

2. 孤置

单个山石孤立地布置于庭园中，并且山石是直接放置在或半埋在地面上，这种景石布置方式叫孤置。孤置与特置景石都是以单体石景作为观赏对象，孤置景石与特置石景的主要不同是没有基座承托，石形的罕见程度及山石的观赏价值都没有特置景石高（图 6-23）。

图 6-23　孤置景石

3. 对置

以两块山石为组合，相互呼应，立于建筑门前两侧或立于道路出入口两侧，称为对置。两块山石的体量大小、姿态方向和布置位置，可以对称，也可以不对称。选用对置石的材料要求稍高，石形应有一定的奇特性和观赏价值，是能够作为单峰石使用的山石。两块山石的形状不必对称，大小高矮可以一致也可以不一致。

4. 散置

用少数几块大小不等的山石，按照美学原理搭配组合，或置于门侧、廊间、粉壁前，或置于坡脚、池中、岛上，或在池畔水际、溪涧河流、林下、花境中、路旁和草坪上，都可以散置而得到意趣，或与其他景物组合，创造多种不同的景观。散置山石的布置也借鉴画论，讲究置陈、布势，要做到"攒三聚五，散漫理之，有聚有散，若断若续，一脉既毕，余脉又起"。石虽星罗棋布，仍气脉贯穿，有一种韵律之美（图 6-24）。

图 6-24　园林置石——散置

5. 群置

将大小不等的山石成群布置，作为一个群体来表现，称为“群置”。群置的手法看气势，关键在于一个“活”字。要求石材体形各异，布置时疏密有致，前后、左右呼应，高低不一，形成生动的自然石景。

6. 山石器设

用山石作室内外的家具或器设也是我国园林中的传统做法。山石器设一般有以下几种：仙人床、石桌、石凳、石宅、石门、石屏、名牌、花台、踏跺（台阶）等。以自然山石代替建筑的台阶，随形而做，自然活泼。山石几案宜布置在林间空地或有树荫的地方，以利于遮阴。它在选材方面与一般假山用材并不相争。一般接近平板或方墩状的石材可能在掇山石时不算良材，但作为山石几案却格外合适。即使用几案也不必求过于方整，否则会失其特色。要有自然的外形，只要有一面稍平即可，而且在基本平的面上可以有自然起层的变化。

(二) 与园林建筑结合的山石布置

1. 山石踏跺

山石踏跺是用扁平的山石台阶的形式连接地面，强调建筑出入口的山石堆叠体。山石踏跺不仅可作为台阶出入建筑，而且有助于处理由人工建筑到自然环境之间的过渡。石材选择扁平状的，不一定都要求为长方形，各种角度的梯形甚至是不等边的三角形，更富于自然的外观。每级高度为 10～30cm，或更高一些，各台阶的高度不一定完全相等。每阶山石向下坡方向有 2%的倾斜坡度，以便排水。石阶断面要求上挑下收，以免人们上台阶时脚尖碰到石阶上沿。用小石块拼合的石级，要注意“压茬”，即在上面的石头压住下面的石缝。

2. 抱角和镶隅

建筑物相邻的墙面相交成直角，直角内的围合空间称为内拐角，而直角外的发散空间称为外拐角。外拐角之外以山石环抱之势紧抱基角墙面，称为抱角；内拐角以山石填其内，称为镶隅。

镶隅的山石常结合植物，一部分山石紧砌墙壁，另一部分与其自然围合成一个空间，内部填土，栽植飘逸、轻盈的观赏植物。植物、山石的影子投放到墙壁上，植物在风中摇曳，使本来呆板、僵硬的直角线条和墙面显得柔和，壁山也显得更加生动。

3. 粉壁置石

粉壁置石就是以墙为背景，在建筑物出口对面的墙面或山墙的基础部位做山石布置，也称壁山。这是传统的园林手法，即“以粉壁为纸，以右为绘也”。山石多选湖石、剑石，仿古山石画的意境，主次分明、有起有伏、错落有致。常配以松柏、古梅、修竹或以框收之，好似美妙的画卷。

4. 尺幅窗和无心画

这种手法是清代李渔首创的。他把墙上原本挂山水画的位置做成漏窗，然后在窗外布置竹石小品之类，使景入画，以景代画，比之于画又有不同。阳光洒下有倩影，微风吹来能摇动，且伴有悦耳的沙沙声。以粉墙为背景，山石、植物投影其上，有窗花剪影的效果，精美绝伦，这个窗就称尺幅窗，窗内景称为无心画。

5. 云梯

用山石扒砌的室外楼梯，山石凹凸起伏，梯阶时隐时现，故称云梯。

（三）与植物相结合的山石布置

山石与植物主要以花台的形式结合，即用山石堆叠花台的边台，内填土，栽种植物；或在规则的花台中用植物和山石组景。山石花台提高了栽植土壤的高度，使一部分不耐水渍的花木，如牡丹、芍药、兰花等花大、香浓、色正的花木能够健康生长。山石花台也可与自然式的游园道协调，还可以增大视角，使花木山石在正常观赏视角范围内，不至于使游客蹲下观花闻香，所以山石花台被南方园林广泛采用（图 6-25）。

图 6-25　树石景观

（四）与水域相结合的山石布置

山水是自然景观的基础，“山因水而润，水因山而活”，园林工程建设中将山水结合得好，就可造出优美的景观。例如用条石作湖泊、水池的驳岸，坚固、耐用，能够经受住大的风吹浪打；同时在周围平面线条规整的环境中应用，不但比较统一，而且可使这个园林空间显得更规整、有条理、严谨、肃穆而有气势（图 6-26）。

图 6-26　水石景观

二、石景的造型与布置

（一）单峰石造型

单峰石主要是利用天然怪石造景，因此其造型过程中选石和峰石的形象处理最为重要，其次还要做好拼石和置石基座的安排。

1. 选石

一般应选轮廓线凹凸变化大、姿态特别、石体空透的高大山石。用作单峰石的山石，形态上要有“瘦、漏、透、皱”的特点。

2. 拼石

当所选山石不够高大，或石形的某一局部有重大缺陷时，就需要使用同种的几块山石拼合成一个足够高大的单峰石。如果只是高度不够，可按高差选到合适的石材，拼合到大石的底部（不可拼合到顶部），使大石增高。如果是由几块山石拼合成一块大石，则要严格选石，尽量选到接口处形状比较吻合的石材。

3. 基座设置

单峰石必须固定在基座上，由基座支撑它，并且突出地表现它。基座可由砖石材料砌筑成规则形状，常采取须弥座的形式。单峰石的底部应凿成榫头状，以榫头插入灌满水泥砂浆的座石榫眼中，即可牢固地立起来。

4. 形象处理

单峰石的布置状态一般应处理为上大下小。上部宽大，则重心高，更容易产生动势，石景也容易显得生动。有的峰石适宜斜立，就要在保证稳定安全的前提下布置成斜立状态。有的峰石形态左冲右突，可以故意使其有所偏左或有所偏右，以强化动势。

（二）子母石的布置

这种石景布置最重要的是保证山石的自然分布和石形、石态的自然性表现。为此，子母石的石块数量最好为单数，要“攒三聚五”，数石成景。所用的石材应大小有别、形状相异，并有天然的风化石面。子母石的布置应使主石绝对突出，母石在中间，子石环绕在周围。石块的平面布置应按不等边三角形法则处理，即每三块山石的中心点都要排成不等边三角形，要有聚有散、疏密结合。在立面上，山石要高低错落，其中当然以母石最高。

（三）散兵石的布置

布置散兵石与布置子母石最不相同的，是前者一定要布置成分散状态，石块的密度不能大，各个山石相互独立最好。当然，分散布置不等于均匀布置，石块与石块之间的关系仍按不等边三角形处理。可以这么说：散兵石的布置状态，就是将石间距离放大后子母石的布置状态。在地面布置散兵石，一般应采取浅埋或半埋的方式安置山石。

（四）象形石的布置

一般不应由人工来塑造或雕琢出象形石。人工塑造的山石物象很难做到以假乱真。象形石要天然生成，但略加修整还是可以的，修整后往往能使象形的特征更明显和突出。修整后的表面一定要清除加工中留下的痕迹。

在布置中，象形石可以放在草坪上、庭院中或广场上，采取特置或孤置方式都可以。但其周围一般应设置栏杆加以围护，一方面可起到保护石景的作用，另一方面也可在无形中增加象形石的珍贵感，从而使该石景得到很好的突出（图 6-27、图 6-28）。

图 6-27　象形石一

图 6-28　象形石二

三、置石的结构

整形基座置石用的山石材料结构比较简单，对施工技术也没有很专门的要求，因此容易实现。特置的山石需要掌握山石的重心线，使山石本身保持重心的平衡。

有的置石设置在砖、石砌筑的或石雕基座上，基座和石块相互配合成景。基座可预留凹槽以安置山石，也可通过石榫连接在一起。无论何种方法均应使置石稳定平衡。

如果置石采用自然磐石作为基座，我国传统的做法是用石榫头稳定（图 6-29）。榫头一般不用很长，大致十几厘米到二十几厘米，根据石的体量而定。但榫头直径要求比较大，周围榫肩留有 3cm 左右即可。石榫头必须正好在峰石重心线上。基磐上的榫眼比石榫的直径略大一点，但应该比石榫头的长度要长点。

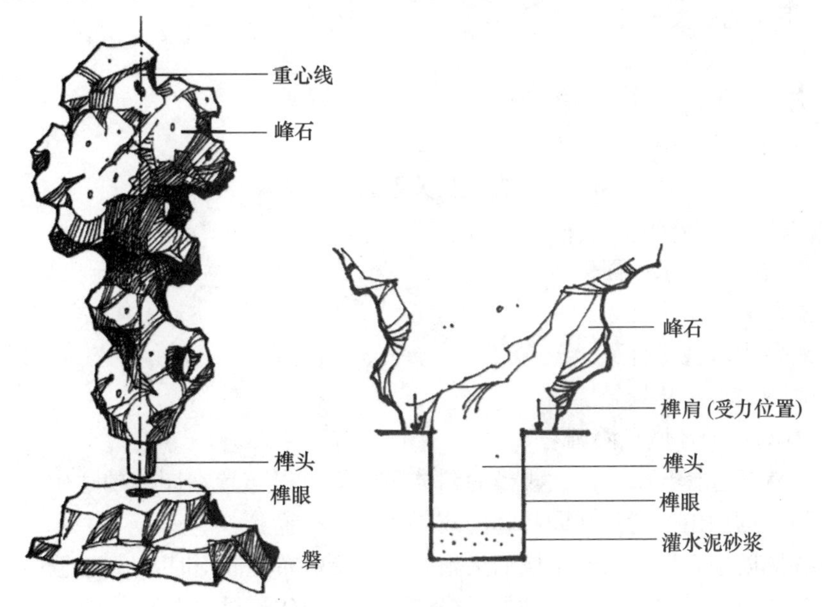

图 6-29　自然磐石基座

任务三　园林堆砌假山工程

【知识点】

假山的布局设计
假山的造型禁忌
假山的结构

【技能点】

假山的平面设计
假山的立面设计
假山的施工

【相关知识】

一、假山设计

（一）假山的布局设计

1. 山水结合，相映成趣
2. 相地合宜，造山得体
3. 巧于因借，混假于真
4. 独立端严，次相辅弼
5. 三远变化，移步换景
6. 远观山势，近看石质
7. 寓情于石，情景交融

（二）假山的平面设计

1. 明确主次关系

（1）突出主山、主峰的主体地位。

（2）客山、陪衬山与山相伴。

（3）协调主山、客山、陪衬山的相互关系。

2. 赏景顺次的安排

（1）景观效果力求面面俱到。

（2）景观力求小中见大。

（3）观赏力求视距合适。

（4）景观力求步移景异。

3. 山景与周围环境相协调

（1）位置的选择与确定。大规模的园林假山既可以布置在园林的适中（中部稍偏）地带，而小型的假山一般只在园林庭院或园墙一角布置。

（2）在庭院中布置假山时采取的措施。在庭院中布置假山时，庭院建筑对假山的影响无法消除，只有采取一些措施来加以协调，以减轻建筑对假山的影响。

(3) 在受城市建筑影响的环境中布置假山的办法。在这样的环境中布置假山，一定要采取隔离和遮掩的方法，用浓密的林带为假山区围合出一个独立的造景空间来；或者，将假山布置在一侧的边缘地带，山上配置茂密的混交风景林，使人们在假山上看不到或很少看到附近的建筑。

(4) 遵循自然法则与形象布局。园林假山虽然有写意型与透漏型等，不一定直接反映自然山形的造山类型，但所有假山创作的最终源泉都是自然界的山景资源。

(5) 造景与功能兼顾。假山布局一方面是安排山石造景，为园林增添重要的山地景观；另一方面还要在山上安排一些台、亭、廊、轩等设施，提供良好的观景条件，兼顾假山造景和观景。

4. 假山平面的变化手法

假山平面必须根据所在场地的地形条件来变化，以便使假山能够与环境充分地协调。在假山设计中，平面设计的变化方法主要有以下几种：

(1) 转折。假山的山脚线、山体余脉，甚至整个假山的平面形状，都可以采取转折的方式造成山势的回转、凹凸和深浅变化，这是假山平面设计中最常用的变化手法。

(2) 错落。山脚突出点、山体余脉部分的位置，采取相互间不规则的错开处理，使山脚的凹凸变化显得很自然，破除了整齐的因素。

(3) 断续。假山的平面形状还可以采用断续的方式来加强变化。在保证假山主体部分是一大块连续的、完整的平面图形前提下，假山前后左右的边缘部分都可以有一些大小不等的小块山体与主体部分断开。

(4) 延伸。在山脚向外延伸和山沟向山内延伸的处理中，延伸距离的长短、延伸部分的宽窄和形状曲直，以及相对两山以山脚相互穿插的情况等，都有许多变化。这些变化，一方面使山内山外的山形更为复杂，另一方面也使得山景层次、景深更具多样性。

(5) 环抱。将假山山脚线向山内凹进，或者使两条假山余脉向前伸出，都可以形成环抱之势。通过山势的环抱，能够在假山某些局部造成若干半闭合的独立空间，形成比较幽静的山地环境。

(6) 平衡。假山平面的变化，最终应归结到山体各部分相对平衡的状态上。无论假山平面怎样千变万化，最后都要统一在自然山体形成的客观规律上，这就是多样统一的形式规律。

(三) 假山的立面设计

1. 变与顺，多样统一

假山造型中的变化性是叠石造山的根本出发点，是假山形象获得自然效果的首要条件。不敢变者，山石拼叠规则整齐，如同砌墙，毫无自然趣味；敢变而不会变者，山石造型如叠罗汉、砌炭渣，杂乱无章，令人生厌，也无自然景致。

2. 态与势，动静相齐

石景和假山的造型是否生动自然、是否具有较深的内涵，还取决于其形状、姿态、状态等外观视觉形式与其相应的气势、趋势、情势等内在的视觉感受之间的联系情况。这就是说，只有态、势大系处理很好的石景和山景，才能真正做到生动自然，也才能从其外观形象中感受到更多内在的东西，如某种情趣、意味、意境和思想等。

3. 深与浅，层次分明

叠石造山要做到凹深凸浅、有进有退，凹进处要突出其深，突出点要显示其浅，在凹进和突出中使景观层层展开，山形显得十分深厚、幽远。

4. 藏与露，虚实相生

假山造型犹如山水画的创作，处理景物也要宜藏则藏、宜露则露，在藏露结合中尽可能扩大假山的景观容量。"景越藏，则境界越大"，这句古代"画理名言"虽然讲得有点绝对，但对通过藏景来扩大景观容量的作用，还是说得比较透彻的。

5. 高与低，看山看脚

假山的立基起脚直接影响到整个山体的造型。山脚转折弯曲，则山体立面造型就有进有退，形象自然，景观层次性好；而山脚平直呆板，则山体立面变化少，山形臃肿，山景平淡无味。

6. 意与境，情景交融

园林中的意境是由园林作品情景交融而产生的一种特殊艺术境界，即它是"境外之境、像外之像"，是能够使人觉得有"不尽之意"和"无穷之味"的特殊风景。成功的假山造型也可能有自己的意境。

（四）假山的造型禁则

为了避免在叠石造山中，因存在一些不符合审美原则的禁忌而损害假山艺术形象的情况出现，弄清楚造型中有哪些禁忌和哪些应当避免的情况是很必要的。下面，根据长期以来假山匠师们积累的实际经验，简要地列出一些常见的禁忌（图 6-30）。

图 6-30　假山与石景造型的禁忌

二、假山的结构

（一）假山基础

假山基础必须能够承受假山的重压，才能保证假山的稳固。不同规模和不同质量的假山，对基础的抗压强度要求也是不同的。针对不同类型的基础，其抗压强度也不相同（图 6-31）。

1. 基础类型

（1）混凝土基础。

（2）浆砌块石基础。

（3）灰土基础。

（4）桩基础。

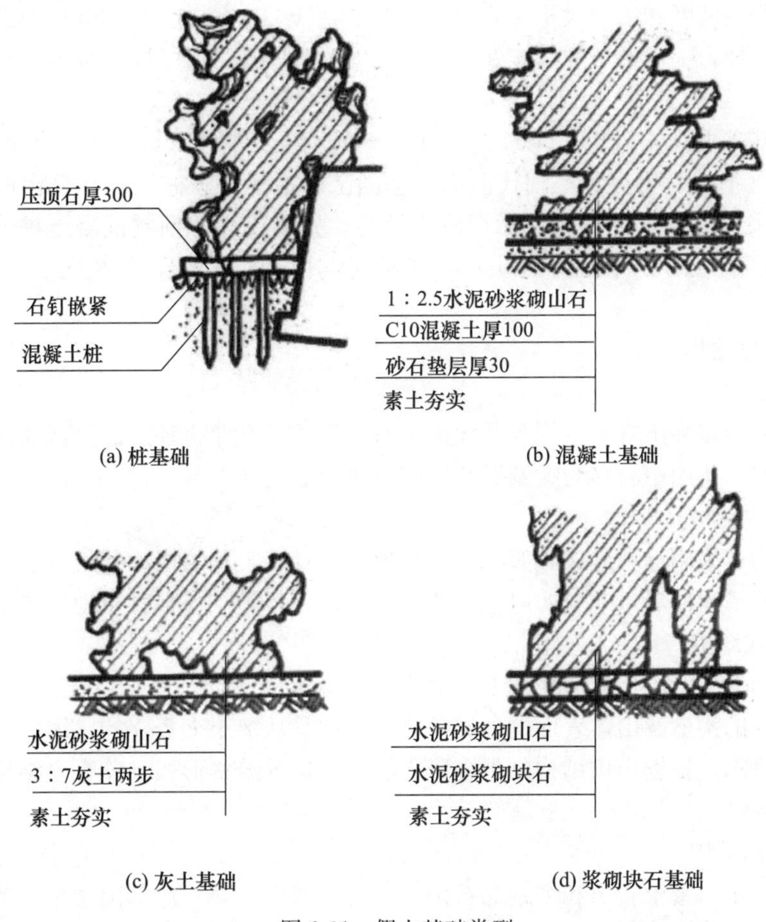

图 6-31　假山基础类型

2. 基础设计

假山基础的设计要根据假山类型和假山工程规模而定。人造土山和低矮的石山一般不需要基础，山体直接在地面上堆砌。高度在 3m 以上的石山，就要考虑设置适宜的基础了。一般来说，高大、沉重的大型石山，需选用混凝土基础或块石浆砌基础；高度和质量适中的山石，可用灰土基础或桩基础。

（1）混凝土基础设计。混凝土基础从下至上的构造层次及其材料做法是这样的：最底层是素土地基，应夯实；素土夯实层之上可做一个砂石垫层，厚 30～70mm；垫层上面为混凝土基础层，混凝土层的厚度及强度，在陆地上可设计为 100～200mm，用 C15 混凝土，或按 1∶2∶4 至 1∶2∶6 的比例，用水泥、砂和卵石配成混凝土，在水下，混凝土层的厚度则应设计为 500mm 左右，强度等级应采用 C20。在施工中，如遇坚实的基础，则可挖素土槽浇筑混凝土基础。

（2）浆砌块石基础设计。设计这种假山基础，可用 1∶2.5 或 1∶3 水泥砂浆砌一层块石，厚度为 300～500mm；水下砌筑所用水泥砂浆的比例则应为 1∶2。块石基础层下可铺 30mm 厚粗砂做找平层，地基应做夯实处理。

（3）灰土基础设计。这种基础的材料主要是用石灰和素土按 3∶7 的比例混合而成。灰土每铺一层厚度为 300mm，夯实到 150mm 厚时，则称为一步灰土。设计灰土基础时，要根据假山高度和体量大小来确定采用几步灰土。一般高度在 2m 以上的假山，其灰土基础可设计为一步素土加两步灰土；2m 以下的假山，则可按一步素土加一步灰土设计。

（4）桩基础设计。古代多用直径 100～150mm、长 10～20mm 的杉木桩或柏木桩作桩基，木桩下端为尖头状。现代假山的基础已基本不用木桩桩基，只在地基土质松软时偶尔有采用混凝土桩基的。做混凝土桩基，先要设计并预制混凝土桩，其下端仍应为尖头状。直径可比木桩基大一些，长度可与木桩基相似，打桩方式也可参照木桩基。

（二）山体结构

1. 环透式结构

它是指采用多种不规则空洞和孔穴的山石，组成具有曲折环形通道或通透形空洞的一种山体结构。所用山石多为太湖石和石灰岩风化后的怪石。

2. 层叠式结构

假山结构若采用这种形式，假山立面的形象就具有丰富的层次感，一层层山石叠砌为山体，山形横向伸展，或敦实厚重，或轻盈飞动，容易获得多种生动的艺术效果。

3. 竖立式结构

这种结构形式可以造成假山挺拔、雄伟、高大的艺术形象。山石全部采用立式砌叠，山体内外的沟槽及山体表面的主导皴纹线，都是从下至上竖立的，因此整个山势呈向上伸展的状态。根据山体结构的不同竖立状态，这种结构形式又分直立结构与斜立结构两种（图 6-32）。

4. 填充式结构

一般的土山、带土石山和个别的石山，或者在假山的某一局部山体中，都可以采用这种结构形式。这种假山的山体内部是由泥土、废砖石或混凝土材料填充起来的，因此其结构的最大特点就是填充。

（三）山洞结构

1. 洞壁的结构形式

从结构特点和承重分布情况来看，假山洞壁可分为以山石墙体承重的墙式洞壁和以山石洞柱为主、山石墙体为辅而承重的墙柱式洞壁两种形式（图 6-33）。

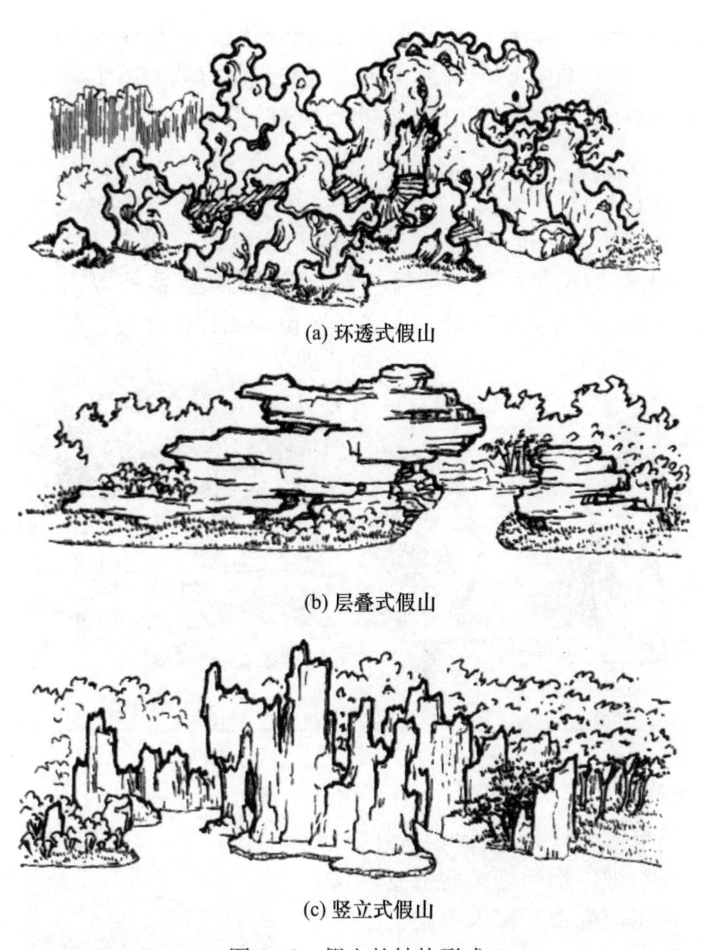

(a) 环透式假山

(b) 层叠式假山

(c) 竖立式假山

图 6-32　假山的结构形式

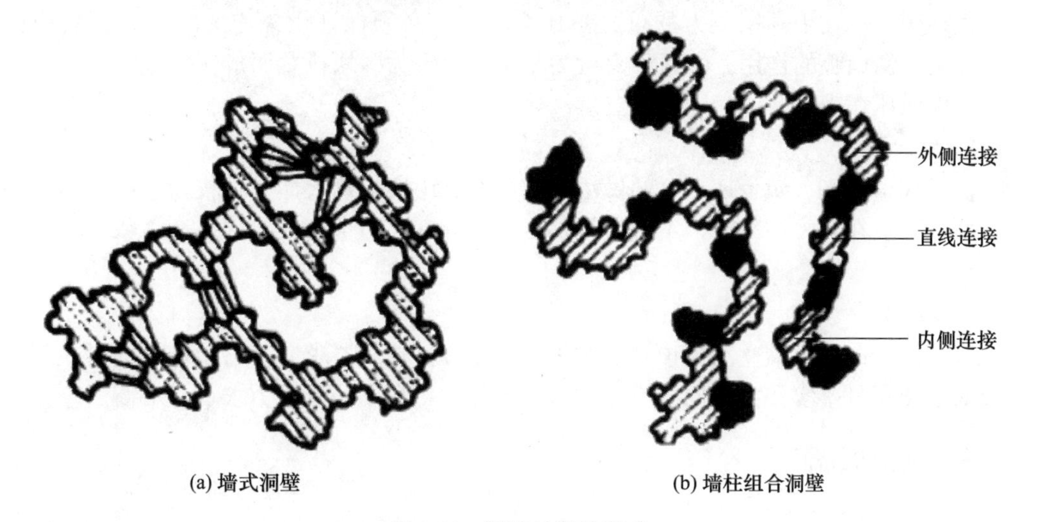

(a) 墙式洞壁　　(b) 墙柱组合洞壁

图 6-33　洞壁的结构形式

（1）墙式洞壁。这种结构形式以山石墙体为基本承重构件。山石墙体是用假山石砌筑的不规则石山墙，用作洞壁具有整体性好、受力均匀的优点。

（2）墙柱组合洞壁。由洞柱和柱间墙体构成的洞壁，就是墙柱式洞壁。在这种洞壁中，洞柱是主要的承重构件，而洞墙只承担少量的洞顶荷载。由于洞柱承担了主要的荷载，柱间墙就可以做得比较薄，可以节约洞壁所用的山石。

2. 山洞洞顶设计

由于一般条形假山的长度有限，大多数条石的长度都在 1～2m 之间。如果山洞设计为 2m 左右宽度，则条石的长度不足以直接用作洞顶石梁，这就要采用特殊的方法才能做出山洞洞顶来。因此，假山洞的洞顶结构一般都要比洞壁、洞底复杂一些。从洞顶的常见做法来看，其基本结构方式有三种：盖梁式、挑梁式和拱券式（图 6-34～图 6-36）。

图 6-34　盖梁式洞顶

图 6-35　挑梁式洞顶

图 6-36　拱券式洞顶

（四）山顶结构

山顶立峰，俗称为“收头”，叠山常作为最后一道工序，所以它实际就是山峰部分造型上的要求，而出现了不同的结构特点。凡“纹”“体”“面”“姿”为观赏最佳者，多用于收头之中。不同峰顶其要求不同。

1. 堆秀峰

其结构特点在于利用强大的重力镇压全局，它必须保证山体重力线垂直于底面中心，并起均衡山势的作用。峰石本身可为单块，也可为多块拼叠而成。体量宜大，但也不能过大而压塌山体。

2. 流云峰

流云式重于飞、飘、环、透的做法。因此在其中层，已大体有了较为稳固的结构关系。所以一般在“收头”时，不宜做特别突出的处理，但也要求把“环透飞舞”的中层收合为一。

3. 剑立峰

凡利用竖向石形纵立于山顶者，称之为剑立峰。首先要求其基石稳重，同时在剑石安放时必须充分落实，并与周围石体靠紧。另外，最主要的就是力求重心平衡。

三、假山的施工

（一）施工前的准备

1. 施工材料准备

（1）山石备料。要根据假山设计意图，确定所选用的山石种类，最好到产地直接对山石进行初选，初选的标准可适当放宽。变异大的、孔洞多的和长形的山石可多选些；

石形规则、石面非天然生成而是爆裂面的、无孔洞的矮墩状山石可少选或不选。山石备料数量的多少，应根据设计图估算出来。为了适当扩大选石的余地，在估算的吨位数上应再增加 1/4～1/2 的吨位数，这就是假山工程山石备料的总量了。

（2）辅助材料。

① 水泥：在假山工程中，水泥需要与砂石混合，配成水泥砂浆和混凝土后再使用。

② 石灰：在古典园林中，假山的胶结材料以石灰浆为主，再加进糯米浆使其黏合性能更强。而现代的假山工艺中已改用水泥作胶结材料，石灰则一般是以灰粉和素土一起，按 3∶7 的配合比配制成灰土，作为假山的基础材料。

③ 砂：砂是水泥砂浆的原料之一，分为山砂、河砂、海砂等，而以含泥少的河砂、海砂质量最好。

④ 颜料：需要准备什么颜料，应根据假山所采用山石的颜色而定。常用的水泥配色颜料是炭黑、氧化铁红、柠檬铬黄、氧化铬绿和钴蓝。

另外，还要根据山石质地的软硬情况，准备适量的铁爬钉、银锭扣、铁吊架、铁扁担、大麻绳等施工消耗材料。

某假山设计施工剖面图如图 6-37 所示。

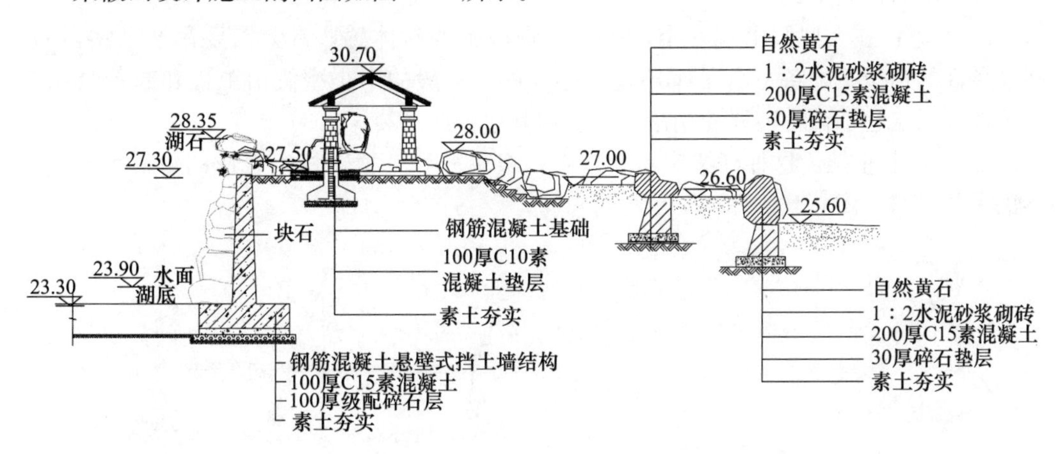

图 6-37　假山设计施工剖面图

2. 施工工具的准备

（1）绳索。是绑扎石料后起吊搬运的工具之一。一般来说，任何假山石块都是经过绳索绑扎后起吊搬运到工地后叠置而成的。所以说绳索是很重要的工具之一。

（2）杠棒。是原始的搬抬运输工具，但因其简单、灵活、方便，在假山工程机械化施工程度不太高的现阶段，仍有其使用价值，所以我们还需要将其作为重要搬运工具之一来使用。杠棒在南方取毛竹为材；北方杠棒以柔韧的黄檀木为优。

（3）撬棍。是指用粗钢筋或六角空心钢长 1～1.6m 不等的直棍，在其两端各加工成偏宽楔形，与棍身成 45°～ 60°不等的撬头，以便将其深入待撬拨的石块底下，用于撬拨要移动的石块。这是假山施工中使用最多且重要的手工操作的必备工具之一。

（4）破碎工具（大、小榔头）。破碎假山石料要运用大、小榔头。一般多用 24 磅、20 磅到 18 磅大小不等的大型榔头，用于锤击石块需要击开的部分，是现场施工中破石用的工具之一。

（5）运载工具。对石料较远距离的水平运输要靠人力车或半机械的机动车。这些运输工具的使用一般属于运输业务（图 6-38、图 6-39）。

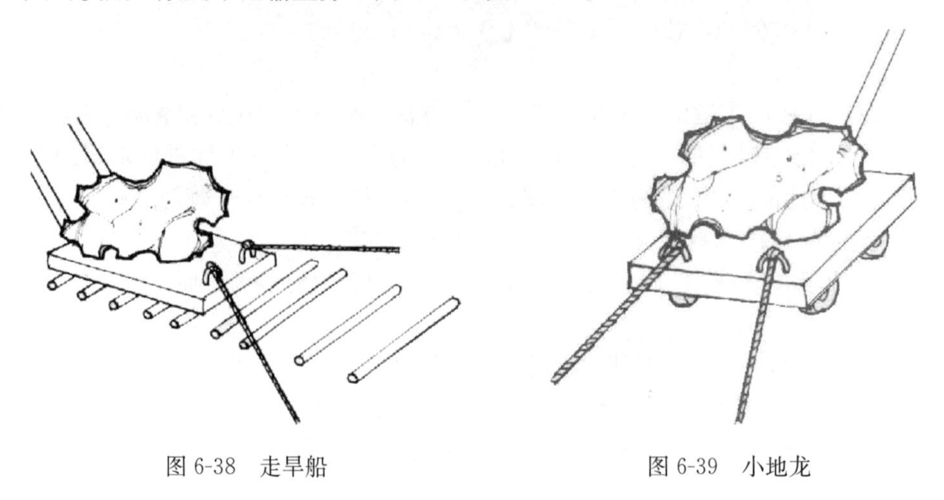

图 6-38　走旱船　　　　图 6-39　小地龙

（6）垂直吊装工具

① 吊车：在大型假山工程中，为了增强假山的整体感，常常需要吊装一些巨石，在有条件的情况下配备一台吊车还是有必要的。一般的中小型假山工程和起重量在 1t 以下的假山工程，都不需要使用吊车，而用其他方法吊装。

② 吊秤起重架：这种杆架实际上是由一根主杆和一根臂杆组合成的可做大幅度旋转的吊装设备（图 6-40、图 6-41）。

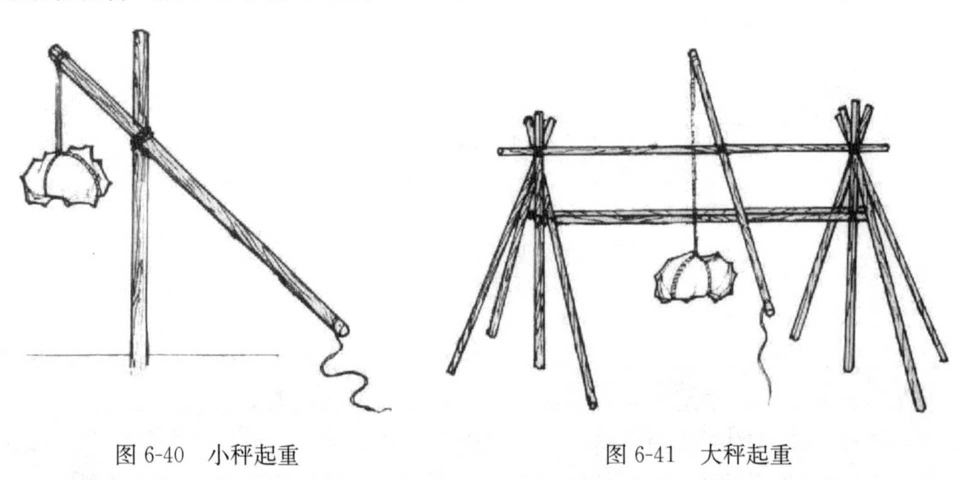

图 6-40　小秤起重　　　　图 6-41　大秤起重

③ 起重绞磨机：在地上立一根杉杆，杆顶用 4 根大绳拴牢，每根大绳从 4 个方向各由 1 人拉紧并服从统一指挥，既扯住杉杆，又能随时做松紧调整，以便吊起山石后能做水平方向移动。在杉杆的上部还要拴上一个滑轮，再用一根大绳或钢丝绳从滑轮穿过，绳的一端拴着山石，另一端再穿过固定在地面上的第二个滑轮，与绞磨机相连，转动绞磨，山石就被吊起来了。

④ 手动铁链葫芦（铁辘轳）：手动葫芦简单实用，是假山工程必备的起重设备。使用这种工具时，也要先搭设起重杆架。起吊山石的时候，可以通过拉紧或松动大绳和移

动三脚架的柱脚，来移动和调整山石的平面位置，使山石准确地吊装到位（图 6-42、图 6-43）。

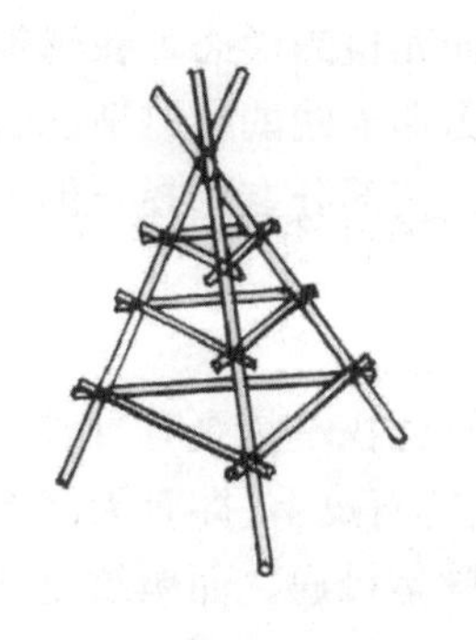
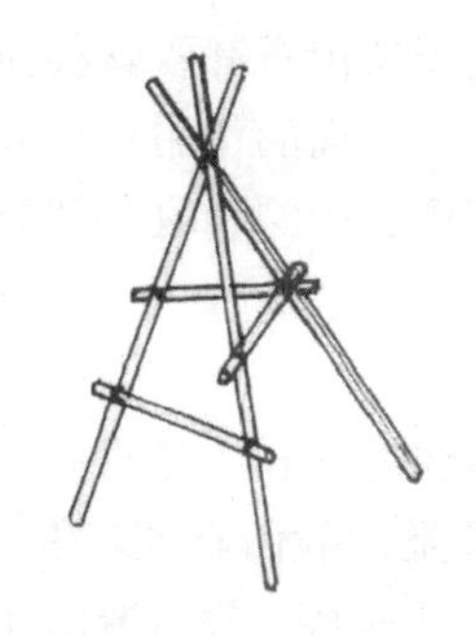

图 6-42　三脚起重架

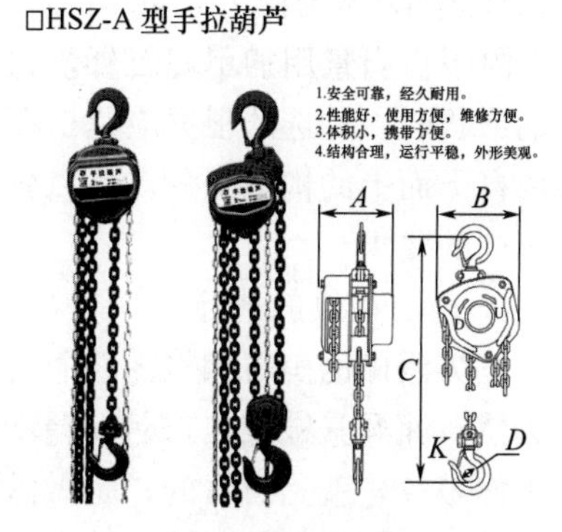

图 6-43　手动铁链葫芦示意图

（7）嵌填修饰用工具：假山施工中，对嵌缝修饰需用一简单的手工工具，像泥雕艺术家用的塑刀一样，用大致宽 20mm、长约 300mm、厚为 5mm 的条形钢板制加工面，呈正反 S 形，俗称“柳叶抹”。

3. 假山工程量估算

假山工程量一般以设计的山石实用吨位数为基数来推算，并以工日数来表示。假山采用的山石种类不同、假山造型不同、假山砌筑方式不同，都会影响工程量。由于假山工程的变化因素太多，每工日的施工定额也不容易统一，因此准确计算工程量有一定难度。根据十几项假山工程施工资料统计的结果，包括放样、选石、配制水泥砂浆及混凝土、吊装山石、堆砌、刹垫、搭拆脚手架、抹缝、清理、养护等全部施工工作在内的山石施工平均工日定额，在精细施工条件下，应为 0.1～0.2t/工日；在大批量粗放施工情况下，则应为 0.3～0.4t/工日。

假山工程量计算公式：

$$W=A\cdot H\cdot R\cdot K_n$$

式中　W——石料质量（t）；

A——假山平面轮廓的水平投影面积（m^2）；

H——假山着地点至最高顶点的垂直距离（m）；

R——石料密度，黄（杂）石 2.6t/m^3、湖石 2.2t/m^3；

K_n——折算系数，高度在 2m 以内 $K_n=0.65$，高度在 4m 以内 $K_n=0.56$。

（二）山石材料的选用

1. 选石的步骤

山石选择的步骤应当是：先头部后底部、先表面后里面、先正面后背面、先大处后细部、先特征点后一般区域、先洞口后洞中、先竖立部分后平放部分。

2. 山石尺度的选择

在同一批运到的山石材料中，石块有大有小、有长有短、有宽有窄，在叠山选石中要分别对待。假山施工开始时，对于主山前面比较显眼位置上的小山峰，要根据设计高度选用适宜的山石，一般应当尽量选用大石，以削弱山石拼合峰体时的琐碎感。在山体上的凸出部位或是容易引起视觉注意的部位，也最好选用大石。而假山山体中段或山体内部以及山洞洞墙所用的山石，则可小一些。

3. 石形的选择

除了作石景用的单峰石外，并不是每块山石都要具有独立而完整的形态。在选择山石的形状时，挑选的根据应是山石在结构方面的作用和石形对山形样貌的影响情况。从假山自下而上的构造来分，可以分为底层、中腰和收顶部分，这三部分在选择石形方面有不同的要求。

4. 山石皴纹的选择

作为假山的山石和作为普通建筑材料的石材，其最大的区别就在于是否有可供观赏的天然石面及其皴纹。“石贵有皮”，就是说假山石若具有天然“石皮”，即有天然石面及天然皴纹，就是可贵的，是做假山的好材料。叠石造山要求脉络贯通，而皴纹是体现脉络的主要因素。皴指较深较大块面的褶皱，而纹则指细小、窄长的细部凹线。

5. 石态的选择

在山石的形态中，形是外观的形象，而态却是内在的形象；形与态是一种事物的两个无法分开的方面。山石的一定形状总是要表现出一定的精神态：瘦长形状的山石能够给人有骨的感觉；矮墩状的山石给人安稳、坚实的印象；石形、皴纹倾斜的，让人感到运动；石形、皴纹平行垂立的，则能够让人感到宁静、安祥、平和等。这些情况都说明为了提高假山造景的内在形象表现，在选择石形的同时，还应当注意到其态势、精神的表现。

6. 石质的选择

质地的主要因素是山石的密度和强度。如作为梁柱式山洞石梁、石柱和山峰下垫脚石的山石，就必须有足够的强度和较大的密度。而强度稍差的片状石，就不能选用在这些地方，但用来作石级或铺地则可以，因为铺地的山石不用特别能承重。外观形状及皴纹好的山石，有的是风化过度的，其在受力方面就很差，这样的山石就不要选用在假山的受力部位。

7. 山石颜色的选择

叠石造山也要讲究山石颜色的搭配。不同类的山石固然色泽不一，而同一类的山石也有色泽的差异。“物以类聚”是一条自然法则，在假山选石中也要遵循。原则上是要将颜色相同或相近的山石尽量选用在一处，以保证假山在整体的颜色效果上协调统一。在假山的凸出部位，可以选用石色稍浅的山石，而在凹陷部位则应选用颜色稍深者；在假山下部的山石，可选颜色稍深的，而假山上部的用石则要选色泽稍浅的。

（三）假山基础的施工

1. 假山定位与放线

首先，在假山平面设计图上按 5m×5m 或 10m×10m（小型的石假山也可用 2m×2m）的尺寸绘出方格网，在假山周围环境中找到可以作为定位依据的建筑边线、围墙边线或园路中心线，并标出方格网的定位尺寸。

其次，按照设计图方格网及其定位关系，将方格网放大到施工场地的地面。以方格网放大法，用白灰将设计中的山脚线在地面方格网中放大绘出，把假山基底的平面形状（也就是山石的堆砌范围）绘在地面上。假山内有山洞的，也要按相同的方法在地面绘出山洞洞壁的边线。

最后，依据地面的山脚线，向外取 500mm 宽度绘出一条与山脚线平行的闭合曲线，这条闭合线就是基础的施工边线。

2. 基础的施工

假山基础施工可以不用开挖地基而直接将地基夯实后就做基础层，这样既可以减少土方工程量，又可以节约山石材料。当然，如果假山设计中要求开挖基槽，就应挖基槽后再做基础。

在做基础时，一般应先将地基土面夯实，再按设计摊铺和压实基础的各结构层。只有桩基础可以不夯实地基，而直接打下基础桩。

如果是灰土基础的施工，则要先开挖（也可不挖）基槽。基槽的开挖范围按地面绘出的基础施工边线确定，即应比假山山脚线宽 500mm。基槽一般挖深为 500～600mm。基槽挖好后，将槽底地面夯实，要填铺灰土做基础，铺一层（一步）要夯实一层。

浆砌块石基础施工，其块石基础的基槽宽度也和灰土基础一样，要比假山底面宽 500mm 左右。基槽地面夯实后，可用碎石、3∶7 灰土或 1∶3 水泥干砂铺在地面做一个垫层。垫层之上再做基础层。

混凝土基础的施工也比较简便。首先挖掘基础的槽坑，挖掘范围按地面的基础施工边线，挖槽深度一般可按设计的基础层厚度，但在水下做假山基砖时，基槽的顶面应低于水底 100mm 左右（图 6-44、图 6-45）。

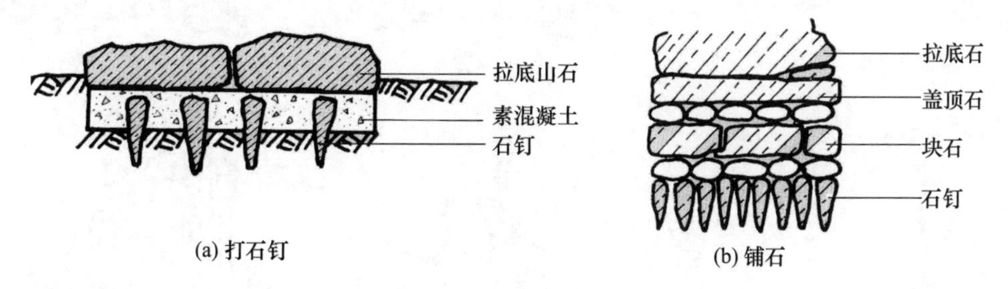

图 6-44　假山石钉和铺石基础

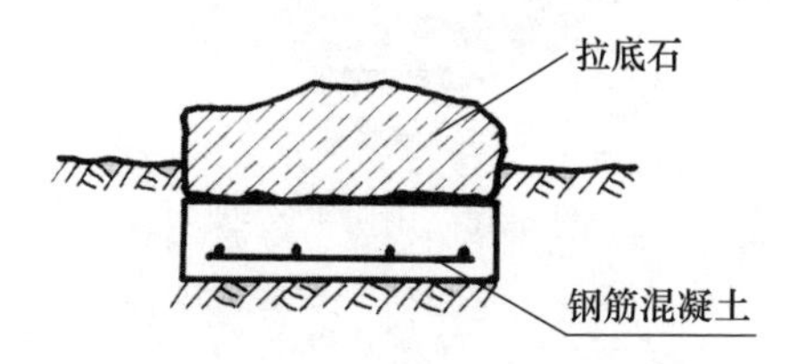

图 6-45　假山混凝土基础

（四）假山山脚的施工

假山山脚直接落在基础之上，是山体的起始部分。俗话说，“树有根，山有脚”，山脚是假山造型的根本，山脚的造型对山体有很大的影响。山脚施工的主要工作内容是拉底、起脚和做脚三部分，这三方面的工作是紧密联系在一起的（图 6-46）。

1. 拉底

所谓拉底，就是在山脚线范围内砌筑第一层山石，即做出垫底的山石层。拉底的方式主要有满拉底和线拉底两种。

2. 起脚

在垫底的山石层上开始砌筑假山，就叫“起脚”。起脚石直接作用于山体底部的垫脚石上，它和垫脚石一样，都要选择质地坚硬、形状安稳实在、少有空穴的山石材料，以保证能够承受山体的重压。除了土山和带石山之外，假山的起脚安排是宜小不宜大、宜收不宜放。起脚一定要控制在地面山脚线的范围内，宁可向内收一点，也不要向山脚线外突出。

3. 做脚

做脚，就是用山石砌筑成山脚，它是指在假山的山形山势大体施工完成以后，于紧贴起脚石外缘部分拼叠山脚，以弥补起脚造型不足的一种操作技法。所做的山脚石虽然无须承担山体的重压，但却必须根据主山的造型来造型，既要表现出山体如同土中自然生长出来的效果，又要特别增强主山的气势和山形的完美。山脚的施工质量，对山体部分的造型有直接影响。山体的堆叠施工除了要受山脚施工质量的影响外，还要受山体结构形式和叠石手法等因素的影响。

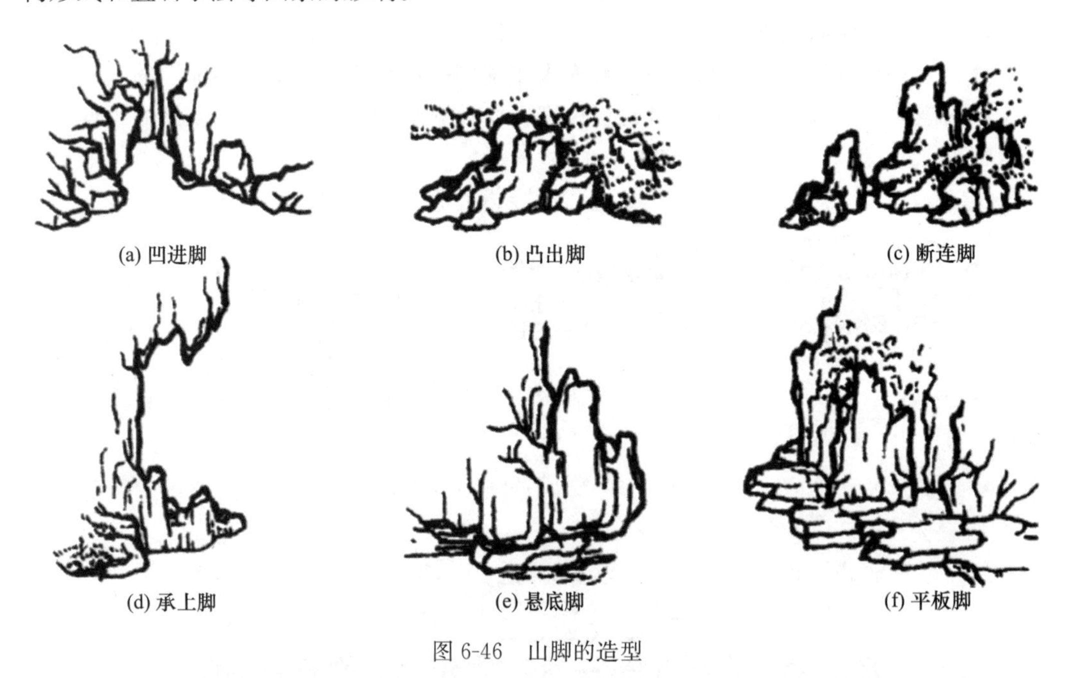

图 6-46　山脚的造型

(五) 假山山体的施工

假山山体的施工，主要是通过吊装、堆叠、砌筑操作，完成假山的造型。由于假山可以采用不同的结构形式，因此在山体施工中也就相应要采用不同的堆叠方法。而在基本的叠山技术方法中，不同结构形式的假山也有一些共同的地方。

1. 山石的固定与衔接

(1) 支撑。山石吊装到山体一定位点上，经过位置、姿态的调整后就要将山石固定保持一定的状态，这时就要先进行支撑，使山石暂时固定下来。支撑材料应以木棒为主。

(2) 捆扎。为了将调整好位置和姿态的山石固定下来，还可采用捆扎的方法。捆扎方法比支撑方法简便，而且对后续施工基本没有阻碍。这种方法最适宜体量较小山石的固定，对体量特大的山石则还应该辅之以支撑方法（图 6-47）。

（3）铁活固定。对质地比较松软的山石，可以用铁爬钉打入两个连接的山石上，将两块山石紧紧地抓在一起。每一处连接部位都应打入 2～3 个铁爬钉。

（4）刹垫。山石固定方法中，刹垫是最重要的方法之一。刹垫是用小石片将山石底部垫起来，使山石保持平稳的状态。操作时，先将山石的位置、朝向、姿态调整好，再把水泥砂浆塞入石底；然后用小石片轻轻打入不平稳的石缝中，直到石片卡紧为止。

（5）填肚。山石接口部位有时会有凹缺，使石块的连接面积缩小，也使连接的两块山石之间成断裂状，没有整体感，这时就需要“填肚”。所谓“填肚”，就是用水泥砂浆把山石接口处的缺口填补起来，直到与石面平齐。

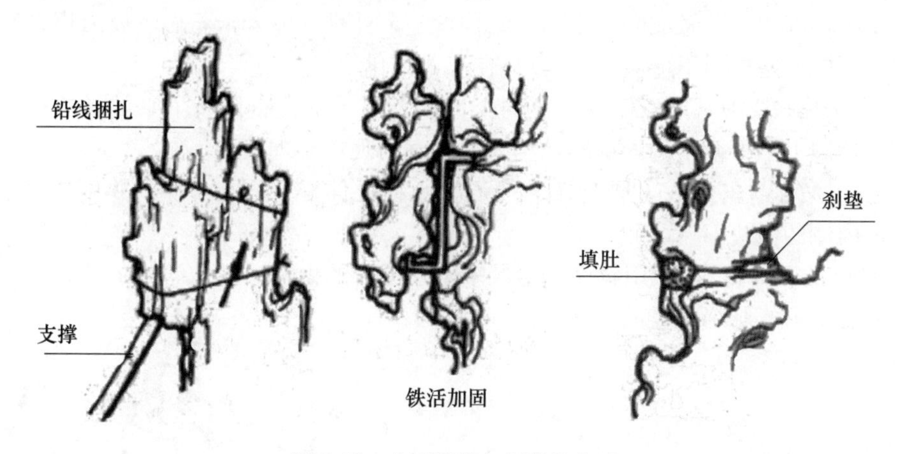

图 6-47　山石衔接与固定的方法

2. 山石结体的基本形式

掇山虽有峰、峦、洞、壑等各种组合单元的变化，但就山石相互之间的结构而言却可以概括为十多种基本的形式。这就是在假山师傅中有所流传的“字诀”。如北京的“山子张”张蔚庭老先生曾经总结过“十字诀”，即安、连、接、斗、挎、拼、悬、剑、卡、垂。此外，还有挑、飘、戗等常用手法。江南一带则流传 9 个字，即叠、竖、垫、拼、挑、压、钩、挂、撑。两者比较，有些是共有的字，有些称呼不一样但实际上是一个内容。由此可见我国南北的匠师同出一源，一脉相承，大致是从江南流传到北方，并且互有交流。

（1）北方掇山“十字诀”。

① 安：是安置山石的总称。放置一块山石叫作“安”一块山石。特别强调这块山石放下去要安稳。其中又分单安、双安和三安。

② 连：山石之间水平向衔接称为“连”。同时又要符合皴纹分布的规律。

③ 接：山石之间竖向衔接称为“接”。“接”既要善于利用天然山石的茬口，又要善于补救茬口不够吻合之处。

④ 斗：置石呈向上拱状，两端架于二石之间，腾空而起，构成如两羊角斗、对顶相斗的形象。

⑤ 挎：如山石某一侧面过于平滞，可以旁挎一石以全其美，称为“挎”。挎石可利用茬口咬压或上层镇压来稳定，必要时加钢丝固定。钢丝要藏在石的凹纹中或用其他方法加以掩饰。

⑥ 拼：在比较大的空间里，因石材太小，单独安置会感到零碎时，可以将数块以至数十块山石拼成一整块山石的形象，这种做法称为“拼”。

⑦ 悬：在仿溶洞假山洞的结顶中，往往用拱圈夹入几块下悬如钟乳的倒立石，拱石夹持形成倒悬之势。

⑧ 剑：指以竖长形象取胜的山石直立如剑的做法。挺拔峭立，有刺破青天之势。多用于各种石笋或其他竖长的山石构造。

⑨ 卡：是两山石间卡住一悬空的小石，下层由两块山石对峙形成上大下小的楔口，再于楔口中插入上大下小的山石，这样便正好卡于楔口中而自稳。承德避暑山庄烟雨楼侧的峭壁山，以“卡”做成峭壁山顶，结构稳定，外观自然。卡石做法要求用在小型掇山造型中。中大型掇山不造“卡”，以免在年久风化中发生伤人事故。

⑩ 垂：从一块山石顶面偏侧部位的企口处，用另一山石倒垂下来的做法称“垂”。用它营造构图上不平衡中的均衡感，给人以险奇的观赏心理效果。

⑪ 挑：又称“出挑”，即指上石借下石支承而挑伸于下石之外侧，并用数倍重力镇压于石山内侧的做法。

⑫ 戗：或称“撑”，即用斜撑的力量来稳固山石的做法。选取合适的支撑点，使加撑后在外观上形成脉络相连的整体（图 6-48）。

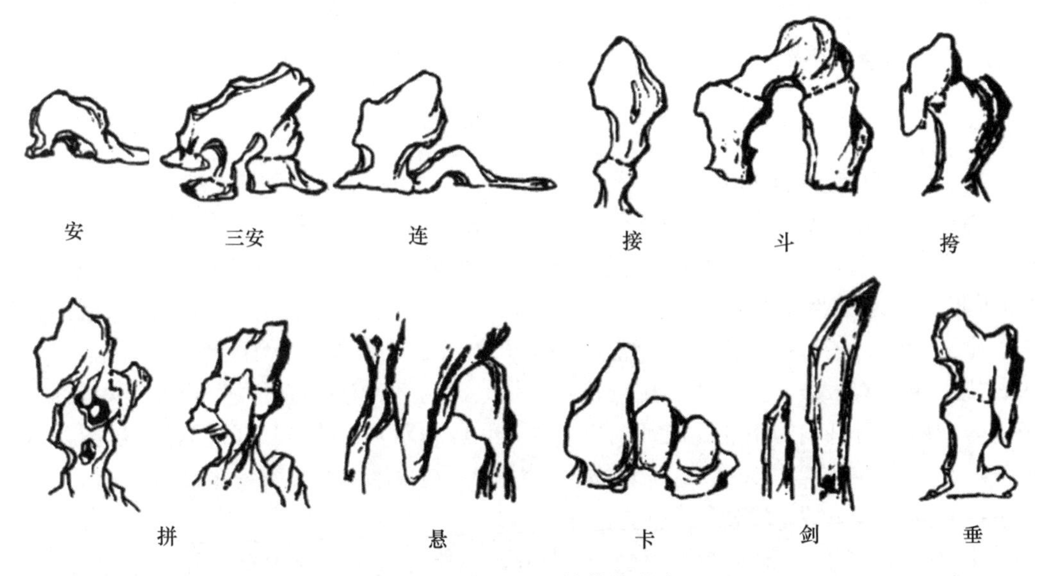

图 6-48　假山山石结体的形式

（2）江南叠石“九字诀”。

① 叠：“岩横为叠”，是说掇山造成较大的岩状山体，需横着叠石，构成岩体横阔竖直的气势，这属于设计中横向岩层结构的施工造型。

② 竖：“峰立为竖”，是说掇山造就一座矗立状的峰体，应取竖向岩层结构。

③ 垫：卧石出头要垫。处理横向层状结构的山石，如卧状，要形成实中带虚的意趣，特垫以石块构成出头之状，也即垫的施工造型含义之一。

④ 拼："配凑则拼"，选一定搭配的山石，凑在一起组石成型、组型成景（山景）。

⑤ 挑："石横担伸出为挑"，是说在掇山施工造型中，往往竖向之峰的收顶石，用横向压顶山石做艺术造型的挑出。

⑥ 压："偏重则压"，即当横挑出来的造型山石已造成重心偏向一侧的感觉时，要考虑配竖向或横向的造型石。"压"与"挑"是相辅相成的施工造型关系。

⑦ 钩："平出多时应变为钩"，即山石按横向平伸过多时，就应变化方向，形成"钩"。

⑧ 挂："石倒悬侧为挂"，与北派"十字诀"的"垂"相同。

⑨ 撑："石偏斜要撑""石悬顶要撑"，与北派掇山中的"戗"一致。

3. 中层施工

（1）拼叠山石的基本原则。

① 同质：指山石拼掇组合时，其品种、质地要一致。

② 同色：即使是同一种石质，其色泽相差也很大，如湖石种类中，就有发黑的、泛灰白色的、呈褐黄色的和发青色的等。

③ 接形：将各种形状的山石外形互相组合堆叠起来，既有变化而又浑然一体，叫作"接形"。在掇山这门技艺中，造型的艺术性是第一位的。

④ 合纹：形是山石的外轮廓，纹是指山石表面的纹理脉络。

⑤ 过渡：即使是同一品质的石料也无法保证其色泽、纹理和形状上的统一，因此在色彩、外形、纹理等方面有所过渡，才能使山体具有整体性。

（2）施工技术要点。

当基础垫平安稳后，顶上一层，就是掇山山脚线以上到顶的造型石，这是所占体量较多而引人观赏的部分。其结构复杂、变化多端，除了底石所要求的平稳等方面以外，中层掇山尚须做到以下技术要点。

① 接石压茬：山石上下衔接，必须紧密压实。

② 偏侧错安：即力求破除对称的形体。要偏侧石块、错安石块，造成自然岩层节理的层状结构。要"因偏得致，错综成美"。

③ 仄立避"闸"：山石可立、可蹲、可卧，但不宜像闸门板一样仄立。仄立的山石很难与一般布置的山石相协调，而且往上接山石时接触面往往不够大，因此也影响稳定。

④ 等分平衡：掇山到中层以后，因重心升高，必须用数倍于"前沉"的重力稳压内侧，把前移的重心再拉回到掇山的重心线上。

4. 收顶

处理掇山结顶山石，要考虑所设计假山造型的意趣，或为峰，或为峦，或为岩。峰有尖，峦为圆，岩顶平，这是三种造型。收顶往往是在逐渐合龙的中层山石顶面加以重力的镇压，使重力均匀地分层传递下去。往往用一块收顶的山石同时镇压下面几块山石（图 6-49）。

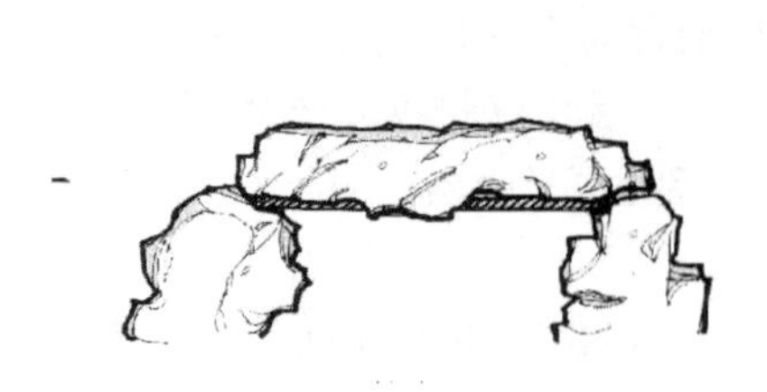
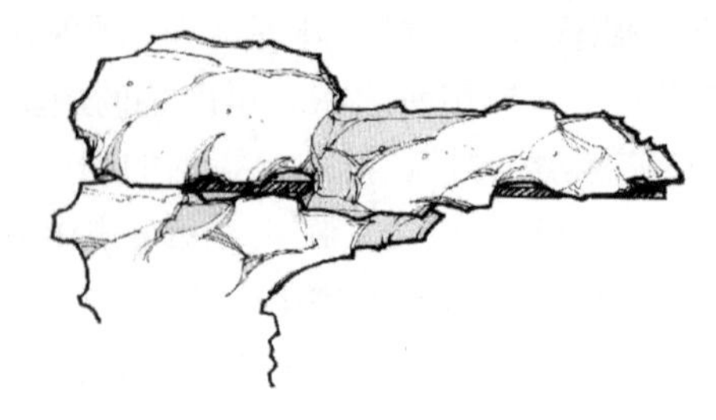

图 6-49　收顶

（六）山石胶结与植物配置

除了山洞之外，在假山内部叠石时只要使石间缝隙填充饱满、胶结牢固即可，一般不需要进行缝口表面处理。但在假山表面或山洞的内壁砌筑山石时，却要一面砌石一面勾缝并对缝口表面进行处理。在假山施工完成时，还要在假山上预留的种植穴内栽种植物，绿化假山和陪衬山景。

1. 山石胶结与勾缝

山石之间的胶结，是保证假山牢固和能够维持假山一定造型状态的重要工序。

（1）假山胶结材料。现代假山施工基本上全用水泥砂浆或混合砂浆来胶结山石。水泥砂浆的配制是用普通灰色水泥和粗砂。按 1∶1.5～1∶2.5 比例加水调制而成，主要用来黏合石材、填充山石缝隙和为假山抹缝。

（2）山石胶结面的刷洗。在胶结进行之前，应当用竹刷刷洗并且用水管冲水，将待胶结的山石石面刷洗干净，以免石上的泥砂影响胶结质量。

（3）胶结操作的技术要求。水泥砂浆要在现场配制现场使用，不要用隔夜后已有硬化现象的水泥砂浆砌筑山石。最好在待胶结的两块山石的胶结面上都涂上水泥砂浆后再相互贴合与胶结。两块山石相互贴合并支撑、捆扎固定好了，还要再用水泥砂浆把胶合缝填满，不留空隙。山石胶结完成后自然就在山石结合部位构成了胶结缝。

2. 假山抹缝处理

用水泥砂浆砌筑后，对于留在山体表面的胶结缝要进行抹缝处理。抹缝一般采用柳叶形的小铁抹，即以“柳叶抹”作工具，再配合手持灰板和盛水泥砂浆的灰桶，就可以进行抹缝操作。平缝是缝口水泥砂浆表面与两旁石面相互平齐的形式；阴缝则是缝口水泥砂浆表面低于两旁石面的凹缝形式。

3. 胶结缝表面处理

假山所用石材如果是灰色、青灰色山石，则在抹缝完成后直接用扫帚将缝口表面扫干净，同时也使水泥缝口的抹光表面不再光滑，从而更加接近石面的质地。对于假山采用灰白色湖石砌筑的，要用灰白色石灰砂浆抹缝，以使色泽近似。采用灰黑色山石砌筑的假山，可在抹缝的水泥砂浆中加入炭黑，调制成灰黑色浆体后再抹缝。对于土黄色山石的抹缝，则应在水泥砂浆中加进柠檬铬黄。如果是用紫色、红色的山石砌筑假山，可以采用铁红把水泥砂浆调制成紫红色浆体再用来抹缝等。除了采用与山石同色的胶结材料抹缝处理可以掩饰胶结缝之外，还可以采用砂子和石粉来掩盖胶结缝。

4. 假山上的植物配植

在假山上栽种植物，应在假山山体设计中将种植穴的位置考虑在内，并在施工中预留下来。

种植穴是在假山上预留一些孔洞，专用来填土栽种假山植物，或者作为盆栽植物的放置点。穴坑面积不用太大，只要能够栽种中小型灌木即可。

任务四　园林塑山塑石工程

【知识点】

砖骨架塑山、钢骨架塑山

【技能点】

理解掌握园林砖骨架塑山、钢骨架塑山等塑山技术的工艺流程和施工技能。

【相关知识】

一、园林塑山塑石概述

人工塑山是用雕塑艺术的手法，以天然山岩为蓝本，人工塑造的假山或石块。早在一百年前，在广东、福建一带，就有传统的灰塑工艺。20 世纪 60 年代，塑山、塑石工艺在广州得到了很大的发展，标志着我国假山艺术发展到一个新阶段，创造了很多具有时代感的优秀作品。那些气势磅礴、富有力感的大型山水和巨大奇石与天然岩石相比，它们自重轻、施工灵活、受环境影响较小，可按要求预留种植穴。这些人工塑山具有天然山石的纹理、质感与色彩，结合现代建筑的施工技术，不仅可以创作精致细腻的山石景观，在塑造体量巨大、气势恢宏的山水景观中表现出极强的优势。这类假山造型简洁、整体感极强，与现代园林风格非常协调，并且结合现代山石景观创作者对自然地貌景观的认识、理解和掌握，不断创造出新颖独特的作品，更加体现了假山源于自然、高于自然的创作原则（图 6-50、图 6-51）。

图 6-50　塑山

图 6-51　塑石

二、园林塑山塑石的特点

塑山塑石在园林中得以广泛应用，与其“便”“活”“快”“真”的特点是密不可分的。

（1）“便”——取材便利，节省资源。

（2）“活”——施工灵活，易于操作。

（3）“快”——省工省时，经济合理。

(4)“真”——形象逼真，造型丰富。

当然，由于塑山所使用的材料毕竟不是自然山石，因而在神韵上还是不及石质假山。混凝土硬化后表面有细小的裂纹，表面皴纹的变化不如自然山石丰富，而且使用期限较短，且由于雨水冲刷易掉色，所以需要经常维护。

三、传统塑山塑石工艺

（一）砖石塑山塑石

砖骨架塑山，即以砖作为塑山的骨架，适用于小型塑山及塑石。

施工工艺流程为：放样开挖→挖土方→混凝土垫层→砖骨架→打底→造型→面层批塑及上色修饰→成型（图 6-52、图 6-53）。

图 6-52　砖填充塑山

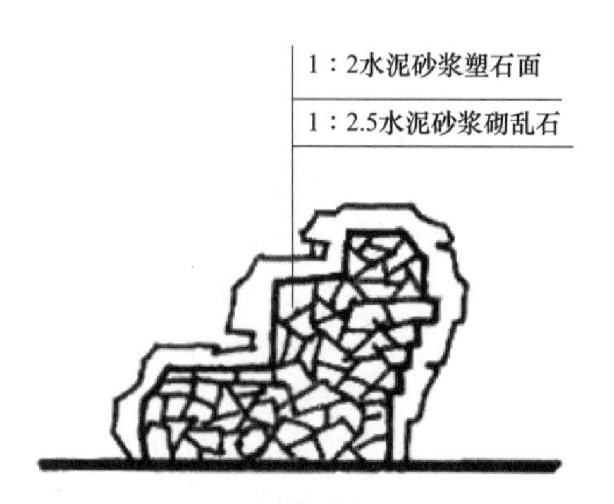

图 6-53　砖石填充结构图

（二）钢筋混凝土塑山塑石

钢筋混凝土塑山也叫钢骨架塑山，以钢材作为塑山的骨架，通用于大型假山的塑造（图 6-54、图 6-55）。

图 6-54　钢筋骨架塑山

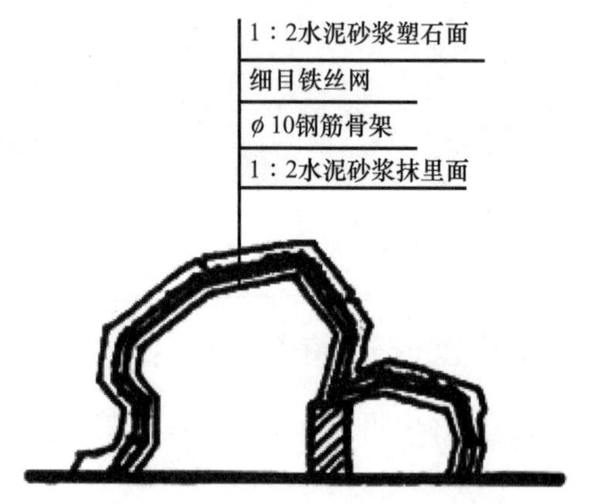

图 6-55　钢筋骨架塑山结构图

施工工艺流程为：放样开挖→挖土方→混凝土垫层→焊接骨架→做分块钢架，铺设钢丝网→双面混凝土打底→造型→面层批塑→上色修饰→成型。

1. 打基础

根据基地土壤的承载能力和山体的质量，计算确定其尺寸大小。通常做法是根据山体底面的轮廓线，每隔 4m 做一根钢筋混凝土柱基，如山体形状变化大，则局部样子加密，并在柱间做墙。

2. 立钢骨架

包括浇筑钢筋混凝土柱子、焊接钢骨架、捆扎造型钢筋、盖钢板网等（图 6-56）。

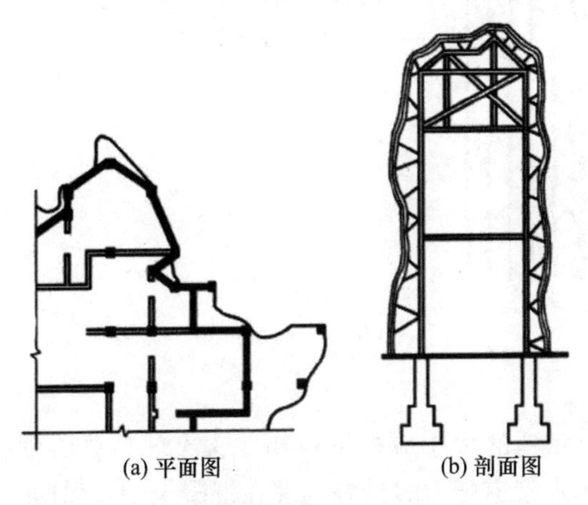

图 6-56　钢骨架示意图

3. 面层批塑

先打底，即在钢筋网上抹灰两遍，材料配比为水泥＋黄泥＋麻刀，其中水泥与砂为 1∶2，黄泥为总质量的 10%，麻刀适量。水灰比 1∶0.4，以后各层不加黄泥和麻刀。砂浆拌和必须均匀，随用随拌，存放时间不宜超过 1h，初凝后的砂浆不能继续使用。人工塑石能不能够仿真，关键在于抹面层的材料、颜色和施工工艺水平（图 6-57）。要仿真，就要尽可能采用相同的颜色，并通过精心的抹面和石面裂纹、棱角的精心塑造，使石面具有逼真的质感，才能达到做“假如真”的效果。

4. 修饰成型

（1）皴纹和质感。

修饰重点在山脚和山体中部。山脚应表现粗犷，有人为破坏、风化的痕迹，并多有植物生长。山腰部分，一般在 1.8～2.5m 处是修饰的重点，追求皴纹的真实，应做出不同的面，强化力感和棱角，以丰富造型。注意层次、色彩逼真。

（2）着色。

可直接用彩色配制，此法简单易行，但色彩呆板。另一种方法是选用不同颜色的矿物颜料加白水泥，再加适量的 107 胶配制而成，上部着色略浅，纹理凹陷部色彩要深。常用手法有洒、弹、倒、甩。刷的效果一般不好。

（3）光泽。

可在石的表面涂环氧树脂或有机硅树脂，重点部位还可打蜡。还应注意青苔和滴水痕的表现，时间久了还会自然地长出青苔。

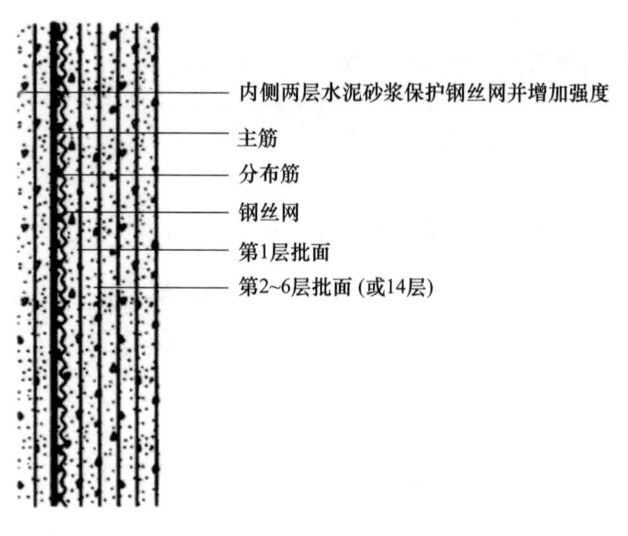

图 6-57　面层批塑

5. 其他配套工程

(1) 造种植池。种植池的大小应根据植物（含土球）总质量决定池的大小和配筋，并注意留排水孔。给排水管道塑山时最好预埋在混凝土中，做时一定要做防腐。

(2) 塑山养护。在水泥初凝后开始养护。要用麻袋片、草帘等材料覆盖，避免阳光直射，并每隔 2～3h 洒水一次。洒水时要注意轻淋，不能冲射。养护期不少于半个月，气温低于 5℃时应停止洒水养护，采取防冻措施，如遮盖稻草、草帘、草包等。假山内部钢骨架、老掌筋等一切外露的金属均应涂防锈漆，以后每年涂一次。

【思考与练习】

1. 置石与假山的功能有哪些?
2. 假山的类型有哪些?
3. 山石景观的材料有哪些?
4. 石景的设计形式有哪些?
5. 独立成景的置石类型有哪些?
6. 与建筑相结合的石景有哪些类型?
7. 石景的造型与布置有哪些要点?
8. 假山布局设计的要点有哪些?
9. 假山平面设计的要点有哪些?
10. 假山立面设计的要点有哪些?
11. 假山基础的类型有哪些?
12. 假山山体结构类型有哪些?
13. 假山山洞洞壁结构的类型有哪些?
14. 假山山顶结构类型有哪些?
15. 假山施工前的准备工作有哪些?

16. 假山山石材料的选择要点有哪些?
17. 拉底的方式及技术要点有哪些?
18. 山脚的类型及做脚的方法有哪些?
19. 山石固定与衔接的方法有哪些?
20. 山石结体的基本形式有哪些?
21. 中层施工拼接山石的原则有哪些?
22. 中层施工的技术要求有哪些?
23. 园林塑山塑石的特点是什么?
24. 塑山塑石的类型有哪些?
25. 简述钢筋混凝土塑山塑石的施工工艺。
26. 简述 FRP 塑山塑石的施工流程。

技能训练一　假山山石材料的调查、识别与绘制

一、训练目的

通过该技能训练，使学生能够了解并识别目前园林中常用的山石材料种类，以及不同山石材料的应用特点。

二、材料与工具

铅笔、橡皮、针管笔、绘图纸、画板、相机、速写本、卷尺等。

三、方法与步骤

1. 先实地调研学生所在地区山石材料的种类并通过拍照方式进行识别。
2. 选定某一假山进行实测数据。
3. 根据实测数据绘制假山平、立面图。

四、考核要点

1. 山石种类照片与识别种类。
2. 实测数据准确，绘图美观。

五、作业

略

技能训练二　假山布局、平面及立面设计

一、训练目的

通过该技能训练，使学生掌握假山布局设计、平面设计及立面设计。

二、材料与工具

铅笔、橡皮、针管笔、草图纸、硫酸纸、画板、丁字尺等绘图工具。

三、方法与步骤

1. 给定一环境空间，要求学生根据其空间设计假山布局、平面及立面。
2. 学生根据教学任务要求，实地勘察周围景观，进行假山设计。
3. 绘制方案并完成方案。

四、考核要点

1. 假山布局合理。

2. 假山平面及立面设计功能合理，符合要求。
3. 图面整洁美观。
五、作业
略

技能训练三　假山山石材料的选择

一、训练目的
通过该技能训练，使学生掌握山石材料选择的步骤及选石的方法及注意事项。
二、材料与工具
山石材料。
三、方法步骤
1. 给定假山设计图纸。
2. 根据设计图纸选择山石。
四、考核要点
1. 方法及步骤正确。
2. 选石合理。
五、作业
略

技能训练四　砖骨架塑石

一、训练目的
通过该技能训练，使学生初步掌握砖骨架塑石的施工技艺流程及施工方法。
二、材料与工具
灰土、砖石、水泥、钢筋混凝土、颜料；挖掘工具、砌筑工具、装饰装修工具等。
三、方法步骤
1. 放样开挖。
2. 挖土方。
3. 混凝土垫层。
4. 砖骨架。
5. 打底。
6. 造型。
7. 面层批塑及上色修饰。
8. 成型。
四、考核要点
1. 施工步骤正确。
2. 施工方法合理。
3. 造型美观。
五、作业
略

项目七

园林建筑及小品工程施工

【内容提要】

园林建筑及小品应满足使用和造景双重功能，尤其突出其造景功能，在园林中往往成为视线的焦点甚至成为控制全园的主景。常见的园林建筑及小品有亭、廊、花架、景墙、园椅、花池、栏杆、标识小品等。园林雕塑在园林中经常起到表达园林主题、点缀园林环境等功能。因此，掌握园林建筑及小品的设计要点是园林工程建设必不可少的一项内容。园林建筑及小品施工往往因其类型较多也不尽相同。但大多数的园林建筑及小品都需要进行砌筑、混凝土及装饰装修等通用工程。因此，掌握砌筑工程、混凝土工程及园林装饰装修工程对园林建筑及小品的施工具有非常重要的意义。以园林中代表性的亭、花架及景墙为例介绍其施工工艺。通过本项目的学习，使学生能够掌握各类园林建筑及小品规划的要点及通用项目的施工技术。

任务一　花坛工程施工

【知识点】

花坛施工过程

花坛施工方法

【技能点】

能阅读花坛施工设计图

能根据设计进行花坛砌筑施工

【相关知识】

一、花坛的砌筑

（一）定位放样

根据花坛设计坐标网络将花坛测设到施工现场并打坑定点，然后根据各坐标点放出其中心线及边线位置并确定其标高。

（二）土方开挖

各尺寸经过复核无误后进行土方开挖，并按规范留出加宽工作面。待土方开挖基本完成后，对各点标高进行复核。

（三）基层施工

施工顺序：基层素土夯实→塘渣灰土垫层→压实→碎石垫层→摊铺碾压→素垫层

施工。

1. 塘渣灰土垫层

采用人工摊铺压实，根据各桩点设计标高进行，塘渣灰土要求回填厚度一致、颗粒大小均匀。摊铺完成后采用重锤夯实，用平拱板及小线检验其平整度。

2. 碎石垫层施工

在已完成的塘渣灰土垫层上人工摊铺，按各坐标桩标高确定摊铺厚度。碎石应尽量一次性备齐，其厚度应一致，颗粒均匀分布。

3. 素垫层施工

在已完成的基层上定点放样，根据设计尺寸确定其中心线、边线及标高，并打设龙门桩。在基础垫层边处放置施工挡板，挡板高度应比垫层设计高度略高，但不宜太高，并在挡板上画出标高线。对基层杂物等应清理干净，并浇水润湿，待稍干后进行浇筑。在浇筑过程中，根据设计配合比确定施工配合比，严格按施工配合比进行搅拌、浇筑、捣实，稍干后用抹灰砂板抹平至设计标高。素垫层施工完成后应及时养护。

（四）花坛的砌筑

砌砖前，应首先对花坛位置尺寸及标高进行复核，并在混凝土垫层上弹出其中心线、边线及水平线。对红砖进行浇水润湿，其含水率一般控制在10%～15%。对基层砂灰、杂物进行清理并浇水润湿。砌筑时，在花坛四周转角处设置皮数杆，并挂线控制（一般控制在每10皮砖63～65cm）。砖砌花坛要求砂浆饱满、上下错缝、内外搭接、灰缝均匀（图7-1）。

图7-1　花坛砌筑

二、花坛装饰

1. 材料的选用

严格按设计图纸及甲方要求选用材料、块料，面层要求尺寸、规格一致，无缺棱掉角、开裂等现象。

2. 基层抹灰

在基层抹灰前，应先对花坛砌体表面杂物进行清理，并浇水湿润。基层抹灰应分遍进行，不能一次性完成，应特别注意抹灰表面的平整度及边线角方正，其表面平整度可用水平尺进行检查，使其表面平整度严格控制在允许偏差范围内。

3. 面层铺贴

根据块料面层尺寸在已做好的基层上预摆，达到满意效果后在基层上弹线控制。应先进行两边转角处的铺贴，转角接缝处铺贴需切边处理，使其转角方正密实。转角两边贴好后，进行拉线铺贴，严格控制面层平整度和灰缝平面度。铺贴完成后，应用 1∶1 水泥砂浆嵌缝，要求灰缝粗细均匀、深浅一致。施工完成后，面层应无空鼓、缺棱掉角现象。

任务二　景墙工程施工

【知识点】

景墙施工过程

景墙施工方法

【技能点】

能阅读景墙施工设计图

能根据设计进行景墙砌筑施工

【相关知识】

一、景墙工程概述

景墙在园林中用于分割、组织空间，遮挡视线，作为展示、传媒的载体，同时也是增加景观、变化空间构图的手段。近年来，很多城市更是把景墙作为城市文化建设、改善市容市貌的重要方式。

景墙一般由基础、墙身、墙顶三大部分组成（图 7-2）。

图 7-2　景墙

（一）基础

景墙的基础，主要承受景墙的垂直荷载并传递给基础。基础宽度一般为600～1200mm，埋置深度为600～1000mm，应该通过相应的计算而定。

基础可以使用块材砌筑而成，并下设垫层，上设现浇钢筋混凝土圈梁，以加强基础的整体性。

1. 普通砖基础构造施工

普通砖基础是由烧结普通砖与砂浆砌成，砖的强度等级不应低于MU10，砂浆强度等级不应低于M5，应采用水泥砂浆或水泥混合砂浆。

砖基础由基础墙和大放脚组成，大放脚即基础墙底下的扩大部分。大放脚有等高式和不等高式两种。等高式大放脚是每砌两皮砖收进一次，每次每边收进1/4砖长；不等高式大放脚是每砌两皮砖收进一次与每砌一皮砖收进一次相间，每次每边收进1/4砖长，最底下一层为两皮砖，砖基础大放脚的层数及底宽应经过结构计算而定。距地坪面以下一皮砖处，应在基础墙的水平灰缝中设置水平防潮层。防潮层一般采用1∶2.5水泥防水砂浆。

2. 砖基础施工要点

（1）砖基础施工前，应在基础放线完毕后进行复核，检查其放线尺寸是否与设计尺寸相符，其允许偏差应符合相关规定。

（2）砖基础砌筑前应将垫层表面清理干净，比较干燥的混凝土垫层应浇水润湿。

（3）在基础的转角处、纵横墙交接处及高低基础交接处，应支设基础皮数杆，并进行统一抄平；在基础的转角处要先进行盘角，除基础底部的第一皮砖按摆砖撂底的砖样和基础底宽线砌筑外，其余各皮基础砖均以两盘角间的准线作为砌筑的依据。

（4）内外墙的砖基础均应同时砌筑。基础底标高不同时，应由低处砌起，并由高处向低处搭接；如设计无具体要求，其搭接长度不应小于大放脚的高度。

（5）在基础墙的顶部、地坪面（±0.000）以下一皮砖处（－0.060m），应设置防潮层。如设计无具体要求，防潮层宜采用1∶2.5水泥砂浆加适量的防水剂经机械搅拌均匀后施工，其厚度为20mm。

（6）基础大放脚的最下一皮砖、每个大放脚台阶的上表层砖，均应采用横放丁砌砖所占比例最多的排砖法砌筑，此时不必考虑外立面上下一顺一丁相间的要求，以便增强基础大放脚的抗剪强度。基础防潮层下的顶皮砖也应采用丁砌为主的排砖法。

（7）砖基础水平灰缝和竖缝宽度应控制在8～12mm，水平灰缝的砂浆饱满度用百格网检查不得小于80%。砖基础中的洞口、管道、沟槽和预埋件等，砌筑时应留出或预埋，宽度超过300mm的洞口应设置过梁。

（8）基础砌完后，应及时回填。基槽回填土时应从基础两侧同时进行，并按规定的厚度和要求分层回填、分层夯实。单侧回填土时，应在砖基础的强度达到能抵抗回填土的侧压力并能满足允许变形的要求后进行，必要时，应在基础非回填的一侧加设支撑。

（二）墙身

墙身为围墙的主体构成部分，又称为墙体。墙身一般由结构体系与装饰体系两部分组成。墙的结构体系除了形成一定的空间形状外，在力学结构性能上主要承受水平推力。为了加强对水平推力的承载能力，除了加厚墙身外，还可以采用架设墙墩或组成曲折的平面布置方式，以增强其刚度和稳定性。

墙身一般使用砖块或空心砌块砌筑，底部高 400～600mm 部分可用毛石砌筑。墙墩一般采用与墙体相同的材料，有时采用钢筋混凝土材料做成。

1. 普通砖墙砌筑施工

普通砖墙是由烧结普通砖与砂浆砌成，砖的强度等级不应低于 MU10，砂浆强度等级不应低于 M2.5，砂浆宜用水泥混合砂浆。

砖墙依其厚度不同，分为半砖墙（115mm）、3/4 砖墙（180mm）、一砖墙（240mm）、一砖半墙（365mm）、二砖墙（490mm）等。半砖墙仅限于非承重墙。

砖墙依其墙面装饰程度不同，分为清水墙和混水墙。局部受压较大处及为了墙体稳定需要，沿墙体长度方向，每隔一定距离在墙体上附砌砖垛，砖垛突出墙面至少 120mm，砖垛面宽至少 240mm，砖垛可单面或双面突出墙面。

砖垛的清水或混水随墙面清水或混水而定。墙面清水，砖垛则清水；墙面混水，砖垛则混水。

2. 砖墙砌筑施工要点

（1）技术要求。

① 砌体施工前，施工员必须对工人进行详细的施工技术交底和安全交底。

② 砌筑砂浆制备：一般采用 M5 水泥砂浆，水泥选用 P·O 32.5R 等级普通硅酸盐水泥，砂浆的配制标准按规程规定执行。

砂浆应随拌随用，水泥砂浆和水泥混合砂浆应分别在 3h 和 4h 内使用完毕；当施工期间最高气温超过 30℃时，应分别在拌成后 2h 和 3h 内使用完毕。

砌筑砂浆应通过试配确定配合比。当砌筑砂浆的组成材料有变更时，应重新确定其配合比。

③ 砌筑砖砌体时，砖应提前 1～2d 浇水湿润。对烧结普通砖、多孔砖，含水率宜为 10%～15%；对灰砂砖、粉煤灰砖，含水率宜为 8%～12%。现场检验砖含水率的简易方法采用断砖法。当砖截面四周融水深度为 15～20mm 时，视为符合要求的适宜含水率。

④ 砌砖工程当采用铺浆法砌筑时，铺浆长度不得超过 750mm；施工期间气温超过 30℃时，铺浆长度不得超过 500mm。

⑤ 砖砌体施工应设置皮数杆，并根据设计要求、砖块规格和灰缝厚度，在皮数杆上标明皮数竖向构造的变化部位。

⑥ 按照设计图纸要求在砖砌体施工时进行相关管线敷设和钢筋预埋工作。

⑦ 砌体位置基层应清理干净，基层要求平整、清洁，不得有污泥杂物。

⑧ 砖过梁底部的模板，在灰缝砂浆强度不低于设计强度的 50%时，方可拆除。

（2）全部砖墙除分段处外，均应尽量平行砌筑，并使同一皮砖层的每一段墙顶面均在同一水平面内，作业中以皮数杆上砖层的标高进行控制。砖基础和每层墙砌完后，必须校正一次水平、标高和轴线。偏差在允许范围之内的，应加以调整，实际偏差超过允许偏差的（特别是轴线偏差），应返工重砌。

（3）砖墙的水平灰缝厚度和竖向灰缝宽度控制在 8～12mm，以 10mm 为宜。水平灰缝的砂浆饱满度不得小于 80%；竖缝宜采用挤浆法或加浆法，使其砂浆饱满，不得出现透明缝，并严禁用水冲浆灌缝。

（4）设有钢筋混凝土构造柱的景墙，应先绑扎构造柱钢筋，然后砌砖墙，最后浇筑混凝土。

（5）墙中的洞口、管道、沟槽和预埋件等，均应在砌筑时正确留出或预埋；宽度超过 300mm 的洞口应设置过梁。

（6）砖墙每天的砌筑高度以不超过 1.8m 为宜，在雨天施工时，每天的砌筑高度不宜超过 1.2m。

3. 抹灰施工

装饰抹灰有水刷石、水磨石、喷砂、喷绘、彩色抹灰等多种形式，无论哪一种，都须分层涂抹。涂抹层次可分为底层、中层和面层。底层主要起黏结作用，中层主要起找平作用，面层主要起装饰作用。

（1）找规矩。根据设计，如果墙面另有造型，按图纸要求实测弹线或画线标出。

（2）做标筋。较大面积墙面抹灰时，为了控制设计要求的抹灰层平均总厚度尺寸，先在上方两角处以及两角水平距离之间 1.5m 左右的必要部位做灰饼标志块，可采用底层抹灰砂浆。

（3）做护角。为防止门窗洞口及墙（柱）面阳角部位的抹灰饰面在使用中被碰撞损坏，应采用 1∶2 水泥砂浆抹制暗护角，以增加阳角部位抹灰层的硬度和强度。

（4）底、中层抹灰。在标筋及阳角的护角条做好后，即可进行底层和中层抹灰，就是通常所称的刮糙与“装档”，将底层和中层砂浆批抹于墙面标筋之间。底层抹灰收水或凝结后再进行中层抹灰，厚度略高出标筋，然后用刮杠按标筋整体刮平。待中层抹灰面全部刮平时，再用木抹子搓抹一遍，使表面密实、平整。

（5）面层抹灰。中层砂浆凝结之前，在其表面每隔一定距离交叉划出斜痕，以有利于与面层砂浆的黏结。待中层砂浆达到凝结程度，即可抹面层。面层抹灰必须保证平整、光洁、无裂纹。

4. 墙身装饰施工

（1）饰面砖。

① 墙面砖：其规格一般有 200mm×100mm×12mm、75mm×75mm×8mm 等。

② 马赛克：指用优质瓷土烧制的片状小瓷砖拼成各种图案贴在墙上的装饰材料。

（2）饰面板。用花岗岩荒料经锯切、研磨、抛光及切割而成的装饰材料，主要有 4 种：

① 剁斧板：表面粗糙，具有规则的条纹斧纹。

② 机刨板：表面平整，具有相互平行的刨纹。

③ 粗磨板；表面光滑、无光。

④ 磨光板；表面光亮、色泽鲜明、晶体裸露。

（3）青石板。有暗红、灰、绿、紫等不同颜色，按其纹理构造可劈成自然状薄片。使用规格为边长 300～500mm 不等的矩形块。

（4）文化石。可分为天然和人造两种。天然文化石是开采于自然界的石材，其中的板岩、砂岩、石英岩经过加工成为一种装饰材料，具有材质坚硬、色泽鲜明、纹理丰富等特点；人造文化石采用硅钙、石膏等材料制成，模仿天然石的外形纹理，具有质地轻、不易燃、便于安装等特点。

(5) 水磨石饰面板。是将大理石石粒、颜料、水泥、砂等材料经过选配制坯、养护、磨光打亮而成，具有色泽多样、表面光滑等特点。

(6) 墙身石板材镶贴施工。

① 墙面和柱面安装饰面板，应先抄平，分块弹线，并按弹线尺寸进行预拼和编号。

② 系固饰面板用的钢筋网，应与锚固件连接牢固。锚固件应在结构施工时埋设。

③ 固定饰面板的连接件，其直径或厚度大于饰面板的接缝宽度时，应凿槽埋置。

④ 饰面板的接缝宽度，如设计无要求，应符合下列要求：

a. 饰面板安装，按缝宽度可垫木楔，灌注砂浆时，应先在竖缝内填塞 15～20mm 深的麻丝以防漏浆，待砂浆硬化后，将填缝材料清除。(注：光面、镜面和水磨石饰面板的竖缝，可用石膏灰封闭。)

b. 饰面板就位固定后，应用 1∶2.5 水泥砂浆分层灌注，每层灌注高度为 150～200mm，并插捣密实，待其初凝后再灌注上层砂浆。施工缝应留在饰面板的水平接缝以下 50～100mm 处。

c. 冬季施工时，在采取措施的情况下，每块板的灌浆次数可改为 2 次，缩短灌注时间，及时挂保温层，保温养护 7～9d。

(三) 墙顶 (压顶)

墙顶是景墙上部的收头部分。常设现浇钢筋混凝土的压顶梁，然后组砌设计所要求的线条线脚，再进行相应的装饰处理。

墙顶的装饰处理形式和方法很多。中式园林的园墙墙顶，较多采用传统的瓦片压顶；西式园林的墙墩顶上，有时设置几何体或人物雕塑；现代的园墙墩上，有时设置相应的灯罩灯座，以体现出一定的灯头景观效果 (图 7-3)。

图 7-3　园林景墙

二、景墙工程施工技术操作

景墙施工既要美观，又要坚固耐久。常用材料有混凝土、花格围墙、石墙、铁花格围墙等。景墙的施工依据是施工图纸和相关文件，本次以完成真石漆墙面、花岗岩贴面和大理石干挂景墙（图 7-2）为例进行任务实施。

（一）景墙施工准备

（1）熟悉并审查施工图纸和相关资料。

（2）做好施工物资准备，包括土建材料准备、构件和制品加工准备、园林施工机具准备。

（3）施工前对各单位进行资质审查。施工项目管理人员应是有实际工作经验的专业人员。有能进行现场施工指导的专业技术人员；各工种应有熟练的技术工人，并应在进场前做好有关的入场准备。

（4）做好材料采购、加工和订购，以及施工机具租赁工作。

（5）按照平面图要求，进行施工现场的放样、测量复核。

（6）安装调试施工机具和组织材料进场。

（7）制订好施工准备的工作计划，以更好地落实各项施工准备工作。

（二）景墙施工主要内容及方法

景墙施工内容主要包括基础、墙身和装饰施工。

1. 基础施工

工艺流程：测量放线→机械开挖土方→人工清理基槽→基底夯实→基础垫层→测量放线→基础施工（土方回填）。

（1）放线：根据施工图纸设计要求，景墙基础与铺装基础同时施工，在地面上测设出景墙中心线及边线，在两端打中心线控制桩。在边线基础上每条边向外扩 100mm 开挖基槽，基槽规格为 2200mm×900mm×510mm，基槽沟底进行夯实并找平。

（2）基槽开挖：按基槽平面位置及深度开挖基槽，禁止超挖。采用机械开挖至设计标高以上 30cm 处，剩余 30cm 土方采用人工边开挖边修整，然后用打夯机夯实。基坑开挖宽度为基础宽＋600。

（3）基础砌筑：基槽验收合格后，即可在其上进行垫层施工，垫层厚度为 100mm。铺设 300mm 厚级配砂石及 150mm 厚 C20 混凝土，振捣密实后将其表面刮平，之后洒水覆盖，养护期不少于 7 昼夜。基础大放脚的摞底尺寸及收退方法必须符合设计图纸的规定。如是两层一退，第一层砌条，第二层砌丁。回填土方不得含有有机物质、木屑及其他杂物。土方回填按照每 25cm 为一层进行回填，每层回填应分层夯实。

2. 墙身砌筑

工艺流程：砌体工程→景墙压顶支模→钢筋绑扎→浇筑混凝土→模板拆除清理。

（1）本项目景墙属于浆砌块垒墙体，采用 MU10 烧结页岩实心砖配 M5.0 水泥砂浆砌筑。砌筑高度控制在 315mm 左右。

（2）景墙压顶为现浇钢筋混凝土压顶，按设计图纸和规范要求配置钢筋。墙顶放置钢筋网，钢筋直径 6mm，单层双向，间距 200mm，随后支模板，浇筑 C20 混凝土，养护 7d。

注：对于墙身中的瓦花漏窗、砖砌花饰等装饰件，根据设计要求与施工特点，或在墙体砌筑的同时进行安置，或在墙身中预留孔洞之后安装。

3. 装饰施工

景墙墙面的装饰一般指墙顶、墙面、勒脚等部位的施工，其程序一般为先上后下、先整体后局部。其施工要点如下：

做好底层、中层与面层的抹灰施工，防止起壳脱落现场的发生。清理景墙基体表面，去除泥土灰尘等污物，做好抹面隔夜浇水工作，以保证砂浆的黏结附着能力。

做好墙面的标筋弹线操作，严格控制景墙的外观及形状，合理组合墙面饰材的有序布局。通过墙面的抹灰标筋，控制墙外的外观形象，使其各部尺寸符合要求。通过弹线等措施，控制各类装饰材料的布置范围与铺贴位置，规范块材之间的拼接方式。

精致的装饰做法必须精细施工。在园林景墙中，精致的景墙装饰屡见不鲜，例如用古典屋脊的形式作为景墙压顶方式、墙洞口雕刻件的布设等。这类装饰方法差异性大，施工工艺技法有较大的特殊性。所以在装饰施工中，需针对不同的装饰构造做法，编制相应的施工工艺方案，配备具有专门技能的操作人员，配置合适的机具设备，以获得良好的施工效果。

采取必要的产品保护措施。对于重要的或精细的景墙装饰，必须采取合适的产品保护措施，例如设置阻挡、遮盖物，编制合理的施工流程等，避免饰面或饰物被损坏。

（1）真石漆墙面施工工艺流程。基层处理→水泥砂浆找平→涂刷封底漆、真石漆→打磨→喷仿石涂料→罩面漆涂刷。

① 基层处理：抹灰前对基层浮灰砂浆、泥土等杂物进行清理，并适当浇水润湿。

② 水泥砂浆找平：抹 1∶3 水泥砂浆，对于抹灰墙面应要求表面平整、坚固。然后进行饰面刮腻子处理，刮完腻子的饰面不得有裂缝、孔洞、凹陷等缺陷。

③ 涂刷封底漆：为提高真石漆的附着力，应在基础表面涂刷一遍封底漆。封底漆用滚筒滚涂或用喷枪喷涂均可，涂刷一定要均匀，不得漏刷。

④ 打磨：真石漆喷涂完毕应养护 24h，当真石漆彻底干燥后进行适当的打磨，并将饰面灰尘清理干净。

⑤ 喷仿石涂料：喷涂前应将真石漆搅拌均匀，装在专用的喷枪内，然后进行喷涂，喷涂压力控制在 0.4～0.8MPa。

⑥ 罩面漆涂刷：当饰面清理干净后，对饰面进行罩面漆涂刷或喷涂。要求罩面漆涂刷（喷涂）均匀、厚薄一致，不得漏刷。

（2）贴饰墙面施工工艺流程。基层处理→按标高、弹分格线→排砖→镶贴面砖→面砖勾缝与擦缝→养护。

① 基层处理：把沾在基层上的浮浆、落地灰等用錾子或钢丝刷清理掉，再用扫帚将浮土清扫干净。

② 找标高、弹分格线：根据水平标高线和设计厚度，在四周墙、柱上弹出面层的水平标高控制线。

③ 排砖：按照砖的尺寸留缝大小，排出砖的放置位置，并在基层地面弹出十字控制线和分格线。排砖应符合设计要求。

④ 镶贴面砖：铺设前应将基底湿润，并在基底上刷一道素水泥浆或界面结合剂，随刷随铺设搅拌均匀的干硬性水泥砂浆。根据排砖图和甲方设计审定的外墙面砖的颜色，严格、准确布置，并分颜色粘贴。

⑤ 面砖勾缝与擦缝：在铺贴勾缝时面砖不受污染成为外墙面砖观感的主控项目。砖缝勾完，待稍干后用棉纱或塑料刷认真清理干净。

⑥ 养护：当砖面层铺贴完 24h 后，应开始浇水养护，养护时间不得少于 7d。

施工完成进行成品保护。

（3）干挂墙面施工工艺流程。放控制线→石材排版放线→挑选石材→预排石材→打膨胀螺栓安装埋板→安装钢骨架→安装调节片→石材钻孔→石材安装→密封→清理。

石材需磨边或切割的尽量在厂方处理，避免现场切割。

铝合金挂件与不锈钢挂件厚度要求：铝合金挂件厚度不应小于 4mm；不锈钢挂件厚度不应小于 3mm。

① 干挂钢基层

a. 清理基层结构表面。

b. 进行吊直、套方、找规矩，弹出垂直线、水平线。

c. 根据弹好的水平线固定平钢板。

d. 钢基层制作完成，所有焊接处应满焊连接、焊接处涂防锈漆 2 遍（银粉漆1 遍）。

② 干挂件安制

a. 在钢基层上弹出安装石材的位置线、分割线。

b. 挂线事先用经纬仪打出大角两个面的竖向控制线。

c. 竖向控制线最好在离大角 10～15cm 的位置上，以便随时检查垂直挂线的准确性。

d. 根据弹好的线满焊连接固定挂件的角钢。

e. 根据石材大小在角钢上打孔，以便安放干挂件。

③ 石材调整固定

a. 石材侧面按挂件间距开固定槽。

b. 面板暂时固定后，调整水平、垂直。

c. 调整面板上口连接件的距墙空隙，直至面板垂直。

d. 检查，调整板缝均匀。

e. 检查石板水平与垂直度、板面高低。

f. 安装侧面的连接铁件，把底层面板靠角上的一块就位。

g. 石材完成后塞泡沫棒。

h. 石材完成后在泡沫棒外打耐候胶。

④ 清理工作

a. 清除石材表面的防污条，用棉丝将石板擦净。

b. 去除石材表面黏结的杂物。

c. 对成品做相应的保护。

（三）景墙现场施工常见问题

1. 施工质量注意事项

（1）所有材料品种、质量、性能均应符合设计要求和相应标准的规定。

（2）各工序应严格把关，检查质量是否符合国家颁布的相关设计规范及工程施工质量验收标准。

（3）施工的灰缝应均匀，避免半头砖集中使用，造成通缝，以及错层造成螺丝墙。

（4）检查工程设备配套及设备安装、调试情况。

（5）检查资料完成情况，文件是否齐全、准确。

2. 施工安全注意事项

（1）施工相关人员进入施工场所时要注意佩戴口罩、手套和头盔等保护用品。

（2）在使用有关机具施工时要注意正确操作。在不使用机具时必须拔掉相关电源，避免发生事故。

3. 成品保护措施

（1）在已完成的施工项目内，应注意防止边缘被撞坏、损伤。

（2）不得随意在混凝土结构上剔凿打洞，应随浇筑进行预埋。需要时，应有可靠措施，不因剔除工作而损坏结构的完整性。

任务三　廊架工程施工

【知识点】

廊架施工过程

廊架施工方法

【技能点】

能阅读廊架施工设计图

能根据设计进行廊架砌筑施工

【相关知识】

一、花架的构造组成

花架的类型很多，现以常见的花架为例介绍相应的构造组成。

（1）基础：是花架的底部组成部分，主要是将花架的各种荷载传递给地基。尽管花架的荷载不大，但基础仍应设置于满足承载要求的地基上。基础的埋置深度一般为500～1000mm。

（2）立柱：是花架中间的组成部分，主要把架顶部分的荷载传递给基础，并支撑起架顶，以形成一定的高度空间，有时藤本植物依附于立柱，将枝蔓伸展至架顶。构成立柱的材料较多，一般为砖砌、钢筋混凝土、型钢和杉木。使用砌体与钢筋混凝土，应该在柱表面做装饰处理，如涂刷涂料、抹灰、块料贴面等。

（3）架顶：是花架最上部的组成部分，主要供藤本植物攀缘，并把相应的荷载传递给横梁。横梁一般顺着花架的开间方向支承于立柱上。当花架的进深较大时，在横梁下顺进深方向设置主梁（又叫大梁、纵梁），并在横梁之间架设桁条，以缩短格栅的支承度。

（4）地面铺装：花架的地面需做相应的铺装处理，以形成较好的使用条件，常做混凝土整体浇筑面层或碎石、卵石、黏土砖铺贴，以形成较为自然朴素的气息。

（5）种植穴：用于种植花架的藤本植物。种植穴一般设置于花架立柱的外侧，并背向座凳。有时不设专门的种植穴，而是将花架外的种植地连在一起，能取得较好的生长条件。

（6）栏杆与座凳：花架临空或面水的一侧，根据安全的心理要求，应该设置相应的防护栏杆，栏杆的高度一般为 400～1200mm。凳面材料可为石材、木块、硬质塑料及不锈钢板材等，以便形成清洁、亲切、安全的使用条件。

二、混凝土花架的施工（图 7-4）

（1）定点放线

根据设计图和地面坐标系统的对应关系，用测量仪器把廊架的位置和边线测放到地面上。

（2）基础处理及柱身浇筑

根据放线比外边缘宽 20cm 挖好槽，首先用素土夯实，有松软处要进行加固，不得留下不均匀沉降的隐患，再用 150mm 厚级配三合土做垫层，基层做好 100mm 厚的 C20 素混凝土和 120mm 厚 C15 垫层，用 C20 钢筋混凝土做基础，再安装模板浇筑下为 460mm×460mm、上为 300mm×300mm 的钢筋混凝土柱子。

混凝土的组成材料为石子、砂、水泥和水，按一定比例均匀拌和，浇筑在所需形状的模板内，经捣实、养护、硬结成廊架的柱子。

在正常养护条件下混凝土强度在最初 7～14d 内发展较快，28d 接近最大值，以后强度增长缓慢。

（3）柱身装饰及廊架顶部构成

清理干净浇筑好的混凝土柱身后，用 20mm 厚 1∶2 砂浆粉文化石贴面。采用专用塑料花架网格安装成 120mm×360mm 的菠萝格，作为廊架的顶部。

图 7-4　混凝土花架

三、防腐木花架的施工（图 7-5）

（1）放线及基础施工。施工人员认真熟悉图纸，注意基础深度，同时不影响综合管网。为了操作方便，一般临时装配，随时调整误差，调整锚栓尺寸，要标出锚栓的位置，同时施工。

（2）木料准备。木材品种、材质、规格、数量必须与施工图要求一致。板、方木不允许有腐朽、虫蛀现象，在连接的受剪面上不允许有裂纹，木节不宜过于集中，且不允许有活木节。原木或方木含水率不应大于25%，木材结构含水率不应大于18%。防腐、防虫、防火处理按设计要求施工。

（3）木构件加工制作。各种木构件按施工图要求下料加工，根据不同加工精度留足加工余量。加工后的木构件及时核对规格及数量，分开堆放整齐。对易变形的硬杂木，堆放时适当采取防变形措施。采用钢材连接件的材质、型号、规格和连接的方法、方式等必须与施工图相符。连接的钢构件应做防锈处理。

（4）木构件组装。

① 结构构件质量必须符合设计要求，堆放或运输中无损坏或变形。

② 木结构的支座、支撑、连接等构件必须符合设计要求和施工规范的规定，连接必须牢固、无松动。

③ 顶架、梁、柱的支座部位应按设计要求或施工规范做防腐处理。

（5）木结构涂饰。

① 清除木材面毛刺、污物，用砂布打磨光滑。

② 打底层腻子，干后用砂布打磨光滑。

③ 按设计要求对底漆、面漆及层次逐层施工。

④ 混色漆严禁脱皮、漏刷、反锈、透底、流坠、皱皮，表面应光亮、光滑、线条平直。

⑤ 清漆严禁脱皮、漏刷、斑迹、透底、流坠、皱皮，表面应光亮、光滑、线条平直。

⑥ 桐油应用干净布浸油后挤干，涂在干燥的木材面上。严禁漏涂、脱皮、起皱、斑迹、透底、流坠，表面应光亮、光滑、线条平直。

⑦ 烫蜡、擦软蜡工程，所使用蜡的品种、质量必须符合设计要求，严禁在施工过程中烫坏地板和损坏板面。

图7-5　防腐木花架

四、欧式古典花架做法（图 7-6）

（1）按图纸放线，对花架中线位置及座椅位置进行定位。

（2）挖基础槽，根据结构图纸绑扎钢筋，绑扎过程中注意结构标高，绑扎完成后根据图纸支模板，浇筑混凝土。

（3）花架柱子为古罗马爱奥尼柱式，在图纸设计上要注意柱式的比例关系及细部线，尤其是柱头一定要精确，往往前期工作细致，后期成品就美观。

（4）花架柱外部可采用预制 GRC 或表面喷涂面漆，现在市场上也有采用米黄色糙面花岗石的，效果更好。

（5）在花架上用木制花架条，木宽 250mm，在花架梁上预埋 M1 扁钢，用 10mm 沉头螺栓与 M1 焊牢。

（6）花架中的座凳做法前面已经论述，花架安装时要注意安全，安装完毕后保护好现场并进行清理，以备竣工后使用。

图 7-6　欧式古典花架

五、花架工程施工技术操作

1. 花架施工准备

（1）施工前应反复熟悉施工图纸及说明，准确了解设计意图及做法，详细制定施工组织设计，准备好各交接工作，以确保各环节的配合，保证高效、优质地完成工程。

（2）按照技术人员预算工程量进场施工所需的各种材料，所有材料均要有当地建设主管部门颁发的检测报告及厂家合格证书，坚决杜绝“三无”产品进场。

（3）具体施工应挑选技术过硬、经验丰富、责任心强的工人进场，包括电焊工、油漆工、瓦工和钢筋工等。

2. 花架施工主要内容及方法

本工程的花架施工主要包括基础施工、木结构安装、地面施工和座凳施工。

（1）基础施工流程。场地整理→定位放样→基槽土方开挖→基槽验收→素土夯实→支垫层模板→轴线复核→隐检验收→浇混凝土基础→拆模、养护→基础验收→回填。

① 根据施工图纸，采用测量仪器及测量工具，将花架柱的位置和边线测放到地面上。

② 在放线外边缘宽出 100mm 处挖槽，基槽规格为 80mm×800mm×1200mm，挖好验槽，夯实槽底，依据图纸支模板浇筑 C15 混凝土，待垫层混凝土凝结 5～7d 后，复核轴线支立柱基础模板，浇筑 C20 混凝土，并在 C20 混凝土中埋设 ϕ12 钢筋预埋件，预埋件高程及平面位置应符合设计要求，需反复测量进行确定，否则将影响柱的高程。浇水养护 7～10d 后拆除模板，回填土。

(2) 木结构安装施工流程。

① 柱身安装：安装过程中要注意控制柱顶高程与柱子间的距离及与地面的垂直度，确保所有柱顶的高程一致，柱间距符合设计要求。

② 梁及檩条安装：安装主梁前，先测量出梁与柱顶卡槽结合的位置点，用铅笔做好记号，安装时施工人员之间要密切配合，保证主梁安装准确、一次成型。主梁施工完毕即可进行檩条的安装。

(3) 地面主要施工流程。素土夯实→300 厚碎石垫层→100 厚 C20 素混凝土垫层→30 厚 1∶3 水泥砂浆结合层→30 厚花岗石铺筑。

具体做法详见园路施工石材料类铺筑的施工工艺。

(4) 座凳施工。座凳的凳腿施工与道路施工一同进行。在混凝土垫层中预埋 T 形钢板，并将其用 M10 膨胀螺栓固定。将 200mm×100mm 碳化木凳腿插在 T 形钢板上，底部用方钢管包裹并用长杆螺栓固定。依据施工图纸，先安装座凳的凳面与封板，将二者用 50mm×50mm×3mm 角钢连接并用自攻螺钉固定。随后将凳面用自攻螺钉固定在凳腿上。在施工过程中要注意控制座凳表面的高程为 0.450m。

(5) 成品保护。

可进行喷漆保护施工。

3. 花架现场施工常见问题

(1) 定位放线应准确，施工人员应认真熟悉施工图纸，确保与其他综合管网的位置关系，不可破坏燃气、供暖等市政管线。

(2) 施工中用到的木材要进行防腐处理，安装前刷清漆两道，安装完毕刷清漆一道，方木间连接处应涂抹胶水以增加连接强度。

(3) 施工中注意安全，施工完成后要做好成品保护及养护工作。

任务四　园亭工程施工

【知识点】

掌握园林施工准备的基本内容

了解园林给水管网设计的方法

【技能点】

能阅读土方施工图纸

掌握排水管线设计和施工

【相关知识】

一、景亭工程概述

景亭一般由亭顶、亭柱、基础三部分组成。亭的结构繁简不一，即使是一般简单的传统木结构亭，施工上较复杂一些，其各部分构件仍可预制而成，使亭的结构及施工较为简便。亭适宜采用石、砖瓦、竹木等地方性传统材料，随着新技术的发展，可用钢筋混凝土、轻质型材等新材料组建而成（图 7-7）。

图 7-7　景亭

（一）亭顶

亭的顶部梁架可用木材制成，也可用钢筋混凝土或金属铁架等。亭顶一般分为平顶和尖顶两类。形状有方形、圆形、多角形、仿生形、十字形和不规则形等。传统木结构亭顶构架的做法主要有：伞法（即用老戗支撑灯心木做法）、大梁法（用一根或两根大梁支撑灯心木做法）、搭角梁法、扒梁法、抹角梁扒梁组合法、杠杆法、框圈法、井字梁法等。古建木结构亭的屋面是在木基层上进行屋面瓦作，屋面木基层包括椽子、望板、飞椽、连檐木、瓦口等，屋面瓦作包括苫背、瓦面、屋脊和宝顶四大部分。

（二）亭柱

亭柱的构造因材料而异。制作亭柱的材料有钢筋混凝土、石料、砖、木材、钢材等。亭一般无墙壁，故亭柱在支撑顶部质量及美观要求上都极为重要。亭身大多开敞通透，置身其间有良好的视野，便于眺望、观赏。柱间下部常设半墙、座凳或鹅颈椅，供游人休憩。柱的形式有方柱、圆柱、多角柱、梅花柱、瓜楞柱、多段合柱、包镶柱、拼贴棱柱等。柱的色泽各有不同，可在其表面上绘成或雕成各种花纹以增加美观性。

（三）亭基

亭基多以混凝土为材料，若地上部分的负荷较重，则须加钢筋、地梁；若地上部分负荷较轻，如用竹柱、木柱盖以稻草的亭，则在亭柱部分掘穴以混凝土为基础即可。不同形式和材质的景亭，其构造做法也不同。

二、景亭工程施工技术操作

（一）传统亭的施工方法

施工流程：施工准备→施工放线→基础施工→柱身施工→亭顶施工→地面施工→成品保护。

施工准备：根据施工方案配备好施工技术人员、施工机械及施工工具，按计划购入施工材料。认真分析施工图，对施工现场进行详细踏勘，做好施工准备。

施工放线：根据施工图，定点放线。

基础施工：根据现场施工条件确定挖方方法，可用人工挖方，也可用人工结合机械挖方。景亭一般较多用混凝土基础，且有预埋件在其中，精细保养3～4d后，可进行亭柱施工。

柱身施工：亭柱一般为方柱和圆柱，如果是混凝土柱，先按设计规格将模板钉好，然后浇筑混凝土，一次性浇筑完；如果是木柱，按照设计要求加工完成。

亭顶施工：亭顶以攒尖顶为多，现代景亭以钢筋混凝土平顶式景亭较多。由于亭顶施工复杂、样式多样，在这里就不再赘述了，具体参考园林建筑相关书籍。

地面施工：具体步骤参考园路施工项目。

（二）景亭施工准备

（1）熟悉图纸。项目负责人组织项目部技术员、资料员、工长了解平面图、立面图、剖面图，以及建筑物周边构筑物的数量。

（2）技术员对标高进行图纸审核，查找不合理情况，并上报项目负责人，与甲方现场工程师进行沟通，商讨解决方案，做好现场放线图纸。

（3）对施工区域现场勘察，具体了解是否有拆除工程，对现场土方量进行测量，安排现场场地平整。

（4）具体了解现场交通、水电情况。

（三）景亭施工的主要内容及方法

施工放线→基础施工→亭体木结构→座凳施工→地面施工→木材油漆施工。

1. 施工放线

利用经纬仪把基础柱子的中轴线测量出来，并在现场定好木桩，在桩子上用经纬仪确定好中轴线，在木桩上用钢钉标记中轴线位置（柱子安放在该建筑物施工区域以外），并用白灰撒出基础开挖的范围。

2. 基础做法工艺流程

挖槽→素土夯实→素混凝土垫层→砖砌筑基础→钢筋混凝土压顶。

（1）挖槽。

① 按照设计要求开挖基础时，机械开挖应预留10～20cm的余土，使用人工挖掘、修整。

② 当挖掘过深时，不能用土回填。

（2）素土夯实。当挖土达到设计标高后，可用打夯机进行素土夯实，应达到素土夯实密实度要求。

（3）素混凝土垫层。

① 混凝土的下料口距离所浇筑的混凝土表面高度不得超过 2m。

② 混凝土的浇筑应分层连续进行，一般分层厚度为振捣器作用部分长度的 1.25 倍，最大不超过 50cm。

③ 采用插入式振捣器时应快插慢拔，插点应均匀排列，逐点移动，顺序进行，不得遗漏，做到振捣密实。

④ 浇筑混凝土时，应经常观察模板有无走动情况。当发现有变形、位移时，应立即停止浇筑，并及时处理好，再继续浇筑。

⑤ 混凝土振捣密实后，表面应用木抹子抹平。

⑥ 混凝土浇筑完毕后，应在 12h 内加以覆盖和浇水，浇水次数应能保持混凝土有足够的润湿状态。养护期一般不少于 7 昼夜。

(4) 砖砌筑基础。砖基础分墙基和大放脚两部分。墙基与墙身同厚，大放脚即墙基下面的扩大部分。大放脚部分一般采用一顺一丁砌筑形式。大放脚最下一皮砖及墙基的最上一皮砖（防潮层下面一皮砖）应以丁砌为主。

砖墙要从基础顶（或者是基础梁顶）开始往上砌砖，采用 240mm 厚实心砖墙体（砖强度一般为 MU10，砂浆为 M10 水泥砂浆）。

(5) 钢筋混凝土压顶。

① 基础砖砌体达到一定强度后，在其上划线、支模、放置预埋件。下部垂直钢筋应绑扎牢，并注意将钢筋弯钩朝上，预埋件按轴线位置校核后用方木架成井字形，将插筋固定在基础外模板上；底部应用与混凝土保护层同厚度的水泥砂浆填塞，以保证位置正确。

② 在浇筑混凝土前，必须清除干净模板和钢筋上的垃圾、泥土和钢筋上的油污等杂物。模板应浇水加以润湿。

③ 浇筑现浇柱下基础时，应特别注意柱与插筋位置是否正确，防止造成移位和倾斜。在浇筑开始时，先满铺一层 5～10cm 厚的混凝土，并捣实，使柱子插筋下段和钢筋片的位置基本固定，再对称浇筑。

④ 基础上有插筋时要固定，保证插筋位置正确，防止浇筑混凝土时发生移位。

⑤ 混凝土浇筑完毕，应覆盖浇水养护外露表面。

3. 亭体木结构施工工艺流程

材料准备→木构件加工制作→木构件拼装→质量检查。

(1) 木料准备。采用成品防腐木，外刷清漆两度。

(2) 木构件加工制作。按施工图要求下料加工，需要榫接的木构件要依次做好榫眼和榫头。

(3) 木构件拼装。所有木结构采用榫接，并用环氧树脂黏结，木板与木板之间的缝隙用密封胶填实。施工时要注意以下几点：

① 结构构件质量必须符合设计要求，堆放或运输中无损坏或变形。

② 木结构的支座、支撑、连接等构件必须符合设计要求和施工规范的规定，连接必须牢固、无松动。

③ 所有木料必须做防腐处理，面刷深棕色亚光漆。

(4) 质量检查。亭子属于纵向建筑，对稳定性的要求比较高，拼装后的亭子要保证构件之间连接牢固、不摇晃；要保证整个亭子与地面上的混凝土柱连接牢固。

4. 座凳施工主要流程

基础施工→放砌筑线、砌筑→抹灰施工→立面处理→安装防腐木座凳面。

（1）基础施工和亭子的地坪基础施工一起进行，具体做法参见园路施工项目，这里不再赘述。

（2）放砌筑线、砌筑具体做法参见景墙施工项目。

（3）抹灰施工具体做法参见景墙施工项目。

（4）立面处理具体做法参见景墙施工项目。

（5）安装防腐木座凳面。防腐木施工流程：选料→制作成品→成品安装→校正→喷漆保护→验收。

① 选择木质强硬，表面光洁，纹理清晰，不易变形、虫蛀的防腐木。

② 制作成品：技术员及木工要熟悉图纸，了解结构情况、几何尺寸、各节点要求后方可制作防腐木座凳。对于各细部结构，按图纸绘出足尺实样，以便达到最佳效果。

③ 制作后的成品，应逐根编号，按安装的先后次序分别储存。

④ 成品安装顺序：先用膨胀螺钉对垫层木固定安装，在垫层防腐木固定后可用气动钢钉枪进行表层防腐木横条架设。

⑤ 防腐木座凳结构安装完成后，严格按规范要求进行防火、防蚁、防腐处理，特别是榫头穴卯处的防蚁防腐处理。

⑥ 按图纸要求对标高、表层防腐木纵横方向进行复核。

⑦ 对成品进行保护，待其他工程完工后甲方验收。

5. 景亭地面施工主要流程

素土夯实→300 厚碎石垫层→100 厚 C20 素混凝土垫层→30 厚 1∶3 水泥砂浆结合层→30 厚花岗石铺装。

具体做法类似于石材料类铺装的施工工艺。

6. 木材油漆施工工艺流程

（1）清漆施工工艺。清理木器表面→磨砂纸打光→上润油粉→打磨砂纸→满刮第一遍腻子（泥子），砂纸磨光→满刮第二遍腻子（泥子），细砂纸磨光→涂刷油色→刷第一遍清漆→拼找颜色，复补腻子（泥子），细砂纸磨光→刷第二遍清漆，细砂纸磨光→刷第三遍清漆，磨光→水砂纸打磨退光，打蜡，擦亮。

（2）混色油漆施工工艺。清扫基层表面的灰尘，修补基层→用磨砂纸打平→节疤处打漆片→打底刮腻子（泥子）→涂干性油→第一遍满刮腻子（泥子）→磨光→涂刷底层涂料→底层涂料干硬→涂刷面层→复补腻子（泥子）进行修补→磨光→涂刷第二遍涂料→磨光→刷第二遍面漆→抛光打蜡。

（3）施工要点。清油涂刷的施工规范：①打磨基层是涂刷清漆的重要工序，应首先将木器表面的灰尘、油污等杂质清除干净。②上润油粉也是清漆涂刷的重要工序，施工时用棉丝蘸油粉涂抹在木器的表面上，用手来回揉擦，将油粉擦入到木材内。③涂刷清油时，手握油刷要轻松自然，手指轻轻用力，以移动时不松动、不掉刷为准。④涂刷时要按照蘸次要多、每次少蘸油、操作要勤、顺刷的要求，依照先上后下、先难后易、先左后右、先里后外的顺序和横刷竖顺的操作方法施工。

木质表面混油的施工规范：①基层处理时，除清理基层的杂物外，还应进行局部的腻子（泥子）嵌补，打砂纸时应顺着木纹打磨。②在涂刷面层前，应用漆片（虫胶漆）对有较大色差和木脂的节疤处进行封底。应在基层涂干性油或清油，涂刷干性油要所有部位均匀刷遍，不能漏刷。③底子油干透后，满刮第一遍腻子（泥子），干后以手工砂纸打磨，然后补高强度腻子（泥子），腻子（泥子）以挑丝不倒为准。涂刷面层油漆时，应先用细砂纸打磨。

（4）注意事项。

① 基层处理要按要求施工，以保证表面油漆涂刷不会失败。

② 清理周围环境，防止尘土飞扬。

③ 因为油漆都有一定毒性，对呼吸道有较强的刺激作用，施工中一定要注意做好通风工作。

（四）景亭现场施工常见问题

（1）基础挖掘没有至老土层，工程完成后出现不均匀沉降。

（2）钢筋原材料必须有出厂质量合格证和复验报告单，现场工程师核对钢筋外观、规格、尺寸、型号，埋件需做防锈处理。

（3）柱子地基要坚固，定点要准确，柱子之间距离及高度要准确。无论现浇还是预制混凝土及钢筋混凝土构件，在浇筑混凝土之前，都必须按照设计图纸规定的构件形状、尺寸等浇筑。

（4）末端结构最显著的特点是具有榫节，柱须以榫节入，柱下端一般须加底座处理。

（5）螺栓孔、钉眼应不提前布线。施工后钉眼不顺直，木板宽度＜100mm 应用单排钉，宽度≥100mm 应用双排钉，面板驳接必须为密缝，缝口不大于 1．5mm 。

（6）封边板为弧形而无法将其弯到必要弧度时，则必须在其内侧锯一定宽度、深度的凹槽，以便将其弯成弧形，同时对凹槽进行防腐处理。

任务五　园林建筑及小品通用项目施工

【知识点】

砌筑材料

模板工程

混凝土工程

装饰工程

【技能点】

砖砌施工

【相关知识】

一、砌筑工程

（一）砌筑材料

1. 常用块材

砌筑工程所用的块材主要是砖、石或砌块。砖的种类很多，从材料上看，有黏土砖、灰砂砖、页岩砖、煤矸石砖、水泥砖等；从外观上看，有实心砖、空心砖和多孔砖。砖的强度等级按其抗压强度平均值分为MU30、MU25、MU20、MU15、MU15和MU7.5等（MU30即抗压强度平均值≥30.0N/mm²）。常用的实心砖规格（长×宽×厚）为240mm×115mm×53mm，加上砌筑时所需的灰缝尺寸，正好形成4∶2∶1的尺度关系，便于砌筑时互相搭接和组合。常温下砖在砌筑前1～2d应浇水润湿，普通黏土砖、多孔砖的含水率宜控制在10%～15%；对于灰砂砖、粉煤灰砖，含水率在8%～10%为宜。干燥的砖在砌筑后会过多地吸收砂浆中的水分而影响砂浆中的水泥水化，降低其与砖的黏结力。

2. 砌筑砂浆

砌筑砂浆有水泥砂浆、石灰砂浆和混合砂浆。砂浆的强度等级分为七级：M15、M10、M7.5、M5、M2.5、M1和M0.4。砂浆种类的选择及其等级应根据设计要求确定。砂浆的性能主要是强度、和易性、防潮性等几个方面。

（二）砌筑施工工艺

1. 砌砖施工

（1）砖墙施工工艺。砌砖施工通常包括抄平放线、摆砖样、立皮数杆、挂准线、铺灰砌砖等工序。如是清水墙，则还要勾缝。

① 抄平放线：砌筑完基础或每一层后，应校核砌体的轴线与标高。先在基础面或层面上按标准的水准点定出各层标高，并用水泥砂浆或细石混凝土找平。

② 摆砖样：按选定的组砌方法，在墙基顶面放线位置试摆砖样，尽量使门窗垛符合砖的模数，偏差小时可通过砖缝调整，以减小斩砖数量，并保证砖及砖缝排列整齐、均匀，以提高砌砖效率。摆砖样在清水墙砌筑中尤为重要。

③ 立皮数杆：砌体施工应设置皮数杆，并应根据设计要求、砖的规格及灰缝厚度在皮数杆上标明砌筑的皮数及竖向构造变化部位的标高，如：门窗洞、过梁、楼板等。

④ 铺灰砌砖：铺灰砌砖的操作方法很多，各地区的操作习惯、使用工具不同，操作方法也不尽相同。砌筑常采用一铲灰、一块砖、一揉压的“三一”砌筑法。

（2）砌筑质量要求。砌筑工程应着重控制灰缝质量，要求做到横平竖直、厚薄均匀、砂浆饱满、上下错缝、内外搭砌、接茬牢固。对砌砖工程，要求每一皮砖的灰缝横平竖直、砂浆饱满。上面砌体的质量主要通过砌体之间的水平灰缝传递到下面，水平灰缝不饱满往往会使砖块折断。

2. 砌石施工

石材根据加工情况分为毛石和料石，料石按加工平整程度分为毛石、粗料石、半细料石和细料石等。

（1）毛石砌体。毛石砌体所用石料应选择块状，其中部厚度不应小于150mm。毛石砌筑时宜分皮卧砌，各皮石块之间应利用自然形状经敲打修正使其能与先砌筑的石块形状基本吻合、搭砌紧密。毛石砌体应采用铺浆法砌筑，其灰缝厚度宜为20～30mm，石块间不得有相互接触现象。

（2）料石砌体。料石砌体的第一皮应用丁砌层坐浆砌筑，料石砌体亦应上下错缝搭砌，砌体厚度大于或等于两块料石宽度时，如同皮内全部采用顺砌，每砌两皮后，应砌一皮丁砌层；如同皮内采用丁顺组砌，丁砌石应交错设置，其中距不应大于2m。料石砌体灰浆的厚度，根据石料的种类确定：细料石砌体不宜大于 5mm；半细料石砌体不宜大于 10mm；粗料石和毛料石砌体不宜大于 20mm。料石砌体砌筑时，应放置平稳。砂浆铺筑厚度应略高于规定的灰缝厚度。砂浆的饱满度应大于 80%。

二、混凝土工程

混凝土结构在园林建筑小品中的应用十分广泛，如各种亭、廊、花架、水池、花坛等都能用这种结构来实现。这源于混凝土结构所具有的优点：整体性好，可浇筑成为一个整体；可塑性好，可浇筑成各种形状和尺寸的结构；耐久性和耐火性好；工程造价和维护费用低。

混凝土是由水泥、粗细骨料、水和外加剂按一定比例拌和而成的混合物，经硬化后所形成的一种人造石。混凝土属脆性材料，抗压强度高而抗拉强度低，受拉时容易产生断裂现象。为此，可在结构件的受拉区配置适当的钢筋，充分利用钢筋的抗拉能力，使结构件既能受压，亦能受拉，以满足建筑功能和结构要求。钢筋混凝土是指经由水泥、粒料级配、加水拌和而成的混凝土，在其中加入一些抗拉钢筋，再经过一段时间的养护，达到工程设计所需的强度。

（一）模板工程

现浇混凝土结构施工用的模板是使混凝土构件按设计的几何尺寸浇筑成型的模板，是混凝土构件成型的一个十分重要的组成部分。模板系统包括模板和支架两部分。模板的选材和构造的合理性以及模板制作和安装的质量，都直接影响混凝土结构和构件的质量、成本和进度。

1. 模板的基本要求

现浇混凝土结构施工用的模板要承受混凝土结构施工过程中的水平荷载和竖向荷载。为了保证钢筋混凝土结构施工的质量。对模板及其支架的要求有：保证工程结构和构件各部分形状、尺寸和相互位置的正确；具有足够的强度、刚度和稳定性，能可靠地承受新浇混凝土的质量和侧压力，以及在施工过程中所产生的荷载；构造简单，装拆方便，并便于钢筋的绑扎与安装，符合混凝土的浇筑及养护等工艺要求；模板接缝应严密，不得漏浆。

2. 模板的分类

按其所用的材料分为木模板、钢模板和其他材料模板（如胶合板模板、塑料模板、玻璃钢模板、压型钢模板、钢木或钢竹组合模板、装饰混凝土模板、预应力混凝土薄板）。

按施工方法，模板分为拆移式模板和活动式模板。拆移式模板由预制配件组成，现场组装，拆模后稍加清理和修理再周转使用，常用的木模板和组合钢模板等皆属拆移式模板；活动式模板是指按结构的形状制作成工具式模板，组装后随工程的进展而进行垂直或水平移动，直至工程结束才拆除。如滑升模板、提升模板、移动式模板等。

3. 模板的构造

（1）基础模板。基础的特点是高度较小而体积较大。在安装基础模板前，应将地基垫层的标高及基础中心线先行核对，弹出基础边线。若为独立柱基，即将模板中心线对准基础中心线；若是带形基础，即将模板对准基础边线，再校正模板上口的标高，使之符合设计要求。经检查无误后将模板钉（卡、栓）牢撑稳。在安装柱基础模板时，应与钢筋工配合进行（图 7-8）。

图 7-8　基础模板施工

（2）柱模板。柱子的特点是断面尺寸不大而比较高。因此，柱模板主要解决垂直度、施工时的侧向稳定及抵抗混凝土的侧压力等问题。同时也应考虑方便浇筑混凝土、清理垃圾与钢筋绑扎等问题。柱模板底部应留有清理孔，以便于清理安装时遗留的木屑垃圾，待垃圾清理干净混凝土浇筑前再钉牢。柱身较高时，为使混凝土的浇筑振捣方便，保证混凝土的质量，沿柱高每 2m 左右设置一个浇筑孔，做法与底部清理孔一样。待混凝土浇到预留孔部位时，再钉牢盖板继续浇筑（图 7-9）。

图 7-9　柱模板施工

（3）梁模板。梁的特点是跨度较大而宽度一般不大，梁高可到 1m 左右，梁的下面一般是架空的。因此混凝土对梁模板既有横向侧压力，又有垂直压力。这要求梁模板及其支撑系统稳定性要好，有足够的强度和刚度，不致发生超过规范允许的变形。梁模板应在复核梁底标高、校正轴线位置无误后进行安装。支柱（琵琶撑）安装时应先将其下地面拍平夯实，放好垫板（保证底部有足够的支撑面积）和楔子（校正高度）；支柱间距应按设计要求，当设计无要求时，一般不宜大于 2m；支柱之间应设水平拉杆、剪刀撑，使之互相拉撑成一整体，离地面 500mm 设一道，以上每隔 2m 设一道（图 7-10）。

图 7-10　梁模板施工

4. 模板的安拆要求

（1）模板的安装。模板及其支撑结构的材料、质量应符合规范规定和设计要求。模板安装时，为了便于模板的周转和拆卸，梁侧模板应盖在底模的外面，次梁模板不应伸到主梁模板的开口罩面，梁模板亦不应伸到柱模板的开口里面；模板安装好后应卡紧撑牢，各种连接件、支撑件、加固配件必须安装牢固，无松动现象；模板拼缝要严密；不得发生下沉与变形。

（2）模板的拆除。在进行模板施工时就应考虑模板的拆除顺序和拆除时间，以便更多的模板参加周转，减少模板用量，降低工程成本。模板的拆除时间与构件混凝土的强度以及模板所处的位置有关。

模板的拆除，除了侧模应以能保证混凝土表面及棱角不受损坏时方可拆除外，底模应按《混凝土结构工程施工质量验收规范》（GB 50204—2015）的有关规定执行。

模板拆除的顺序和方法，应按照相关设计的规定进行，遵循先支后拆、先非承重部位后承重部位以及自上而下的原则。拆模时，严禁用大锤和撬棍硬砸硬撬。

拆模时，操作人员应站在安全线外，以免发生安全事故，待该片（段）模板全部拆除后，方准将模板、配件、支架等运出堆放。模板运至堆放场地应排放整齐，并派专人负责清理、维修，以增加模板使用寿命，提高经济效益。

拆下的模板、配件等，严禁抛扔，要有人接应传递，按指定地点堆放，并做到及时清理、维修和涂刷好隔离剂，以备待用。

已拆除模板及其支架的结构，在混凝土强度符合混凝土强度等级的要求后，方可承受全部使用荷载；当施工荷载所产生的效应比使用荷载的效应更不利时，必须经过核算，加设临时支撑。

（二）钢筋工程

在钢筋混凝土结构中，钢筋及其加工质量对结构质量起着决定性的作用，钢筋工程又属于隐蔽工程，在混凝土浇筑后，钢筋的质量难以检查，故对钢筋的进场验收、加工过程、最后的绑扎安装，都必须进行严格的质量控制，以确保结构质量。

1. 钢筋的种类

钢筋的种类很多。按生产工艺可分为热轧钢筋、冷拉钢筋、冷拔钢丝、碳素钢丝、刻痕钢丝、钢绞丝和热处理钢筋等，其中后面四种主要用于预应力混凝土工程。按化学成分可分为碳素钢钢筋和普通低合金钢钢筋，碳素钢钢筋按含碳量的多少，又可分为低碳钢钢筋（含碳量<0.25%）、中碳钢钢筋（含碳量 0.25%～0.7%）、高碳钢钢筋（含碳量 0.7%～1.4%）三种。按力学性能可分为 HPB300 级钢筋、HRB335 级钢筋、HRB400 级钢筋和 HRB500 级钢筋等，而且级别越高，其强度及硬度越高，但塑性逐级降低；为便于识别，在不同级别的钢材端头涂有不同颜色的油漆。按外形可分为光圆钢筋和变形钢筋，后一种又有月牙形、螺旋形和人字形三种。按供应形式，为便于运输，通常将直径为 6～10mm 的钢筋卷成网盘，称盘圆或盘条钢筋；将直径大于 12mm 的钢筋轧成 6～12m 长一根，称直条或碾条钢筋。按直径大小可分为钢丝（直径 3～5mm）、细钢筋（直径 6～10mm）、中粗钢筋（直径 12～20mm）和粗钢筋（直径大于 20mm）。按钢筋在结构中的作用不同可分为受力钢筋、架立钢筋和分布钢筋（图 7-11）。

2. 钢筋的连接

（1）焊接连接。

① 闪光对焊：闪光对焊不需要焊药、施工工艺简单、工作效率高、造价较低、应用广泛。

图 7-11　钢筋类型

② 电弧焊：电弧焊利用弧焊机在焊条与焊件之间产生高温电弧，使焊条和电弧燃烧范围内的金属焊件很快熔化从而形成焊接接头。

③ 电渣压力焊：电渣压力焊利用电流通过渣池产生的电阻热将钢筋端部熔化，然后施加压力使钢筋焊接在一起。

④ 电阻点焊：利用点焊机进行交叉钢筋的焊接，形成钢筋网片或骨架，以代替人工绑扎。同人工绑扎相比，点焊具有工效高、节约劳动力、成品整体性好、节约材料、降低成本等特点。

(2) 绑扎连接。

钢筋绑扎连接，其工艺简单、工效高，不需要连接设备；但当钢筋较粗时，相应地需增加接头钢筋长度，浪费钢材且绑扎接头的刚度不如焊接接头。当钢筋采用绑扎连接方式时，要求绑扎位置准确、牢固，搭接长度及绑扎点位置应符合下列规定：

① 搭接长度的末端距离钢筋弯折处，不得小于钢筋直径的10倍，且接头不宜位于构件最大弯矩处。

② 受拉区域内，HPB300级钢筋绑扎接头的末端应做弯钩，HRB335、HRB400级钢筋可不做弯钩。

③ 直径不大于12mm的受压HPB300级钢筋的末端，以及轴心受压构件中任意直径的受力钢筋的末端可不做弯钩，但钢筋搭接长度应不小于钢筋直径的35倍。

④ 绑扎接头处的中心和两端均用铁丝绑牢。

⑤ 对于受压钢筋，其绑扎接头的搭接长度，应取受拉钢筋绑扎接头搭接长度的0.7倍。

3. 钢筋的绑扎

加工完毕的钢筋即可运到施工现场进行安装、绑扎。钢筋绑扎一般采用20～22号铁丝或镀锌铁丝，铁丝过硬时，可经过退火处理。钢筋绑扎时其交叉点应采用铁丝绑牢；板和墙的钢筋网，除靠近外围两排钢筋的交叉点全部绑牢外，中间部分交叉点可间隔交错绑牢，但必须保证受力钢筋不发生位置偏移；双向受力的钢筋，其交叉点应全部绑牢；梁柱箍筋，除设计有特殊要求外，应与受力钢筋垂直设置，箍筋弯钩叠合处应沿受力主筋方向错开设置；柱中竖向钢筋搭接时，角部钢筋的弯钩平面与模板面的夹角，对矩形柱应为45°角，对多边形柱应为模板内角的平分角；对圆形柱钢筋的弯钩平面应与模板平面垂直；中间钢筋的弯钩面应与模板面垂直；当采用插入式振捣器浇筑小型截面柱时，弯钩平面与模板面的夹角不得小于15°。

钢筋绑扎应该与模板安装相配合，柱筋的安装一般在柱模板安装前进行；而梁的施工顺序正好相反，一般是先安装好梁底模，再安装梁筋，当梁高较大时，可先留下一面侧模不安装，待钢筋绑扎完毕，再支余下一面侧模，以方便施工；楼板模板安装好后，即可安装板筋。为了保证钢筋的保护层厚度，工地上常采用预制的水泥砂浆块垫在模板与钢筋间，垫块的厚度即为保护层厚度。垫块一般布置成梅花形，间距不超过1m。构件中有双层钢筋时，上层钢筋一般是通过绑扎短筋或设置垫块来固定。对于基础或楼板的双层筋，固定时一般采用钢筋撑脚来保证钢筋位置，间距1m。特别是雨篷、阳台等部位的悬臂板，更需严格控制钢筋位置，以防悬臂板断裂（图7-12）。

图 7-12　钢筋绑扎

（三）混凝土工程

混凝土工程是钢筋混凝土结构工程的一个重要组成部分，其质量直接关系到结构的承载能力和使用寿命。混凝土工程包括配料、搅拌、运输、浇筑、养护等施工过程，各工序既相互联系又相互影响，因而在混凝土工程施工中，对每个施工环节都要认真对待，把好质量关，以确保混凝土工程质量。

1. 混凝土的配料

混凝土的配料是指将各种原材料按照一定的配合比配制成工程需要的混凝土。

（1）原材料的选择。

① 水泥：水泥是一种无机粉状水硬性胶凝材料，加水搅拌后成浆体。能在空气和水中硬化，并能把砂、石等材料牢同地胶结在一起，具有一定的强度。水泥的品种和成分不同，其凝结时间、早期强度、水化热、吸水性和抗侵蚀的性能等也不相同，这些都直接影响到混凝土的质量、性能和适用范围。水泥在进场时必须具有出厂合格证或进场试验报告，并对其品种、强度等级、包装或散装仓号、出厂日期等内容进行检查验收，分别堆放，并做好标志，做到先到先用，防止混用。

② 细骨料。混凝土配制中所用细骨料一般为砂，根据其平均粒径或细度模数可分为粗砂、中砂、细砂和特细砂四种。作为混凝土用砂，砂的颗粒级配、含泥量、坚固性、有害物质含量等性质必须满足国家有关标准的规定。混凝土用砂一般采用细度模数为 2.5～3.5 的中砂或粗砂，孔隙率不宜超过 45％。砂中一些杂质会影响混凝土的质量，如砂中含有过量云母会影响水泥与砂粒的黏结；黑云母易风化，会降低混凝土的抗冻性和耐久性；尘屑、淤泥、黏土等杂质会降低混凝土的强度、抗渗性和抗冻性，增大收缩变形；硫化物和硫酸盐对水泥有腐蚀作用等。

③ 粗骨料。混凝土级配中所用粗骨料指的是碎石或卵石。由天然岩石或卵石经破碎、筛分而得的，粒径大于 5mm 的岩石颗粒，称为碎石。由于自然条件作用而形成的粒径大于 5mm 的岩石颗粒，称为卵石。碎石或卵石的颗粒级配和最大粒径对混凝土的强度影响较大，级配越好，混凝土的和易性和强度也越高。在级配合适的条件下，石子的最大粒径越大，其比表面积越小，空隙率也越少，这对节省水泥、提高混凝土强度和密实性都有好处。

④ 水。混凝土拌和用水一般采用饮用水，当采用其他来源水时，水质必须符合行业标准《混凝土用水标准》（JGJ 63—2006）的规定。主要要求水中不能含有影响水泥正常硬化的有害杂质。如污水、工业废水及 pH 值小于 4 的酸性水和硫酸盐含量超过水量 1%的水不得用于混凝土中。

⑤ 外加剂。在混凝土中掺入少量外加剂，可改善混凝土的性能，加快工程进度或节约水泥，满足混凝土在施工和使用中的一些特殊要求，保证工程顺利进行。外加剂的种类很多，用途和用法各不相同，常用的有早强剂、减水剂、缓凝剂、抗冻剂等。

（2）混凝土配合比的确定。混凝土配合比应根据材料的供应情况、混凝土强度等级、混凝土施工和易性的要求等因素来确定，并应符合合理使用材料和经济的原则。合理的混凝土配合比应能满足两个基本要求：既要保证混凝土的设计强度，又要满足施工所需的和易性。对于有抗冻、抗渗等要求的混凝土，尚应符合相关规定。

① 试配强度。普通混凝土和轻骨料混凝土的配合比应分别按行业标准《普通混凝土配合比设计规程》（JGJ 55—2011）和《轻骨料混凝土应用技术标准》（JGJ/T 12—2019）进行计算，并通过试配确定。

②和易性。混凝土的和易性是指混凝土拌和物既便于浇筑，又能保持其匀质性，不出现离析现象，即具有一定的黏聚性和流动性。

2. 混凝土的拌制

混凝土的拌制就是水泥、水、粗细骨料和外加剂等原材料混合在一起进行均匀拌和的过程。搅拌后的混凝土要求匀质，且达到设计要求的和易性和强度。

目前，普遍使用的搅拌机根据其搅拌机理可分为自落式搅拌机和强制式搅拌机两大类。为获得均匀优质的混凝土拌和物，除合理选择搅拌机的型号外，还必须合理确定搅拌制度。具体内容包括装料容积、投料顺序和搅拌时间等。

（1）装料容积。不同类型的搅拌机具有不同的装料容积。装料容积指的是搅拌一罐混凝土所需各种原材料的松散体积之和。一般来说装料容积是搅拌机拌筒几何容积的 1/2～1/3。搅拌后混凝土的体积称为出料容积，一般为搅拌机装料容积的 0.55～0.75。搅拌机上标明的容积一般为出料容积。

（2）装料顺序。投料顺序应从提高搅拌质量，减少叶片、衬板的磨损，减少拌和物与搅拌筒的黏结，减少水泥飞扬，改善工作环境等方面综合考虑确定。常用的有一次投料法和二次投料法。

① 一次投料法：是在上料斗中先装石子，再加水泥和砂，然后一次投入搅拌机。

② 二次投料法：可分为预拌水泥砂浆法和预拌水泥净浆法。预拌水泥砂浆法是指先将水泥、砂和水投入搅拌筒搅拌 1～1.5min 后加入石子再搅拌 1～1.5min。预拌水泥净浆法是先将水和水泥投入搅拌筒搅拌 1/2 搅拌时间，再加入砂石搅拌到规定时间。

（3）搅拌时间。搅拌时间指的是从全部原材料装入搅拌筒时起，到开始卸料时为止的时间。一般适当延长搅拌时间，会相应地提高混凝土的强度。但超过一定限度后，混凝土的强度不再随着搅拌时间的增加而增加，时间过长，将导致混凝土出现离析现象。我国规范规定不同情况下搅拌混凝土的最短时间见表 7-1。

表 7-1　混凝土搅拌的最短时间

混凝土坍落度/mm	搅拌机类型	混凝土搅拌的最短时间/s		
		出料量<250L	出料量 250～500L	出料量>500L
≤30	强制式	60	90	120
	自落式	90	120	150
>30	强制式	60	60	90
	自落式	90	90	120

注：当掺有外加剂时，时间可适当延长；采用其他搅拌机根据说明书的规定或试验确定。

3. 混凝土的浇筑成型

混凝土浇筑成型就是将混凝土拌和料浇筑在符合设计要求的模板内，加以捣实使其达到设计质量强度要求并满足正常使用的要求。混凝土的浇筑成型过程包括浇筑与捣实，是混凝土施工的关键，对于混凝土的密实性、结构的整体性和构件尺寸的准确性都起着决定性的作用。

（1）混凝土的浇筑。混凝土浇筑前应检查模板的标高、尺寸、位置、强度、刚度等内容是否满足要求，模板接缝是否严密；钢筋及预埋件的数量、型号、规格、摆放位置、保护层厚度等是否满足要求，并做好隐蔽工程；模板中的垃圾应清理干净；木模板应浇水湿润，但不允许留有积水。

（2）混凝土结构的浇筑方法。钢筋混凝土结构的园林建筑的主要构件有基础、柱、梁、楼板等。其中柱、梁、板等构件是沿垂直方向重复出现的，施工时，一般按结构层划分施工层。当结构平面尺寸较大时，还应划分施工段，以便组织各工序流水施工。

（3）混凝土的振捣。混凝土浇筑入模后，内部还存在着很多空隙。为了使混凝土充满模板的每一部分，而且具有足够的密实度，必须对混凝土进行捣实，使混凝土构件外形正确、表面平整、强度和其他性能符合设计及使用要求。

4. 混凝土的养护

混凝土成型后，为保证混凝土在一定时间内达到设计要求的强度，并防止产生收缩裂缝，应及时做好混凝土的养护工作。养护的目的就是给混凝土提供一个较好的强度增长环境。混凝土的强度增长是水泥水化反应的结果，而影响水泥水化反应的主要因素是温度和湿度；温度越高，水化反应的速度越快，而湿度高则可避免混凝土内水分丢失，从而保证水泥水化作用的充分，当然水化反应还需足够的时间，时间越长，水化越充分，强度就越高。因此混凝土养护实际上是为混凝土硬化提供必要的温度、湿度条件（图 7-13）。

（1）覆盖浇水养护。覆盖浇水养护是指混凝土在浇筑完 3～12h 内，可选用草帘、芦席、麻袋、锯末、湿土和湿砂等适当材料将混凝土表面覆盖，并经常浇水使混凝土表面处于湿润状态的养护。覆盖浇水养护指应在混凝土浇筑完毕 12h 以内进行覆盖和洒水养护。混凝土的养护时间与水泥品种有关，对于采用硅酸盐水泥、普通硅酸盐水泥或矿渣硅酸盐水泥拌制的混凝土，不得少于 7d，对掺用缓凝型外加剂或有抗渗要求的混凝土，不得少于 14d。每日浇水的次数以能保持混凝土具有足够的湿润状态为宜。一般气温在 15℃以上时，在混凝土浇筑后最初 3 昼夜中，白天至少每 3h 浇水一次，夜间也应浇水两次；在以后的养护中，每昼夜应浇水 3 次左右；在干燥气候条件下，浇水次数应适当增加。

图 7-13　混凝土路面养护

（2）塑料薄膜养护。塑料薄膜养护就是以塑料薄膜为覆盖物，使混凝土表面与空气隔绝，可防止混凝土内的水分蒸发，水泥依靠混凝土中的水分完成水化作用而凝结硬化，从而达到养护的目的。

① 薄膜布直接覆盖法：是指用塑料薄膜布把混凝土表面暴露部分全部严密地覆盖起来，保证混凝土在不失水的情况下得到充分的养护。其优点是不必浇水，操作方便，能重复使用，能提高混凝土的早期强度，加速模具的周转。

② 喷洒塑料薄膜养生液法：是指将塑料溶液喷涂在混凝土表面，溶液挥发后在混凝土表面结成一层塑料薄膜，使混凝土表面与空气隔绝，混凝土内的水分不再被蒸发，从而完成水泥水化作用。这种养护方法一般适用于表面积大或浇水养护困难的情况。

三、装饰工程

（一）抹灰类饰面构造

1. 装饰抹灰

（1）拉毛灰。拉毛灰是用铁抹子先将罩面灰轻压后并顺势轻轻拉起，形成一种质感较强的饰面层。这种工艺通常用水泥石灰砂浆或水泥纸筋灰浆，是过去比较广泛采用的一种传统饰面做法，要求表面花纹、斑点分布均匀，颜色一致，同一平面上不显接茬。

（2）洒毛灰。洒毛灰是用竹丝刷等工具将罩面灰浆甩洒在墙面上的一种饰面做法；也有先在基层上刷水泥色浆，再甩上不同颜色的罩面灰浆，并用抹子轻轻压平形成两种颜色的套色做法。

（3）扒拉石。扒拉石是用钉耙子在面层表皮已经凝结到一定程度的水泥石碴的表面上，扒拉表面浆皮和部分石子的饰面做法。施工准备基本同一般抹灰，工具中需增加钉耙子。钉耙子是指在小木块上钉钉子，使钉尖外露 2cm 左右形成的工具。扒拉石的材料为 1∶1 水泥石碴，施工前检查抹灰中层表面平整度。

（4）假面砖。假面砖是利用普通材料，模仿高级装饰并取得良好效果的砖，装饰等级只与一般抹灰相同，装饰效果却好得多。它的横竖间隙线条掩盖局部颜色不均，虽然表面粗糙，但污染对其影响较小。饰面造价低，操作简单。

（5）真石漆。天然真石漆是一种高级水溶性油漆，适用于水泥墙体、木板、纸、泡沫、玻璃、胶合板等基体材料的喷施。因此，使用天然真石漆进行装饰，基层必须平滑、干燥、结实。受潮剥离的旧基体，必须重新做基层处理；新墙体需待其干透后才能施工。否则，都会影响天然真石漆的效果（图 7-14）。

图 7-14　真石漆喷施

2. 石碴装饰抹灰

石碴装饰抹灰是以水泥为胶凝材料、石碴为骨料的水泥石碴浆抹于墙体基层表面，然后用水冲洗、斧剁、水磨等方法除去表面水泥浆皮以露出石碴的颜色、质感为主的饰面做法。主要有水刷石、斩假石、水磨石、干粘石、干粘彩色瓷粒、喷石及彩釉砂抹灰工程的施工。它具有明亮、鲜艳、颜色稳定、质感丰富的效果。石碴装饰抹灰工程常用材料主要指石碴骨料，以及黏结石碴用的胶结材料或胶黏剂等。石碴装饰抹灰通常采用水泥作胶结材料，常用 107 胶、丙烯酸酯共聚乳液为石英砂的胶黏剂。

（1）洗米石（水刷白）。洗米石饰面是在中底层上先刷一遍素水泥浆，再抹水泥石碴浆，待面层开始凝固时，即用刷子蘸水（或用喷雾器喷水）刷掉面层水泥浆至石子外露的一种装饰方法，是应用较早的饰面做法，耐久性好但费工费料。建筑工程中通常称为水刷石，只是园林建筑小品中所用的石子通常为直径 3～6mm 的石米（像小型的卵石），因而形象地称为洗米石。

（2）干粘石。干粘石是在水刷石的基础上改变其施工方法，从而达到外装修效果基本相同，又能节约材料、提高工效的要求。它的主要特点是石子粘于砂浆之上形成饰面。

干粘石饰面所用的石子粒径 3～4mm，也可用粒径 5～6mm。石子在使用前应洗净、晒干，装于干净的袋中或存放在不易落灰的房间里。干粘石饰面所用砂子以 0.35～0.5mm 的中砂为好，要求砂子含泥量不得超过 3%，黏结层砂浆可用 1∶3 水泥砂浆，也可用 1∶0.5∶2 的水泥、石膏、砂混合砂浆。美术干粘石要求在黏结砂浆中加矿物质颜料，颜料的色彩和质量要按设计要求严格检验。为增强黏结层的黏结力，砂浆中还可掺入适量的 107 胶。

（3）机喷石。机喷石是用机械代替干粘石施工中的手工甩石操作的施工方法。这种方法可极大地提高工效，减轻劳动强度，可以省去干粘石施工中的拍压工序，并能保证黏结牢固。

（4）斩假石。斩假石（又称剁斧石），是把水泥石子浆或水泥石屑浆涂抹在墙体的中层上，待其凝固硬化后，用斧子和凿子等工具在表面剁斩出类似石材纹理效果的一种装饰方法。

其抹面做法同水刷石，但石子粒径一般较小，在 1∶3 水泥砂浆上抹 1∶1.25 水泥石碴后，表面要养护一段时间，待表面水泥凝结而又未达到最后硬度时，用斧剁去表面水泥硬浆皮，形成各种样式的细条纹。斩假石的装饰效果较庄重，但费工费力，质量标准为剁纹顺直、线条清晰，不得漏剁，保留不剁的边条也应宽窄一致、棱角分明。

（二）陶瓷饰面构造

陶瓷贴面，即是把陶瓷贴面材料贴到基层上的一种装饰方法。陶瓷贴面面层光滑，易于清洗，而且防腐耐碱，能起到保护墙面的功能。

面砖安装前先将表面清洗干净，然后将面砖放入水中浸泡，贴前取出晾干或擦干。面砖安装时用 1∶3 水泥砂浆打底并划毛，后用 1∶0.3∶3 水泥石灰砂浆或用掺有 108 胶（水泥用量 5%～10%）的 1∶2.5 水泥砂浆刮满于面砖背面，四角刮成斜面，注意边角满浆，其厚度不小于 10mm，然后将面砖贴于墙上，轻轻敲实，使其与底灰黏牢。一般面砖背面有凸凹纹路，更有利于面砖粘贴牢固。面砖之间要留有一定的缝隙，以利湿气排出。面砖的排列和布缝，要考虑面砖的大小和色彩的搭配来设计出一个合理的排砖布缝方案。在墙角或柱角相接时，通常是整体性饰面或面积较大的饰面去压面积较小的饰面。

（三）石材类饰面构造

1. 石材的种类

天然石材是指从天然岩体中开采出来，并经加工成块状或板状材料的总称。人造石材（亦称人造石）是人造大理石和人造花岗石的总称，属水泥混凝土和聚酯混凝土的范畴。这里重点介绍天然石材。

（1）天然大理石。天然大理石是指变质或沉积的碳酸盐岩类岩石，常呈层状结构，属于中硬石材。大理石质地均匀细密，硬度小，易于加工和磨光，富有装饰性。大理石可锯成薄片，厚度为 2mm 左右。经过加工的大理石板材表面光洁如镜，棱角整齐，给人以朴素光洁的感觉。但大理石一般都含有杂质，其硬度、强度、耐久性均比花岗石差。大理石主要由碳酸盐组成，如使用于室外，当空气潮湿并含有 SO_2时，大理石面层因化学变化将生成易溶于水的石膏，使大理石表面很快失去光泽，久而久之则遭受损坏。因此，大理石饰面板不宜使用于室外，用于室内较好（图 7-15）。

（2）天然花岗石。天然花岗石是火成岩，属于硬石材。岩质坚硬密实，按其结晶颗粒大小可分为“伟晶”“粗晶”和“细晶”三种。天然花岗石饰面板一般采用晶粒较粗、结构较均匀、排列比较规整的原料经研磨抛光而成，表面平整光滑、棱角整齐。其颜色多为粉红底黑色点、花皮、白底黑点、灰白色、黑色等。花岗石不易风化变质，耐磨，因此多用于墙基础和外墙饰面，也常用于高级建筑装饰工程、大厅地面、墙裙、柱面等部位，其装饰效果庄重大方、高贵豪华（图 7-16）。

图 7-15　大理石景墙

图 7-16　花岗岩景墙

2. 石材表面纹理

天然石材饰面板不仅具有天然材料的自然而且质地致密坚硬，耐久性、耐磨性等均比较好。天然石材按其表面装饰效果，主要分为以下六种类型。

（1）研磨。表面平整，有细微光泽，可选择不同的光泽度。表面非常平滑但多孔。常用于人行很多的地方。因为研磨的板材孔径大，应使用渗透密封剂。一般研磨石材的颜色不如抛光表面鲜明。

（2）抛光。表面有光泽，但经过一段时间使用后就会因行人太多和养护不当而失去光泽。这种表面平滑而少孔。抛光后晶体的反射产生绚丽色彩，显现天然石材的矿物颗粒，光泽就是来自石材晶体的自然反射。在生产中使用抛光砖和抛光粉而形成抛光面（图 7-17）。

（3）火烧。表面粗糙，在高温下形成。生产时对石材加热，晶体产生爆裂，因而表面粗糙、多孔，须使用渗透密封剂（图 7-18）。

图 7-17　抛光石材

图 7-18　火烧面石材

（4）翻滚。表面粗糙，通过将大理石、石灰石有时还有花岗岩的碎片在容器内翻滚，变成古旧的样子，经常需要使用石材增色剂使颜色更鲜明。

（5）喷砂。用砂和水的高压射流将砂子喷到石材上，形成有光泽但不光滑的表面。

（6）剁斧。通过锤打形成表面纹理，可选择不同粗糙程度。可分为麻面、条纹面等类型，当然，根据设计的需要，也可加工成其他的表面，如剔凿表面、蘑菇状表面等。由于表面的处理形式不同，其艺术效果当然也不相同。

3. 石材饰面施工方法及构造

（1）石材饰面安装方法。

① 绑扎法：花岗石板材饰面和大理石板材饰面安装固定的构造基本上是一样的，采用板材与基层绑或挂，然后灌浆固定的办法。镶贴面积较大的板材（尺寸大于400mm×400mm，厚度大于10mm），仅用胶黏剂固定于基层还不够，还需要铜丝或不锈钢挡挂件，将板材系到基层上，以防因表面积大可能造成的局部空鼓而坠落。超过1.2m的高度，均要用铜丝绑扎（图7-19）。

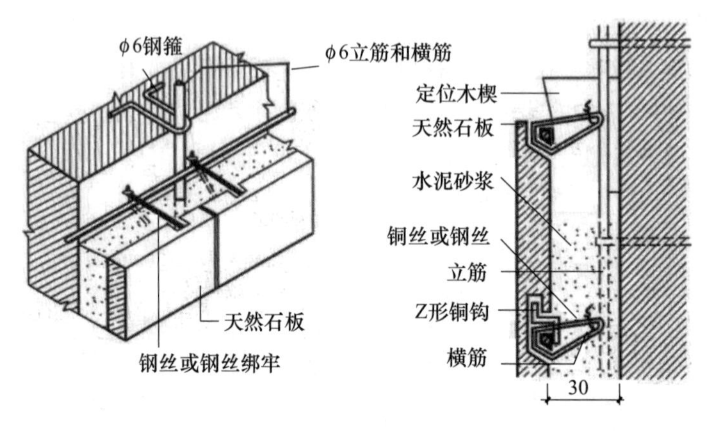

图7-19　石材绑扎法

② 干挂法：干挂法就是用螺栓和挂件（挂件一般由不锈钢制成）固定饰面石材。在需要铺贴饰面石材的部位预留金属预埋件或者直接在需要装饰的部位用电钻钻孔，打入膨胀螺栓，然后用螺栓与挂件将其固定，最后进行勾缝处理。这种做法也称为锚固法（图7-20）。

③ 粘贴法：碎小、形状不规则的或小于400mm×400mm且厚度小于10mm的石材，一般可采用粘贴的方法安装。小型石材的粘贴与粘贴墙面砖的做法相似。常在1：2水泥砂浆内掺入水泥量5%～10%的107胶（图7-21）。

（2）石材的构造。

① 板材类饰面的细部构造。在板材类饰面的施工安装中，除了应解决饰面板与墙体之间的固定技术外，还应切实处理好各种交接部位的构造。

② 拼缝。饰面板材一般来说都比较厚，因此除少量的薄板以外，选择适当的拼缝形式，对装饰效果也是极具影响的一个重要问题。常见的拼缝方式有平接、搭接、嵌接等。

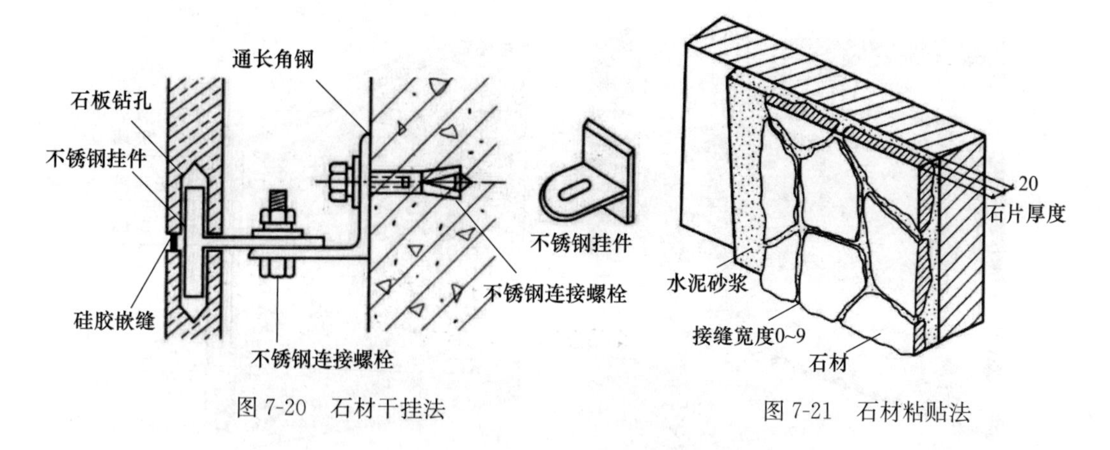

图 7-20　石材干挂法　　　　图 7-21　石材粘贴法

③ 灰缝。板材类饰面，尤其是采用凿琢表面效果的饰面板墙面，通常都留有较宽的灰缝。灰缝，可做成凸形、凹形、圆弧形等各种各样的形状。为了加强灰缝的效果，常将饰面板材、块材的周边凿琢成斜口或内凹等不同形式。

④ 青石板饰面。青石板系水成岩，材质软，易风化。因其材料纹理构造易于劈成面积不大的薄板，使用规格一般为长、宽各 300～500mm 不等的矩形块，边缘不要求很平直，表面也保持其劈开后的自然纹理形状，再加上青石板有暗红、灰、绿、蓝、紫等不同颜色，所以掺杂使用能形成色彩富于变化而又具有一定自然风格的墙体饰面，多用于园林建筑之中。

（四）玻璃屋顶构造

当前的一些园林建筑小品中常采用玻璃采光顶，是以铝合金型材（或钢型材、不锈钢型材）为骨架，以玻璃为覆面材料组装而成的。

1. 构成材料

（1）骨架材料。

玻璃屋面的骨架材料可以是型钢，也可以是铝合金材料。在选用钢材时，要注意钢的化学成分，钢中含碳多不利于焊接。一般在焊接结构中钢的含碳量常限制在 0.2%以下。而铝合金型材尺寸精确，有利于防水处理，不必油饰，装饰效果好。

（2）玻璃材料。

玻璃是采光屋顶的主要材料之一，亭或花架常采用钢化玻璃和夹层玻璃。

① 钢化玻璃。钢化玻璃是普通玻璃和浮法玻璃经过物理或化学方法钢化后形成。它比未处理的同厚度普通玻璃的抗弯曲强度和耐冲击强度高 3～5 倍，耐急冷急热的温度变化能力提高 3 倍。当被击碎时，碎裂成近似圆形、无尖角小块，不会伤人。钢化玻璃属于安全玻璃之一，常用于中空玻璃和夹层玻璃（图 7-22）。

② 夹层玻璃。夹层玻璃是一种性能优良的安全玻璃，它是用透明的聚乙烯醇缩丁醛（PVB）胶片将两片或多片玻璃牢固黏合而成，具有透明度高、机械性高、耐光、耐热、耐寒等性能，玻璃和中间层的牢固结合，使其具有良好的抗冲击性能。破碎时，只是形成辐射状裂纹，不会有玻璃碎片飞溅伤人，还可以保持原来的形状和可见度，在一定的时间内可继续使用（图 7-23）。

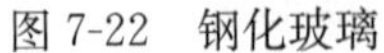
图 7-22 钢化玻璃

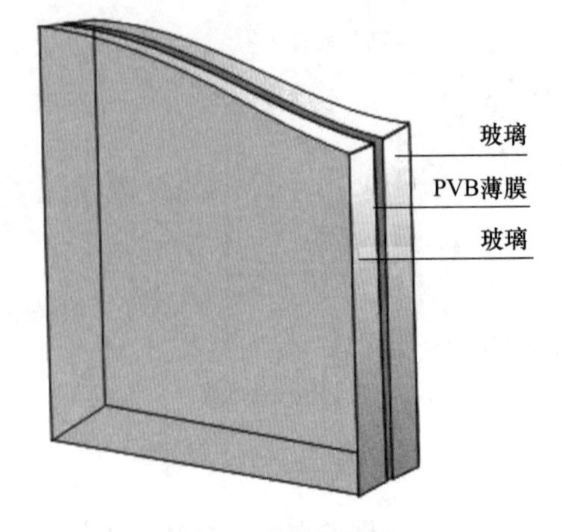

图 7-23 夹层玻璃

（3）密封材料。玻璃屋面所采用的骨架材料——型钢或铝合金材料和覆面材料——玻璃均是硬度很高（或较高）的材料，在安装施工中，必然在它们之间产生间隙，为补偿这些间隙以及由于骨架材料与玻璃不同的温度变形而引起的间隙，就要采用柔性密封材料和密封胶来进行密封处理。这既是结构一体性的需要，也是防水措施的需要。由于屋面常年受到阳光、雨、雪、风等的最直接影响，因此密封材料必须耐老化性好、可靠性好。

① 密封胶。密封胶有结构密封胶、建筑密封胶（耐候胶）、中空玻璃二道密封胶等。结构玻璃装配使用的结构密封胶只能是硅酮（聚硅氧烷）密封胶，它的主要成分是二氧化硅，由于紫外线不能破坏硅氧键，所以硅酮密封胶具有良好的抗紫外线性能。结构玻璃装配时使用硅酮结构密封胶将玻璃固定在铝框上，玻璃镶片承受的荷载和间接作用，通过胶缝传递到铝框上。结构密封胶是固定玻璃并使其与铝框有可靠连接的胶黏剂，同时也把玻璃屋顶密封起来。

② 垫条与垫杆。垫条与垫杆是当屋顶局部采用玻璃采光，制作隐框采光顶时的必备材料。垫条用于结构玻璃装配，垫杆用于填缝时的后衬材料，它们都是高分子发泡材料。垫条一般用聚氨酯发泡材料制成，分为Ⅰ型、Ⅱ型。Ⅰ型用于厚度为 8mm 及以上的单片玻璃和中空玻璃，Ⅱ型用于厚度为 6mm 及以下的玻璃。

2. 点支撑玻璃屋面构造

点支撑玻璃屋面又可以称作接驳式全玻璃屋面，这种屋面使建筑具有更好的开敞性和通透性，支撑屋面的结构体系更能体现其金属框架的结构美（图 7-24）。如常见的蛙爪式或 H（X）形驳接爪，其安装方法是通过对每相邻四块玻璃的相邻四个孔洞予以固定，H（X）形的钢爪的背栓再与框架体系的梁或檩连接。

（五）油漆涂饰

1. 园林工程中常用的油漆

（1）清油。清油又称鱼油、熟油，干燥后漆膜柔软，易发黏。多用于调稀厚漆、红丹防锈漆以及打底及调配腻子（泥子）。也可单独涂刷于金属、木材表面。

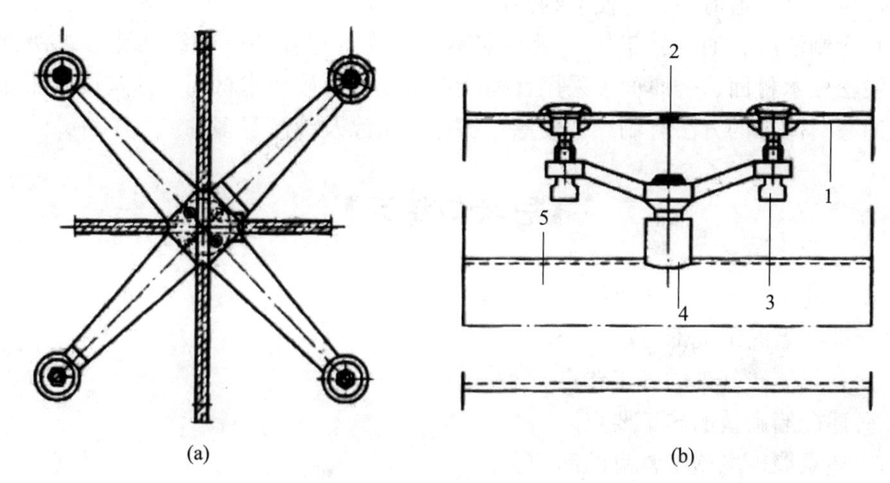

图 7-24　点支撑玻璃屋面构造

1—玻璃；2—密封胶；3—驳接爪；4—背栓；5—结构体系

（2）厚漆。厚漆又称铅油，有红、白、黄、绿、灰、黑等色。使用时需加清油、松香水等稀释。漆膜柔软，与面漆黏结性能好，但干燥慢，光亮度、坚硬性较差。可用于各种涂层打底或单独做表面涂层，亦可用来调配色油和腻子（泥子）。

（3）调和漆。调和漆有油性和磁性两类。油性调和漆的漆膜附着力强，有较高的弹性，不易粉化、脱落及龟裂，经久耐用，但漆膜较软，干燥缓慢，光泽差；适用于室外面层涂刷。磁性调和漆常用的有脂胶调和漆和酚醛调和漆等，漆膜较硬，颜色鲜明。

（4）清漆。以树脂为主要成膜物质，分油质清漆和挥发性清漆两类。漆膜干燥快，光泽透明；适用于木门窗、板壁及金属表面罩光。挥发性清漆又称泡立水，常用的有漆片，漆膜干燥快、坚硬光亮，但耐水、耐热、耐候性差，易失光；多用于室内木材面层的油漆或家具罩面。

2. 油漆涂饰施工

（1）基层处理。为了使油漆和基层表面黏结牢固，节省材料，必须对涂刷的木料、金属、抹灰层和混凝土等基层表面进行处理。木材基层表面油漆前，要求将表面的灰尘、污垢清除干净，表面上的缝隙、毛刺、节疤和脂囊修整后，用腻子（泥子）填补。抹腻子（泥子）时对于宽缝、深洞要深入压实，抹平刮光。磨砂纸时要打磨光滑，不能磨穿油底，不可磨损棱角。金属基层表面油漆前，应清除表面锈斑、尘土、油渍、焊渣等杂物。抹灰层和混凝土基层表面油漆前，要求表面干燥、洁净，不得有起皮和松散处等，粗糙的表面应磨光，缝隙和小孔应用腻子（泥子）刮平。

（2）打底子。在处理好的基层表面上刷底子油一遍（可适当加色），并使其厚薄均匀一致，以保证整个油漆面色泽均匀。

（3）抹腻子（泥子）。腻子（泥子）是由油料加上填料（石膏粉、大白粉）、水或松香水拌制成的膏状物。抹腻子（泥子）的目的是使表面平整。对于高级油漆施工，需在基层上全部抹一层腻子（泥子），待其干后用砂纸打磨，然后抹腻子（泥子），再打磨，直到表面平整光滑为止，有时还要和涂刷油漆交替进行。腻子（泥子）磨光后，清理干净表面，再涂刷一道清油，以便节约油漆。

（4）涂刷油漆。油漆施工按质量要求不同分为普通油漆、中级油漆和高级油漆三种。一般松软木材面、金属面多采用普通或中级油漆；硬质木材面、抹灰面则采用中级或高级油漆。涂饰的方法有刷涂、喷涂、擦涂、揩涂及滚涂等多种。

【思考与练习】

1. 简述花坛砌筑的工艺流程。
2. 谈谈景墙的组成部分。
3. 谈谈景墙砖基础的施工要点。
4. 简述砖墙砌筑的施工要点。
5. 简述景墙现场施工常见的问题。
6. 简述花架的构造组成。
7. 简述混凝土花架的施工过程。
8. 简述防腐木花架的施工过程。
9. 园亭分为哪几个组成部分？
10. 简述传统园亭的施工方法。
11. 简述景亭施工的主要内容。
12. 砌筑材料有哪些？
13. 简述砌砖施工与砌石施工工艺。
14. 模板的基本要求及其种类有哪些？
15. 模板的安拆要求有哪些？
16. 钢筋的种类有哪些？
17. 钢筋的连接及绑扎的注意事项有哪些？
18. 混凝土的配料有哪些？
19. 混凝土拌制的注意事项有哪些？
20. 混凝土浇筑的注意事项有哪些？
21. 混凝土养护的注意事项有哪些？
22. 装饰抹灰的类型有哪些？
23. 石碴装饰抹灰的类型有哪些？
24. 陶瓷饰面的注意事项有哪些？
25. 石材的种类有哪些？
26. 石材表面纹理的处理方法有哪些？
27. 石材饰面的施工方法及构造的注意事项有哪些？
28. 玻璃屋顶构造的构成材料有哪些？
29. 园林中常用的油漆种类有哪些？
30. 油漆涂饰的施工工艺及注意事项有哪些？

技能训练一　园亭设计及组合

一、训练目的

通过设计，掌握园亭的设计方法及基本模式，了解园亭和园林整体环境的统一关系。

二、材料及用具

图纸、绘图板、硫酸纸、针管笔等。

三、方法步骤

某主题公园的园亭设计，要结合其他类型园林小品设计。

四、作业

（一）做主题园亭设计，并完成园亭总平面图、立面图、剖面图。

（二）完成园亭结构设计，完成相关图纸。

技能训练二　亭、廊、花架组合设计

一、训练目的

通过该技能训练，使学生能够掌握园林建筑中常见的亭、廊、花架的设计，并根据现场环境进行亭、廊、花架三者的组合设计。

二、材料与工具

铅笔、橡皮、针管笔、绘图纸、画板、相机、速写本、卷尺等。

三 、方法与步骤

1. 实地勘察所给环境，分析其场地。

2. 根据场地情况，草图画出亭、廊、花架的组合设计图，展现平面、立面及效果。

3. 墨线稿，色彩渲染。

四、考核要点

1. 布局合理，满足功能。

2. 造型优美，与周边环境协调。

3. 图面整洁。

五、作业

略

技能训练三　景墙施工

一、训练目的

通过该技能训练，使学生能够掌握景墙的施工步骤、施工工艺以及施工时的注意事项及验收标准。

二、材料与工具

景墙施工图，白灰、标桩、砖、砂、水泥、白灰膏、钢筋、文化石等；全套全站仪或经纬仪，皮尺、筛子、手推车、铁板、铁锹、平锹、灰勺、软毛刷、钢丝刷、长毛刷、鸡腿刷、粉线包、钢筋卡子、小线、喷壶、小水壶、水桶、扫帚、锤子、錾子、百格网、搅拌机、线坠、水平尺、脚手架、模板、钢刷等。

三 、方法与步骤

1. 准备工作。

2. 基槽放线。

3. 配制砂浆。

4. 基础施工。

5. 墙体砌筑。

6. 抹灰施工。

7. 镶贴工程。

四、考核要点

1. 施工步骤及施工工艺正确无误。

2. 景墙工程满足验收标准及规范。

五、作业

略

项目八

园林绿化种植工程施工

【内容提要】

园林绿化种植是利用植物形成环境和保护环境，构成人类的生活空间。由于植物本身是活的有机体，它的萌芽、展叶、开花、结果、落叶等生命迹象会随着季节而发生变化。再加上近些年大量新优品种的出现，使得植物在形态、色彩、种类上都发生了更多的改变，更加丰富了园林景致，这种多样性是人工材料所不及的。

园林绿化种植工程的施工包括从起苗、运输、定植到栽后管理这四大环节中的所有工序。一般的工序和环节包括种植前的准备、放线、定点、挖穴、换土、起苗、包装、运苗、假植、修剪、种植、栽后管理与现场清理等。一个完整的种植施工的完成应是所有这些工序或环节的组合，所以要把它们综合起来学习和理解。

任务一　乔灌木种植工程施工

【知识点】

乔灌木种植的概念及原理
乔灌木的栽植季节
影响乔灌木移植成活的因素
乔灌木种植对环境的要求
乔灌木的选择

【技能点】

乔灌木种植前的准备工作
定点放线
挖穴技术
掘苗技术
包装运输和假植
栽植前的修剪
栽植
栽植后的养护管理

【相关知识】

一、乔灌木种植的概念及原理

（一）乔灌木种植的概念

乔灌木种植实际上就是移栽。它是将树木从一个地点移植到另一个地点，并使其继续生长的操作过程。然而树木移栽是否成功，不仅要看栽植后树木能否成活，而且要看以后树木生长发育的能力及长势情况。

（二）乔灌木种植的原理

乔灌木树种的移栽，无论是裸根栽植还是带土栽植，为了保证树木成活，必须掌握树木生长规律及生理变化，了解树木栽植的成活原理。树木栽植中，植株受到的干扰首先表现在树体内部的生理与生化变化，总的代谢水平和对不利环境的抗性下降。这种变化开始不易觉察，直至植株发生萎蔫甚至死亡时，已发展到极其严重的程度了。因此，树木栽植成活的原理是保持和恢复树体以水分为主的代谢平衡。

二、乔灌木的栽植季节

园林树木栽植原则上应在其最适宜的时期进行，它是由各种树木的不同生长特性和栽植地区的特定气候条件而决定的。一般来说，落叶树种多在秋季落叶后或在春季萌芽前进行，因为该时期树体处于休眠状态，生理代谢活动滞缓，水分蒸腾较少，体内贮藏营养丰富，受伤根系易于恢复，移植成活率高。常绿树种栽植，在南方冬暖地区多行秋植，或于新梢停止生长期进行；冬季严寒地区，易因秋季干旱造成“抽条”而不能顺利越冬，故以新梢萌发前春植为宜；春旱严重地区可在雨季栽植。

（一）春季栽植

在冬季严寒及春雨连绵的地方，春季栽植最为理想。这时气温回升，雨水较多，空气湿度大，土壤水分条件好，地温转暖，有利于根系的主动吸水，从而保持水分的平衡。

春天栽植应立足一个“早”字。只要没有冻害，便于施工，应及早开始。其中最好的时期是在新芽开始萌动之前两周或数周。此时幼根开始活动，地上部分仍处于休眠状态，先生根后发芽，树木容易恢复生长。尤其是落叶树种，必须在新芽开始萌动或新叶开放之前栽植，若延至新叶开放之后，常易枯萎或死亡，即使能够成活也是由休眠芽再生新芽，当年生长多数不良。如果常绿树种植偏晚，萌芽后栽植的成活率反而要比同样情况下栽植的落叶树种高。虽然常绿树在新梢生长开始以后还可以栽植，但远不如萌动之前栽植好。

（二）夏季栽植

夏季栽植最不保险。因为此时，树木生长最旺，枝叶蒸腾量很大，根系需吸收大量的水分；而土壤的蒸发作用很强，容易缺水，易使新栽树木在数周内遭受旱害，但如果冬、春雨水很少，夏季又恰逢雨季的地方，如华北、西北及西南等春季干旱的地区，应掌握有利时机进行栽植（实为雨季栽植），可获得较高的成活率。

（三）秋季栽植

秋季气温逐渐下降，土壤水分状况稳定，许多地区都可以进行栽植，特别是春季严重干旱和风沙大或春季较短的地区，秋季栽植比较适宜。但在易发生冻害的地区不宜秋植。从树木生理来说，由落叶转入休眠，地上部分的水分蒸发已达到很低的程度而根系在土壤中的活动仍在进行，甚至还有一次生长的小高峰，栽植以后根系的伤口容易愈合，甚至当年可发出少量新根，翌年春天发芽早，在干旱到来之前可完全恢复生长，增强对不利环境的抗性。

秋季栽植的时期较长，从落叶盛期以后至土壤冻结之前都可进行。近年来许多地方提倡秋季带叶栽植，取得了栽后愈合发根快、第二年萌芽早的良好效果，但是带叶栽植不能太早，而且要在大量落叶时开始，否则会降低成活率，甚至完全失败。

（四）冬季栽植

在比较温暖、冬天土壤不结冻或结冻时间短、天气不太干燥的地区，可以进行冬季栽植。在北方或高海拔地区，土壤封冻，天气寒冷，一般不宜冬天栽植。但是，在冬季严寒的华北北部、东北大部，土壤冻结较深，也可采用带冻土球的方法栽植。我国古代，北方的帝王宫苑常用这种方法移栽大树。在国外，如日本北部及加拿大等国家，也常用冻土球法移栽树木。一般说来，冬季栽植主要适合于落叶树种，它们的根系在冬季休眠时期很短，栽后仍能愈合生根，有利于第二年的萌芽和生长。

三、影响乔灌木移植成活的因素

（一）根部受损情况

树木在移植的过程中，根部会受到不同程度的损伤，造成植株地上部分和地下部分生理作用失去平衡，往往导致移植不成功。

（二）水分平衡

移植时植物枯死的最大原因是由于根部不能充分吸收水分，茎、叶蒸腾较大，水分收支失去平衡。植物体蒸腾的部位是叶的气孔、叶的表皮和枝干的皮孔。其中，叶的气孔的蒸腾量为全部的十分之八九，叶表皮的蒸腾量为全部的十分之一以下，枝茎皮孔的蒸腾量不过数十分之一。但是，当植物体处于缺水状态时，气孔关闭了，叶的表皮和枝茎皮孔的蒸腾就成了问题的焦点。

（三）断根处理

根部吸收水分的功能主要靠须根顶端的根毛，须根发达，根毛多，吸收能力强，移植前能经过多次断根处理，促使其原土内的须根发达，移植时由于带有充足的根土，就能保证其成活。再者，在移植的时候根被切断、根毛受损，树整体的吸水能力下降，这时，老根、粗根均会通过切口吸收水分，有利于水分收支平衡。

（四）储存物质

根的再生能力是靠消耗树干和树冠下部枝叶中的储存物质产生的。所以，最好在储存物质多的时期进行移植。

四、乔灌木种植对环境的要求

（一）对温度的要求

植物的自然分布和气温有密切的关系，不同的地区，就应选用能适应该区域条件的树种。实践证明，当日平均温度等于或略低于树木生物学最低温度时，栽植成活率高。

（二）对光的要求

植物的同化作用是光反应，所以除二氧化碳和水以外，还需要波长为 490～760nm 的绿色和红色光（表 8-1）。

表 8-1　光的波长对植物的影响

光线	波长/nm	对植物的作用
紫外线	400 以下	对许多合成作用有重要作用，过度则有害
紫—蓝色光	400～490	有折光性，光在形态形成上起作用
紫—红色光	490～760	光合作用
红外线	760 以上	一般起温度的作用

一般光合作用的速度，随着光强度的增加而加强。弱光时，光合作用吸收的二氧化碳和其呼吸作用放出的二氧化碳是同一数值时，这个数值称作光饱和点。

植物的种类不同，光饱和点也不同。光饱和点低的植物耐阴，在光线较弱的地方也可以生长。反之，光饱和点高的植物喜阳，在光线强的情况下，光合作用强；反之，光合作用减弱，甚至不能发育。由此可知，在阴天或遮光的条件下，对提高种植成活率有利。

（三）对土壤的要求

土壤是树木生长的基础，它是通过其中水分、肥分、空气、温度等来影响植物生长的。适宜植物生长的最佳土壤是：矿物质 45%，有机质 5%，空气 20%，水 30%（以上按体积比计）。矿物质是由大小不同的土壤颗粒组成的。种植树木和草类的土质类型最佳质量百分比（%）如表 8-2 所示。

表 8-2　树木和草的土质类型最佳质量配比　%

种别	黏土	黏砂土	砂
树木	15	15	70
草类	10	10	80

植物在生长过程中所必需的元素有 16 种之多，其中碳、氢、氧来自二氧化碳和水，其余的都是从土壤中吸收的。一般说来，养分的需要程度和光线的需要程度是相反的。当阳光充足时，光合作用可以充分进行，养分较少也无妨碍；养分充足时阳光接近最小限度时，也可维持光合作用。

土壤养分充足对种植的成活率、种植后植物的生长发育有很大影响。

树木有深根性和浅根性两种。种植深根性的树木有深厚的土壤，在移植大乔木时比小乔木、灌木需要更多的根土，所以栽植地要有较大的土层厚度，具体可见表 8-3。

表 8-3　植物生长所需的最低限度土层厚度　cm

种类	植物生存的最小厚度	植物培育的最小厚度
草类、地被	15	30
小灌木	30	45

续表

种类	植物生存的最小厚度	植物培育的最小厚度
大灌木	45	60
浅根性乔木	60	90
深根性乔木	90	150

有很多种土壤不适宜植物的生长，因而如何改善土壤性状，提高土壤肥力，为植物生长创造良好的土壤环境则是一项重要工作。常用的改良方法有：通过工程措施，如排灌、洗盐、清淤、清筛、筑池等以及通过栽培技术措施如深耕、施肥、压砂、客土、修台等方法；此外，还可通过生长措施改良土壤，如种抗性强的植物、绿肥植物，养殖微生物等。

五、乔灌木的选择

（一）苗木质量

苗木质量直接影响栽植的质量、成活率、养护成本及绿化效果。因此应选择植株健壮、根系发达、无病虫害的苗（树）木。

（二）苗（树）龄与规格

树木的年龄对栽植成活率有很大影响，并与成活后植株的适应性和抗逆性有关。

1. 幼龄苗木

植株较小，根系分布范围窄，起挖时根系损伤率低，栽植过程（起挖、运输和栽植）也较简便，并可节约施工费用。由于幼龄苗木容易保留较多的须根，起挖过程对树体地上与地下部分的平衡破坏较小。因此，幼龄植株栽后受伤根系再生力强，恢复期短，成活率高，地上枝干经修剪留下的枝芽也容易恢复生长。幼龄苗木整体上营养旺盛，对栽植地环境的适应能力较强。但由于植株小，易遭受人畜的损伤，尤其在城市条件下，更易受到人为活动的损伤，甚至造成死亡而缺株，影响日后的景观，绿化效果也较差。

2. 壮、老龄树木

根系分布深广，吸收根远离树干，起挖时伤根率较高，若措施不当，栽植成活率低。为提高栽植成活率，对起、运、栽及养护技术要求较高，必须带土球移植，施工养护费用也高。但壮老龄树木，树体高大，姿形优美，栽植成活后能很快发挥绿化效益，在重点工程特殊需要时，可以适当选用，但必须采取大树移栽的特殊措施。

根据城市绿化的需要和环境条件的特点，一般绿化工程多用较大规格的幼龄苗木，移栽较易成活，绿化效果见效快，为提高成活率，尤其应该选用苗圃多次移植的大苗。

（三）苗木来源

栽植的苗（树）木一般有三种来源，即当地培育、外地购进及从园林绿地和野外搜集的苗（树）木。当本地培育的苗木供不应求、不得不从外地购进时，必须在栽植前数月从相似气候区订购。在提货之前应该对欲购树木的种源、起源、年龄、移植次数、生长及健康状况等进行详细的调查。要把好起（挖）苗、包装的质量关，按照规定进行苗木检疫，防止将病虫害带入当地；在运输装卸中，要注意洒水保湿，防止机械损伤和尽可能地缩短运输时间。

【任务实施】

一、乔灌木种植前的准备工作

乔灌木的种植工程是绿化工程中重要的组成部分，其施工质量，直接影响景观及绿化效果。因此，绿化施工单位在接受施工任务后，工程开工前，必须做好绿化施工的一切准备工作。

（一）明确设计意图与施工任务量

施工单位应了解设计意图，向设计人员了解设计思想、所要达到的预期目的或意境，以及施工完成后近期所要达到的效果，并通过设计单位和工程主管部门了解工程概况。

1. 工程范围及任务量

包括种植乔灌木的规格和质量要求，以及相应的建设工程，如土方、道路、给排水、山石、园林设施等工程的范围、工程量和工程进度。

2. 工程的施工期限

包括工程总进度和完工日期以及每种苗木要求的种植完成日期。应特别强调植树工程进度的安排必须以不同树种的最宜种植日期为前提，其他工程项目应围绕植树工程来进行。

3. 工程投资及设计概（预）算

包括主管部门批准的工程投资额和设计预算的定额依据。

4. 设计意图

施工单位拿到设计单位全部设计资料（包括图面材料、文字材料及相应的图表）后应仔细阅读，弄清图纸上的所有内容，并听取设计和主管部门对绿化效果的要求。

5. 施工地段的地上与地下情况

有关部门对地上物的保留和处理要求等，特别要了解地下各种电缆及管线情况，和有关部门配合，以免施工时造成事故。

6. 定点放线的依据

一般以施工现场及附近水准点作定点放线的依据，如条件不具备，可与设计部门协商，确定一些永久性建筑物为依据。

7. 工程材料来源

了解各项工程材料的来源渠道，主要是苗木的出圃地点、时间及质量。

8. 运输情况

了解施工所需机械和车辆的来源、行车道路及交通状况。

（二）现场踏勘

在了解设计意图和工程概况之后，负责施工的主要人员必须亲自到现场进行细致的踏勘与调查。主要包括以下四个方面的内容：

（1）各种地上物（如房屋、原有树木、市政或农田设施等）的去留及需要保护的地上物（如古树名木等），要拆迁的应如何办理有关手续与处理办法。

（2）现场内外交通、水源、电源情况，现场内外能否通行机械车辆，如果交通不便，则需确定开通道路的具体方案。

（3）施工期间生活设施（如食堂、厕所、宿舍等）的安排。

（4）施工地段的土壤调查，以确定是否换土，估算客土量并明确其来源等。

（三）制定施工方案

施工方案是根据工程规划设计所制定的施工计划，又叫“施工组织设计”或“组织施工计划”。根据绿化工程的规模和施工项目的复杂程度制定的施工方案，在计划的内容上尽量考虑得全面而细致，在施工的措施上要有针对性和预见性，文字上要简明扼要、抓住关键。其主要内容如下：

（1）工程概况。工程名称、施工地点；设计意图；工程的意义、原则要求以及指导思想；工程的特点及有利和不利条件；工程的内容、范围、工程项目、任务量、投资预算等。

（2）施工的组织机构。参加施工的单位、部门及负责人；需要设立的职能部门及其职责范围和负责人；明确施工队伍，确定任务范围，任命组织领导人员，并明确有关的制度和要求；确定任务范围，任命组织领导人员，并明确有关的制度和要求；确定劳动力的来源及人数。

（3）施工进度。分单项进度与总进度，确定其起止日期。

（4）劳动力计划。根据任务工程量及劳动定额，计算出每道工序所需用的劳动力和总劳动力，并确定劳动力的来源、使用时间及具体的劳动组织形式。

（5）材料和工具供应计划。根据工程进程的需要，提出苗木、工具、材料的供应计划，包括用量、规格、型号、使用期限等。

（6）机械运输计划。根据工程需要，提出所需用的机械、车辆，并说明所需机械、车辆的型号，日用台班数及具体使用日期。

（7）施工预算。以设计预算为主要依据，根据实际工程情况、质量要求和届时的市场价格，编制合理的施工预算。

（8）技术和质量管理措施。制定操作细则，施工中除遵守统一的技术操作规程外，应提出本项工程的一些特殊要求及规定；确定质量标准及具体的成活率指标；进行技术交底，提出技术培训的方法；制定质量检查和验收办法。

（9）绘制施工现场平面图。对于比较大型的复杂工程，为了了解施工现场的全貌，便于对施工的指挥，在编制施工方案时，应绘制施工现场平面图。平面图上主要标明施工现场的交通路线、放线的基点、存放各种材料的位置、苗木假植地点、水源、临时工棚和厕所等。

（10）安全生产制度。建立、健全保障安全生产的组织；制定安全操作规程；制定安全生产的检查和管理办法。

（四）种植工程主要技术项目的确定

为确保工程质量，在制定施工方案的时候，应对种植工程的主要项目确定具体的技术措施和质量要求。

（1）定点和放线。确定具体的定点、放线方法（包括平面和高程），保证种植位置准确无误，符合设计要求。

（2）挖坑。根据苗木规格，确定树坑的具体规格（直径×深度）。为了便于施工中掌握，可根据苗木大小分成几个级别，分别确定树坑规格，进行编号，以便工人操作

(图 8-1)。

(3) 换土。根据现场踏勘时调查的土质情况，确定是否需要换土。如需换土，应计算出客土量，确定客土的来源及换土的方法（成片换还是单坑换），还要确定渣土的去向，如果现场土质较好，只是混杂物较多，可以去渣添土，尽量减少客土量，保留一部分破碎瓦片有利于土壤通气（图 8-2）。

图 8-1 挖坑

图 8-2 换土

(4) 掘苗。确定具体树种的掘苗、包装方法，哪些树种带土球，土球规格，包装要求，哪些树种可裸根掘苗及应保留根系的规格等（图 8-3）。

(5) 运苗。确定运苗方法，如用什么车辆和机械，行车路线，遮盖材料、方法及押运人，长途运输要提出具体要求（图 8-4）。

图 8-3 掘苗

图 8-4 运苗

(6) 假植。确定假植地点、方法、时间、养护管理措施等。

(7) 种植。确定不同树种和不同地段的种植顺序，是否施肥（如需施肥，应确定肥料种类、施肥方法及施肥量），苗木根部消毒的要求与方法。

(8) 修剪。确定各种苗木的修剪方法（乔木应先修剪后种植，绿篱应先种植后修剪）、修剪的高度和形式及要求等（图 8-5）。

(9) 树木支撑。确定是否需要立支柱，以及立支柱的形式、材料和方法等(图 8-6)。

(10) 灌水。确定灌水的方式、方法、时间、灌水次数和灌水量，封堰或中耕的要求。

(11) 清理。清理现场应做到文明施工、工完场净。

(12) 其他有关技术措施。如灌水后发生倾斜要扶正，遮阴、喷雾、防治病虫害等的方法和要求。

图 8-5 修剪

图 8-6 支撑

(五) 施工现场的准备

施工现场的准备是植树工程准备工作的重要内容，现场准备的工作量随施工场地的地点不同而有很大差别。这项工作的进度和质量对完成绿化施工任务影响较大。

(1) 清理障碍物。绿化工程用地边界确定之后，凡地界之内，有碍施工的市政设施、农田设施、房屋、树木、坟墓、堆放杂物、违章建筑等，一律应拆除和迁移。对现有树木的处理要持慎重态度，对于病虫害严重的、衰老的树木应予砍伐；凡能结合绿化设计可以保留的尽量保留，无法保留的可迁移。

(2) 地形地势的整理。地形整理是指从土地的平面上，将绿化地区与其他用地界限区划开来，根据绿化设计图纸的要求整理出一定的地形起伏。此项工作可与清除地上障碍物相结合。

(3) 土壤的整理。地形地势整理完毕之后，为了给植物创造良好的生长基地，必须在种植植物的范围内对土壤进行整理。原是农田菜地的土质较好、侵入体不多的只需要加以平整，无须换土。如果在建筑遗址、工程弃物、矿渣炉灰地修建绿地，需要清除渣土换上好土。对于树木定植位置上的土壤改良，待定点刨坑后再解决。

(4) 接通电源、水源，修通道路。这是保证工程开工的必要条件，也是施工现场准备的重要内容。

(5) 根据需要，搭建临时工棚。

二、定点放线

定点放线指在现场测出苗木栽植的位置和株行距。由于树木栽植方式各不相同，定点放线的方法也有很多种，常用的有以下三种。

（一）自然式配置乔灌木放线法

自然式栽植放线比较复杂，其方法有以下三种。

1. 方格网放线法

在面积较大的植树绿化工地上，可以在图纸上，以一定的边长，画出方格网（如5m、10m、20m等长度），再把方格网按比例测设到施工现场（一般多采取经纬仪器来放桩比较准确），再在每个方格内按照图纸上的相对位置，用绳尺定点。

2. 小平板放线法

小平板详细的使用方法，一般在测量学中学习过，这里重点强调的是，首先定出具有代表意义的控制点，再将植株位置按设计依次定出，用白灰点表示。小平板定点适用于范围较大、测量精度要求较高的绿地。

3. 目测法

对于设计图上无固定点的绿化种植，如灌木丛、树群等可用上述两种方法测出树群树丛的栽植范围，其中每株树木的位置和排列可根据设计要求在所定范围内用目测法进行定点，定点时应注意植株的生态要求，注意自然美要求。

定好点后，多采取白灰打点或打桩，标明树种、栽植数量（灌木丛树群）、坑径。

（二）整形式（行列式）放线法

对于成片整齐式种植或行道树的放线法，可用仪器和皮尺定点放线。定点的方法是先将绿地的边界、园路广场和建筑物等的平面位置作为依据，量出每株树木的位置，钉上木桩，桩上写明树种名称。

一般行道树的定点是以路牙或道路的中心为依据，可用皮尺、测绳等，按设计的株距，每隔10株钉一木桩作为定位和栽植的依据，定点时如遇电杆、管道、涵洞、变压器等障碍物应躲开，不应拘泥于设计的尺寸，而应遵照与障碍物相距的有关规定来定位。下面是市政地下各种管线和地上架空电线，以及各种公用设施和道路绿化种植之间的关系数据，可以作为道路绿化种植的参考（表8-4、表8-5）。

表8-4　绿化中树木与市政地下管线的最小水平距离　　m

地下管线名称	乔木	灌木
电力电缆	1.2～1.5	1.0～1.5
通信电缆	1.2～1.5	1.0～1.5
给水管	1.0	—
排水管	1.0～1.5	—
排水沟	1.0	0.5
消防龙头	1.2	1.0
煤气管道（低中压）	1.2～2.0	1.0～2.0
热力管线	2.0	2.0

表 8-5　绿化行道树与市政地上架空电线的最小间距　　m

电线电压	树冠至电线的最小水平距离	树冠至电线的最小垂直距离
1kV 以下	1.0	1.0
1～20kV	3.0	3.0
35～110kV	4.0	4.0
150～220kV	5.0	5.0

(三) 等距弧线放线法

若树木栽植为一弧线，如街道曲线转弯处的行道树，放线时可从弧的开始到末尾以路牙或中心线为准，每隔一定距离分别画出与路牙垂直的直线，在此直线上，按设计要求的树与路牙的距离定点，把这些点连接起来就成为近似道路弧度的弧线，在此线上再按株距要求定出各点。

三、开挖树穴

(一) 确定树穴尺寸

树穴的大小和深浅应根据树木规格和土层厚薄、坡度大小、地下水位高低及土壤墒情而定。实践证明，大坑有利树体根系生长和发育，一般坑的直径与深度比根的幅度与深度或土球大 20～40cm，甚至一倍。如种植胸径为 5～6cm 的乔木，土质又比较好，可挖直径约 80cm、深约 60cm 的坑穴。但缺水沙土地区，大坑不利保墒，宜小坑栽植；黏重土壤的透水性较差，大坑反易造成根部积水，除非有条件加挖引水暗沟，一般也以小坑栽植为宜。定植坑穴的挖掘，上口与下口应保持大小一致，切忌呈锅底状，以免根系扩展受碍。

一般带土球的乔木坑穴应比土球直径放大 40～60cm，坑的深度一般是坑径的 3/4～4/5，坑的上口与下底一样大。

裸根灌木坑穴的规格比根幅宽 20～30cm、深 10～20cm。坑的规格参照表 8-6、表 8-7。

表 8-6　裸根乔木挖种植穴规格　　cm

乔木胸径	种植穴直径	种植穴深度	乔木胸径	种植穴直径	种植穴深度
3～4	60～70	40～50	6～8	90～100	70～80
4～5	70～80	50～60	8～10	100～110	80～90
5～6	80～90	60～70			

表 8-7　裸根灌木类挖种植穴规格　　cm

灌木高度	种植穴直径	种植穴深度	灌木高度	种植穴直径	种植穴深度
120～150	60	40	180～200	80	60
150～180	70	50			

(二) 操作方法

以定点标记为圆心、以规定的坑径为直径，先在地上画圆，沿圆的四周向内向下直挖，掘到规定的深度，然后将坑底刨松后铲平。栽植裸根苗木的坑底刨松后，要堆一个小土丘以使栽树时树根舒展。如果是原有耕作土，上熟土放在一侧，下层生土放另一侧，为栽植时备用。

(三) 挖树坑作业的技术要求

(1) 挖出的表土与底土分别堆放，待填土时将表土填入下部，底土填入上部和做围堰用。

(2) 挖坑一般应略大于苗木的土球或根群的直径，当土质不良时，应加大穴径，并将杂物清走；栽植适应性强的树种的坑穴可以略小；栽植适应性差的树种的坑穴应放大；对干径超过0.1m的大规格苗木，均应加大树坑。

(3) 挖穴时，如遇地下管线，应停止操作，及时找有关部门解决，以免发生事故。

(4) 绿篱等株距较小者，可挖成沟槽。

(5) 种植穴的形状，从正投影来看，一般为圆形，为开挖方便起见，也有用多边形的，对特殊的带方形土球的大树，自然要挖方形坑。不管哪一种坑形，都要避免出现上大下小的“锅底坑”。

四、掘苗

根据乔灌木的生态习性和生长状态，以及施工季节的不同，掘苗时应注意以下几点。

(一) 掘苗移植的时间

掘苗时间因地区和树种不同而不同，一般多在秋冬休眠以后或者在春季萌动前进行，另外在各地区的雨季也可进行。

(二) 苗木的质量标准

在掘苗之前，首先要选苗，除了根据设计提出对规格和树形的特殊要求外，还要注意选择生长健壮、无病虫害、无机械损伤、树形端正和根系发达的苗木。作行道树种植的苗木分枝点应不低于2.5m，选苗时还应考虑起苗、包装、运输的方便。

(三) 掘苗的准备工作

(1) 选苗：苗木的质量是影响成活和生长的重要因素。

(2) 挂牌：在选定的苗木上挂一个牌，注明树木的名称和所要求的穴径，便于施工。

(3) 灌水：当土壤较干时，为便于挖掘、保护根系，应在起苗前2～3d灌水湿润。

(4) 拢冠：为了便于起苗操作，对于侧枝低矮和冠丛庞大的苗木，应先用草绳将树冠捆拢起来，但应注意松紧适度，不要损伤枝条。捆拢树冠可与号苗结合进行。

(5) 断根：地径较大的苗木，起苗前在根系周边挖半圆进行预断根，深度一般为15～20cm 。

(四) 掘苗方法

起苗时，要保证苗木根系完整。裸根乔、灌木根系的大小，应根据掘苗现场的株行距及树木高度、干径而定。

1. 裸根法

裸根法适用于处于休眠状态的落叶乔木、灌木，起苗时应该多保留根系，留些宿土，如掘出后不能及时运走，应埋土假植，并要求埋根的土壤湿润。灌木的裸根起苗范围可按苗木高度的 1/3 左右来确定。苗高及冠幅要符合绿化要求。

2. 带土球法

将苗木的根系带土削成球状，经包装后起出，称为“带土球法”。此法较费工时，适用于常绿树、名贵树和较大的灌木（图 8-7）。

图 8-7 带土球法

（1）挖掘土球步骤。

① 以树干为中心画一个圆圈，标明土球直径的尺寸，一般应较规定稍大一些，作为掘苗的根据。

② 去表土。画好圆圈后，先将圈内表土（也称宝盖土）挖去一层，深度以不伤地表的苗根为度。

③ 沿所画圆圈外缘向下垂直挖沟，沟宽以便于操作为宜，一般作业沟为 60～80cm。随挖、随修整土球表面，操作时千万不可踩土球，一直挖掘到规定的深度（土球高度）。

（2）掏底。球面修整完好以后，再慢慢从底部向内挖，称“掏底”。直径小于 50cm 的土球可以直接掏空，将土球抱到坑外“打包”；而大于 50cm 的土球，则应将土球底部中心保留一部分，支撑土球以便在坑内“打包”（表 8-8）。

表 8-8 留底规格

cm

土球直径	50～70	80～100	100～140
留底规格	20	30	40

（3）打包程序。土球挖掘完毕以后，用蒲包等物包严，外面用草绳捆扎牢固，称为“打包”。打包之前应用水将蒲包、草绳浸泡潮湿，以增强它们的强力（图 8-8）。

① 土球直径在 50cm 以下的可出坑（在坑外）打包。方法：先将一个大小合适的蒲包浸湿摆在坑边，双手捧出土球，轻轻放入蒲包正中，然后用湿草绳将包捆紧，捆草绳时应以树干为起点从上向下，兜底后，从下向上纵向捆绕。绳间距应小于 8cm。

② 土质松散以及规格较大的土球，应在坑内打包。方法：用蒲包包裹土球，从中腰捆几道草绳使蒲包固定，然后按规定缠绕纵向草绳。纵向草绳捆扎方法：先用浸湿的草绳在树干基部固定，然后沿土球垂直方向稍成斜角（约 30°）向下缠绕草绳，兜底后再向树干上方缠绕，在土球棱角处轻砸草绳，使草绳缠绕得更牢固，每道草绳间隔 8cm 左右，直至把整个土球缠绕完。

图 8-8　土球包装

③ 根据土球直径大小，决定缠绕强度和密度。土球直径小于 40cm，用一道草绳缠绕一遍，称“单股单轴”。土球较大者，用一道草绳沿同一方向缠绕两遍，称“单股双轴”。土球很大、直径超过 1m 者，须用两道草绳缠绕，称为“双股双轴”。纵向草绳缠绕完一圈后在树干基部收尾捆牢。

④ 系腰绳。直径超过 50cm 的土球，纵向草绳收尾后，为保护土球，还要在土球中腰横向捆草绳，称“系腰绳”。

方法：用草绳在土球中腰横绕几遍，然后将腰绳和纵向草绳连起来捆紧。根据土球大小，规定腰绳道数（表 8-9）。

表 8-9　腰绳道数

土球径/cm	50	60～100	100～120	120～140
腰绳道数	3	5	8	10

⑤ 封底。凡在坑内打包的土球，在捆好腰绳后，用蒲包、草绳将土球底部包严，称“封底”。

方法：先在坑的一边（树倒的方向）挖一条放倒树身的小纵向沟，顺沟放倒树身，然后用蒲包将土球底部裸土之处封严，再用草绳对兜底的纵向绳进行连接，一般在土球底部连接成五角形。

（4）土球规格。

土球的大小可按树木胸径的 10 倍左右来确定，对于特别难成活的树种一定要考虑加大土球，土球的高度一般比宽度少 5～10cm，土球厚度应为土球直径的 4/5 以上，土球的形状可根据施工方便而挖成方形、圆形、半球形等，但应注意保证土球完好。常绿树带土球苗规格详见表 8-10。

表 8-10　常绿树带土球苗的规格要求　　cm

苗木高度	土球直径	土球高度	备注
80～120	25～30	20	主要为绿篱苗
120～150	30～35	25～30	柏类绿篱苗
	40～50	—	松类
150～200	40～45	40	柏类
	50～60	40	松类
200～250	50～60	45	柏类
	60～70	45	松类
250～300	70～80	50	夏季放大一个规格
400 以上	100	70	夏季放大一个规格

五、包装运输和假植

（一）包装运输

1. 裸根苗装车

装乔木时应根前梢后，灌木直立；车后箱板应垫软物防止磨损；树梢不能拖地；凡远距离运输裸根苗时，常把树木的根部浸入事先调制好的泥浆中然后取出，用蒲包、稻草、草席等物包装，并在根部衬以青苔或水草，再用苫布或湿草袋盖好根部，以有效地保护根系而不致使树木裸根苗干燥受损，影响成活。

2. 带土球苗装车

苗高 1.5m 以下的带土球苗木可以立装，高大的苗木必须放倒，土球靠车厢前部，树梢向后并用木架将树头架稳，支架和树干接合部加垫蒲包。土球直径大于 60cm 的苗木只装一层，土球小于 60cm 的土球苗可以码放 2～3 层，土球之间必须排码紧密以防摇摆。土球上不准站人和放置重物。较大土球，防止滚动，两侧应加以固定。

3. 运输

在运输途中要经常检查毡布，防止根部受晒。长途运输时，应淋湿根部，在阴凉处停车。

4. 卸车

卸车时要爱护苗木，轻拿轻放。裸根苗木应按顺序拿放，不要乱抽乱堆。带土球苗木应双手抱土球拿放，不准拉树干和树梢。已经散的苗木，应及时包装。

（二）假植

假植是在定植之前，按要求将苗木的根系埋入湿润的土壤中，以防风吹日晒失水，保持根系生活力，促进根系恢复与生长的方法。树木运到栽种地点后，因受场地、人工、时间等主客观因素而不能及时定植者，须先行假植。假植地点应选择靠近栽植地点、排水良好、阴凉背风处。

六、栽植前的修剪

园林树木栽植前修剪的目的主要是提高成活率和注意培养树形，同时减少自然伤害，因此应对树冠在不影响树形美观的前提下按设计要求进行适当修剪。

（一）修剪部位

（1）剪枝条。一般剪除病虫枝、枯死枝、细弱枝、徒长枝、衰老枝等。

（2）剪根系。对于根系修剪，裸根树木栽植前应对根系进行适当的修剪，主要剪去断根、劈裂根、病虫根、过长根。

（二）修剪量

修剪时其修剪量依不同树种其要求有所不同。

（1）常绿针叶树、绿篱。不应多剪，只剪去枯病枝、受伤枝即可。

（2）较大的落叶乔木。尤其是生长势较强，容易抽出新枝的树木如杨、柳、槐等可进行强修剪，树冠可剪去1/2以上，这样可减轻根系负担，维持树木体内水分平衡，也使树木栽后稳定，不致招风摇动。

（3）花灌木、生长较慢的树木。可进行疏枝，短截去全部叶或部分叶，去除枯病枝、过密枝，对于过长的枝条可剪去1/3～1/2。

（三）注意事项

修剪乔木时要注意分枝点的高度。修剪灌木时要保持其自然树形，短截时应保持外低内高。修剪时剪口应平而光滑，并及时涂抹防腐剂以防过分蒸发、干旱、冻伤及病虫危害。

七、栽植

（一）散苗

将树苗按设计图要求，散放于定植坑边，称“散苗”。操作要求如下：

（1）爱护苗木，轻拿轻放，不得损伤树根、根皮和枝干。

（2）散苗速度与栽苗速度相适应，边散边栽，散毕栽完，尽量减少树根暴露时间。

（3）假植沟内剩余的苗木，要随时用土埋严树根。

（4）行道树散苗时应事先量好高度，保证邻近苗木规格大体一致。

（5）对有特殊要求的苗木，应按规定对号入座，不要搞乱。

（二）准备坑穴，放入苗木

先检查坑的大小是否与树木根深和根幅相适应。坑过浅要加深，并在坑底垫10～20cm的疏松土壤，踩实。对坑穴做适当填挖调整后，按树木原生长的方向放入坑穴内。同时尽量保证邻近苗木规格基本一致。

（三）回填土壤，踩实

树木放好后保证根系舒展，防止窝根，可逐渐回填土壤。填土时应尽量铲土扩穴。如果树小，可一人扶树、多人铲土；如果树大，可用绳索、支杆拉撑。填土时最好用湿润、疏松、肥沃的细碎土壤，特别是直接与根接触的土壤，一定要细碎、湿润，不要太干也不要太湿。太干浇水，太湿加干土。第一批土壤应牢牢地填在根基上。当土壤回填至根系约 1/2 时，可轻轻抖动树木，让土粒“筛”入根间，排除空洞（气袋），使根系与土壤密接。填土时应先填根层的下面，逐渐由下至上、由外至内压实，不要损伤根系。如果土壤太黏，不要踩得太实，否则通气不良，影响根系的正常呼吸。栽植完成以后要尽量使树木感到好像生长在原来的地方一样。栽植过浅，根系经风吹日晒，容易干燥失水，抗旱性差；栽植过深，树木生长不旺，甚至造成根系窒息，几年内就会死亡。

八、栽植后的养护管理

（一）树木支撑

一般栽植胸径 5cm 以上树木时，特别是在栽植季节有大风的地区，植后应立支架固定，以防“冠动根摇”，影响根系恢复生长。常用通直的木棍、竹竿作支柱，长度视苗高而定，以能支撑树的 1/3～1/2 处即可。一般用长 1.7m、粗 5～6cm 的支柱。但要注意支架不能打在土球或骨干根系上。树木支撑的形式多种多样，也因树木规格、栽植时间、栽植环境等有所不同。目前常采用的有四脚桩、三脚桩、单桩等。三脚桩或四脚桩的固定作用最好，且有良好的装饰效果，在人流量较大的市区绿地中多用。也可设置保护栅保护新栽树木。保护栅种类很多，材料可用绳子、铅丝、竹竿、木桩、水泥柱等。保护栅的设立方向，一般应设在下风口，才能充分发挥保护作用。支撑方法如图 8-9、图 8-10 所示。

图 8-9　三脚桩

图 8-10　四脚桩

（二）开堰灌水

水是保证树木成活的关键，栽后必须连灌三次水。栽植灌水不仅为保证根区湿度，还有夯实栽植土壤的作用。

1. 开堰

苗木栽好后灌水之前，先用土在原树坑的外沿培起高 15～20cm 的圆形土堰，并用铁锹将土堰拍打牢固，以防跑水。

2. 灌水

新植树木应在当日浇透第一遍水，水量不宜过大，主要目的是通过灌水使土壤缝隙填实，保证树根与土壤紧密结合。二次水距头次水时间为 3～5d，水量仍以压土填缝为主要目的。第三次水距第二次水 7～10d，此次水一定要灌透、灌足，即水分渗透到全坑土壤和坑周围土壤内（图 8-11）。

图 8-11 苗木灌水示意图

树木栽植后，每株每次浇水量可参考表 8-11。

表 8-11 树木栽植后浇水量

乔木及常绿树胸径 /cm	灌木高度 /m	绿篱高度 /m	树堰直径 /cm	浇水量 /kg
—	1.2～1.5	1～1.2	60	50
—	1.5～1.8	1.2～1.5	70	75
3～5	1.8～2	1.5～2	80	100
5～7	2～2.5	—	90	200
7～10	—	—	110	250

（三）扶直封堰

1. 扶直

每次浇水渗透后的次日，应检查树苗是否有歪倒现象，发现后及时扶直，并用细土将堰内缝隙填严，将苗木稳定好。

2. 封堰

三遍水浇完，待水分渗透后，用细土将灌水堰填平。封堰土堆应稍高于地面。南方封堰防止积水，北方地区封堰为了保墒。秋季植树应在树干基部堆成 30cm 高的土堆，有保墒、防寒、防风作用。

（四）其他栽后的养护管理工作项目

（1）对受伤枝条和栽前修剪不够理想枝条的复剪。

（2）病虫害的防治。

（3）巡查、维护、看管，防止人为损坏。

（4）场地清理，做到“场光地净”、文明施工。

任务二　大树移植工程施工

【知识点】

大树移植的概念

大树移植在城市园林建设中的意义

大树的选择

大树移植的时间

【技能点】

大树移植前的准备工作

大树移植的方法

大树的吊运

大树的定植

定植后的养护管理

【相关知识】

一、大树移植的概念

（一）大树的界定

按园林绿化施工规范的规定，胸径或基径 10～20cm 的称为大规格苗木，落叶乔木胸径大于 20cm、常绿树胸径（基径）超过 15cm 称为大树。

（二）大树的来源及生长特点

1. 来源于城市绿地

大树很少是从园林苗圃培育的，大多数是园林绿化改造工程中需要调整的种植了几十年的树木。有些苗木大是苗圃培育而后定植的，经过多次移植，根系比较发达，移植成活率高。栽植基质土壤较好，便于挖掘土球或箱板苗的土台。这类大树移植的困难小些，成活率会高些。

2. 来源于乡村山林

目前，园林中经常要求种大树，于是，农村种植几十年的、野生于山林的大树都成了寻求的目标。这些绝大部分都是野生的实生苗，绝大部分没有经过移植，没有断过根，只有直根系，侧根很少。根系分布没有规律，移植断根后损失惨重。我们建议这种“山苗”最好不用。

二、大树移植在城市园林建设中的意义

随着社会经济的发展、城市建设水平的提高，单纯地用小苗栽植来绿化城市的方法已不能满足城市建设的需要，尤其是一些重点工程，往往需要在较短的时间就要体现出较好的绿化美化效果。因而需要移植相当数量的大树。移植大树能充分地挖掘苗源，特别是利用郊区的天然林的树木，以及一些闲散地上的大树。此外，为保留建设用地范围内的树木，也需要实施大树移植。

三、大树的选择

选择需移植的大树时，一般要注意以下几点：

（1）树木原生长条件应与定植地立地条件相适应。

（2）选择合乎绿化要求的树种。因而应根据设计要求来合理选择树种。

（3）选择壮龄的树木。因为移植大树需要很多人力、物力，若树龄太大，移植后不久就会衰老，很不经济，而树龄太小，绿化效果又较差。

（4）选择生长健康的树木。选择没有感染病虫害和未受机械损伤的树木。

（5）考虑移植地点的自然条件和施工条件。

（6）在森林内选择树木时，选疏密度不大的林分中的最近5～10年生长在阳光下的树。

四、大树移植的时间

严格来说，如果掘起的大树带有较大的土块，在移植过程中严格执行操作规程，移植后又注意养护，那么，在任何时间都是可以进行大树移植的。但在实际工程中，最佳移植大树的时间是早春。因为这时树液开始流动，树木开始发芽、生长，挖掘时损伤的根系容易愈合和再生，移植后经过从早春到晚秋的正常生长以后，树木移植时受伤的部分已复原，给树木顺利越冬创造了有利条件。

（一）春季栽植

在春季树木开始发芽而树叶还没有全部长成以前，树木的蒸腾还未达到最旺盛时期，这时候进行带土球的移植，缩短土球暴露在空气中的时间，栽植后进行精心的养护管理，就能确保大树的存活。

（二）夏季栽植

盛夏季节，由于树木的蒸腾量大，此时移植对大树的成活不利，在必要时可采取加大土球，加强修剪、遮阴，尽量减少树木的蒸腾量，也可以成活。由于所需技术复杂、费用较高，故尽可能避免。

（三）深秋、冬季栽植

深秋及冬季，从树木开始落叶到气温不低于－15℃这一段时间，也可移植大树。其间，树木虽处于休眠状态，但是地下部分尚未完全停止活动，故移植时被切断的根系能在这段时间进行愈合，给来年春季发芽生长创造良好的条件。

【任务实施】

一、大树移植前的准备工作

（一）大树预掘的方法

1. 多次移植

此法适用于专门培养大树的苗圃中。速生树种的苗木可以在前几年每隔1～2年移植一次，待胸径达6cm以上时，可每隔3～4年再移植一次。而慢生树待其胸径达3cm以上时，每隔3～4年移植一次，长到6cm以上时，则隔5～8年移植一次，这样树苗经过多次移植，大部分的须根都聚生在一定的范围，再移植时，可缩小土球的尺寸、减少对根部的损伤。

2. 预先断根法（回根法）

适用于一些野生大树或一些具有较高观赏价值的树木的移植。一般是在移植前1～3年的春季或秋季，以树干为中心，2.5～3倍胸径为半径或以较小于移植时土球尺寸为半径画一个圆或方形，再在相对的两面向外挖30～40cm宽的沟（其深度视根系分布而定，一般为50～80cm），对较大的根应用锋利的锯或剪，齐平内壁切断，然后用沃土（最好是沙壤土或壤土）填平，分层踩实，定期浇水，这样便会在沟中长出许多须根。到第二年的春季或秋季再以同样的方法挖掘另外相对的两面，到第3年时，在四周沟中均长满了须根，这时便可移走。挖掘时应从沟的外缘开挖，断根的时间因各地气候条件有所不同。

3. 根部环状剥皮法

同上法挖沟，但不切断大根，而采取环状剥皮的方法，剥皮的宽度为10～15cm，这样也能促进须根的生长。这种方法由于大根未断，树身稳固，可不加支柱。

（二）大树的修剪

修剪是大树移植过程中，对地上部分进行处理的主要措施。修剪的方法各地不一，大致有以下几种。

1. 修剪枝叶

这是修剪的主要方式，凡病枯枝、过密交叉徒长枝、干扰枝均应剪去。此外，修剪量也与移植季节、根系情况有关。当气温高、湿度低、树木切根法带根系少时应重剪；而湿度大、根系也大时可适当轻剪。

2. 摘叶

这是细致费工的工作，适用于少量名贵树种，移前为减少蒸腾作用可摘去部分树叶，移后即可再萌出树叶。

3. 摘心

此法是为了促进侧枝生长，一般顶芽生长旺盛的如杨、白蜡、银杏等均可用此法以促进其侧枝生长，但是如木棉、针叶树种都不宜摘心处理，因此应根据树木的生长习性和要求来决定。

4. 剥芽

此法是为了抑制侧枝生长，促进主枝生长，控制树冠不致于过大，以防风倒。

5. 摘花摘果

为减少养分的消耗，移植前后应适当地摘去一部分花、果。

6. 刻伤和环状剥皮

刻伤的伤口可以是纵向的也可以是横向的，环状剥皮是在芽下2～3cm处或在新梢基部剥去1～2cm宽的树皮到木质部。其目的在于控制水分、养分的上升，抑制部分枝条的生理活动。

（三）编号定向

编号是当移栽成批的大树时，为使施工有计划、顺利地进行，可把栽植坑及要移栽的大树均编上一一对应的号码，使其移植时可对号入座，以减少现场混乱及事故。

定向是在树干上标出南北方向，使其在移植时仍能保持它按原方位栽种，以满足它对庇荫及阳光的要求。

（四）清理现场及安排运输路线

在起树前，应把树干周围 2～3cm 以内的碎石、瓦砾堆、灌木丛及其他障碍物清除干净，并将地面大致整平，为顺利移植大树创造条件。然后按树木移植的先后次序，合理安排运输路线，便于每棵树都能顺利运出。

（五）支柱、捆扎

为了防止在挖掘时由于树身不稳、倒伏引起工伤事故及损坏树木，在挖掘前应对需移植的大树支柱，一般是用 3 根直径 15cm 以上的大戗木，分立在树冠分支点的下方，然后用粗绳将 3 根戗木和树干一起捆紧，戗木底脚应牢固支在地面，与地面成 60°左右，支柱时应使 3 根戗木受力均匀，特别是避风向的一面。

（六）工具材料的准备

包装方法不同，所需材料也不同，表 8-12 中列出如挖掘一株 1.85m×1.85m×0.80m 木板方箱苗所需用的工具、材料、机械、车辆等。

表 8-12 木板方箱移植所需机具与材料

名称		数量、规格及用途
材料类	材料木板	箱板（边、底、上板）厚 5cm；带板（纵钉箱板上）厚 5cm、宽 10～15cm、长 80cm；箱板上口长 1.85cm、底口长 1.75cm，共 4 块，用 3 块带板钉好后高 0.8cm；底板约长 2.1m、厚 5cm、宽 10～15cm，4 块；上口板约长 2.3m、宽 10～15cm、厚 5cm，4 块
	铁皮（铁腰）	约 80 根，厚 0.2cm、宽 3cm、长 80～90cm，每条打 10 个孔，空间距 5～10cm，两端对称
	钉子	约 750 个，3～3.5 寸（10～11.67cm）
	杉篙	3 根，比树高略高，作支撑用
	支撑横木	4 根，10cm×15cm 木方，长 1m 左右，在坑内四面支撑木箱用
	垫板	8 块，厚 3cm、长 20～25cm、宽 15～20cm，用来支撑横木和垫木墩用
	方木	10cm×10cm～15cm×15cm，长 1.50～2.00m，约需 8 根，吊装、运输、卸车时垫木箱用
	圆木墩	约需 10 个，直径 25～30cm，支垫木箱底
	蒲包片	约 10 个，包四角填充上、下板
	草袋	约 10 个，围裹保护树干用
	扎把绳	约 10 根，捆杉篙起吊牵引用
工具类	花剪	2 把，剪枝用
	手锯	1 把，锯树根用
	木工锯	1 把，锯上、下板用
	铁锹	圆头，锋利铁锹 3～4 把，掘树用
	平锹	2 把，削土台、掏底用
	小板镐	2 把，掏底用
	紧线器	2 个，收紧箱板用
	钢丝绳	2 根，0.4 寸（1.33cm），每根连打扣长 10～12cm，每根附卡子 4 个

续表

名称		数量、规格及用途
工具类	尖镐	2把，刨土用
	铁锤、斧	2～4把，钉铁皮用
	小铁棍	2根，粗0.6～0.8cm、长40cm，拧紧线器用
	冲子、垛子	各1个，剁铁皮及铁皮打孔用
	鹰嘴扳子	1个，调整钢丝绳卡子用
	起钉器	2个，起弯钉用
	油压千斤顶	1台，上底板用
	钢尺	1把，量土台用
	废机油	少量，坚硬木板润滑钉子用
机械类	起重机	按需要配备起重机1～2台，土质松软处应用履带式起重机（木箱1.50m用5吨吊，木箱1.8m用8吨吊，木箱2.0m用15吨吊）
	车辆	数量、车型、载重量视需要而定

（七）其他

（1）如确因城市基础设施建设需要移栽古树名木，必须预先报所属地有关主管部门批准。

（2）现场勘察决定实施方案。勘察内容：树种及规格，土壤质地，土层厚度，建筑物距离，架空线，地下管线，挖掘、吊装、运输作业场地等。进行可行性分析，制定作业方案。

（3）大树移植不再单纯强调观赏面，重要的是注意原生态方向。一定要先在大树上标明原生地朝向，保证移栽后的阴阳面与原有立地条件一致。

（4）作业场地的准备。对挖掘大树作业和拟移栽大树作业的周边现场进行清理，保证吊装、运输通畅无阻。超宽超长运输应向交管部门报批，取得批件。

二、大树移植的方法

（一）软材包装移植法

软材包装移植法适用于挖掘圆形土球、树木的胸径10～15cm或稍大一些的常绿乔木。

1. 土球大小的确定

起掘前，可根据树木胸径的大小来确定土球的直径和高度，可参考表8-13。一般来说，土球直径为树木胸径的7～10倍。土球过大，容易散球且会增加运输困难；土球过小，又会伤害过多的根系，影响成活。所以土球的大小还应考虑树种的不同以及当地的土壤条件，最好是在现场试挖一株，观察根系分布情况，再确定土球大小。

表8-13 土球规格

树木胸径/cm	土球规格		
	土球直径/cm	土球高度/cm	留底直径
10～12	胸径8～10倍	60～70	土球直径的1/3
13～15	胸径7～10倍	70～80	

2. 土球的挖掘

挖掘前，先用草绳将树冠围拢，其松紧程度以不折断树枝又不影响操作为宜，然后铲除树干周围的浮土，以树干为中心，比规定的土球大 3～5cm 画一圆，并顺着此圆圈往外挖沟，沟宽 60～80cm，深度以到土球所要求的高度为止。

3. 土球的修整

修整土球要用锋利的铁锹，遇到较粗的树根时，应用锯或剪将根切断，不要用铁锹硬扎，以防土球松散。当土球修整到 1/2 深度时，可逐步向里收底，直到缩小到土球直径的 1/3 为止，然后将土球表面修整平滑，下部修一小平底，土球就算挖好了。

4. 土球的包装

土球修好后，用草绳打上腰箍，腰箍的宽度一般为 20cm 左右（图 8-12），然后用蒲包或蒲包片将土球包严并用草绳将腰部捆好，以防蒲包脱落，然后打花箍，即将双股草绳的一头拴在树干上，将草绳绕过土球底部拉紧捆牢（图 8-13），草绳的间隔在 8～10cm，土质不好的，还可以密些。花箍打好后，在土球外面结成网状，最后在土球的腰部密捆 10 道左右的草绳，并在腰箍上打成花扣，以免草绳脱落。

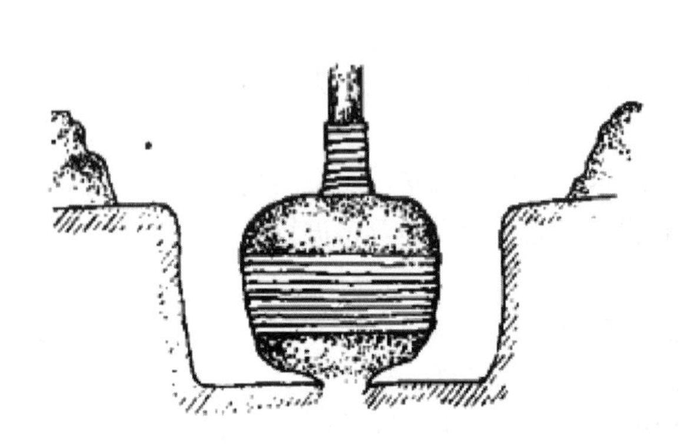

图 8-12　打好腰箍的土球

图 8-13　包装好的土球

土球打好后，将树推倒，用蒲包将底封严，用草绳捆好，土球的包装就完成了。在我国南方，一般土质较黏重，故在包装土球时，往往省去蒲包或蒲包片步骤，而直接用草绳包装，常用的有橘子包（其包装方法大体如前）、井字包和五角包（图 8-14）。

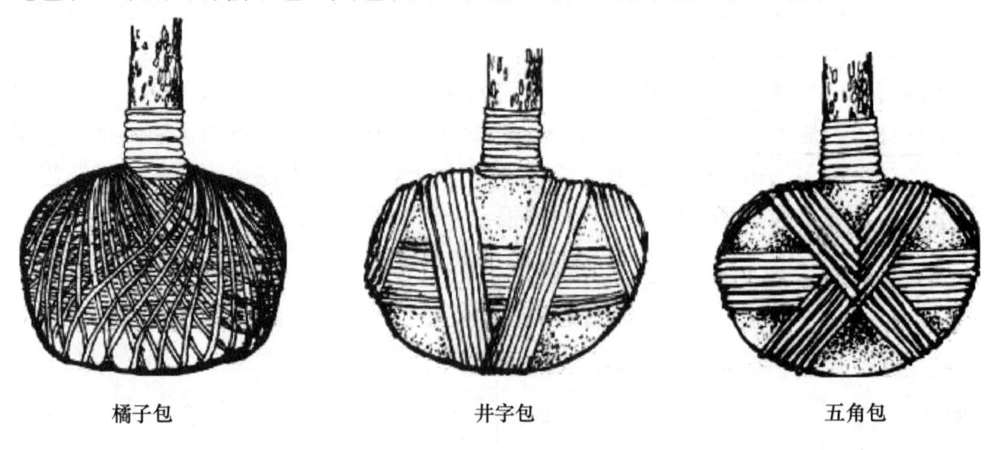

图 8-14　土球的包扎

（二）木箱包装移植法

当树木胸径超过 15cm、土球直径超过 1.3m 的大树，由于土球体积、质量较大，用软材包装移植时，较难保证安全吊运，宜采用木箱包装移植法（图 8-15）。

图 8-15　木箱包装装运

南方在箱板材料上有所创新，主要包括以下两种方法。

1. 钢筋混凝土槽包装法

此方法与木箱包装法相似，只是将木板换成钢筋混凝土槽，但应注意的是钢筋混凝土浇筑后要保证 28d 的养护期，然后才能吊装或移动。

2. 钢板包装法

土球四周用钢板和螺栓固定，钢板和土台接触部位用草包填实，防止意外振动导致土台破裂。节约了木材，节省了部分人力。不足之处是加大了箱板苗的质量。

（1）移植前的准备。移植前首先要准备好包装用的板材（箱板、底板和上板），掘苗前应将树干四周地表的浮土铲除，然后根据树木的大小决定挖掘土台的规格，一般可按树木胸径的 7～10 倍作为土台的规格，具体可见表 8-14。

表 8-14　土台的规格

树木胸径/m	0.15～0.18	0.18～0.24	0.25～0.27	0.28～0.30
土台规格/m（上边长×高）	1.5×0.6	1.8×0.70	2.0×0.70	2.2×0.80

（2）画线。开挖前以树干为正中心，比规定边长多 5cm 画成正方形，作为开挖土台的标记，画线尺寸一定要准确无误。

（3）挖作业沟。沿边线的外沿挖掘，沟的宽度要方便工人在沟内操作，一般要达到 60～80cm，土台四边比预定规格最多不得超过 5cm，立面中央部分应略高于四边，一直挖到规定的土台高度。

（4）铲除表土。为减轻质量，将表土铲到树根开始分布之处，从此向下计算土台高度，这项操作称“去表层土”，表面四角要水平。

（5）土台修整。土台掘到规定高度后，用平口锹将土台四壁修整平滑，称“修平”。修平时遇到粗根，要用手锯锯断，不可用铁锹硬切，会造成土台损伤。粗根的断口应稍低于土台表面，修平的土台尺寸要略大于边板规格，以保证箱板与土台靠紧。土台形状与边板一致，呈上口稍宽、底口稍窄的倒梯形，这样可以分散箱底所受压力。修平时要多次用箱板实地核对，以免返工和出现差错。挖出的土堆放在离土台较远的地方，由辅助工协助工作。

（6）装箱。

① 上边板（上箱板）；

② 掏底与上底板；

③ 上盖板。

（三）机械移植法

机械移植法是利用树木移植机，用来移植带土球的树木，可以连续完成挖栽植坑、起树、运输、栽植等全部移植作业。树木移植机的主要优点是：

（1）生产率高，一般能比人工提高 5～6 倍，而成本可下降 50％以上，树木径级越大效果越显著。

（2）成活率高，几乎可达 100％。

（3）适当延长移植的作业季节，不仅能在春季进行，在夏天雨季和秋季移植时成活率也很高，即使冬季在南方也能移植。

（4）能适应城市的复杂土壤条件，在石块、瓦砾较多的地方也能作业。

（5）减轻了工人劳动强度，提高了作业的安全性。

树木移植机的常见类型如图 8-16 所示。

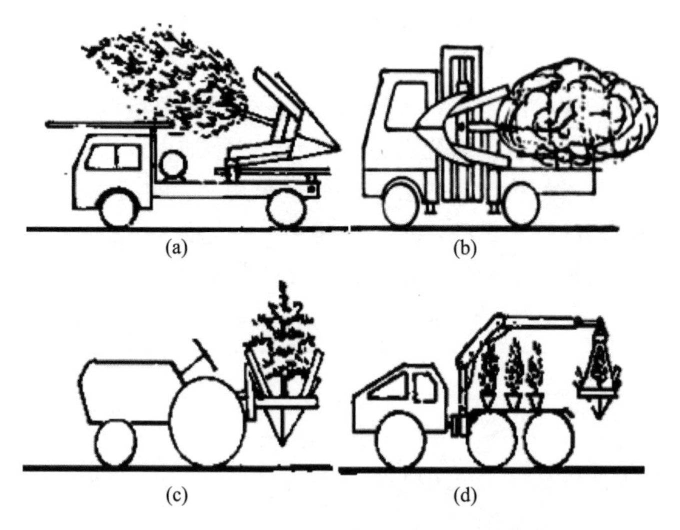

图 8-16 树木移植机形式示意图

（四）冻土球移植法

冻土球移植法在我国北方寒冷地区较多采用。在冻土层较深的北方，在土壤冻结期挖掘土球，可不必包装，且土球坚固、根系完好，便于运输，有利于成活，是一种节约经费的好方法。

冻土球移植法适用于耐严寒的乡土树种，待气温降至－15～－12℃、冻土深达 0.2m 时开始挖掘，对于下部没冻部分，需停放 2～3d，待其冻结，再行挖掘，也可泼水，促其冻结。树木挖好后，如不能及时移栽，可填入枯草落叶覆盖，以免晒化或寒风侵袭冻坏根系。一般冻土球移植质量较大，运输时也需使用吊车装卸，由于冬季枝条较脆，吊装运输过程中要格外注意保护树体不受损伤。

树坑最好于结冻前挖好，可省工省时。栽植时应填入化土，夯实，灌水支撑。为了保墒和防冻，应于树干基部堆土成台。春季解冻后，将填土部位重新夯实、灌水、养护。

三、大树的吊运

大树的吊运工作也是大树移植中的重要环节之一。吊运成功与否，直接影响到树木的成活、施工的质量以及树形的美观等，常用方法如下所述。

（一）吊装的方法

1. 起重机吊运法

目前，我国常用的是汽车式吊车，其优点是机动灵活、行动方便、装车简捷。

木箱包装吊运时，用两根直径 7.5～10mm 的钢索把木箱两头围起，钢索放在距木板顶端 20～30cm 的地方，把 4 个绳头结在一起，挂在起重机的吊钩上，并在吊钩和树干之间系一根绳索，使树木不致被拉倒，还要在树干上系 1～2 根绳索，以便在起运时用人力来控制树木的位置（图 8-17、图 8-18），不损伤树冠，有利于起重机工作。在树干上束绳索处必须垫上柔软材料，以免损伤树皮。

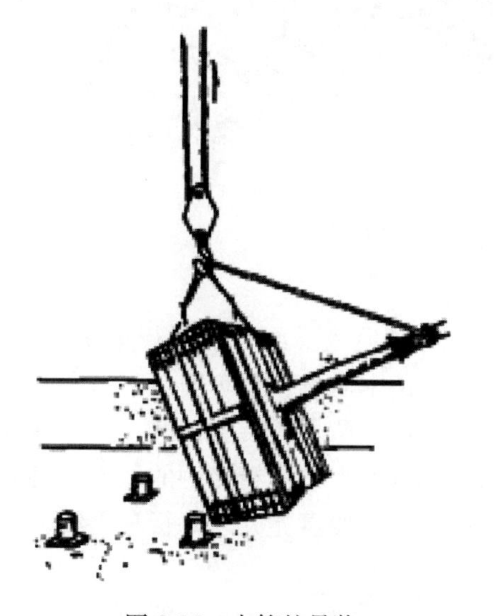

图 8-17　木箱的吊装

图 8-18　土球吊运

吊运软材料包装的或带冻土球的树木时，为了防止钢索损坏包装材料，最好用粗麻绳，因为钢丝绳容易勒坏土球。先将双股绳的一头留出 1m 多长结扣固定，再将双股绳分开，捆在土球的由上向下 3/5 的位置上，绑紧，然后将大绳的两头扣在吊钩上，在绳与土球接触处用木块垫起，轻轻起吊后，再用脖绳套在树干下部，也扣在吊钩上即可起吊。这些工作做好后，再启动起重机就可将树木吊起装车。

2. 滑车吊运法

在树旁用杉篙搭一木架，把滑车挂在架顶，利用滑车将树木吊起后，立即在穴面铺上两条 50～60cm 宽的木板，其厚度根据汽车（或其他运输工具）和树木的质量及坑的大小来决定（如果坑过大，可在木板中间底下立一支柱，以增加木板的抗压力），汽车或其他运输机械就可以运输树木了。

（二）装车

树木装进汽车时，使树冠向着汽车尾部，土块靠近司机室，树干包上柔软材料放在木架或竹架上，用软绳扎紧，土块下垫一块木衬垫，然后用木板将土球夹住或用绳子将土球缚紧于车厢两侧（图 8-19）。通常一辆汽车只装一株树。

图 8-19　运输装车法

（三）运输

运输大苗必须有专人在车厢上负责押运，押运人员必须熟悉行车路线、沿途情况、卸车地区情况，并与驾驶人员密切配合，保证苗木质量、行车安全。

（1）装车后、开车前，押运人员必须仔细检查苗木的装车情况，要保证刹车绳索牢固，树梢不得拖地，树皮与刹车绳索、支架木棍及汽车槽箱接触的地方，必须垫上蒲包等防止损伤树皮。对于超长、超宽、超高的情况，要事先办理好行车手续，还要有关部门（如电管部门、交管部门等）派技术人员随车协作。

（2）押运人员必须随车带有挑电线用的绝缘竹竿，以备途中使用。

四、大树的定植

（一）定植的准备工作

1. 平整场地

进行场地的清理和平整，具体要求与任务一相同。

2. 定点放线

按设计图纸的要求进行定点放线，放线的方式、方法同任务一中的介绍。

3. 树穴开挖

在挖移植坑时，要注意坑的大小应根据树种及根系情况、土质情况等而有所区别，一般应在四周加大 30～40cm，深度应比木箱高多 20cm，土坑要求上下一致，坑壁直而光滑，坑底要平整，中间堆 20cm 宽的土埂。

4. 穴内换土

由于城市广场及道路的土质一般均为建筑垃圾、砖瓦石砾，对树木的生长极为不利，因此必须进行换土和适当施肥，以保证大树的成活和有良好的生长条件。换土是用 1∶1 的泥土和黄砂混合均匀施入坑内。

(二) 卸车

1. 卸放地点

树木运到工地后要及时用起重机卸放，一般都卸放在定植坑旁，若暂时不能栽下的则应放置在不妨碍其他工作的地方。

2. 木箱卸车方法

木箱落地前，在地面上横放一根长度大于边板上口 40cm×40cm 的大方木，其位置应使木箱落地后，边板上口正好枕在方木上，注意落地时操作要轻，不可猛然触地，振伤土台。用方木顶住木箱落地的一边，以防止立直时木箱滑动。在箱底落地处按 80～100cm 的间距平行地垫好两根 10cm×10cm×200cm 的方木，让木箱立于方木上，以便栽苗时穿绳操作。此时即可缓缓松动吊绳，按立起的方向轻轻摆动吊臂，使树身徐徐立直，稳稳地立在平行垫好的两根方木上，到此卸车就顺利完成了。注意当摆动吊臂、木箱不再滑动时，应立即去掉防滑方木。

3. 带土球卸车方法

带土球的树木卸车时用大钢丝绳从土球下两块垫木中间穿过，两边长度相等，将绳头挂于吊车钩上，为使树干保持平衡，可在树干分枝点下方拴一大麻绳，拴绳处可衬垫草，以防擦伤。大麻绳另一端挂在吊车钩上，这样就可把树平衡吊起，土球离开车后，迅速将汽车开走，然后移动吊杆把土球降至事先选好的位置。

(三) 定植

(1) 放入栽植坑时，应由专人掌握好定植方向，应考虑树姿和附近环境的配合，并应尽量符合原来的朝向。

(2) 当树木栽植方向确定后，在坑内垫一土台或土埂，若树干不和地面垂直，则可按要求把土台修成一定坡度，使树干垂直于地面后再吊大树。

(3) 当落地前，迅速拆去中间底板或包装蒲包，放于土台上，并调整位置。

(4) 土球下填土压实，起边板，填土压实。如坑深在 40cm 以上，应在夯实 1/2 时浇足水，等水全部渗入土中再继续填土。

(5) 由于移植时大树根系会受到不同程度损伤，为促其增生新根、恢复生长，可适当使用生长素。

五、定植后的养护管理

定植大树以后必须进行养护工作，应采取下列措施。

(一) 支撑

大树栽植后应立即支撑固定，预防歪斜。正三角撑最有利于树体固定，支撑点在树体高度 2/3 处为好，支柱根部应入土中 50cm 以上，方能固着稳定。井字四角撑具有较好的景观效果，也是经常使用的支撑方法。

（二）浇水

新移植大树，根系吸水功能减弱，对土壤水分需求量较小，只要保持土壤适当湿润即可。第一次定植浇透水后，间隔 2～3d 后浇第二次水，隔一周后浇第三次水，再后应视天气情况、土壤质地谨慎浇水。但夏季必须保证每 10～15d 浇一次水。同时，要防止树池积水，种植时留下的围堰，在第三次浇水后即应填平并略高于周围地面。在地势低洼易积水处，要开排水沟，保证雨天能及时排水。

（三）施肥

对于新移植的大树，结合树冠水分管理，每隔 20～30d 用 100mg/L 的尿素＋150mg/L 的磷酸二氢钾喷洒叶面，有利于维持树体养分平衡。

（四）裹干

为防止树体水分蒸腾过大，可用草绳等软材将树干全部包裹至一级分枝。经裹干处理后，一可避免强光直射和干风吹袭，减少树体枝干的水分蒸腾；二可存储一定量的水分，使枝干保持湿润；三可调节枝干温度，减少高、低温对树干的损伤。薄膜裹干，在树体休眠阶段使用效果较好，但在树体萌芽前应及时拆除。

（五）树盘处理

浇完第三次水后，即可撤除浇水围堰，并将土壤堆积到树下成小丘状，经常疏松树盘土壤，改善土壤的通透性。也可在根际周围种植地被植物，如马蹄金、白三叶、红花酢浆草等，或铺上一层白石子，既美观又可减少土面水分蒸发。

（六）根系保护

北方的树木，特别是带冻土块移植的树木移植后，定植坑内要进行土面保温，即先在坑面铺 20cm 厚的泥炭土，再在上面铺 50cm 厚的雪或 15cm 的腐殖土或 20～25cm 厚的树叶。早春，当土壤开始化冻时，必须把保温材料拨开，否则被掩盖的土层不易解冻，影响树木根系生长。

（七）搭遮阴棚

生长季移植，应搭遮阴棚，防止树冠经受过于强烈的日晒，减少树体蒸腾强度。特别是在成行、成片移植，密度较大时，宜搭建大棚，省材而方便。全冠搭建时，要求遮阴棚上方及四周与树冠间保持 50cm 的间距，以利棚内空气流通，防止树冠日灼危害。遮阴度为 70％左右，让树体接收一定的散射光，以保证树体光合作用的进行。

（八）防寒防冻

新植大树的枝梢、根系萌发迟，年生长周期短，养分积累少，组织发育不充实，易受低温危害，应做好防冻保温工作。首先，入秋后要控制氮肥、增施磷钾肥，并逐步撤除遮阴棚，延长光照时间，提高光照强度，以提高枝干的木质化程度，增强自身抗寒能力。其次，在入冬寒潮来临之前，做好树体保温工作，可采取覆土、裹干、设立风障等方法加以保护。

（九）看管围护

在人流较多、易遭人为伤害的地方，对新栽的大树采取围栏措施，并加强看管。

（十）定期检查

主要是了解树木的生长发育情况，并对检查出的问题如病虫害、生长不良等及时采取补救措施。

任务三　草坪工程施工

【知识点】

草坪建植的概念
草种选择的依据
草坪种子预处理技术
营养体法建植
液压喷播种法
植生带铺栽法

【技能点】

场地准备
种植草坪
草坪的养护管理

【相关知识】

一、草坪建植的概念

草坪是指人工建造及人工养护管理，起绿化、美化作用的草地。在园林绿地、庭园、运动场等地多为人工建造的草坪。

建造人工草坪首先必须选择合适的草种，其次是采用科学的栽种及管理方法。

二、草种选择的依据

建造草坪时所选用的草种是草坪能否建成的基本条件。选择草种应考虑以下方面。

（一）地理环境

首先必须了解草坪所在区域，才可能确定使用的品种。我国可划分为以下九个气候带：①青藏高原带；②寒冷半旱带；③寒冷潮湿带；④寒冷干旱带；⑤北过渡带；⑥云贵高原带；⑦南过渡带；⑧温暖潮湿带；⑨热带亚热带。

（二）土壤情况

土壤的质地、结构、酸碱度及肥力是影响草种选择的主要因素。

（1）质地。以质地疏松、具有团粒结构的土壤，草坪生长最好。

（2）肥力。在肥力适中时，大部分草可正常生长，在土壤贫瘠地区需选择特殊的草种。

（3）酸碱度。一般草坪在 pH6～7 的范围内生长良好，如早熟禾在 pH6.0～7.5 中可以生长，超出此范围，一般须进行改良。

（三）使用目的

使用目的不同，则草种选择不同。游憩草坪面积大，应选可粗放管理的草种。观赏草坪要求草坪品质，管理精细，因此可选耐低修剪、叶质细致、枝条密度高、绿期长、色泽美的品种。运动场草坪需选耐践踏、耐修剪、根系发达、再生力强的品种。固土护坡则选根系发达、耐瘠薄的品种。

（四）草坪草自身特性

草坪草自身的特性包括18个方面：定植速度，形成枯草层速度，叶子质地，叶子密度，抗旱性，抗寒性，抗病性，耐热性，耐阴性，耐酸性，耐湿性，耐盐性，耐践踏性，修剪高度，修剪质量，再生性，需肥量。

通过各种草在以上特性方面的比较，我们可以根据需要来选择一个或几个草种或品种混播。作为通常考虑的指标，常从以下几个方面来考虑：

1. 质地

质地指草坪草茎叶的感触性、光滑度和硬度。质地决定了草坪的观赏价值和耐践踏的能力。从质地出发，一般观赏性草坪要选择生长低矮、纤细，质地柔软、光滑和草姿优美的草种。

2. 枝叶密度

枝叶密度指单位面积内草坪植物地上部分茎叶的生物量。枝叶密度大，说明植株分蘖情况好，生长旺盛。

3. 覆盖度

指草坪草的茎、叶覆盖地面的能力。不同草坪植物覆盖速度不同，当然与经营水平也有关。一般地，具有匍匐茎草种的覆盖性能好。草坪的覆盖性是观赏性草坪选择草种的重要因素之一。

4. 颜色和绿色期

草坪草茎、叶颜色的深浅和绿色期的长短，是选择草坪草的主要指标。

5. 环境的适应性

不同条件下要选择具有某种优势的草种。如抗旱、抗寒、耐瘠薄和耐阴等。

6. 对外力的抗逆性

如运动场要抗践踏，观赏性草坪要耐修剪。

7. 抗病性

管理水平和管理程度影响抗病能力，因此要结合管理要求选择草种。

8. 成坪速度

根据施工单位要求选择成坪快或速度一般的草种。

（五）光照条件对选种的影响

绝大多数草种喜光，因此在树荫下或住宅区阴面草坪绿化时需选用耐阴的品种。

（六）其他因素

资金充足的选好的品种，不足的用粗放的品种。深浅色泽可根据主人的喜好选择，并注意与周围环境的协调性。

三、营养体法建植

（一）适合营养体法建植的草种

由于某些草坪草的种子比较缺乏，或是获取的成本较高，在草坪建植时常采用营养体法繁殖。采用此法建植草坪的草种的一大特点是本身具有地上或地下横走茎。营养体法建植草坪比种子建植简便、快捷、可靠。

（二）营养体法建植的时机

营养体法建植最好的时机是草坪旺盛生长时。冷季型草在春秋冷凉季节，暖季型草在盛夏高温季节，发芽、展叶、抽条（爬蔓）时都可以进行。冬季休眠期因为草株地上部分枯萎导致（分株、埋蔓）繁殖系数变小，成本加大。草块和草坪卷建植全年都可进行，国外常使用未返青的休眠草皮卷，其基质以草炭及木纤维为主。

（三）营养体法建植的类型

1. 分栽建植法

草坪分栽建植分为根茎法栽植和分株法栽植两种。根茎法栽植在江南地区应用较为普遍。一般对于种子繁殖（种子少）较困难、具有较发达的地上横走茎或地下根茎的草种，如细叶结缕草、沟叶结缕草或匍匐茎、根状茎较发达的草种，多采用此方法进行繁育。此法的优点是繁殖简单，能大量节省草源，一般 $1m^2$ 的草块可以栽成 5～$10m^2$，或更多一些。缺点是草坪覆盖郁闭周期比较长，不能马上见效，因此对需要立即见效的草坪建植工程不宜选用此方法（图 8-20）。

2. 埋蔓建植法

适用于具发达匍匐茎的草种。江南地区狗牙根草坪建植常用此方法，只要先将草坪成片铲起，冲洗掉根部泥土，将匍匐茎切成 3～5cm 长短的草段，上面覆盖耕作土即可。

3. 草块建植法

草块建植草坪是完整保护草坪根系、迅速成坪的技术工艺之一。草坪分块移栽繁殖法在南方广泛应用。将圃地通过种子繁殖或营养繁殖培育成密度适中、生长态势优良健壮的草坪，按照 30cm×30cm、25cm×30cm、20cm×20cm 等不同的大小规格切割成草皮块，捆扎装车运至绿地，在平整的场地上铺装，使之迅速形成新草坪（图 8-21）。

草块建植草坪的优点是受时间和季节限制小，草坪草块建植可在全年进行，能高效、快速地形成草坪，栽后养护也比较简单；其缺点是成本高，繁殖系数为 1∶0.8 或更低些。

图 8-20　草坪分栽建植

图 8-21　草块建植

四、植生带铺栽法

（一）植生带铺栽法概况

采用具有一定韧性和弹性的无纺布，在其上均匀撒播种子和肥料而培植出来的地毯式草坪种植带，此法是在工厂里，采用自动化设备连续成批生产草坪植生带，产品可成卷入库储存，所以，人们常称它为“草坪工厂化生产”。

（二）植生带铺栽法的特点

草坪植生带具有发芽快、出苗齐、形成草坪速度快和减少杂草滋生等优点；植生带又具有保水和避免灌溉及雨水冲刷种子的特性；它还具有体积小、质量轻、便于储藏的特点。

（三）适用范围

可广泛用于城市的园林绿化、高等级公路的护坡、运动场草坪的建植以及水土保持、国土治理等绿化事业上，特别适用于常规施工方法十分困难的陡坡上铺装，操作方便、省工。

（四）生产要求

（1）加工工艺一定要保证种子不受损伤，包括机械磨损、冷热复合时对种子活力的影响，确保种子的活力和发芽率。

（2）布种均匀、定位准确，保证播种质量和适宜的密度。

（3）栽体轻薄、均匀、易降解。

（4）植生带中种子发芽率不得低于常规种子发芽率。

（五）储存、运输要求

（1）库房整洁卫生，干燥通风。

（2）温度 10～20℃，湿度不超过 30%。

（3）防火、防虫、防鼠害及病菌污染。

（4）运输中防水、防潮、防磨损。

【任务实施】

一、场地准备

铺装草坪和栽植其他植物不同，在建造完成以后，地形和土壤条件很难再行改变。要想得到高质量的草坪，应在铺装前对场地进行处理。场地的准备包括场地的清理、土壤的翻耕和改良、排灌系统的配套内容。

（一）清理场地

1. 清理树木

要认真清理乔、灌木的树桩树根，因为有些残根能萌发新植株，或腐烂后形成洼地破坏草坪的一致性，或滋生某些菌类。

2. 清理岩石、瓦砾

要清理表土下 60cm 以内的大石砾，清除 20～30cm 层内的小石块和瓦砾。

3. 清除杂草

（1）物理清除。可用犁、耙、锄头等工具，既翻耕了土壤又清除了杂草。但有的根茎型杂草，用翻耕、拣拾的方法难以一次除尽，通常可用土地休闲的方法清除。即夏季不种任何植物，但仍要定期耙、锄，以达到较彻底的清除。

（2）化学清除。草甘膦为灭生性杀草剂，入土 24h 即可分解，可于播种前 3～5d 使用，之后再铲锄一次。

（二）平整翻耕

土壤翻耕深度不得低于 30cm，把土块打碎（土粒直径小于 1cm），反复翻打几次。为了使草坪保持优良的质量，减少管理费用，应尽可能使土层厚度达到 40cm 左右，最好不小于 30cm。在小于 30cm 的地方应加厚土层。

（三）土壤改良

1. 物理性质改良

对过黏、沙性土壤进行客土改良。专用草坪及运动场草坪土壤基质有其特殊要求，如高尔夫球的发球台和果岭必须覆沙，要求通气透水良好的沙性基质。一般的园林绿地草坪土质和肥力达到农田耕土标准即可。

常用的改良土壤肥力的办法是增加土壤有机质含量。掺加适量的草炭、松林土或腐叶土，均匀施入腐熟的有机肥，如家禽粪、各种饼肥等。无论施用何种肥料，都必须先粉碎，撒匀翻入土中，否则会使同一地块草坪长势不一致，高矮、颜色不均，影响景观效果。施用的肥料不能选用牛、羊或马的粪便，因其中含有大量杂草种子，会造成草坪中杂草丛生，严重破坏草坪的纯净度，给后期养护工作带来极大困难。施入未被腐熟的有机肥，会招致地下害虫严重危害。

2. 化学性质改良

不良的土壤化学性质严重影响草坪草出土和草坪后期存活，酸性土和盐碱较重的土必须进行改良。

（1）酸性土壤改良。向土壤中撒石灰粉在国外资料中常被提到，那是因为欧美地区酸性土所占比例较多。我国南方草坪建植中改良酸性土壤是必要措施，常用的方法是施用细粒石灰粉，应撒播均匀无死角。根据土壤酸度和质地，一般施用量平均 $200g/m^2$，强酸性可施用 $300～400g/m^2$，间隔数月可再施一次。可在几周内将土壤 pH 提高一个单位。

（2）碱性土壤改良。北方土壤浇水干燥后，表层常有一层盐皮，表明表层盐分浓度较大，会严重影响种子发芽和小苗存活。常采用施用石膏、磷石膏的方法，去除地表盐渍，保护草籽发芽，这种方法见效快。施用硫黄粉改良作用较慢，施用硫黄亚铁一般碱性土施 $30～50g/m^2$，重盐碱的可分批分次施入。

（四）施基肥

整好地后应施足有机肥（马粪除外）或过磷酸钙作基肥，肥料应腐熟、菌少，粉碎后均匀撒入土中，有机肥每 $666.7m^2$ 施 2000～3000kg，过磷酸钙每 $666.7m^2$ 施 10～15kg。

在沙质土壤中，应多施入有机肥，以增强保水能力，黏重土壤中施入有机肥则可改进土壤的结构和性能。基肥可拌入土壤的 10cm 深土层内，再用滚子压实和粗平整，灌足底水，自然下渗 1～2d 后即进行细平整和播种作业。

（五）土壤消毒

土壤中含有许多杂草种子、营养繁殖体、致病有机体、线虫和其他有害有机体，能影响草坪正常生长。采用熏蒸法是进行土壤消毒的最有效方法。常用的熏蒸剂有溴甲烷、氯化苦等。方法为将熏蒸地段用塑料薄膜覆盖，导管引入熏蒸药物，熏蒸 24～48h 后撤走塑料薄膜，在细平整前后进行均可。

（六）排水及灌溉系统

1. 排水

草坪与其他场地一样，需要考虑排除地面水。因此，最后平整地面时，要结合考虑地面排水问题，不能有低凹处，以避免积水，但是做成水平面也不利于排水。理想的平坦草坪的表面应是中部稍高，逐渐向四周或边缘倾斜。建筑物四周的草坪应比房基低 5cm，然后向外倾斜。一般设计 2%～5%的坡度，可以向一边倾斜或以中间高、两边低的形式布置，周边设计排水沟等排水设施。地形过于平坦的草坪或地下水位过高或聚水过多的草坪、运动场的草坪等应设置暗管或明沟排水，最完善的排水设施是用暗管组成一个系统与自由水面或排水管网连接。

2. 灌溉系统

草坪灌溉系统是草坪建植的重要项目。目前国内外草坪大多采用喷灌，为此，在场地最后整平前，应将喷灌管网埋设完毕。

（七）平整、浇水

植草前进行最后的平整。平整应按地形设计要求进行，或呈平面式，或呈起伏山丘式，确保地面排水畅通和无低洼积水之处。若地形平整中移动的土方量较大，应将表层土铲在一边，取出底土或垫高地形后再将原表层土返回原地表。平整后灌水，让土壤沉降，如此可发现是否有积水处需填平。

（八）种植草坪

选择了合适的草源，处理好土地之后，就可以种草了。种植方式有很多种，应按照设计要求进行施工。

二、播种法建植草坪

（一）选种

播种用的草种，一般用于结籽量大而且种子容易采集的草种，如野牛草、结缕草、苔草、剪股颖、早熟禾等都可用种子繁殖，而且必须选取能适合本地区气候条件的优良草种。要取得播种的成功，选种时一要重视纯度，二要测定它的发芽率，必须在播种前做好这两项工作。纯度要求在 90%以上，发芽率要求在 50%以上，从市场购入的外来草籽必须严格检查。混合草籽中的粗草与细草、冷地型草与暖地型草，均应分别进行测定，以免造成不必要的损失。

（二）种子处理

有的种子发芽率不高并不是因为质量不好，而是因各种形态、生理原因所致。为了提高发芽率，达到苗全、苗壮的目的，在播种前可对种子加以处理。

（三）播种量和播种时间

1. 播种量

草坪种子播种量越大，见效越快，播后管理越省工。单播时，一般用量 0.01～0.02kg/m^2，具体应根据草种类型、种子发芽率而定。

2. 播种时间

暖季型草种为春播，可在春末夏初播种，冷季型草种为秋播，北方最适合的播种时间为 9 月上旬，具体如表 8-15 所示。

表 8-15　草坪的播种量和播种期

草种	播种量/（kg/m^2）	播种期
狗牙根	0.01～0.015	春
羊茅	0.015～0.025	秋
剪股颖	0.005～0.001	秋
早熟禾	0.01～0.015	秋
黑麦草	0.02～0.03	春和秋
向阳地——野牛草 75% ——羊茅 25%	0.01～0.02	秋
背阴地——野牛草 25% ——羊茅 75%	0.01～0.02	秋

（四）草坪的混播

几种草坪混合播种，可以适应较差的环境条件，更快地形成草坪，并可使草坪的寿命延长，其缺点是不易获得颜色单一的草坪。不同草种的配合依土壤及环境条件不同而不同。在混播时，混合草种包含主要草种和保护草种，保护草种一般是发芽迅速的草种，作用是为生长缓慢和柔弱的主要草种遮阴及抑制杂草，并且在早期可以显示播种地的边沿，以便于修剪。如早熟禾（占 80%）与剪股颖（占 20%）混播，前者为主要草种，单播时生长慢，易被杂草所侵占；后者为保护草种，生长快，在混播草坪中可逐渐被前者挤出，但在早期可防止杂草生长。

选择混播草种时应注意：所选草种、品种在外观上基本相似，即叶形叶色相近或协调；目的草种的生长速度相当，优势互补。

播种量的计算公式：

$$播种量（g/m^2）=\frac{每平方米留苗数\times千粒重（g）\times10}{1000\times种子纯度\times发芽率}$$

以上是理论播种量，实际操作中，要加 20%的耗损。计算混播播种量时，先计算出混播品种各自单播的播种量，然后按混播种子各自混播比例，计算出各草种的需播量。

（五）播种方法

1. 撒播法

由于草籽细小，为了使撒播均匀，最好的办法是在草种中掺入 2～3 倍的细沙或细土。撒播时，先用细齿耙松表土，将种子均匀地撒在耙松的表土上，再用细齿反复耙拉表土，然后用碾子碾压，或用脚并排踩压，使土层中的种子密切和土壤结合，同时播种操作者应做回纹式或纵横式向后退撒播。

2. 条播法

在整好的场地上开沟，沟深 0.05～0.1m，沟距 0.15m，用等量的细土或沙与种子拌匀撒入沟内，播种后用碾子磙压和浇水等。采用这种方法播种有利于播后管理。

三、营养体法建植草坪

种子播种法建坪成本低，但需要时间长，初期管理费工费时。而营养繁殖省时，立即见效，因此建立应急草坪、补植及局部修整，可应用营养体法建植。

（一）分栽建植法

1. 种植时间

最佳的种植时间是草坪生长季的中期，过早尚未形成足够的营养体，种植时间过晚，当年不能覆盖地面，无法形成景观。对于暖季型草种，在春末夏初时进行分栽建植效果最好。

2. 分株栽植步骤

将原草坪块状铲起，3～5 株一撮拉开，连同匍匐茎一起挖坑栽下，栽种可采用条栽或穴栽。条栽可按 30cm 的距离开沟，沟深 4～6cm，每隔 20cm 左右分栽一撮（3～5 株）。穴栽则可按 5～10cm 见方挖穴，穴深约 5cm，将预先分好的植株栽入穴中，埋土踏实。

3. 栽植密度要求

栽植密度即株行距可根据施工要求自行调整，株行距可 10cm×10cm，也可以 15cm×15cm。密植成坪快，费工、费料、成本加大；稀植成坪慢，省工、省料成本降低。按 15cm×15cm 行距的经验数字进行施工，繁殖系数可达 1∶10，即买 $1m^2$ 密度较大的母草可分铺建植 $10m^2$ 草坪。

4. 栽后整理

栽植后地面随即平整，利用磙子进行镇压，目的是使草根茎与土壤密切接触，同时使地面平整无凹凸，便于后期养护管理。如灌水后出现坑洼、空洞等现象应及时覆土，再次磙压。

（二）埋蔓建植法

1. 条植埋蔓法

利用人工开沟，将开沟器调到适宜深度，深 3～5cm，将两侧土复原，平整清场后磙压。行距 20～30cm，再挖第二道沟。

2. 坪床埋蔓法

坪床准备好后，将草蔓均匀撒铺在已经整理好的坪床上，掌握适宜的密度，一般 $1m^2$ 原草可铺 $5m^2$。为方便覆土作业，可将成卷的铁纱网铺展开压在草蔓上，覆土厚度 1cm 左右。覆土耙平后撤出铁纱网，进行下一单元作业。覆土不必将草蔓全部埋严。覆土并压实后，可覆盖较薄的无纺布或网眼较稀的遮阳网，降温保湿，然后浇透水，保持土壤湿润，一般 20d 左右就可以滋生新的匍匐茎。

（三）草块建植

这种方法的主要优点是形成草坪快，可以在任何时候（北方封冻期除外）进行，且栽后管理容易；缺点是成本高，并要求有丰富的草源。

1. 选定草源

要求草生长势强、密度高，而且有足够大的面积为草源。

2. 铲运草块

铲草块前应修剪，提前 3 天灌水，保证草块湿度。将选定的优良草坪，一般取 30cm×30cm 的方块状，使用薄形平板状的钢质铲（平锹），先向下垂直切 3cm 深，然后横切，草块的厚度 2～3cm，草块带土应厚度一致。

3. 草块的铺栽方法

（1）密铺法。密铺法就是将甲地生长的优良草块，切成 0.3m×0.3m 的方形草坪泥块，或切成长条状的草块，运往乙地按照原甲处占地的大小重新铺成草坪，但块与块中间须保持 1～2cm 的空隙，然后用磙子或木夯压紧、压平。压紧后应使草面与四周土面相平、草皮与土壤紧接。

（2）间铺法。为节约草皮材料可用间铺法，该法有两种形式，均用长方形草皮块。一为铺块式，各块间距 0.2～0.3m，铺装面积为总面积的 1/3；另为梅花式，各块相间排列，所呈图案颇为美观，铺装面积占总面积的 1/2，用此法铺装草坪时，应按草皮厚度将铺草皮之处挖低一些，以便草皮与四周土面相平。春季铺装应在雨季后，匍匐枝向四周蔓延可互相密接。

（3）点铺法。将草块分成 0.05m×0.05m 的小块，铺种地上，草块间隙 0.03～0.05m，然后用脚踩，边踩边淋水，直到踩出泥浆，使草根粘满泥浆为止。

四、新工艺草坪建植

（一）喷播草坪建植

1. 场地准备

草坪喷播前用地准备的内容及标准同播种建植技术。大面积的平整地要有一定坡度，播种地先要进行粗整，然后用磙子进行镇压。如果土壤过于干燥，应在喷播前三四天进行补水，以保证土壤湿度。

2. 配料

把水加到物料罐体的 1/3 处，然后打开循环压力泵，加入木纤维、草籽进行循环搅拌，随着罐内水量加大，再加入黏合剂和保水剂进行搅拌。罐内水加满后，将罐体内的浆料继续搅拌 5～10min。保水剂充分吸水后待用。

3. 喷播技术要领

平地喷播作业是由里向外进行，坡地是由高向低进行。喷播时握紧喷头，左、右交替喷洒，喷洒幅宽 5～6m，进深 1m，喷播接茬时应压茬 40～50cm。喷播完成后，要进行巡视检查，防止漏喷。喷后晾晒 2～3h，待地表浆全部干燥结壳后，人员可以进入，进行铺盖无纺布作业。

4. 铺盖无纺布

目的是防止阳光暴晒，保湿降温，更重要的是防止人工灌水或雨水对草籽的冲刷。两条布搭茬应重叠 10～15cm，并用竹签、木棍或钢丝固定牢，防止被大风吹开。操作人员要穿平底鞋，以免破坏建植地的平整度。

5. 喷播后养护

在确定给水系统正常工作后，即可给水，每天 3～4 次，根据墒情及天气变化进行增减。一旦浇过水后，切记不可再断水，以免破坏种子的出土。冷季型草种根据草种不同一般 7～10d 后种子开始发芽，12～20d 芽苗基本发齐，待芽苗长到 5～7cm 时揭去无纺布。揭无纺布前要给小苗控水，揭布后要及时补水，最好选在下午 3 点后或傍晚前后揭无纺布。视小苗生长情况春秋季 25～35d 就可进行第一次修剪，基本上达到了建坪要求。

6. 喷播建植草坪的技术难点

喷播技术关键是喷洒手法。每桶料中的草籽量是个定数，按额定每 $1m^2$ 播种量必须将桶中的浆料均匀喷播到额定的土地面积上。要求每个角落种子分布要均匀，避免个别地面重喷和漏喷。要求施工人员熟练无误地掌握好这项技术。

（二）草皮卷建植

草坪卷和草块只是形状不同，草块多为手工用平锹或专用工具铲取，而草坪卷则必须用专用大型铲草机或小型铲草机铲取。北方冷季型草种草坪（如结缕草等）常用草卷建植。

1. 草皮卷的规格及质量要求

（1）一般草皮卷的规格可视生产需要、起草皮机的类型及草皮草生长状况来确定。通常采用长条形 200cm×30cm 或方块形 30cm×30cm，早熟禾类草坪起草厚度 3cm 左右，一般机械铲取，人工卷起，装车运输或放在胶合板制成的托板上，以利运输。

（2）草坪卷应薄厚一致，起卷厚度要求为 1.8～2.5cm。

（3）草坪卷出圃前应进行一次修剪。铲取草卷之前 2～3d 应灌水，保证草卷带土湿润。草坪卷应健康，无病虫害、杂草。

2. 草坪卷建植方法及技术要点（图 8-22）

（1）建坪时间。草坪卷的铺装可在春、夏、秋三季进行，但因冷季型草坪在夏季进入生长弱势时期，因此此时建坪必须增加灌溉次数，加强管理。

（2）草种选择、播种量要求均与直播法建坪相同。草坪卷生产者应选择优良品种，应严格规范播种量，生产周期最少 6～8 个月。

（3）场地准备。铺装草坪卷的地段整地工作要求除与直播要求一致外，对于平整度要求更加严格，并要求土壤处于湿润状态。

（4）起运技术。起、运过程要连续，运输车应用帆布遮阴，防止水分过分蒸发。运输过程要保持草块完整。

（5）建植。把运来的草皮卷顺次铺于已整好的土地上，草皮块运输过程中边缘会干缩，遇水后伸展，因此草皮块与块之间要保留 0.5cm 的间隙，缝隙中间填入细土。应准备大号裁纸刀，对不整齐的边沿截平，长短需求不要用手撕扯，应用裁纸刀裁断。

（6）碾压、浇水。铺后立即进行碾压，压实、压平。之后均匀适量地浇水，第一次浇足、灌透。2～3d 后再碾压，以促进根系与土壤的充分接触。新铺草块，压 1～2 次是不行的，以后每隔一周灌水一次，次日碾压一次，直到草块完全平整。对于高低不平处，要掀开草皮，高处去土，低处填平，再把草皮铺好。

（7）施肥。新铺草坪要注意保护，防止践踏，完成缓苗后可施一次尿素，用量为 $10g/m^2$。

图 8-22　草皮卷建植

（三）草坪植生带建植

1. 场地准备

在铺装前，全面翻耕土地，深耕 20～25cm，并适当施入基肥。打碎土块，耧细耙平，清除残根和石砾，粗整地与直播相同，细致整地要求更精细。

2. 备细土

在施工地的边缘，准备好足够的用于覆盖的细土，沙质壤土为好，备土量为每铺 $100m^2$ 的植生带需 $0.5m^3$ 的细土，应取耕作层以下的生土，以避免在覆盖土中带有杂草种子，绝不能用混有杂草和杂物的土作为覆盖土。

3. 灌底水、铺植生带

铺前 1～2d，要灌足底水，充分整平。铺装植生带前，在耧细耙平的坪床上，再一次用木板条刮平土壤表面，将草坪植生带自然地平铺在坪上，将植生带拉直、放平，但不要加外力强拉。植生带的接头处要有适当的重叠，避免出现漏铺现象。

4. 覆细土

在铺好的植生带上，用筛子均匀地筛上事先准备好的细土，细土的覆盖厚度为 0.3～0.5cm。

5. 浇水

植生带铺装好后，第一次灌溉浇水时，一定要浇透，使植生带完全湿润和湿透。以后每日都要喷水，每次的喷水量以保持铺装地块的土壤湿润为原则，每日喷水次数视土壤温度而定，直至出苗形成草坪。

6. 固定

在斜坡上铺装植生带，要在植生带的接头和边上，用粗铁丝制成反“U”形钉子固定植生带，以免被风刮走。

五、草坪的养护管理

种植施工完成后，一般经过 1～2 周的养护就可长成丰满的草坪。草坪长成后，还要进行经常性的养护管理，才能保证草坪景观长久地持续下去。草坪的养护管理工作主要包括灌水、施肥、修剪、除杂草等环节。

（一）浇灌

草坪植物的含水量占鲜重的 75%～85%，叶面的蒸腾作用要耗水，根系吸收营养物质、营养物质在植物体内的输导也离不开水。一旦缺水，草坪生长衰弱，覆盖度下降，叶枯黄，提前休眠，当含水量下降到 60%时，草坪草就会死亡。

1. 水源的选择

没有被污染的井水、河水、湖水、水库存水、自来水等均可作灌水水源。国内外目前试用城市“中道水”作绿地灌溉用水。随着城市中绿地的不断增加，用水量大幅度上升，给城市供水带来很大的压力。“中道水”不失为一种可靠的水源。

2. 灌水方法

草坪灌溉有地面漫灌和喷灌两种方法。

（1）地面漫灌。地面漫灌简单易行，但耗水量大，水量不够均匀，坡度大的草坪不能使用。采用这种灌溉方法的草坪表面应十分平整，且具有一定的坡度，理想的坡度是 0.5%～1.5%，这样的坡度用水量最经济。

（2）喷灌。喷灌设备令水像雨点一样淋到草坪上，其优点是能在地形起伏变化大的地方或斜坡使用，灌水量容易控制，用水经济，便于自动化作业；缺点是建造成本高。但此法仍为目前国内外采用最多的草坪灌水方法。

3. 灌水时间

对已建成并处于生长季的草坪，根据不同时期的降水量及不同的草种适时灌水是极为重要的。

（1）返青到雨季前。这一阶段，气温逐渐上升，蒸腾量大，需水量大，是一年中最关键的灌水时期，根据土壤保水性能的强弱及雨季来临的时期可灌水 2～4 次。在返青时灌返青水，在北方封冻前灌封冻水也都是必要的。

（2）雨季基本停止灌水。这一时期空气湿度较大，草的蒸腾量下降，而土壤含水量已提高到足以满足草坪生长需要的水平。

（3）雨季后至枯黄前。这一时期降水量少，蒸发量较大，而草坪仍处于生命活动较旺盛阶段，与前两个时期相比，这一阶段草坪需水量显著提高，如不能及时灌水，不但影响草坪生长，还会引起草坪提前枯黄、进入休眠。在这一阶段，可根据情况灌水 4～5 次。

（4）一天之中，何时实施灌溉为好，首先要看怎样灌溉。理论上讲，只要灌溉水的量小于同期土壤的渗透能力，一天中任何时候都能灌溉。其次要看灌溉方式。如果应用间歇喷雾或间歇喷灌（雾化度较高），顶着太阳灌溉最好。不仅能补充水分，而且能明显地改善小气候，有利于蒸腾作用、气体交换和光合作用等。

4. 灌水量

每次灌水量应根据土质、生长期、草种等因素确定。一般草坪生长季节的干旱期内，每周需补水 20～40mm；旺盛生长的草坪在炎热和严重干旱的情况下，每周需补水

50～60mm 或更多。无论何种灌溉方式，都应多灌溉几次，每次水量少些，最大到地面刚刚发生径流为度。

（二）施肥

为了保持草坪叶色嫩绿、生长繁密，必须进行施肥。在建造草坪时应施基肥，草坪建成后在生长季需施追肥。由于草坪植物主要是叶片生长，并无开花结果的要求，所以草坪草需要最多的养分是氮，其次是钾，再其次是磷，所以氮肥更为重要，施氮肥后的反应也最明显，一般选择硫胺或尿素进行追肥。寒季型草种的追肥时间最好在早春和秋季。第一次在返青后，可起促进生长的作用，第二次在仲春。天气转热后，应停止追肥。秋季施肥可于 9、10 月进行。暖季型草种的施肥时间是在晚春。在生长季每月或两个月应追一次肥，这样可增加枝叶密度，提高耐踩性。最后一次施肥，北方地区不能晚于 8 月中旬，而南方地区不应晚于 9 月中旬。

草坪的肥料施量，应按自然土壤肥力、生长季的长短和踏压程度而定。在贫瘠土壤上生长的草坪，需要的肥料较多；生长季越长，需要的肥料也越多；在重度使用的草坪上应施更多的肥料来促进它们的旺盛生长。就一般水平而论，草坪每年施肥两次，氮：磷：钾＝10：6：4，一次施量为 20～90g/m^2。表 8-16 是国外草坪施肥量，可供参考。

表 8-16　不同草种的施肥量

喜肥程度	施肥量/［g/（m^2・月）］（按纯氮计）	草 种
最低	0～2	野牛草
低	1～3	紫羊茅、加拿大早熟禾
中等	2～5	结缕草、黑麦草、普通早熟禾
高	3～8	草地早熟禾、剪股颖、狗牙根

（三）修剪

修剪是为维持优质草坪的重要作业。修剪的目的在于在特定的范围内保持顶端生长，控制不理想的、不耐修剪的草生长，维持一个供观赏和游憩的草坪空间（图 8-22）。

图 8-23　草坪修剪

一般的草坪一年最少修剪4～5次，国外高尔夫球场精细管理的草坪一年中要经过上百次的修剪。修剪的次数与修剪的高度是两个相互关联的因素，修剪时的预留高度要求越低，修剪次数就越多，这是我们进行养护草坪所需要的。修剪一般根据草的剪留高度进行，即当草长到规定剪留高度（一般剪留高度为0.05m）的1.5倍时就可以修剪，最高不得超过剪留高度的两倍。修剪时间最好在清晨草叶挺直时进行，便于剪齐。各种草种的修剪频度见表8-17，最适合的剪留高度见表8-18。

表8-17　不同草坪剪草的频度

草坪类型	草种	剪草频度			
		次/月			次/年
		4～6月	7～8月	9～11月	
庭园	细叶结缕草	0.3～1	2～3	0.3～1	5～10
	剪股颖	2～3	2～4	2～3	16～20
公园	细叶结缕草	1	2～3	1	10～15
	剪股颖	2～4	1～2	2～4	15～30
竞技场 校园	细叶结缕草	1～3	2～3	1～3	10～15
	狗牙根	2～4	4～5	2～4	20～35
高尔夫发球台	细叶结缕草	1	8～9	4～5	30～35
高尔夫球盘	细叶结缕草	12～13	16～20	12～13	70～90
	剪股颖	16～20	12～13	16～20	100～150

表8-18　几种草种的最适剪留高度

相对修剪程度	剪留高度（cm）	草种
极低	0.5～1.3	匍匐剪股颖、绒毛剪股颖
低	1.3～2.5	狗牙根、细叶结缕草、细弱剪股颖
中等	2.5～5.1	野牛草、紫羊茅、草地早熟禾、黑麦草、结缕草、假俭草
高	3.5～7.5	苇状羊茅、普通早熟禾
较高	7.5～10.2	加拿大早熟禾

（四）除杂草

杂草是草坪的大敌，杂草的入侵会严重影响草坪的质量，使草坪失去均匀、整齐的外观。同时杂草与草坪草争水、争肥、争阳光，使草坪草的生长逐渐衰弱。因而除杂草是草坪养护管理中必不可少的一环。

防、除杂草的最根本方法是合理的水肥管理，促进草坪草的生长，增强与杂草的竞争能力，并通过多次修剪，抑制杂草的生长。一旦发生杂草侵害，主要靠人工挑除，可用小刀连根挖出，大面积除杂草可采用化学除草剂，如2，4-D、西马津、扑草净、除草醚、敌草隆等。

（五）松土通气

为了防止草坪被践踏和碾压后造成的土壤板结，应当经常松土通气，松土还可以促进水分渗透，改善根系通气状况，保持土壤中水分和空气的平衡，促进草坪生长。松土宜在春季土壤湿度适宜时进行。松土即在草坪上扎孔打洞。人工松土可用带钉齿的木板、多齿的钢叉等来扎孔，大面积松土可采用草坪打孔机进行。

任务四　草本花卉种植工程施工

【知识点】

花坛的概念及分类
花境的概念及分类
草本花卉的种植方法
花卉种植时间
花卉种植原则

【技能点】

花坛、花境施工前的准备工作
花坛的种植施工
花境的种植施工

【相关知识】

一、花坛的概念及分类

（一）花坛的概念

传统的花坛是指在具有一定几何形轮廓的种植床内栽植各种色彩的观赏植物而构成花丛花坛或华美艳丽纹样图案的种植形式。现代意义的花坛是指利用盆栽观赏植物或利用各种形式的盆花组合（穴盘）组成华美图案和立体造型的造景形式。

（二）花坛的分类

以表现主题的不同分为花丛式花坛、模纹式花坛、标题式花坛和立体花坛。

二、花境的概念及分类

（一）花境的概念

花境主要是指模拟自然界中林缘地带多种野生花卉交错生长的状态，并运用艺术手法设计的一种花卉应用形式。花境布置多利用在林缘、墙基、草坪边缘、水边和路边坡地、挡土墙垣等地的位置，将花卉设计成自然块状混交，展现花卉的自然韵味(图 8-24)。

（二）花境的分类

按照花境的观赏点可分为以下几种类型。

1. 单侧观赏花境

以树丛、绿篱、墙垣、建筑为背景的花境。一般接近游人一侧布置低矮的植物；逐远逐高，花境总宽度为 3～5m。

2. 双侧观赏花境

在道路两侧或草地、树丛之间布置，可以供游人两侧观赏的花境。一般栽种植物要中间高、两边低，不会阻挡视线。花境总宽度在 4～8m。常以多年生花卉为主，一次建成可多年使用。

图 8-24 花境

三、草本花卉的种植方法

花卉的种植方法可分为种子直播、裸根移植、钵苗移植和球茎种植四种基本方法。

(一) 种子直播

种子直播大都用于一、二年生草本花卉。首先要做好播种床的准备。

(1) 在预先深翻、粉碎和耙平的种植地面上铺 8～10cm 厚的配制营养土或成品泥炭土，然后稍压实，用板刮平。

(2) 用细喷壶在播种床面浇水，要一次性浇透。

(3) 小粒种子可撒播，大、中粒种子可点播。如果种子较贵或较少可点播，这样出苗后花苗长势好。点播要先横后竖画线，在线交叉处播种。也可以条播，条播可控制草花猝倒病的蔓延。此外，在斜坡上大面积播花种也可采取喷播的方法。

(4) 精细播种，用细沙土或草炭土将种子覆盖。覆土的厚度原则上是种子粒径的 2～3 倍。为掌握厚度，可用适宜粗细的小棒放置于床面上，覆土厚度只要和小棒平齐即能达到均匀、合适的覆土厚度。覆好后拣出木棒，轻轻刮平即可。

(5) 秋播花种，应注意采取保湿保温措施，在播种床上覆盖地膜。如晚春或夏季播种，为了降温和保湿，应薄薄盖上一层稻草，或者用竹帘、苇帘等架空，进行遮阴。待出苗后撤掉覆盖物和遮挡物。

(6) 对床面撒播的花苗，为培养壮苗，应对密植苗进行间苗处理，间密留稀、间小留大、间弱留强。

(二) 裸根移植

花卉移栽可以扩大幼苗的间距、促进根系发达、防止徒长。因此，在园林花卉种植中，对于比较强健的花卉品种，可采用裸根移植的方法定植。但常用草本花卉因植株小、根系短而娇嫩，移栽时稍有不慎，即可造成失水死亡。因此，对草本花卉进行裸根移植时，应注意以下几点要求：

（1）在移植前两天应先将花苗充分灌水一次，让土壤有一定湿度，以便起苗时容易带土，不致伤根。

（2）花卉裸根移植应选择阴天或傍晚时间进行，便于移植缓苗，并随起随栽。

（3）起苗时应尽量保持花苗的根系完整，用花铲尽可能带土坨掘出。应选择花色纯正、长势旺盛、高度相对一致的花苗移栽。

（4）对于模纹式花坛，栽种时应先栽中心部分，然后向四周退栽。如属于倾斜式花坛，可按照先上后下的顺序栽植；宿根、球根花卉与一、二年生草花混栽者，应先栽培宿根、球根花卉，后栽种一、二年草花；对大型花坛可分区、分块栽植，尽量做到栽种高矮一致、自然匀称。

（5）栽植后应镇压花苗根际，使根部与土壤充分密合。浇透水使基质沉降至实。

（6）如遇高温炎热天气，遮阴并适时喷水，保湿降温。

（三）钵苗移植

草花繁殖常用穴盘播种，长到 4～5 片叶后移栽钵中，分成品或半成品苗下地栽植。这种工艺移植成活率较高，而且无须经过缓苗期，养护管理也比较容易。

钵苗（图 8-25）移植方法与裸根苗相似，具体移栽时还应注意以下几点：

（1）成品苗栽植前要选择规格统一、生长健壮、花蕾已经吐色的营养钵培育苗，运输必须采用专用的钵苗架。

（2）栽植可采用点植，也可选择条植。挖穴（沟）深度应比花钵略深，栽植距离则视不同种类植株的大小及用途而定。钵苗移栽时，要小心脱去营养钵，植入预先挖好的种植穴内，尽量保持土坨不散，用细土堆于根部，轻轻压实。

（3）栽植完毕后，应以细孔喷壶浇透定根水。保持栽植基质湿度，进行正常养护。

图 8-25　钵苗

（四）球茎种植

球根类花卉大都花茎秀美、花多而艳丽、花期较长，在花坛、花境布置中应用广泛。

球根类花卉一般采用种球栽植，不同品种栽植要求略有差别（图 8-26）。

图 8-26 球根类花卉

（1）球根类花卉培育基质应松散而有较好的持水性，常用加有 1/3 以上草炭土的沙土或沙壤土，提前施好有机肥，可适量加施钾、磷肥。栽植密度可按设计要求实施，按成苗叶冠大小决定种球的间隔。按点种的方式挖穴，深度宜为球茎的 1～2 倍。

（2）种球埋入土中，围土压实，种球芽口必须朝上，覆土为种球直径的 1～2 倍。然后喷透水，使土壤和种球充分接触。

（3）球根类花卉种植后水分的控制必须适中，因生根部位于种球底部，控制栽植基质不能过湿。

（4）秋栽品种，在寒冬季节应覆地膜、稻草等物保温防冻。

四、花卉种植时间

在春、秋、冬三季基本没有限制，但夏季的栽种时间最好在上午 11 时之前和下午 16 时以后，要避开太阳暴晒。花苗运到后，应及时栽种，不要放很久才栽。

五、花卉种植原则

栽花前应将平整好的花坛充分灌水渗透，待土壤干湿合适时，立即放线栽植。各种花坛的花卉种植顺序应符合下列规定：

（1）独立花坛应由中心向四周顺序种植。栽植花苗时，一般的花坛都从中央开始栽，栽完中部图案纹样后，再向边缘部分扩展栽下去。

（2）坡式花坛应由上向下种植。在单面观赏花坛中栽植时，则要从上面或后边栽起，逐步栽到下面或前边。

（3）模纹花坛应先种植图案的轮廓线，后种植内部填充部分。模纹花坛和标题式花坛，应先栽模纹、图线、字形，后栽底面的植物。在栽植同一模纹的花坛时，若植株稍有高矮不齐，应以矮植株为准，对较高的植株则栽得深一些，以保持顶面整齐。

（4）大型花坛宜分区、分块种植。花坛花苗的株行距应据植株大小而确定。植株小的，株行距可为 15cm×15cm；植株中等大小的，可为 20cm×20cm～40cm×40cm；对较大的植株，则可采用 50cm×50cm 的株行距。

【任务实施】

一、花坛、花境施工前的准备工作

（一）技术准备

（1）施工必须符合设计要求。

（2）施工前必须根据设计要求进行材料、场地、人工等的准备。

（3）施工无法满足设计要求时，必须提前 7 天做出调整方案，并有保证落实的措施。

（二）土壤准备

（1）在种植前，一定要先整地，一般应深翻 30～40cm，挑出草根、石头和其他杂物。如果栽植深根性花木，还要翻耕更深一些。严禁含有有害物质和 1cm 以上的石子等杂物。种植表土层（30cm）必须采用疏松、肥沃、富含有机质的培养土。

（2）如土质较差，则应将表层更换好土（30cm 表土），避免根直接与肥料接触而造成烂根。

（3）根据需要施加适量肥性好而又持久的已腐熟的有机肥作为基肥，其上覆盖一层细土。

（4）土壤必须经过消毒，严禁含有病菌或对植物、人、动物有毒有害的物质。

（5）花坛土壤必须提前送到指定的土壤测试中心进行测试，并在种植花卉前取得符合要求的测试结果。

（三）花卉材料的准备

1. 花坛栽植的花卉应符合的质量要求

（1）花卉的主秆矮，具有粗壮的茎秆；基部分枝强健，分蘖者必须有 3～4 个分叉；花蕾露色。

（2）花卉根系完好，生长旺盛，无根部病虫害。

（3）开花及时，用于绿地时能体现最佳效果。

（4）花卉植株的类型标准化，如花色、株高、开花期等的一致性。

（5）植株应无病虫害和机械损伤。

（6）观赏期长，在绿地中有效观赏期应保持 45d 以上。

（7）花卉苗木的运输过程及运到种植地后必须采取有效措施保证其湿润状态。

2. 花境栽植的花卉应符合的质量要求

（1）宿根花卉，根系发育良好，并有 3～4 个芽；绿叶期长；无病虫害和机械损伤。

（2）球根花卉宜采用休眠期无须挖掘地下部分养护的种类；苗木健壮，生长点多。

（3）观叶植物必须移植或盆栽苗，叶色鲜艳，观赏期长。

（4）一、二年生花卉应符合花坛栽植花卉质量要求。

二、花坛的种植施工

（一）普通花坛的种植施工

1. 定点放线

根据施工图纸和地面坐标系的对应关系，用测量仪器把花坛群中主花坛中心点坐标测设到地面上，再把纵横中轴线上的其他中心点的坐标测设下来，将各中心点连线即在地面上放出花坛群的纵横轴线。由此可量出各处花坛的中心点，最后将各处花坛的边线放到地面上就可以了。

2. 砌筑边缘石

花坛工程的主要工序就是砌筑边缘石。放线完成后，应沿已有的花坛边线开挖边缘石基槽。基槽的开挖宽度应比边缘石基础宽 10cm 左右，深度可在 12～20cm 之间。槽底土面要整平、夯实，有松软处要加固，不得留下不均匀沉降的隐患。在砌基础之前，槽底还应做一个 3～5cm 厚的粗砂垫层，作基础施工找平用。

3. 整地翻耕

为保证花坛栽植的各类植物、花卉能茁壮生长，栽植花卉的土壤必须深厚肥沃、疏松，因此栽植前必须先整地翻耕。

4. 图案放样

花坛种植床整理好之后，应当在中央重新打好中心桩，作为花坛图案放样的基准点。将设计图案在植床上按比例放大，划分出各品种花卉的种植位置，用石灰粉撒出轮廓线（图 8-27）。

图 8-27 图案放样

5. 选苗、起苗

（1）选苗。普通花坛既要看单株姿态美，又要观其整体效果，因此选苗时注意同一花坛同一植物的高度、形态基本一致。

（2）起苗。起苗应在土壤湿润的条件下进行，以减少起苗时根系受伤的机会。

① 裸根苗：用铲子将苗带土掘起，然后将根系附着的泥土轻轻抖落。注意不要拉断细根和避免长时间暴晒或风吹。裸根苗应随起随栽，栽前适当剪断须根，以促发新根

生长。

② 带土苗：先用铲子将苗四周泥土铲开，然后从侧下方将苗掘起，尽量保持土坨完整。为保持水分平衡，起苗后可摘除一部分叶片以减少蒸腾，但不宜摘除过多。

③ 盆苗或袋苗：宜将盆或袋退去，并确保土球不松散。

6. 栽植

将具有 10～12 枚真叶或苗高约 15cm 的幼苗，按绿化设计的要求定位栽到花坛里，移植最后一次称定植。花苗随栽随运，一时栽不完的植物，需放置阴凉处。

（1）灌水渗透。种植前 3～4d，应充分灌水渗透花坛种植土，待土壤干湿度适宜再行栽植。

（2）苗木处理。裸根苗在栽前宜切断部分须根以促生新根，带土球苗应保持土球完整，种植前，苗木均应放在阴凉处。

（3）栽植裸根苗。应使根系舒展，防止根系卷曲。为使根系与土壤充分接触，覆土时用手按压泥土。

（4）栽植带土苗。在土坨的四周填土并按压。按压时防止将土坨压碎。

7. 养护管理

（1）浇水。栽植完毕，用喷壶充分灌水，使花苗根系与土壤密切接合。

（2）中耕除草。花苗长到一定高度，出现了杂草时，要进行中耕除草，并剪除黄叶和残花。

（3）防治病虫害。若发现有病虫滋生，要立即喷药杀除。

（4）补植。花坛内如果有缺苗现象，应及时补植，以保持花坛内的花苗完美无缺。

（5）施肥。对花坛上的多年生植物，每年要施肥 2～3 次；对一般的一、二年生草花，可不再施肥；如有必要，也可以进行根外追肥，方法是将水、尿素、磷酸二氢钾、硼按 15000∶8∶5∶2 的比例配制成营养液，喷洒在花卉叶面上。

（6）修剪。一般草花花坛，在开花时期每周剪除残花 2～3 次。

（7）更新品种。当大部分花卉都将枯谢时，可按照花坛设计所做的花卉轮替计划，换种其他花卉。

（二）模纹式花坛的种植施工

模纹式花坛又称“图案式花坛”（图 8-28）。由于花费人工，一般均设在重点地区，种植施工应注意以下几点。

图 8-28　模纹式花坛

1. 整地翻耕

按设计的要求整理地形，整地土粒要细，其表面要整平。四面观赏的花坛应把植床面按设计要求整成弧面。

模纹花坛的平整度要求要高于一般花坛，为了防止花坛出现下沉和不均匀现象，在施工时应增加 1～2 次镇压。

2. 上顶子

模纹式花坛的中心多数栽种苏铁、龙舌兰及其他球形盆栽植物，也有在中心地带布置高低层次不同的盆栽植物，称之为“上顶子”。

3. 定点放线

上顶子的盆栽植物种好后，应将其他的花坛面积翻耕均匀、耙平，然后按图纸的纹样精确地进行放线。

可先以卷尺或方格网定出主要控制点的位置，然后用较粗的镀锌钢丝按设计图样，盘绕编扎好图案的轮廓模型，也可以用纸板或三合板临摹并刻制图案，最后平放在花坛地面上轻压，印压出模纹的线条。

标题式花坛可按设计要求，在花坛地面上以木棍用双勾法划出字形，也可和模纹花坛一样用纸板或三合板刻制，在地面上印压而成。

4. 栽草

(1) 栽植顺序。

① 独立花坛，应由中心向外的顺序种植。

② 斜面花坛，应由上向下种植；高矮不同品种的花苗混植时，应按先高后低的顺序种植。

③ 模纹花坛和标题式花坛，则应先栽模纹、图线、字形，后栽底面的植物。在栽植同一模纹的花卉时，若植株稍有高矮不齐，应以矮植株为准，对较高的植株则栽得深一些，以保顶面整齐。

④ 大型花坛，宜分区、分块种植。

(2) 栽植要求。要求做到苗齐，地面达到上看一平面、纵看一条线。为了强调浮雕效果，施工人员事先用土做出形来，再把草栽到起鼓处，则会形成起伏状。株行距视五色草的大小而定，一般白草的株行距为 3～4cm，小叶红草、绿草的株行距为 4～5cm，大叶红草的株行距为 5～6cm。平均种植密度为每 $1m^2$ 栽草 250～280 株。最窄的纹样栽白草不少于 3 行，绿草、小叶红、黑草不少于 2 行。花坛镶边植物栽植距离为 20～30cm。

5. 修剪和浇水。修剪是保证五色草花纹好看的关键。草栽好后可先进行 1 次修剪，将草压平，以后每隔 15～20 天修剪 1 次。有两种剪草法：一种是平剪，纹样和文字都剪平，顶部略高一些，边缘略低；另一种为浮雕形，纹样修剪成浮雕状，即中间高于两边。栽好后浇 1 次透水，以后应每天早、晚各喷水 1 次。

(三) 立体花坛的种植施工

1. 骨架的制作

按设计图的形象、规格做出骨架。骨架制作可分为木制、钢筋或砖木等结构，制作时应考虑承重，保证坚固不变形。

2. 种植土的固定

用蒲包或麻袋、棕皮等将泥炭土或腐叶包在底膜上，然后用细铅线按一定间隔编成方格将其固定。

3. 栽植

立体花坛的主体植物材料是五色草和满天星等。

(1) 五色草栽植。栽时用小锥将蒲包戳一个小洞，将小苗从小洞插入，注意苗根舒展，用土填严压实不漏土。植物栽植一般由下往上栽，以密植效果好。栽完后按设计要求修剪出规定的形状，植株高度一致。

(2) 小菊花栽植。将已孕蕾的花苗脱盆，去掉多余的盆土，用棕片将根包好，插入骨架绑扎牢固。施工顺序由下至上进行，为取得满意效果，菊花苗高矮、花色应与设计要求相同。

4. 养护管理

施工完成后，为保证其具有较长的观赏期，必须加强后期管理，主要包括浇水、修剪、病虫害防治、水肥管理以及对花卉生长和花期的管理、植物补种、非植物构件维护、保洁及辅助设施维护等方面。

(1) 水肥管理。在栽植完毕后，需立即浇一次透水，使植物根系与土壤紧密结合，提高成活率。不管何种方式，在浇水时以人工浇水为宜，采用喷洒喷雾的方式。

(2) 定型修剪。植物栽植完后，根据设计要求和植物生长情况对植物进行精修剪。修剪时尽量平整，同时将图案的边缘线修出，使轮廓边界更清晰、自然，造型更加生动，达到设计要求。

(3) 病害控制与保持观赏性。为防止病害发生，除降低小环境湿度外，应改善通风透光条件。

三、花境的种植施工

(一) 花苗的准备

1. 花苗种类的选择。几乎所有的露地花卉都可以布置花境，尤其是宿根花卉和球根花卉的效果更好。

2. 花苗质量的要求。

(1) 选择生长健壮、造型端正的苗木是花境种植效果的基本保证。

(2) 多年生宿根花卉株高应为 10～40cm，冠径为 15～35cm，分枝不应少于 3 个，叶簇健壮，色泽明亮，根系完整。

(3) 球根类花卉应茎芽饱满、根茎茁壮、无损伤。

(4) 观叶植物应叶色鲜艳、叶簇丰满、株形饱满。

(5) 此外，所选苗木数量还应比设计要求的用量多 10%左右，作为栽植时的补充使用。

(二) 整地及土质改造

花境栽种的大多为多年生花卉，观赏期限较长，施工完成后须考虑多年应用，因而理想的土壤是花境成功的重要保障。

1. 土层厚度

根据品种不同应为 30～50cm。

2. 土壤改良

花境种植床的土壤基质应进行改良，富含有机质，具有较好的物理化学性质，第一年栽种时要施足基肥。

3. 种植床坡度

为使排水良好，种植床宜设置 3%左右的坡度。单面花境靠路边略低，后部抬高；双面花境或岛式花境应该让中部略高，四周倾斜降低。对原有地面过于低洼不利排水的种植床，可以用石块、木条等垒边，形成类似花坛的台式花境。

4. 土壤消毒

在种植前应进行土壤消毒，可采用 40%的福尔马林配成 1∶50 或 1∶100 药液泼洒土壤，用量为 2.5kg/m^2，泼洒后用塑料薄膜覆盖 5～7d，揭开晾晒 10～15d 后即可种植；或用多菌灵原粉 8～10g/m^2 撒入土壤中进行消毒。

5. 换土、改造

对土壤有特殊要求的植物，可在其种植区采用局部换土措施。

（三）花境图案放样

用卷尺、小木桩按设计范围在植床上定位，以白灰或草绳在植床上划分出不同花卉植物的种植区块。为防止地下根茎互相穿插混生，破坏花境的观赏效果，可在各区块间用砖、石或铝板设置隔离带。

（四）花境的栽植

1. 种植技术

（1）花境栽植应尽量采用容器苗，种植时仔细除去容器，避免根系受到损伤。

（2）根据不同花卉按照体量调节种植株行距。考虑植物的生长速度和个体成长时的大致规格及所需空间，预先留出花卉的生长空间，达到最好的观赏效果。

（3）种植深度以根茎部位为准，避免种植过深。

（4）种植后将根坨之间空隙用土壤基质填实，压紧栽正，防止浇水后倒伏。

（5）整理场地，覆土平整。

2. 种植顺序

（1）单面花境从后部高大的植株开始，依次向前栽植逐层低矮的植物。

（2）双面或岛式花境，从中心部位开始。

（3）混合花境，先栽大型植株，定好骨架后再依次栽植宿根花卉、球根花卉及一、二年生草花。

（五）花境栽后管理

（1）浇水。花境花卉种植结束后，应及时浇足水分到土壤饱和为止，用灌水方式对土壤基础进行压实，使土壤和根系密切接触。

（2）施肥。在花境中宿根花卉应用很多，为保证宿根花卉多年开花，需要不断补充营养才能保持最佳状态。

（3）松土、除草。在生长期中，日常管理非常重要，每年早春要松土、除草。

（4）补植。花境虽不要求年年更换，但是有时还要更换部分植株或补播一、二年生花卉。

（5）防治病虫害。

任务五　屋顶花园工程施工

【知识点】

屋顶花园的概况

屋顶花园的分类

屋顶绿化植物的选择依据

屋顶绿化常用植物

屋顶花园中园林工程的荷载

【技能点】

施工准备

构造层施工

屋顶绿化种植植物施工

栽植工程的养护管理

【相关知识】

改善大中城市的生态环境，途径之一是开拓城市的绿化空间，建造田园式都市。要实现这一目的，必须从点滴的城市绿化和开拓城市生态园林做起。增加城市绿化面积所面临的问题，是城市高楼大厦林立、众多的道路和硬质铺装取代了自然土地和植物。在城市里，水平方向发展绿地已越来越困难了，这就使我们必须向立体化空间绿化寻找出路，即向建筑物的垂直绿化和屋顶绿化方向发展。

一、屋顶花园的概况

（一）屋顶花园的概念

屋顶花园广义上是指在各类古今建筑物、构筑物、城垣、桥梁（立交桥）等的屋顶、露台、天台、阳台或大型人工假山山体上进行造园，种植树木花卉的统称（图 8-29）。

（二）屋顶花园的特点

（1）是解决城市缺乏公共绿地空间、提高生态绿化效能的有效途径。

（2）能够减轻城市的热岛效应。

（3）对有害气体、粉尘具有吸附过滤的作用，改善城市空气质量。

（4）有效延长屋顶保护层的寿命。

（5）改善屋顶眩光、美化城市景观。

（6）储蓄雨水。

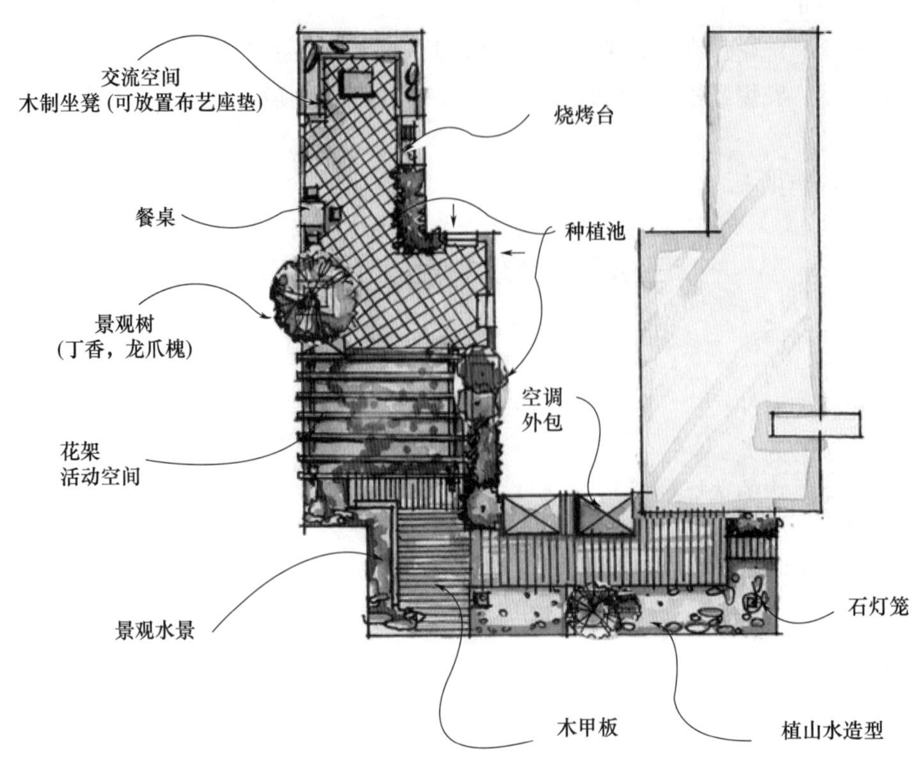

图 8-29　某小区的屋顶花园平面图

二、屋顶花园的分类

（一）按使用要求分

1. 公共游憩性屋顶花园

在国内外均为主要形式之一。因为屋顶花园除具有绿化效应外，同时也为人们的工作和生活提供一处室外活动的花园（图 8-30）。

图 8-30　屋顶花园

2. 营利性屋顶花园

多用于旅游宾馆、酒店。为游客提供夜生活场所，可在屋顶花园中开办露天歌舞会、冷饮茶座等。

3. 家庭式屋顶小花园

一般面积较小，多为 10～20m²。重点放在种草养花方面，不宜设置园林小品、假山、水体等。但可充分利用墙体和栏杆进行垂直绿化。

4. 以绿化、科研生产为目的的屋顶花园

为科研生产、绿化的需要所开辟的屋顶，一般只设科研生产所必需的设施，如水电系统、规整的种植池。专为绿化效果服务的屋顶，甚至整个屋顶无园路，形成整体地毯式种植区。

（二）按绿化形式分

1. 成片状种植区

（1）地毯式。在整个屋顶或屋顶的绝大部分，种植各类地被植物或小灌木。由于地被植物在种植土厚度为 10～20cm 时即可生长发育，因此，它对屋顶所加荷重较小，一般屋顶结构均可承受。

（2）自由式种植区。一般种植面积较大，植物种植类型从草坪至乔木。因此，它的种植土厚度需 10～100cm，应结合微地形改造和种植设计，计算其荷重。

（3）苗圃式。屋顶花园（绿化）的种植区采用农业生产通用的排行式，在南方地区结合屋顶生产基地，种植果树、中草药、蔬菜和花木。苗圃式种植区多在已建成的建筑物屋顶改建而成。它投资少、见效快。

2. 分散和周边式

屋顶种植采用花盆、花桶、花池、花坛等分散形式组成绿化区或沿建筑屋顶周边布置种植池，是屋顶花园采用较多的绿化形式。这种点线式种植花木的方式可以根据屋面的使用要求和空间尺度布置。它布点灵活，构造简单，适应性强。

3. 庭院式

这种庭院式的屋顶花园，实际上是将露地庭院小花园建到屋顶上。除露地庭院中较大的乔木、假山等外，庭院中的花灌木、浅水池、置石、园林小品等均可在屋顶上建造。

（三）按屋顶花园的位置分

1. 单层、多层建筑屋顶花园

（1）单层建筑上建造屋顶花园，多为取得绿化环境效果，常采用成片状地毯式绿化形式，为周围多层或高层建筑俯视效果服务。由于单层建筑不具备楼梯设备，因此，一般游人不能登顶观景。

（2）多层建筑上的屋顶花园有独立式和附建式两种。所谓独立式，是在整幢多层建筑的屋顶上建造花园。附建式是多层建筑依靠在高层建筑的一侧，也就是高层建筑前的裙楼。

2. 高层建筑屋顶花园

高层建筑的屋顶花园建设难度比较大，因为高层建筑的每层建筑面积均较小，楼层越高，顶层面积越小，顶层荷重传递的层次越多，对抗震越不利。高层或超高层建筑的屋顶供水和排水也要比多层建筑困难得多。高层建筑物屋顶风力很大，而屋顶花园为减轻荷重，需尽量减少种植土深度和密度，这就使得一些灌木和乔木因风大而被风吹倒，甚至连根拔起。因此，多采用轻质人工合成种植土种植浅根植物。

（四）按空间开敞程度分

按屋顶花园空间开敞程度，可分为开敞式、半开敞式和封闭式三种。

1. 开敞式屋顶花园

在单体建筑整个屋顶上建造屋顶花园，屋顶四周不与其他建筑相接，成为一座独立的空中花园。通风良好、日照充足，有利于屋顶花木的生长发育。多层住宅单元楼屋顶改建的屋顶花园多属于此种类型。

2. 半开敞式屋顶花园

指花园的一侧、两侧或三面被建筑物包围的空中花园。此类花园一般是为其周围的主体建筑服务的。因此，它多用于旅游宾馆、饭店的夜花园，办公楼上及为私家服务的屋顶小花园。

3. 封闭式屋顶花园

花园的四周被高于它的建筑物围住，形成天井式空间。这种全封闭式屋顶花园，可为四周建筑提供服务，并可通过屋顶花园成为四通八达的流动空间。在这种花园中休息能给人以安全感。

（五）按布局形式分

1. 自然式园林布局

园林空间的组织、地形的处理、植物的配置等均采用自然式的布局手法；讲究植物的自然形态与建筑、山石、水体的协调关系，讲究花木的四季景致，高低错落、疏密相间；注重色彩的变化、景观的层次变化。

2. 规则式园林布局

布局注重的是装饰性的景观效果，强调动态与秩序的变化。植物配置上形成规则的、有层次的、交替的组合，再点缀精巧的小品，常常把不大的屋顶空间变得景观丰富、视野开阔。

3. 混合式园林布局

注重自然与规则的协调与统一。空间构成在点的变化中形成多样的统一，不强调景观的连续性，更多地注重个体的变化。这种类型的布局在屋顶花园中使用较多。

三、屋顶绿化植物的选择依据

（一）影响植物选择的因素

1. 光照

屋顶相对地比地面接收的太阳辐射多，紫外线强度也较大，因此应选择喜阳性植物或沙生植物。而高层建筑的裙楼屋顶因被包围于众多的建筑物之中，很可能常年不受阳光直射，因此可选择各类喜阴植物或藤本植物，如爬山虎、五叶地锦等。

2. 温度

屋顶位置较高，日照辐射强，钢筋混凝土等屋面材料经太阳辐射升温快、反射强，夏季白天温度高出地面 3～5℃，夜晚却低于地面 2～3℃，屋顶温差较大，有利于植物进行光合作用和有机物质的积累。冬季霜冻对植物根系侵害小。据测定，屋顶花园的土温比周围地面园林土温至少要高出5℃。

3. 湿度

由于地势高，日照充足，温度较高，风大，因此水分蒸发快，屋顶相对湿度比地面低10%～20%。尤其在夏季，植物生长旺盛，蒸腾作用强，湿度会更低。

4. 风力

建筑物顶部因遮挡物较少，风力会强于地面。

5. 土壤

由于屋顶绿化的土质量轻，土层较浅，且土质大多混合有泥炭、珍珠岩等其他基质，所以肥力不会很高，且屋顶绿化多靠降雨灌溉，土壤水分含量不高。

6. 承重

屋顶绿化多数是在建筑建好之后才附建的，因此要解决好屋顶绿化的承重问题，以保证建筑物的安全。

7. 排水

由于建在屋顶上，所建的绿化必须要有良好的排水功能，避免水淤积在楼顶，破坏楼顶的隔水层。

8. 根须穿透力

许多植物如榕树、羊蹄甲等，其根系具有十分强的穿透能力，会破坏建筑物。因此植物选择时要注意不要对屋顶楼板、隔水层等造成破坏。

（二）屋顶绿化植物选择的原则

屋顶绿化植物的选择必须从屋顶的环境出发，首先考虑到满足植物生长的基本要求，然后才能考虑植物配置艺术。

（1）选择耐旱、抗寒性强的矮灌木和草本植物。

（2）选择阳性、耐瘠薄的浅根性植物。

（3）选择抗风、不易倒伏、耐积水的植物种类。

（4）选择以常绿为主、冬季能露地越冬的植物。

（5）尽量选用乡土植物，适当引种绿化新品种。

（6）选择能够抵抗空气污染并能吸收污染的品种。

（7）选择容易移植成活、耐修剪、生长较慢、养护管理要求较低的品种。

四、屋顶绿化常用植物

我国南北地区气候差异较大，在选用屋顶绿化植物之前，要先了解植物的生态习性及生长速度，以便选定适合该地区的植物种类。江南一带气候温暖、空气湿度较大，所以浅根性，树姿轻盈、秀美，花、叶美丽的植物种类都很适宜配植于屋顶花园中。在北方营造屋顶花园困难较多，冬天严寒，屋顶薄薄的土层很易冻透，而早春的旱风在冻土层解冻前易将植物吹干，故宜选用抗旱、耐寒的草种，宿根、球根花卉以及乡土花灌木，也可采用盆栽、桶栽，冬天便于移至室内过冬。以下介绍几类北方屋顶花园中常用的植物（图8-31）。

图 8-31　某屋顶花园植物配置实例

（一）乔木

宜选择可以欣赏树形、枝叶、树姿或观果的小乔木，常作中心景观。常用的植物种类有玉兰、龙柏、龙爪槐、紫叶李、海棠类、垂枝榆、山楂等。

（二）花灌木

许多用于北方露地绿化的花灌木都可以用于屋顶绿化，常见的有卫矛、水栒子、水蜡、紫叶小檗、连翘、榆叶梅、迎春、金银忍冬、天目琼花、黄刺玫、海州常山、红瑞木、月季类、锦带花类、小叶黄杨、大叶黄杨、侧柏、金叶女贞、绣线菊等。

（三）草坪草

常用的草坪草有白车轴草、早熟禾、高羊茅、野牛草、匍匐剪股颖、中华结缕草、大羊胡子草、小羊胡子草、黑麦草等。

（四）宿根花卉

常用的宿根花卉有垂盆草、佛甲草、八宝景天、凹叶景天、银叶蒿、蛇鞭菊、雏菊、金盏菊、黑心菊、蓍草、荷兰菊、大花金鸡菊、紫菀、大丽花、花叶蔓长春、石竹、马蔺、玉簪、芍药、假龙头、马薄荷、桔梗、鸢尾、射干、漏斗菜、荷包牡丹、千屈菜、宿根福禄考、紫斑风铃草、金鱼草、花叶芦竹、玉带草、天竺葵、旱金莲、羽衣甘蓝等。

（五）一年生草花

常见的一年生花卉有诸葛菜、蒲公英、蛇莓、紫花苜蓿、点地梅、牵牛、打碗花、龙葵、曼陀罗、委陵菜、矮牵牛、万寿菊、孔雀草、千日红、翠菊、酢浆草、一串红、三色堇、百日草、凤仙花、大花马齿苋、鸡冠花等。

（六）木质藤本

不占或很少占用种植面积。其常见品种有爬山虎、五叶地锦、葡萄、紫藤、常春藤、金银花、猕猴桃、南蛇藤、凌霄、藤本月季等。

（七）果树和蔬菜

矮化苹果、梨等可以作为微型的灌木来种植，廊架上种植丝瓜、葡萄、黄瓜、葫芦、扁豆等，地上种植青菜、辣椒、茄子、西红柿等各种蔬菜。

五、屋顶花园中园林工程的荷载

屋顶花园中的各项园林工程的荷载均要化成每 1m² 的等效均布荷载，然后与屋顶花园的活荷载相比，取其大者作为屋顶结构计算的数值。除均布荷载外，对独立的集中荷载也要按不同情况进行个别结构的校核和验算（图 8-32）。

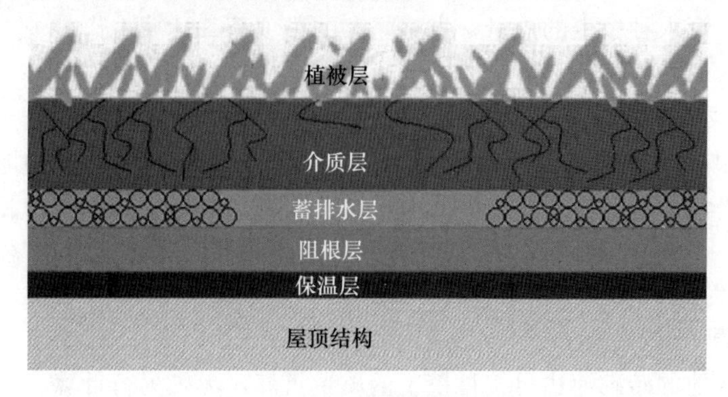

图 8-32　屋顶花园荷载层次

（一）种植区荷载

种植区的荷载包括种植土、排水层、过滤层和各类花卉植物等的质量。现根据它们的不同品种、材料、厚度以及含水量分别介绍如下。

1. 地被植物、花灌木和乔木的荷载（表 8-19）

表 8-19　各类植物荷载

植物名称	最大高度	荷载（kg/m²）	植物名称	最大高度	荷载（kg/m²）
地被草坪	—	5.1	大灌木	6	40.8
低矮灌木	1	10.2	小乔木	10	61.2
1～1.5m 灌木	1.5	20.4	乔木	15	153.0
灌木	3	30.6			

2. 种植土荷载

根据植物品种确定种植土的厚度，再按人工种植土的不同配合比，算出屋顶种植土每 1m² 的荷载。不同植物生存和生育所需土层的最小厚度是不相同的，而植物本身又有深根型和浅根型之分，对种植土深度也有不同要求；屋顶上一般风力较大，植物防风处理也对种植土提出了要求。综合以上因素，对地被、花卉灌木和乔木等不同品种植物生存和生育的最适合的种植土厚度数据如表 8-20 所示。

表 8-20　屋顶花园种植区植物生长的土层厚度与荷载值

类别	单位	地被	小灌木	大灌木	浅根乔木	深根乔木
植物生存种植土最小厚度	cm	15	30	45	60	90～120
植物生育种植土最小厚度	cm	30	45	60	90	120～150
排水层厚度	cm	—	10	15	20	30
平均荷载（种植土容重按 1000kg/m³计）	kg/m²	150	300	450	600	600～1200
	kg/m²	300	450	600	900	1200～1500

3. 排水层荷载

排水层的厚度可采用表8-20中的数据，但需根据排水层使用的材料计算每1m² 的质量。卵石、砾石和粗砂的容重为2000～2500kg/m³，陶土烧制的陶粒容重为600kg/m³。采用塑料空心制品时其质量将更轻。

种植区内除种植土、排水层外，另有过滤层、防水层和找平层等。在计算屋顶花园荷载时，可统一算入种植土的质量，省略繁杂的小项荷载计算工作。

（二）盆花、花池荷载

1. 盆花荷载

盆栽在屋顶花园中也是常采用的绿化方式，特别是受到季节限制的地区可摆放适时的盆花。它的平均荷载估算为100～150kg/m²。若采用规格为二缶子的黏土花盆（盆口直径23cm、高15cm），盆内用 ρ=1600kg/m³ 的种植土，平面满布花盆时，荷载约为127kg/m²。

2. 花池荷载

（1）低矮花池的砖砌池边可按种植土的质量折算，无须另行计算。

（2）独立式、较大型乔木种植池，应分别计算池壁材料和种植土的质量，再按花池、花坛所占面积折算成平均荷载，施加到楼板或大梁上。

（三）水体工程荷载

屋顶花园的小型水池、喷泉等的荷载，应视其积水深度和池壁材料来确定。

1. 水深

根据不同使用要求确定水深后，其荷载按每1m² 质量计算。水深10cm时分布荷载为100kg/m²；水深100cm时，荷载为1000kg/m²。

2. 池壁

（1）若采用金属或塑料制品，其质量可与水重一起考虑。

（2）若采用砖砌或混凝土池壁，则应根据其壁厚和贴面材料的品种和容重分别计算后，再与水体重一起折算成每1m² 的荷载。

（四）假山置石和雕塑荷载

1. 假山置石荷载

屋顶花园上一般多堆砌小型石料假山体或自由散点式山石，或放置较大的置石。

（1）假山体。用实际山体体积乘以0.7～0.8的孔隙系数，再按不同石质的单位重（2000～2500kg/m³）求出山体每1m² 的平均荷载。

（2）置石。则应按集中荷载考虑。

2. 雕塑荷载

屋顶花园中的雕塑质量由其材质和体量的大小而定。

（1）木雕、金属薄壁制品的质量较轻，可以不计，但其礅座实体往往比雕塑本身要重，是项不可忽略的集中荷载。

（2）大型石雕塑像可将其折算到台座的面积上，换算成均布荷载或集中荷载，施加到楼板或大梁上。

（五）园林小品和园林建筑的荷载

屋顶花园中的园林小品如园椅、园灯、花架、博古架等，荷载均较小，可统一计算在屋顶活荷载中，无须另行计算和验算。

但屋顶花园中的园林建筑，则应根据它的建筑结构形式和传递荷载的方式，分别计算出其均布荷载（kg/m^2）、线荷载（kg/m）或集中荷载（kg），进行结构验算和校核。

【任务实施】

一、施工准备

施工的准备工作包括以下几个方面：

（1）认真组织学习设计图纸和设计技术资料，学习本工程招标文件及监理程序，熟悉合同文件和技术规范。

（2）现场核对设计资料，对地形地貌、地质水文状况等进行全面的调查。

（3）做好现场布置及临时设施的配套。

（4）在施工范围内进行场地清理，清除杂草，拆除障碍物。

二、构造层施工

屋顶花园一般种植层的构造从上到下依次是：植被层、基质层、过滤层、排水层、防水层、保温隔热层和结构承重层等。某典型构造如图 8-33 所示。

图 8-33　屋顶花园构造剖面

（一）找坡找平层

为了便于防水卷材的施工，找平层应压实平整，充分保湿养护，不能有疏松沙和空鼓现象。先将屋面混凝土板面清理干净，屋面充分湿润后不可积水。用 1∶2 水泥砂浆找平层，按设计要求找坡，防水砂浆找平层应做上女儿墙、屋面机房、梯屋烟囱、支墩等不少于 20cm（阴阳角处做成 R=10cm 圆弧）且留设分格缝，同时反边高度为 20cm。其纵横间距不大于 6m，缝宽 20mm，填嵌密封材料。

（二）防水隔根层

应采用具有耐水、耐腐蚀、耐霉烂、性能优良和对基层伸缩或开裂变形适应性强的卷材作为防水隔根层。一般有合金、橡胶、PE（聚乙烯）和 HDPE（高密度聚乙烯）等材料类型，用于防止植物根系穿透防水层。隔根层铺设在排（蓄）水层下，搭接宽度不小于 100cm，并向建筑侧墙面延伸 15～20cm。

（三）分离滑动层

一般采用玻纤布或无纺布等材料，用于防止隔根层与防水层材料之间产生粘连现象。柔性防水层表面应设置分离滑动层；刚性防水层或有刚性保护层的柔性防水层表面，分离滑动层可省略不铺。分离滑动层铺在隔根层下，搭接缝的有效宽度应达到10～20cm，并向建筑侧墙面延伸 15～20cm。

（四）排（蓄）水层

1. 传统排水层

通常的做法是在过滤层下用 10～20cm 厚的轻质骨料材料铺成排水层，骨料用砾石、焦渣和陶粒等。屋顶种植土的下渗水和雨水通过排水层排入暗沟或管网，此排水系统可与屋顶雨水管道统一考虑。它应有较大的管径，以利清除堵塞。在排水层骨料选择上，要尽量采用轻质材料，以减轻屋顶自重，并能起到一定的屋顶保温作用。常见屋顶花园排水构造如图 8-34 所示。

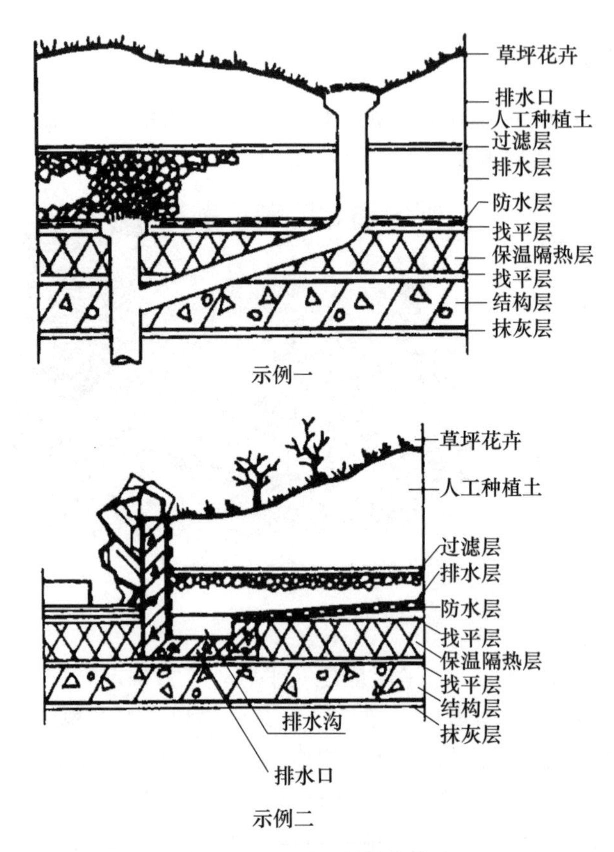

图 8-34　屋顶花园排水构造

2. 排水板保护层

蓄排水板代替了传统的用陶粒和卵石作为排水层的方法。排水板为聚乙烯材料，不仅是很好的植物阻隔材料，还起到了二次防水阻根的作用。一般分为单层凸台和双层凸台。屋顶绿化一般都采用单层凸台排水板。

排水保护板的施工根据设计图要求铺装，板材的长短边拼接采用搭接的方式，搭接宽度大于 5cm，并向建筑侧墙面延伸至基质表层下方 5cm 处。

3. 隔离过滤层

一般采用既能透水又能过滤的聚酯纤维无纺布等材料，用于阻止基质进入排水层。隔离过滤层铺装在基质层下，搭接缝的有效宽度应达到 10～20cm，并向建筑侧墙面延伸至基质表层下方 5cm 处。

4. 基质层

是指满足植物生长条件，具有一定的渗透性能、蓄水能力和空间稳定性的轻质材料层。采用人工合成种植土代替露地耕土。人工配制的栽植土，其主要成分为蛭石、泥炭、砂土、腐殖土或有机肥、珍珠岩、煤渣、发酵木屑等材料，使土壤养分充足，酸碱度适于相应植物品种的生长要求。基质配制屋顶绿化基质荷重应根据湿容重进行核算，不应超过 1300kg/m³。常用的基质类型和配制比例见表 8-21，可在建筑荷载和基质荷重允许的范围内，根据实际酌情配比。

表 8-21　常用基质类型和配制比例参考

基质类型	主要配比材料	配制比例	湿容重/（kg/m³）
改良土	田园土、轻质骨料	1∶1	1200
	腐叶土、蛭石、沙土	7∶2∶1	780～1000
	田园土、草炭、蛭石和肥	4∶3∶1	1100～1300
	田园土、草炭、松针土、珍珠岩	1∶1∶1∶1	780～1100
	田园土、草炭、松针土	3∶4∶3	780～950
	轻沙壤土、腐殖土、珍珠岩、蛭石	2.5∶5∶2∶0.5	1100
	轻沙壤土、腐殖土、蛭石	5∶3∶2	1100～1300
超轻量基质	无机介质	—	450～650

注：基质湿容重一般为干容重的 1.2～1.5 倍。

三、屋顶绿化种植植物施工

（一）定点放线

定点前先清除障碍，用仪器或皮尺标明边界、道路、建筑的位置，根据图纸上的种植设计，按比例放样于地面，确定各苗木的种植点。

（二）挖穴

栽植坑（穴）位置确定后，可根据树种根系特点，决定挖坑（穴）的规格，要求比土球大，加宽放大 30cm 左右、加深 20cm 左右，穴挖得好坏，对栽植质量和以后的生长以及发育有很大的影响，因此必须严格控制挖穴质量。

（三）修剪

无论出圃时对苗木是否进行过修剪，栽植时都必须修剪。

（四）栽植

栽植技术按照不同的植物类型，参照之前项目中介绍的乔灌木、草花、草坪的栽植方法进行即可（图 8-35、图 8-36）。

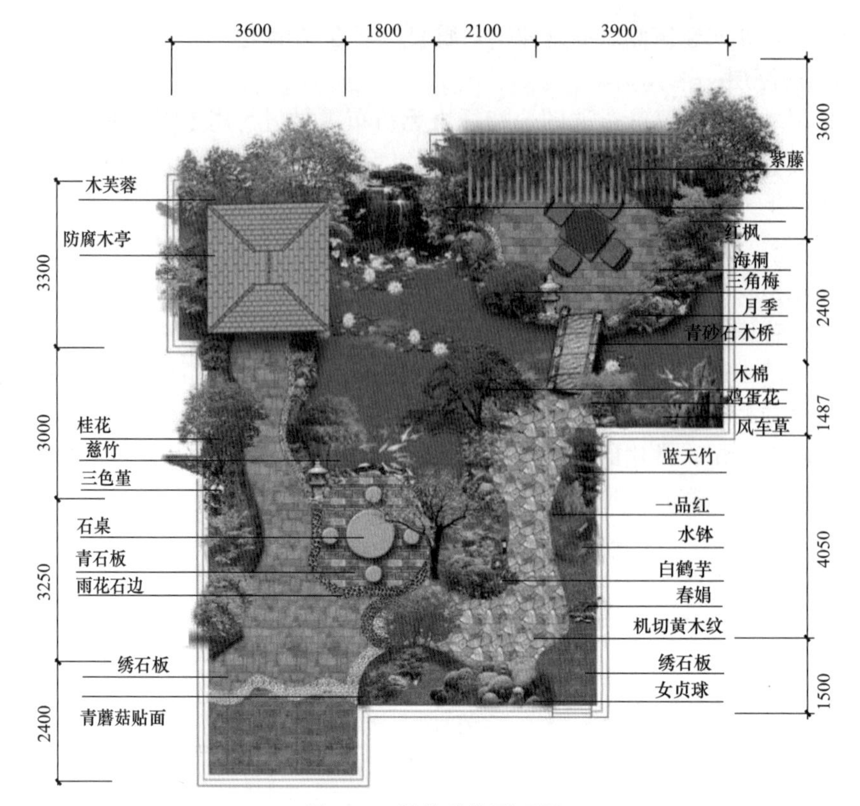

图 8-35　植物种植平面图

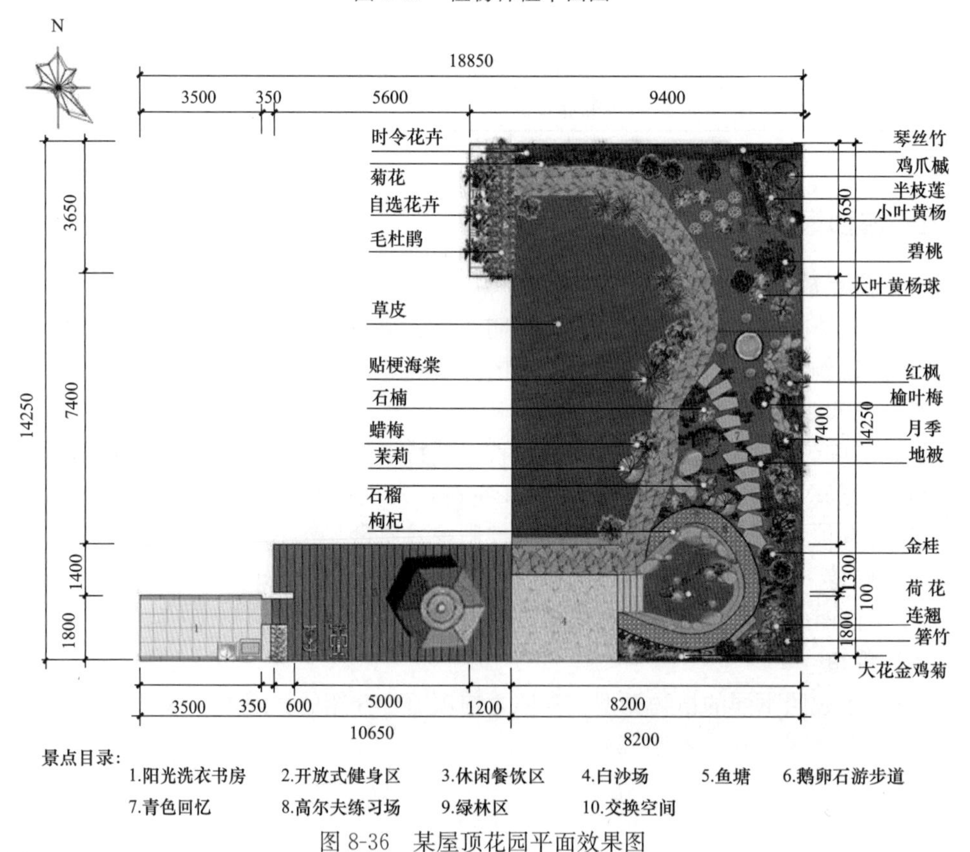

图 8-36　某屋顶花园平面效果图

（五）灌水、封堰

栽后当天之内必须及时浇上第一遍水，第二遍水要在第二天进行。水一定要浇透，使土壤吸足水分，并有助于根系与土壤密接，方保成活。少雨季节植树，应每间隔3～5d浇一次透水。浇水时要防止冲垮水堰，每次浇水渗入后，将歪斜树苗扶直，并对塌陷处填实土壤，最好是覆盖一层细干土。第一遍将水渗入后，可将土堰铲去，将土堆于干基，稍高出原地面，可利于防风、保墒和保护根系。

四、屋顶花园栽植工程的养护管理

（一）修剪

植物生长到一定程度，相邻植株的枝叶会互相缠绕，影响通风，滋生病虫，须定期修剪疏枝，防止过密。草坪地被同样需要定期修剪，以免影响景观。

（二）浇水

确保培养基质排水顺畅，以免局部浸渍导致烂根生长不良。灌溉间隔一般控制在10～15d。简单式屋顶绿化一般基质较薄，应根据植物种类和季节不同，适当增加灌溉次数。

（三）施肥

根据土壤状况和植物生长状态，适时适量施肥。应采取控制水肥的方法或生长抑制技术，防止植物生长过旺而加大建筑荷载和维护成本。植物生长较差时，可在植物生长期内按照30～50g/m^2标准，每年施1～2次长效氮、磷、钾复合肥。

（四）基质补充

人工基质可能会因风化、雨水冲刷而流失，导致有效体积缩小、种植层厚度不够，应及时补充基质。

（五）病虫害防治

尽量选择适于本地的抗性植物品种，一旦发现病虫害，在发生初期迅速控制，采用对环境无污染或污染较小的防治措施。如人工及物理防治、生物防治、环保型农药防治等措施。

（六）日常保洁

专人定期负责屋顶绿化的保洁工作，避免生活垃圾、落叶影响景观。植物落叶期间，保证有专人负责清除，以免堵塞排水孔。

（七）防风防寒

应根据植物抗风性和耐寒性的不同，采取搭风障、支防寒罩和包裹树干等措施进行防风防寒处理。使用材料应具备耐火、坚固、美观的特点。

（八）灌溉设施

宜选择滴灌、微喷、渗灌等灌溉系统。有条件的情况下，应建立屋顶雨水和空调冷凝水的收集回灌系统。

任务六　垂直绿化工程施工

【知识点】

掌握垂直绿化规划设计原则

掌握垂直绿化设计
掌握垂直绿化植物配植
掌握垂直绿化施工技术

【技能点】

能进行垂直绿化方案的制定
能进行垂直绿化的设计
能进行垂直绿化植物配植
能进行垂直绿化的施工

【相关知识】

一、垂直绿化的概念及作用

1. 垂直绿化的概念

“垂直绿化”英文可译为“vertical planting”或“vertical greening”，最初的概念是从俄文翻译过来的。在不同的文献中，垂直绿化有不同的概念。垂直绿化从广义角度定义为栽植藤蔓植物或其他植物对墙面、护坡、栅栏、栏杆、立交桥、阳台、屋顶等处进行绿化的一种绿化方式；从狭义角度定义为栽植藤蔓植物依附墙体生长的绿化方式，这是丘进渊对垂直绿化的定义。朱素平、宋瑞珍把垂直绿化等同于立体绿化，与地面相垂直，在立体空间进行绿化的一种方法，结合廊架、棚架、篱笆、山石、墙壁等栽植攀缘植物。付志昂、张明辉将垂直绿化定义为利用攀缘植物及其他植物攀附建筑、围墙等各种垂直面的一种垂直绿化形式。刘光立认为广义的垂直绿化即在不占用或少占用规划用地的前提下，对垂直构筑物或平行地面的顶面进行绿化的一种方式，狭义的垂直绿化含义为利用攀缘植物对构筑物的立面及顶面进行绿化，包括屋顶、建筑外墙、实体围墙、棚架、栅栏、栏杆、立交桥、高架桥、护坡、窗台、平台等处的绿化（图 8-37）。

图 8-37 垂直绿化

2. 垂直绿化的作用

城市垂直绿化作为一种绿化方式，有别于平面绿化。它的绿化系数大，占用很小的空间达到的绿化效果是平面绿化的几倍甚至几十倍。假设把城市中建筑立面面积的1/5进行垂直绿化，按建筑屋顶、表面面积为其占地面积的2倍计算，即增加了城市用地面积26.7%的绿化面积，可见，垂直绿化的发展潜力是巨大的。垂直绿化不但能快速增加城市绿化面积，美化环境，调节人的心理健康，让人有种回归自然的感觉，而且植物吸收二氧化碳，释放氧气，能净化空气，调节空气温度、湿度，缓解热岛效应，平衡大气中二氧化碳与氧气的平衡；同时，植物对声波有反射和吸收的功效，特别是垂直绿化降低噪声污染十分明显，植物对空气中的粉尘及病菌具有明显的阻挡、过滤、吸收作用。如果充分利用小区中屋顶、阳台、窗台等地栽植具有经济价值的蔬菜、水果、药材等垂直绿化植物，还有收获经济价值。

二、城市垂直绿化的规划设计原则

城市垂直绿化不同于一般的城市绿化形式，在横向和纵向都需有自己的考量，一方面要满足绿化、景观的要求，另一方面也要考虑到垂直绿化的可施工性以及安全性。因为在规划设计的过程中，除了要遵守一般景观规划设计的设计原则外，还必须符合以下几个方面的设计原则。

1. 合理选择绿化植物种类

(1) 结合场地朝向及植物习性来选择植物

由于阳光有直射的特性，在场地里形成相应的阴阳面，而植物自身也有喜阴与喜阳的特性，因此要根据场地的朝向选择与之相适应的植物（图8-38）。

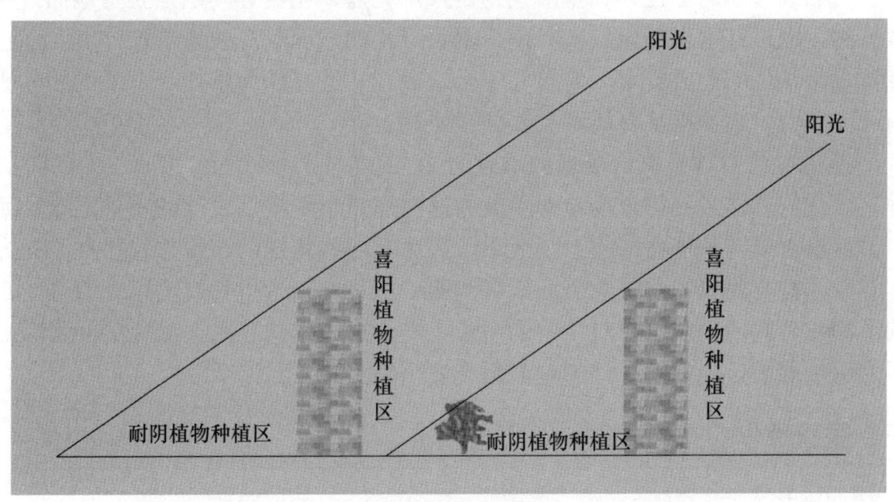

图8-38　结合场地朝向以及植物习性来选择植物

在构筑物朝向太阳的一方可以选择种植喜阳的植物，相对应在建筑物背向太阳的一面选择种植耐阴或者喜阴的植物，与此同时，在朝阳区域内的乔木或者灌木丛下面的阴影区域同样应该选择耐阴或者喜阴的植物。另外，植物自身有自己的习性，如植物有缠绕、攀爬、攀附、钩刺等特性，因而在植物种植设计的过程中，可以根据这些植物的特性来选择合理的种植场地。

(2) 结合建筑物和构筑物的高度选择相应的植物

垂直绿化的优势在于占用很小的面积却能创造非常大的绿化面积，为了达到这一要求，就应选择合适高度的植物来满足建筑立面上的绿化要求，追求更高的绿化效果。

2. 植物配置

垂直绿化是植物造景的一种特殊形式，其植物配置应与周围的环境相对称、相和谐，在空间、形式、色彩上都应与其他景观元素相融合，在大统一的形势下追求个性化的景观内涵，使整个垂直绿化植物景观有活力，充满人文关怀和生活气息，合理的植物搭配可以做到这一点。常用的植物布置形式有以下几种。

（1）画龙点睛式。大范围地种植以赏叶为主的植物，以赏花植物作为点睛之笔来夺人眼球，达到增强对比的景观效果，如爬山虎中穿插凌霄、葛藤中点缀藤本月季。

（2）花境式。花境表现的是自然风景中花卉的生长规律，不仅表现出植物个体生长的自然美，还能展现出植物自然组合的群体美。花境要求立面美，因此花境植物应选择植株较高、花序和花朵垂直分布在植株上的花卉，如蜀葵、宿根飞燕草、百合类、蛇鞭菊等。由于花境内的植物不进行变换，因此选择花期长、花叶兼美、四季华丽，且适应性强的露地多年生植物，如玉簪、萱草、荷包牡丹、鸢尾、薰衣草、景天、宿根飞燕草等。

（3）规整式。花境表现的是自然美，或者说是不对称美，那么规整式则是通过有节奏和韵律的变化来表现统一美，或者说对称美。通过花色的变化，形成有规律或者变化有序的图案。

（4）悬挂式与垂吊式。前面三种形式是在地面上种植来达到空间变化，在立面上形成丰富景观的效果，而悬挂式和垂吊式则是采用花篮、花盆等其他独立于地面的承载物来种植植物，以丰富垂直绿化层次，使得垂直绿化的立面景观效果更加完美。而这些承载物自身也是景观的构成要素，要求其安全、美观。选择作为悬挂和垂吊的植物则要有很强的适应能力，植物根基要浅，且要便于协调。

3. 垂直绿化的总体量符合场地的承重力

垂直绿化的总体量要符合场地的承载力这一点是整个规划设计的重中之重。垂直绿化是为了追求更丰富的植物空间景观效果，因为有一些特殊的布置方式往往不是布置在地面，有时候需要附属在建筑物表面或者侧面。植物要正常生长就离不开营养，而承载营养的土壤或者其他物质自身有一定的质量，在做屋顶绿化、阳台绿化的时候，要考虑到屋顶的承重能力，绝对不允许超重而出现安全隐患。

三、垂直绿化的主要形式

1. 墙面绿化

墙面绿化是指选择具有吸附、缠绕、卷须、钩刺的攀缘植物，让建筑物外墙穿上“绿衣”的一种垂直绿化形式。早在17世纪时，俄国在进行亭、廊绿化植物选择时就采用攀缘植物，后来将攀缘植物应用于建筑墙面，之后欧美各国也广泛应用。据不完全统计，全国公共单位的围墙总长达到500多万米，折合地球的周长，是地球周长的125倍。程俊恒认为，把一栋六层楼的墙面完全绿化起来，其绿化面积约为楼房占地面积的3倍，可见，增加绿化量，墙面绿化是十分有效的途径，绿化方式从二维空间向三维空间转变，是未来城市绿化发展的一种新趋势。墙面绿化是城市最常见的一种垂直绿化形式。墙面绿化不仅能缓解城市热岛效应、降低噪声、吸收粉尘、净化空气、增加绿化率，而且能软化硬质外墙，增强建筑物的艺术效果。

墙面绿化一般选择生命力较强的茎节有气生根或吸盘的吸附类植物，同时，根据所处的地理、气候等自然环境，墙面的建筑材料、特征、朝向、高度等的不同，选用适宜植物进行配置。墙面较粗糙，如水泥粉墙、水刷石、清水砖墙，应该选择枝叶粗大的藤本，如爬山虎、凌霄等；墙面较光滑、细密，如采用玻璃安装的幕墙、石灰粉墙、光滑瓷砖墙、马赛克墙，应该选择枝叶细小、吸附能力强的藤本植物，如络石、扶芳藤、小叶扶芳藤、常春藤等，或在靠墙处搭建绿化格栅。朝北面的墙面应选择耐阴、抗旱的植物，如常春藤、薜荔、扶芳藤、络石等；朝西面的墙面应选择耐旱植物，如爬山虎等；朝南面、东面的墙面应选择喜阳植物，如爬山虎、凌霄等。根据墙面高度不同选择攀缘能力不同的植物，如高度在 2m 以上，选择藤蔓月季、扶芳藤、铁线莲、常春藤、牵牛、茑萝、菜豆、猕猴桃等植物；如高度在 5m 左右，选择葡萄、葫芦、紫藤、丝瓜、金银花等植物；如高度在 5m 以上，选择中国地锦、美国地锦、美国凌霄、山葡萄等植物。建筑物色彩及周边环境色彩也是墙面绿化该考虑的因素，例如一堵黑瓦红墙应该配置枝叶葱绿的爬山虎、常春藤、薜荔等；白粉墙壁可选择爬山虎，充分展示爬山虎的枯蔓游枝及色彩的变化；橙黄色的墙面选择常绿、白花的络石等植物加以绿化。有些攀缘植物的观赏性会随季节变化而变化，应该充分利用季相变化去合理搭配植物，充分发挥植物的群体美、变化美（图 8-39）。

图 8-39　墙面绿化

2. 阳台及窗台绿化

阳台及窗台是楼层的半室外空间，它是建筑与室外景观融为一体的媒介，是室内外绿化的节点。阳台及窗台绿化是指利用各种植物材料对阳台、窗台进行绿化装饰。阳台特殊的地理位置，决定其绿化具有以下特点：①阳台空间较小，面积 3～8m² 不等；②种植营养面积小，缺乏地面土壤条件，采用盆栽或种植箱种植植物，根系伸展受到约束，需要经常补充肥料；③自然环境对阳台绿化的影响大，例如水分蒸发快、墙面辐射强、空气流通快等影响植物的良好生长；④阳台承重力小（凹阳台比凸阳台的承载能力大）这决定了阳台绿化不能种植荷载过大的植物；⑤阳台绿化与外界环境是分不开的，一栋楼，少则几户多则几十户，在进行自家阳台绿化时，不仅要结合整栋楼房乃至整个社区的环境美化，还要考虑此阳台绿化是否影响到他人。

选择阳台绿化应根据阳台大小、承重能力、朝向、季节变化、阳台主人喜好、室内装修风格等选择适宜植物。阳台绿化应选择一些大小适中、适于观赏且不影响人们在阳台正常活动的植物，同时，花盆不宜过大、过重，由于必须考虑阳台的承载能力，所以土壤应该使用较轻的培养基质。阳台不同的朝向，其环境不同也会影响植物的生长。东阳台早晨阳光充足，适于种植喜半阴植物，如兰花、红掌、苏铁、棕竹、杜鹃、万年青等；南阳台光照充足，适于种植喜阳植物，如仙人掌、菊花、石榴、扶桑等；西阳台下午光照较强，且高于东阳台，适于种植仙人掌、芍药、月季等喜阳植物及合果芋、万年青、文竹等喜半阳植物；北阳台缺乏阳光照射，适于种植耐阴植物，如铁线蕨、玉簪、绿萝等。不同季节在阳台上可以营造出不同的绿化效果，春季以观花为主，夏季以芳香为主，秋季以观果为主，冬季以观叶为主。阳台主人自身的职业、爱好、空闲时间也关系到阳台植物的选择，如果阳台主人是过敏体质的，对花粉过敏，少选择花香的植物，多考虑观叶植物，如果没有空闲时间养护植物时，应选择栽培简单、对环境要求不严格的植物，例如仙人掌类、芦荟类植物（图 8-40）。

图 8-40　阳台绿化

3. 棚架绿化

所谓“云遮日影藤萝合，风带潮声枕簟凉”，这是古时候棚架绿化最诗情画意的写照。在棚架绿化中，棚架所用的材料有木架、竹架、砖石、混凝土结构架、钢筋水泥架、铁架等，或是以亭、廊、园门等相结合组成外形优美的园林建筑群。没有经过绿化的棚架，显得较为生硬，毫无生动性可言。棚架绿化是指在棚架、花架上借助各种形式、构件，种植攀缘植物，使其沿着棚架、花架生长，组成园林独特景观的一种垂直绿化形式，垂直绿化形式在公园和广场中最常见。

不同的棚架需要不同植物来配合，通常情况下，绳索结构、金属结构、竹木结构等一些小型棚架，常选用金银花、牵牛花、啤酒花、丝瓜、扁豆、何首乌、观赏南瓜等缠绕茎发达的草本攀缘植物；而类似砖石、钢筋混凝土等粗重结构的棚架，适合种植紫藤、凌霄、猕猴桃、地锦等一些大型的木质藤本植物；混合型结构的棚架，通常采用草本和木本相结合的攀缘植物，让观叶和观花相结合，增加园林景观效果。如果要让棚架在植物的覆盖下形成绿廊、花架，则选用生长旺盛、枝叶茂密、花果秀美的植物，通常选用紫藤、金银花、木通、扶芳藤、鸡血藤等植物。同时，绿亭、绿门、拱架等场所的绿化适宜选用花色艳丽、蔓茎较小、体量较小的藤本植物，如铁线莲、叶子花、探春等。在空间窄小、光照阴暗的环境，应该选择耐阴的藤本植物，如络石、金银花、扶芳藤、藤三七、南五味子、油麻藤、常春藤等；在宽敞、光照充足的棚架，应选择喜阳植物，如凌霄、紫藤、牵牛花、丝瓜、三角梅等（图 8-41）。

图 8-41 棚架绿化

4. 城市桥体及立柱绿化

随着城市的发展，桥体、立柱绿化问题已经摆在我们面前，我们需要尽快行动起来，让桥体、立柱绿化成为城市的一道亮丽风景线。城市桥体包括立交桥、河流桥梁、过街天桥、高架桥、隧道等，桥体绿化包括立柱绿化、桥面绿化、中央隔离带绿化、护栏绿化。桥体是道路交通要道，存在很多不足及缺点，局部光线不足，噪声大，二氧化碳、二氧化硫等有害气体含量高，粉尘较多，用于桥体绿化的土壤相对贫瘠、干旱，所以关于城市桥体及立柱绿化的植物应以本地植物为主，选用较强抗逆性的植物。

城市桥体绿化一般可分为以下 5 大类：

（1）桥体墙面绿化。它与墙面绿化具有相似性，是垂直绿化中占地面积最小，但绿化面积最大的一种绿化形式，主要利用藤本植物的攀缘性质及枝条下垂来进行绿化、美化桥体、增加绿化率，同时对桥体起到保护作用。用于桥体墙面绿化的植物应选择抗寒、抗高温、耐湿、耐干旱、抗污染、适应贫瘠土壤的浅根性阳性植物。高度在 3m 以下的桥体墙面采用爬山虎、蔷薇栽植于桥体道路边缘，较高的墙面则采用美国地锦、凌霄覆盖。

（2）桥体下方绿化。不同类型的桥体下方光照条件并不相同，同一桥体下方的不同位置，其光照也不同。因此，在进行桥体下方植物种植前，应对光照条件进行测试，看是否满足植物生长所需要的条件，并与全日照数值进行比较，选择合理的绿化布局。光照好的位置可栽种抗污染性强的喜阳植物，如海桐、鸢尾、黄杨等；光照适中的位置可种植抗污染性强的耐阴性或阴生植物，如常春藤、爬山虎、扶芳藤、麦冬等。

（3）桥柱绿化。桥柱不仅支撑着高架道路，而且为桥体绿化提供可攀缘的载体，打破单调的视觉效果，增加城市绿量。从一般意义上讲，吸附类植物最适合桥柱的垂直绿化。吸附能力不强的藤本植物，应该在立柱上使用塑料网和铁丝网让植物顺沿攀爬，目前厦门市用于桥柱绿化的植物有爬山虎、木通、常春藤、五叶地锦、小叶扶芳藤等。

(4) 桥体防护栏绿化。目前城市立交桥的防护栏绿化有两种方式，一是让攀缘植物绿化墙面的同时绿化防护栏，二是把花钵或种植槽放置在防护栏旁，在盆中栽植观赏花卉或灌木。用于防护栏绿化的植物应选用喜光、抗风、耐寒、耐贫瘠、抗污染的植物。

(5) 中央隔离带绿化。一般在隔离带建造长条形的花坛或花槽，在上面种植园林植物，然后间种美人蕉、藤本月季等作为点缀。通常选用浅根性、抗旱、耐贫瘠的植物（图 8-42）。

5. 坡面、台地绿化

坡面绿化是城市垂直绿化的一个重要方面，它以环境保护为主要前提，种植各种植物保护具有落差的坡面，即在边坡上营造人工植被，这是控制水土流失和雨水侵蚀的重要途径、手段。如厦门的坡面绿化包括道路两旁的坡地、桥梁护坡以及台地、岩壁、河道两侧和各类绿地的退台等有一定落差的地域。目前用于坡面、台地绿化的常见植物有马尼拉草、高羊茅、地毯草、狗牙根、百喜草、地锦、三角梅、杜鹃、夹竹桃、凌霄、扶芳藤、爬山虎等（图 8-43）。

图 8-42　城市桥体绿化

图 8-43　坡面绿化

6. 篱笆与栏杆绿化

篱笆与栏杆绿化是指利用攀缘植物借助于篱笆和栏杆的各种构件生长，起到分隔庭院和防护的作用，可使用观叶、观花植物间植绿化或利用悬挂花卉种植槽、花球装饰点缀，多用于公园绿地、居住小区、街头绿地。选择适宜篱笆和栏杆绿化的植物，应进行环境条件分析，如光照、水分、温度、土壤等的分析，在阳光充足的环境中，应选择喜光植物，如凌霄、紫藤以及大多数一年生草本植物，而绿萝、常春藤、南五味子等则适于种植在阴暗的地方。

如果栏杆具有透景作用，种植植物应选择枝叶细小、观赏价值高的种类，常用三角梅、牵牛、茑萝、铁线莲、络石等，但是通常种植不可过密，应较稀疏。如果栅栏为了起到分割空间或遮挡视线的作用，应该选择枝叶茂盛、花朵繁茂的木本植物，常用凌霄、蔷薇、常春藤、炮仗花等植物将栅栏完全遮蔽，形成绿墙或花墙。同时，根据篱笆、栅栏构筑材料的不同选择不同植物。如果栅栏较粗糙、色彩暗淡，如钢筋混凝土结构的栅栏，应选择枝条粗壮、色彩艳丽的攀缘植物，如藤本月季、南蛇藤、猕猴桃、木香等；如果是表面光滑，如铁栅栏、网眼篱笆，应选择藤蔓纤细的牵牛花、茑萝、金银花、长春花等缠绕性藤本植物。栅栏配置植物还要根据构件的颜色进行选择，原则上白色栅栏跟任何植物都可相配，如白色的栏杆搭配深绿浅绿，有细腻的阴影变化，质朴而典雅，白花可配置红、黄色的栅栏，深色系的栅栏应配置茶色花、红色花、黄色花等白色花以外的植物。另外，为了丰富栏杆旁的景观效果，常常进行多层次的绿化。前景中主要种植低矮的绿篱植物，修建成适当的形状，沿栏杆排列，或形成装饰的模纹；中景为一些分枝点稍高但株型较小的花灌木，如碧桃、紫薇等；作为背景的花灌木形态更为高大，枝叶茂密，如金银木、侧柏、早园竹（图 8-44）。

图 8-44　蔷薇花墙

7. 假山和树木绿化

假山是以自然山水为蓝本并加以艺术提炼，用人工再造的山水景。单纯的假山，显得生硬，正所谓“山借树而为衣，树借山而为骨，树不可繁，要见山之秀丽”，这就是提倡假山绿化。假山绿化，就是在假山的局部种植一些攀缘、匍匐、垂吊类植物，使山石富有生命力，增添自然情趣。目前，用于假山绿化的藤蔓植物主要是悬垂的蔓生类、吸附类植物，常见的有金银花、爬山虎、络石、凌霄等。除了采用藤本植物外，还可以采用一些抗性较强的高山植物，如龟背竹、合果芋、绿萝、薜荔、常春藤、爬山虎、络石、小叶扶芳藤等。利用攀缘植物装饰假山的同时，植物与山石纹理、色彩的对比和统一也必须考虑。若要表现山石的优美，最佳方式是稀疏点缀茑萝、蔓长春花、小叶扶芳藤等枝叶细小的植物，充分显示山石优美的部分；若假山之中设计有水景、瀑布，则在两侧配以常春藤、光叶子花、探春和岩生植物，可以达到相得益彰的效果；若欲表现假山植被茂盛的状态，则可选择枝叶茂密的植物，如紫藤、凌霄、扶芳藤、五叶地锦等。树木绿化是指利用藤本植物、附生植物对树木进行垂直绿化的一种方式，包括枯树和具有生命力树木的绿化。其中，枯树绿化是利用藤本植物、附生植物对具有历史价值且年代悠久的干枯古树进行垂直绿化，增加绿化量，保护文化遗产。在枯树的周围种植藤本植物，使其沿枯树的树干攀缘向上，形成枯木逢春的景观；在热带湿润的情况下或在室内的环境下，可以在枯树上面栽种附生植物，让这些枯树绿起来，增加枯树的景观效果。枯树绿化一般不采用牵引和固定措施，所以应选择攀缘能力较强的藤本植物进行绿化，最好用藤蔓比较细长的植物，否则容易因枯树的枝条抗机械拉力弱而折断，造成枯树的破坏。假山绿化见图 8-45。

图 8-45　假山绿化

8. 屋顶绿化

屋顶被称为建筑的第五立面，可将建筑占用的土地重新用来绿化，解决建筑设施与绿化争地之间的矛盾，为城市绿化建设开辟了新的途径，是对国土资源节约型的第二次开发利用。屋顶绿化是指在各类建筑物的顶部、天台、露台上栽植植物进行绿化的一种方式，一般分为简单式屋顶绿化和花园式屋顶绿化。屋顶绿化要发挥绿化的生态效益，应具有相应的面积指标作保证，根据屋顶绿化相关规范的规定，屋顶绿化的建议性指标见表 8-22。

表 8-22　屋顶绿化类型和荷载要求

类型	简单式屋顶绿化	花园式屋顶绿化
主要特征	低矮灌木或草坪、地被植物进行屋顶绿化，不设置园林小品等设施，一般不允许非维修人员活动的简单绿化	根据屋顶具体条件，选择小乔木、低矮灌木和草坪、植被植物进行屋顶绿化植物配置，设置园路、座椅和园林小品等，提供一定的游览和休憩活动的复杂绿化
试用范围、特点	建筑静荷载≥100kg/m²，可以解决旧建筑屋顶荷载小、防水薄弱、灌溉不便、管理不利等问题；构造层厚度 25～40cm，屋面排水坡度必须小于 10%	建筑静荷载≥250kg/m²，可以充分发挥屋顶绿化的生态效益，提高人在屋顶活动的舒适性；构造层厚度 25～100cm，屋面排水坡度必须小于 10%；屋顶绿化面积占屋面总面积的 60%～70%；乔灌木：草坪地植被＝6：4 或 7：3

屋顶绿化植物所需的水分完全依靠自然降水和人工浇灌，屋顶干燥、高温、风力较大、土层薄、土壤温度随周围环境气候变化幅度大，因此，植物选择必须从屋顶环境出发，首先必须考虑满足植物生长的基本要求，其次才能考虑植物配置艺术。所以，屋顶绿化植物选择必须遵循以下几点原则：①植物多样性原则，在条件允许的范围内，尽可能创造出多层次的园林景观；②植物适应性原则，尽可能选用本地乡土品种，根据环境的不同，选择抗旱、抗寒、耐高温、抗强风、耐贫瘠等抗逆性、适应性强的植物品种；③选择低荷载植物，由于屋顶受梁板柱、基础和地基的承载力限制，存在一定承载力范围，应尽量选择小乔木、低矮灌木、草坪、地被植物和攀缘植物，减少大乔木的使用，降低屋顶绿化承载力和防水等成本费用；④选择易管理的植物，降低屋顶绿化后期的养护管理费用；⑤选择抗污染的环保型植物，即可耐受、吸收、滞留有害气体和污染物质的植物。

屋顶绿化常选用喜光、耐寒、耐热、耐旱、耐贫瘠、抗风力强、生长缓、可粗放管理、生命力旺盛的植物，具有代表性的有：a. 灌木，常用的有月季、山茶、杜鹃、凤尾兰、夹竹桃、金钟、石榴、南天竹、番茄等；b. 攀缘植物，常用的有常春藤、猕猴桃、凌霄、牵牛花、西番莲、络石、葡萄、扶芳藤、紫藤等；c. 常绿植物，常用的有罗汉松、大叶黄杨、海桐、八角金盘、龟甲冬青、铺地柏等；d. 地被植物，常用的有迷迭香、美人蕉、天竺葵、金盏菊、旱金莲、千日红、狗牙根、马尼拉草、白三叶、马蹄金、黑麦草等。

三、垂直绿化的规划设计

1. 规划设计准备

(1) 接受规划设计任务。设计方在与业主初步接触时，要了解甲方对项目的意图和要求，与甲方尽可能地坦诚相见，这样才有利于项目的开展。甲乙双方要共同商定好项目规模、投资规模以及其他相关事宜，最终达成协议。

在中国目前国情下，业主大致分为两类：一类是公共型的垂直绿化设计，这类业主是以政府部门为代理的，这需要政府部门提供当地的一些社会信息，以满足当地居民的需求，了解他们对垂直绿化的看法，这是一个比较复杂的过程，但是公众参与到现代城市规划设计中的作用越来越大，这也是文明进步的表现，因此做规划设计的时候我们要尊重大家的意见；另一类是私人区域的垂直绿化设计，这个不像公共绿地那么复杂，基本只要满足业主的要求就好。

（2）踏勘规划设计现场并收集相关资料。甲方会派相关人员陪同建设方去规划设计现场踏勘，收集垂直绿化规划设计前必须掌握的原始资料。这些资料如表 8-23 所示。

表 8-23　勘察设计现场收集材料内容

<table>
<tr><th>勘察环境</th><th>勘察类型</th><th>勘察内容</th></tr>
<tr><td rowspan="4">大环境</td><td rowspan="3">气候</td><td>气温、光照</td></tr>
<tr><td>盛行的风方向</td></tr>
<tr><td>水文</td></tr>
<tr><td>地理</td><td>地质、土壤酸碱性、地下水位</td></tr>
<tr><td rowspan="5">外环境</td><td rowspan="3">交通</td><td>道路</td></tr>
<tr><td>车流量</td></tr>
<tr><td>服务对象</td></tr>
<tr><td rowspan="2">人流</td><td>人流量</td></tr>
<tr><td>标高</td></tr>
<tr><td rowspan="3">内环境</td><td>地形</td><td>垂直绿化方位、朝向</td></tr>
<tr><td rowspan="2">规模</td><td>垂直绿化设计范围</td></tr>
<tr><td>内部的相关尺寸数据</td></tr>
</table>

2. 总体规划设计

（1）初步的总体构思。垂直绿化设计现场收集资料后，需要尽快地对收集到的第一手资料进行归纳整理，以防止因为拖久了而遗忘忽略了一些细节从而影响到整个设计。在设计开始之前，不要急于设计或者直接画图，首先要了解设计任务书的所有问题，并对有效资料进行分类以备设计所用。在设计任务书中详细列出了甲方对乙方以及建设方等各方面的要求：总体上把握垂直绿化项目性质、规划内容、项目投资规模、预算与工期。工欲善其事，必先利其器。在做总体规划设计之前，也要对设计所需要的所有事物进行充分准备，包括规划设计项目所必需的人员配备、分工合作、设计工具、素材等。在进行总体规划构思时，要将业主提出的项目总体定位做一个构想，并与抽象的文化与审美情趣一起融入规划设计方案之中。垂直绿化相对于其他大型的景观设计而言内容相对简单，因为其服务内容和方式也比较简单，但是就垂直绿化本身而言，垂直绿化与周边环境的关系是否协调最为重要，然后就是垂直绿化内部的关系，即植物配置是重中之重。

（2）多次方案修改。设计分为多个阶段，最初的构思通过草图来表达，但是草图必然有很多不协调和不合理的地方，需要逐步去完善和修改，然后用相关因子去补充设计不全面的地方，分阶段去完善建筑、构筑物、植物、水景、小品装饰、配套设施。经过反复调整和修改，会使整个规划在功能上更合理，在形体上更加符合人类的审美要求，构图美观大方。设计图本身只是设计师自己的思想，难免有狭隘之处，这时候需要和他人进行方案讨论，集他人之长处，为方案所用，目的是让方案更合理，使整个设计与实际相符合，项目的性质符合设计大纲要求，并且能对之后的详细规划起指导作用。

3. 详细规划设计

详细规划是在总体规划的基础上，对规划内容进行详尽设计，细化总体设计，通过平面图、立面图、分析图来表现垂直绿化设计的方案，让甲方理解设计方案以及设计内涵。详细规划包括平面布局、立面设计、植物造景、水体灯光及配套设施设计。这四部分不是独立的，也不是线性的关系，它们之间互相为设计根据，平面决定立面，立面反过来引导修正平面，植物始终贯穿平面与立面设计，水体和灯光及配套设施也一样。

（1）垂直绿化平面布局。在中国，虽然垂直绿化的历史悠久、形式丰富，但是大多数垂直绿化有太多的随机性和见缝插针的缺点，缺乏科学合理的规划安排，基本没有平面上的布局，垂直绿化作为一种立体的景观效果，空间性表现得非常强烈。空间是由点线面构成的，要想在空间上取得好的效果，首先要在平面上下功夫，垂直绿化首先进行平面上的布局是有必要的。

垂直绿化与一般的绿化不同，它自身有独特的地域特性，从而有不同的垂直绿化形式，形式不同，平面布局的要求也不一样。但是话说回来，虽然是在平面上做规划，但是在大脑中要有明晰的空间想象，要能想象按这个平面布局形成的空间景观效果，并据思维中的空间效果进行平面图的修改，但是这些修改必须在总体规划纲要的指导下进行，不得脱离相应的规范和要求。

垂直绿化，顾名思义，是以植物种植为中心的，所以在平面上要合理布置植物的种植区域、种类搭配、植物间距等，这些都要在平面图上表现出来。

（2）垂直绿化立面设计。如果说垂直绿化的平面是脚的话，那么立面就是躯干，是垂直绿化景观最直接的表达场景，是直接进入人眼的景物形象。立面是平面的延伸，设计师按照在做平面设计的时候想象的空间形象，从立面的角度把它表现出来。

（3）植物造景设计。植物造景是垂直绿化的核心部分，因而在做平面规划设计和立面设计的过程中一直不能脱离植物造景这个中心。

植物造景在平面上主要包含三方面内容：①根据环境，结合植物习性来选择与环境相适应的植物类别；②根据要达到的景观效果来合理布置种植区域，与此同时准确地选择植物的具体品种及数量；③合理地设计植物种植间距。

植物形体围合形成空间，空间本身就是景观，在立面规划设计过程中，更直观地表达出设计的意图。在植物造景设计时，要注意以下几个方面：

① 形体。植物形体设计要求满足总体规划时的纲领，即是自然式还是规整式，如果是自然式则要求错落有致、起伏变化，体现自然美；如果是规整式的风格，也要求植物在高度上保持一致性或者有韵律和节奏的变化，统一中求变化、变化中求统一，体现对称美。

② 色彩。不同的色彩给人带来不同的情绪，好的色彩搭配给人带来愉悦的感觉，这是景观规划设计的终极奥义，即为人类创造良好的居住环境。在垂直绿化的设计过程中，色彩比其他绿化形式表现得更为突出，因而色彩搭配显得尤其重要。色彩是通过植物的形体颜色来表现的，而植物有常绿和落叶、花期与花色，通过不同的搭配，从而产生形形色色的空间形体。

③ 节奏与韵律。在立面上通过植物的形体变化，使立面呈现出一定的节奏和韵律感。

④ 高度。垂直绿化的立面高度与绿化的建筑物和构筑物的高度有一定的关系，要求植物高度与建筑物和构筑物的高度相适应。

⑤ 比例。植物造景与建筑物、构筑物以及不同植物之间的比例要符合人类的审美要求，做到和谐而不乏创意。

（4）水体、灯光等配套设施设计。垂直绿化通过植物来表达，而植物自身又是生命个体，因而也就离不开水，水一方面可以为植物灌溉而存在，另一方面水体也是景观构成的一部分，此阶段的设计要求把功能与景观合二为一，使得水体作为景观的有机构成部分而存在，另一方面也要满足功能的需求，即维系垂直绿化的植物生理需求。

灯光和水体有异曲同工之妙，一方面灯光自身就是景观要素，好的灯光配置可以提高景观视觉效果，另一方面灯光有照明的功能，让白天的植物造景效果与夜间灯光下的植物景色大为不同，从而丰富景观（图 8-46）。

图 8-46　夜间植物效果

四、垂直绿化施工技术

1. 屋顶绿化技术

屋顶绿化施工前要根据最终图纸方案、技术要求，编写施工具体方案。种植区构造层由下至上主要由保护层、排（蓄）水层、过滤层、基质层、植被层组成，如图 8-47 所示。

施工的防水材料和保温隔热材料应按规定抽样检查，并提供检测报告，严禁使用不合格材料。施工时要设置独立的出入口、安全通道，必要时必须设置疏散楼梯，绿化前计算屋顶的承载能力，准确核算各类绿化组成的总质量。简单式屋顶绿化与花园式屋顶绿化施工流程如图 8-48、图 8-49 所示。

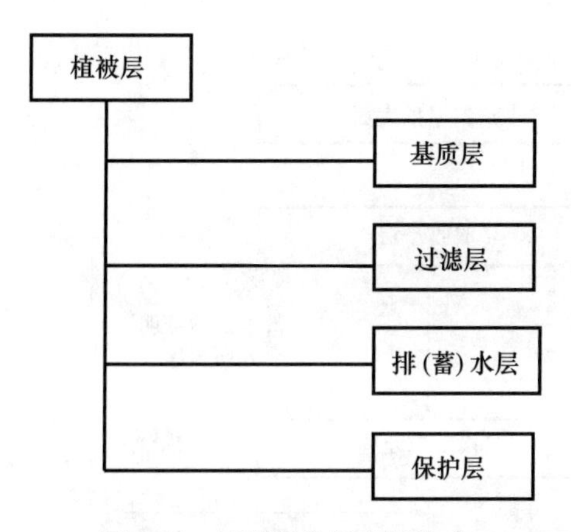

图 8-47　屋顶绿化的主要构成

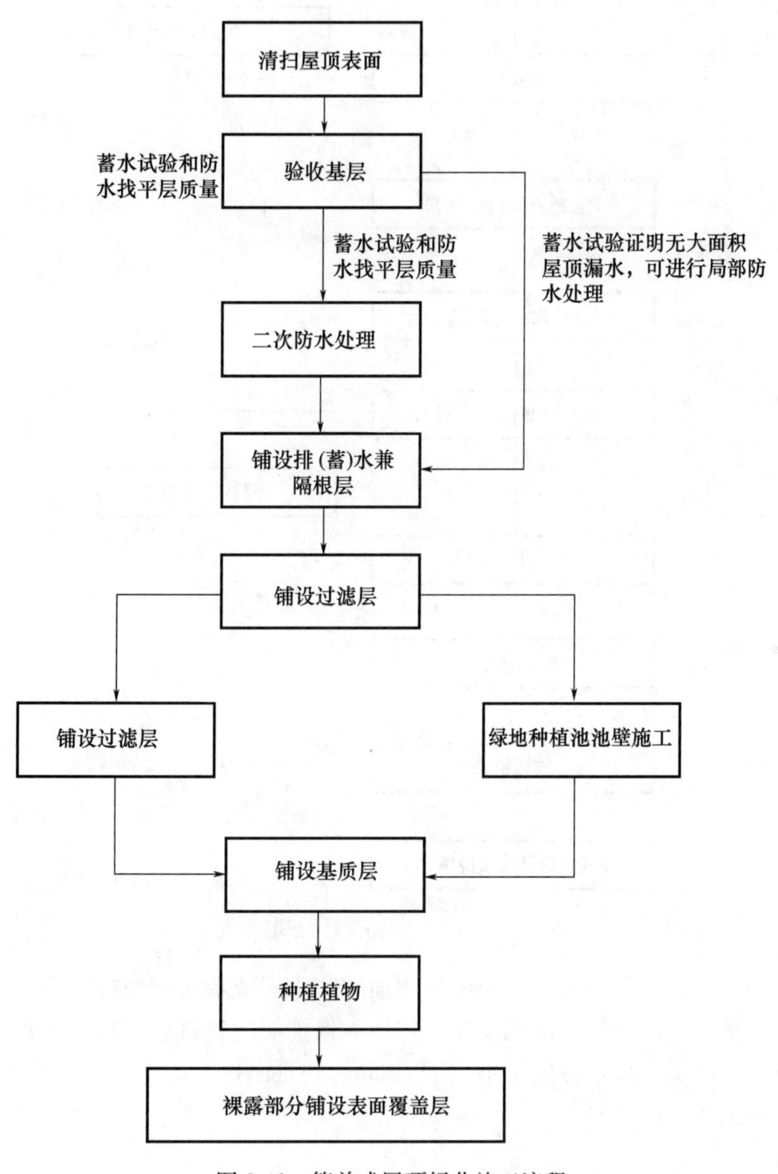

图 8-48　简单式屋顶绿化施工流程

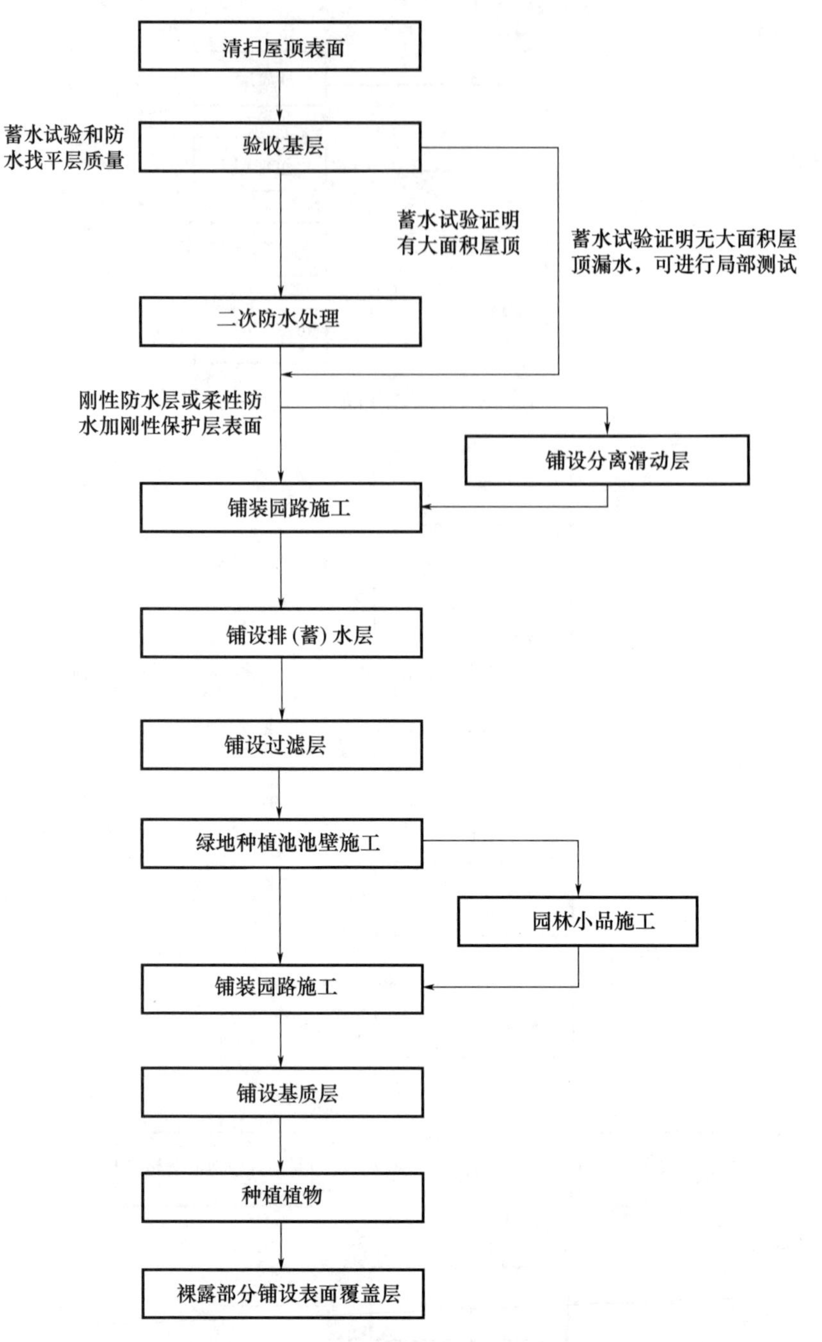

图 8-49　花园式屋顶绿化施工流程

（1）保护层的铺设与检测。保护层是屋面的防水层或者对植物根系的防护层，在今后屋顶绿化维护中，起到防止屋顶损坏的作用。保护层的材料有塑料、塑料毛垫、砂浆抹面等，一般情况下，搭接宽度应不小于 10cm，并且向建筑侧墙面延伸 10～20cm，至少高于基质表面 15cm。

（2）排（蓄）水层的铺设。排（蓄）水层铺设在保护层上，一般采用专门的、留有足够空隙、具有一定承载能力的塑料或橡胶排（蓄）水板，采用粒径为20～40mm、厚度至少80mm的陶粒和排水管。排（蓄）水层应向建筑侧墙延伸至基质表层下方5cm处。设置观察井，检查屋顶排水情况，及时清理枯枝落叶，避免造成排水口堵塞。具体铺设方法如图8-50所示。屋面绿化的排水口周围应置于一个直径为60～100cm的较大颗粒砾石面，为了保证排水通畅，周围不种植植物。

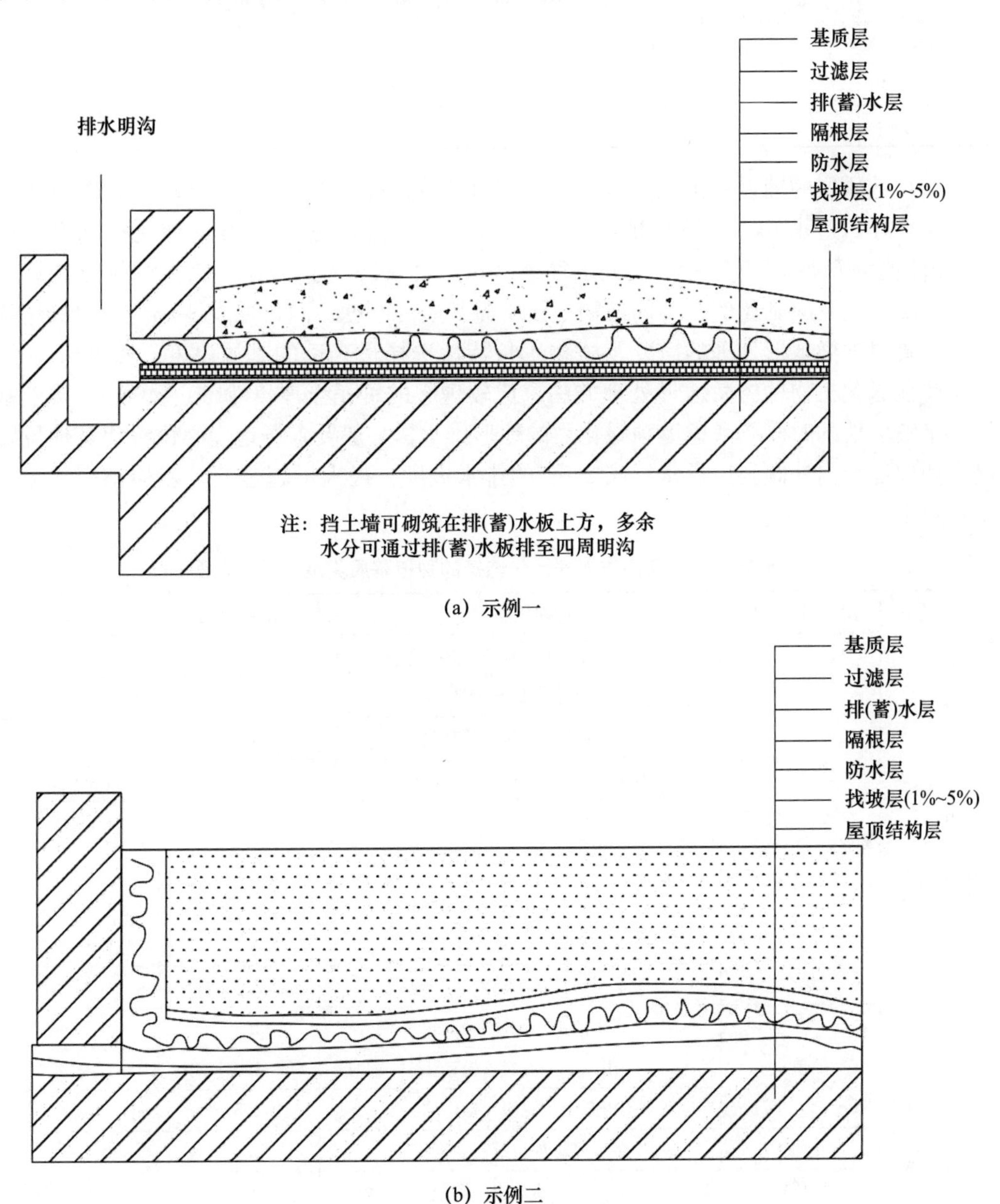

图8-50　屋顶绿化排（蓄）水板铺设方法示意图

（3）过滤层的铺设。过滤层一般采用既能透水又能过滤的聚酯纤维无纺布等材料，阻止基质进入排水层，防止水土流失及屋顶排水系统的堵塞。过滤层铺于排（蓄）水层上面，铺设时要注意平整，搭接有效宽度在 10～20cm，搭接时采用黏合或缝合方式，并向建筑侧墙面延伸至基质层下方 5cm 处。屋顶花园常用过滤用无纺布的技术指标参数见表 8-24。

表 8-24　适用屋顶花园过滤用无纺布的技术指标参数

型号	定量/(g/m^2)	厚度/mm	幅宽/m	滤水速度/(m/s)	卷长/(m/卷)	优点
WY-CP-460	450	10	1.8	2.5	20	蓄水作用大，适合花园式屋顶绿化
WY-CP-9-340	340	8～9	1.8	2.5	20	
WY-CP-240	240	7～8	1.8	2.5	20	

（4）基质层的铺设。虽然屋顶有一定的承载能力，但屋顶花园的基质要选择质量轻，保水好，透水好，具备蓄排水、保肥、通气、绝热、膨胀系数等理化指标安全可靠，pH 值为 6.8～7.5 等标准的人工种植基质。表 8-25 为适合厦门市屋顶绿化选择的种植基质类型及配制比例。不同植物生长所需基质的厚度不同，见表 8-26。屋顶绿化施工时，要根据微地形处理的需要及植物生长特性选择最合适的基质厚度。图 8-51 显示的是屋顶绿化植物种植微地形处理方法。比较理想的种植土厚度为 30～40cm。摊平基质、平整场地的时候要考虑屋顶绿化后的地形排水，一般要求场地中心位置比其他位置高，四周逐步向外倾斜。通常形成 2～3°的排水坡度，最大不超过 5°。基质铺完后记得要浇透水。

表 8-25　适合厦门市屋顶绿化选择的种植基质类型及配制比例

基质类型	屋顶绿化类型	主要配比材料	配制比例	湿堆密度/(t/m^3)
有机基质	花园式	田园土：轻质骨料	1：1	1.2
		腐叶土：蛭石：沙土	7：2：1	0.78～1.0
		田园土：草炭：珍珠岩	4：3：1	1.1～1.3
		田园土：草炭：松针土：珍珠岩	1：1：1：1	0.78～1.1
		田园土：草炭：松针土	3：4：3	0.78～0.95
		轻沙壤土：腐殖土：珍珠岩：蛭石	2.5：5：2：0.5	1.1
		轻沙壤土：腐殖土：蛭石	5：3：2	1.1～1.3
		表层田园土：泥炭：蛭石	5：2.5：2.5	1.2～1.3
		黄土岗轻沙土：草炭土：蛭石	6：2.5：1.5	1.3
	简单式	田园土：泥炭：蛭石	5：2.5：2.5	1.2
		田园土：泥炭：松针土	5：2.5：2.5	1.2～1.3
		田园土：泥炭：珍珠岩	5：2.5：2.5	1.0
无土基质	花园式	草炭：树皮：蛭石：陶粒	4：3：2：1	0.7～0.8
	简单式	草炭：珍珠岩：陶粒	5：3：3	0.8～0.9
无机基质	花园式	硅质火山岩烧结颗粒，无机肥料	—	0.45～0.65
	简单式			

表 8-26　屋顶绿化植物基质的厚度要求

植物类型	规格/m	基质厚度/cm
小型乔木	H=2.0～2.5	≥60
大灌木	H=1.5～2.0	50～60
小灌木	H=1.0～1.5	30～50
草本、地被植物	H=0.2～1.0	10～30

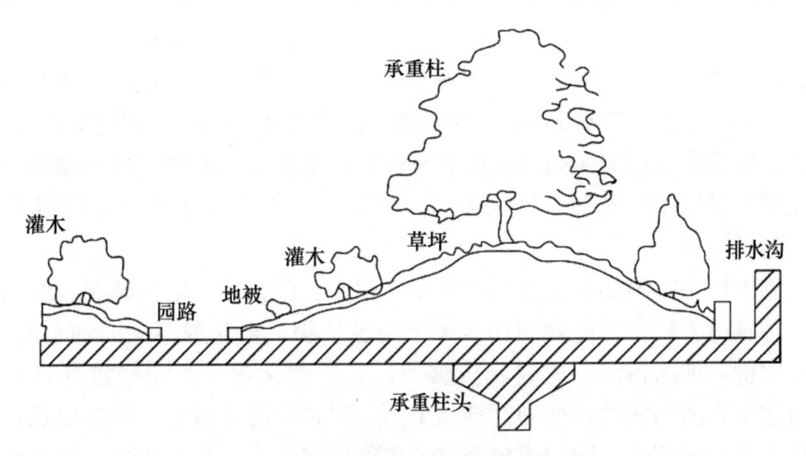

图 8-51　屋顶绿化植物种植微地形处理方法示意

（5）植被层的种植。植被层施工是指通过栽移、铺设植生带、播种等方法来种植植物，其屋面边缘必须设置 30～50cm 的隔离带，复层绿化时应先栽植乔灌木，再栽植草本植物。施工时，应设置安全防护措施，避免施工过程中对周围环境的污染。传统的种植池有方形、圆形、菱形等多种图案。如图 8-52 所示，乔木、灌木的种植池要高于地被植物，其高度由种植屋面使用的需要、植被层厚度决定，在设计池壁高、厚度时都要将屋顶的承重安全考虑在内，较大的池壁、乔木、假山应位于受力的承重墙或相应的柱头上，注意合理分散荷载。对于大型的乔木，不仅要对其设置防风固定，而且应该设置防风墙，以改变风向或减小风压。

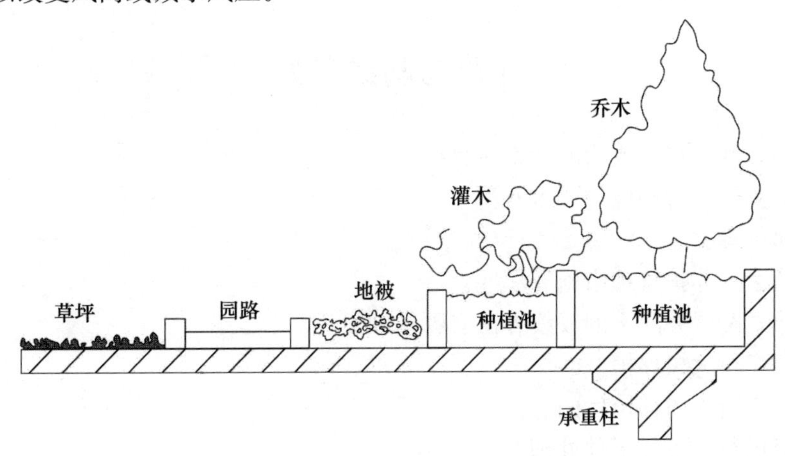

图 8-52　屋顶绿化植物种植池处理方法示意

（6）其他园林工程。园路铺装不仅要重视其装饰性，还要注意它的坡度设计。园路铺装材料选择以轻型、生态、环保、防滑、防路面积水的材料为主。园林小品的设计要与周围环境相协调，并适当控制尺度，选择质轻、牢固、安全的材料。景石应该选择塑石等人工轻质材料，放置于楼体承重柱、梁之上。

2. 墙面绿化技术

（1）直接种植法。墙面绿化施工技术最常用的就是直接种植法。直接种植法可分为无辅助物直接种植、辅助支撑型直接种植。无辅助物直接种植，顾名思义，即直接在建筑物周边地面上种植攀缘植物，令其自身攀爬向上覆盖墙面，是最简单、最方便的一种墙面绿化种植方法，用于此方法的植物攀缘能力强。同时，为防止人为践踏植物，可在离墙基 30～50cm 处砌高 25～35cm 的种植槽，将植物种于槽内。辅助支撑型直接种植，即在墙外侧放置或在墙面安装条状或网状支撑物，攀缘植物借助支撑物攀爬、绿化、覆盖墙面。支撑物可以是硬质的金属网架、木质格栅、细混凝土柱，也可以是软质的铁丝、钢索、塑料绳等。

（2）喷刷种植法。喷刷种植法是用种子、树胶、肥料按一定比例制成胶状物，喷刷到墙面的一种种植方法。首先，制作含种子的胶状物，把几种不同的种子混合在一起，根据适当的比例，加入树胶、肥料、防腐剂，制成胶状物，此胶状物具有一定的保质期。然后对建筑物的墙面进行处理，裸墙上第一层粉刷防水砂浆，第二层选用细碎石作为骨料，按适当比例用水泥配制成较大空隙率的砂浆。为了防止浆体凝固后脱落，可以先铺钢丝网，再刷浆，注意粉刷层的厚度要适中。其次，在墙面强度及 pH 达到规定标准后，将种子胶状物用水稀释，然后喷入墙面空隙中。喷刷完后，需在墙上覆盖一层塑料薄膜，防止外界因素损坏胶状物、种子，等到植物长满墙壁后，可以摘掉薄膜，定期浇水、施肥、杀虫，进行后期养护管理。

（3）悬挂种植法。悬挂种植法是将植物栽植在种植槽中，然后将其悬挂在墙上的一种墙面垂直绿化方法。首先，种植槽应选择耐腐的塑料制品，土壤介质由耕种土壤与松散物混合而成，厚度根据植物的需要而定，铺上卵石作为过滤层，储水层应选择吸水性较强的多孔材料。其次，将防水砂浆粉刷在裸墙上，待防水层干燥凝固后嵌入可以放置种植槽的钢骨架。最后，把植物栽种于种植槽中进行养护管理。

【思考与练习】

1. 影响乔灌木移植成活的因素有哪些？
2. 乔灌木种植对环境的要求有哪些？
3. 如何选择乔灌木？
4. 栽植后的养护管理措施有哪些？
5. 自然式配置乔灌木的放线方法有哪些？
6. 如何进行大树移植？
7. 如何进行大树移植后的养护？
8. 如何进行草坪种子预处理？
9. 草坪建植的方法有哪些？

10. 花卉种植的原则是什么？
11. 如何确定花卉种植的时间？
12. 屋顶绿化如何选择植物？
13. 如何确定屋顶花园中园林工程的荷载？
14. 如何进行垂直绿化施工？

技能训练一　大树移植的施工

一、训练目的

通过本次技能训练使学生掌握带土球大树的起苗技术，能按规范进行大树的移植，做好移植后的养护工作。

二、材料与用具

1. 植物材料

胸径大于 20cm 的落叶乔木若干株。

2. 工具

铁锹、铁锨、锄头、修枝剪、皮尺、草绳、木桩、长＝1.5m 木棍、浇水工具等。

三、方法步骤

1. 分组

以 4～5 人为一组。

2. 确定土球直径

以苗木 1.3m 处胸径的 8～10 倍确定土球的大小。

3. 树冠修剪与拢冠

根据树种的习性进行修剪，落叶树种可以保持树冠外形，进行适当强剪；常绿阔叶树种可保持树形，适当疏枝和摘去部分叶片，然后用草绳将树冠拢起，捆扎好，便于装运。

4. 挖掘、修剪

根据土球大小，先铲除苗木根系周围的表土，以见到须根为度，顺次挖去规格之外的土壤，挖土球深度为土球直径的 2/3。

5. 包装

用草绳包扎土球。首先扎腰绳，1 人扎绳、2 人扶树、2 人传递草绳，再扎竖绳，包扎好后铲断主根，将带土球的苗木提出坑外。

6. 装车

装车时，1 人扶住树干，4 人用木棒放在根茎处抬上车，使树梢朝后，上车后只能平移，不要滚动土球。装车时，土球要相互紧靠，各层之间错位排列。

7. 挖栽植穴

栽植穴比土球大 40cm 左右，做到穴壁垂直，表土和心土分开堆放。

8. 栽植

按设计要求，将带土球的大树放入栽植穴中。根据大小及高度，先将表土堆在栽植穴中形成馒头形，使苗木放上去的土球高度略高于地面，如土球有包装材料，应先剪除。将苗木扶正，再回填土。当回填土达到土球深度的 1/2 时，用木棒在土球外围夯实，注意不要敲打在土球上。继续回填土，直至与地面相平，上部用心土覆盖，不用夯实，保持土壤透水透气。

9. 支撑

正三角撑，支撑点在树体高度的 2/3 处，支柱根部应入土中 50cm 以上。

10. 裹干

用草绳等软材将树干全部包裹至一级分枝。

11. 浇水

栽植后完成第一遍浇透水，进行移植的养护管理。

四、作业

完成实习报告。

技能训练二　行道树栽植施工

一、训练目的

了解树木栽植成活原理，熟悉选择树木适宜的栽植季节，掌握行道树的栽植技术，掌握行道树栽植后成活期的养护管理技术。

二、材料与用具

1. 植物材料

裸根苗木若干株。

2. 工具

铁锹、铁锨、锄头、修枝剪、皮尺、测绳、木桩、浇水工具等。

三、方法步骤

1. 分组

以 2～3 人为一组。

2. 定点放线

以路牙或道路的中心为依据，可用皮尺、测绳等，按设计的株距，每隔 10 株钉一木桩作为定位和栽植的依据。

3. 挖栽植穴

根据苗木的规格挖栽植穴。在栽植前，苗木必须经过修剪，修剪时剪口应平而光滑，并及时涂抹防腐剂。将苗木放入种植穴中，扶正、回填土、提苗、土壤压实、松土覆盖。浇水栽植后完成第一遍浇透水。

四、作业

完成实习报告。

技能训练三　花卉的栽植施工

一、训练目的

了解花卉的生态习性，掌握花卉的栽植技术，掌握花卉栽后的管理技术。

二、材料与用具

1. 植物材料

花苗若干株。

2. 工具

移植铲、耙子、铁锹、皮尺、测绳、锄头、喷壶等。

三、方法步骤

1. 分组

以 2～3 人为一组。

2. 整地

栽植前对土壤深翻，施入有机肥，并覆一薄层土，对土壤进行消毒。

3. 放样

根据施工图纸直接进行定点放样。放样尺寸应准确，用灰线标明。

4. 起苗

(1) 裸根苗：用铲子将苗带土掘起，然后将根群附着的泥土轻轻抖落。

(2) 带土苗：先用铲子将苗四周泥土铲开，然后从侧下方将苗掘起，尽量保持土坨完整。

5. 栽植

按绿化设计的定位栽到绿地里，栽植的方法可分为沟植、孔植、穴植。

6. 浇水

栽植完毕，用喷壶充分灌水。

四、作业

完成实习报告。

技能训练四　草坪的铺设施工

一、训练目的

熟悉常见的草坪草的种类及特点，掌握草坪的建植技术，掌握草坪铺载后的养护管理技术。

二、材料与用具

1. 植物材料

催芽处理后的草种。

2. 用具

耙子、铁锹、喷壶、水桶、锄头、木质镇压磙、草帘等。

三、方法步骤

1. 分组

以 2～3 人为一组。

2. 地面清理和整地

树木、杂草清理，清除岩石、瓦砾，翻耕深度一般不低于 30cm。

3. 播种

播种前 1～2d 要灌足底水。手播的要掺细沙，以免不均。播后可用细钉耙轻轻地把草种耙到土中，不可过深。耙时要按一个方向进行。

4. 镇压

为了使种子与土壤充分接触，要用木质镇压磙镇压。

5. 覆盖

用草帘覆盖，不能太厚、太密，要有一定的缝隙。

6. 浇水

喷水均匀，慢慢喷洒。水流不可直击覆盖物。水应湿到地面下 3～5cm，不可漏浇。

四、作业

完成实习报告。

技能训练五　屋顶花园的设计与施工

一、训练目的

了解屋顶花园中园林工程的荷载，熟悉屋顶绿化植物的选择，掌握构造层施工技术、植物种植技术，掌握栽植工程的养护管理。

二、材料与用具

1. 材料：水泥、砂子、防水卷材、胶黏剂、蓄排水板、聚酯纤维无纺布、轻沙壤土、腐殖土、珍珠岩、蛭石、植物材料。

2. 用具：铁锹、铁锨、锄头、修枝剪、皮尺、草绳、木桩、1.5 米长木棍、浇水工具、灰匙等。

三、方法步骤

1. 分组：以 3～5 人为一组。

2. 合理选择植物种类，进行植物种植设计。

3. 场地清理，清除杂草、拆除障碍物。

4. 构造层施工：找平层用灰匙压实磨光，依次铺设防水隔根层、蓄排水板、隔离过滤层，按设计要求配制铺设基质层。

5. 栽植：依据设计图纸，栽植乔木、灌木、草本花卉。

6. 养护管理：对新栽植的花木进行浇水，立三角支撑。

四、作业

完成实习报告。

技能训练六　植物墙设计与施工

一、训练目的

了解植物墙的创作要点，熟悉植物墙植物的选择，掌握植物墙框架施工技术、植物种植技术，掌握其日常养护管理技术。

二、材料与用具

材料：钢筋、轻沙壤土、腐殖土、珍珠岩、蛭石、植物材料。

用具：钳子、剪刀、小铲子、修枝剪、皮尺、塑料管、水槽、种植钵等。

三、方法步骤

1. 分组：以 8～10 人为一组。

2. 框架施工：利用钢筋搭建植物墙框架并固定。

3. 种植钵的固定。

4. 水槽管道布置。

5. 栽植：合理选择植物种类，进行植物种植设计，栽植草本花卉。

四、作业

完成实习报告。

项目九

园林照明与供电工程施工

【内容提要】

园林绿地（公园、小游园等）和工农业生产一样，需要用电。园林照明除了创造一个明亮的园林环境，满足夜间游园活动、节日庆祝活动以及保卫工作需要等功能要求之外，最重要的一点是园林照明与园景密切相关，是创造新园林景色的手段。

园林中的供电工程分为室内及室外两大部分。室内供电主要以照明为主，在一些餐饮及服务设施中有少量的动力用电。室外部分基本上也是以照明为主，包括园路、广场、水景及树木、山石等的一般照明、局部照明及混合照明。另外还有一些如游艺设施、动态水景、喷灌及电动机具等则为动力用电。园林中照明用电比动力用电要多。而在园林建设工程施工中，临时用电则以动力用电为主，以照明用电为辅（图 9-1）。

图 9-1 园林景观照明工程

任务一 园林照明与供电工程施工

【知识点】

供电基础知识

照明工程施工规范

【技能点】

进行简单的线路连接

【相关知识】

一、供电电源与电压

供电设施与其他工程管线设施是公共园林能够正常运转的保障。园林工程管线是以电力电信线路和给水排水管线为主的管网系统。管网系统的建设好，对园林各项功能作用的发挥有着重要的意义。

（一）电源

电源有交流电源和直流电源两种。在园林中，广泛使用的是交流电源，即使在某些场合使用直流电，也往往是通过整流设备将交流电变成直流电后使用。大小和方向随时间做周期性变化的电压和电流分别称为交流电压和交流电流，统称为交流电。以交流电的形式产生电能或供给电能的设备，称为交流电源，如发电厂的发电机、公园内的配电变压器、配电盘的电源刀闸、室内的电源插座等，都可以看作是用户的交流电源。

（二）电压类型

在三相四线制供电系统中，可以得到两种不同的电压，一是线电压，一是相电压。两种电压的大小不一样，线电压是相电压的 1.73 倍。单相 220V 的相电压一般用于照明线路的单相负荷，三相 380V 的线电压则多用于动力线路的三相负荷。

（三）用电负荷

连接在供电线路上的用电设备，就是该线路的负荷，例如电灯、电动机、制冰机等。不同设备的用电量不一样，其负荷大小不同。负荷的大小即用电量，一般用度数来表示，1 度电就是 1kW・h。

二、送电与配电

（一）电力输送

发电厂、电力网和用电设备组成的统一整体称为电力系统。而电力网是电力系统的一部分，它包括变电所、配电所以及各种电压等级的电力线路。其中变电所、配电所是为了实现电能的经济输送以及满足用电设备对供电质量的要求，对发电机的端电压进行多次变换而进行电能接受、变换电压和分配电能的场所。根据任务不同，将低电压的变为高电压的称为升压变电所，它一般建在发电厂厂区内；而将高电压变换到合适电压等级的，则为降压变电所，它一般建在靠近电能用户的中心地点。

（二）配电线路布置方式

1. 确定电源供给点

2. 配电线路布置

公园绿地布置配电线路时，应注意以下原则：

（1）经济合理、使用维修方便。

（2）从供电点到用电点，尽量取近、走直路，尽量敷设在道路一侧，不要影响周围建筑及景色和交通。

（3）地势越平坦越好，尽量避开积水和水淹地区，避开山洪或潮水起落地带。

（4）在各具体用电点，要考虑到将来发展的需要，留足接头和插口。

三、照明工程施工规范

（一）配线

（1）在剖开导线的绝缘层时，不应损伤线芯。

（2）铜芯导线的中间连接和分支连接应使用压接法或焊接法。

（3）采用压接法时多股铜芯线的线芯应先拧紧，连接管的接线端子压模的规格应与线芯截面相符。

（4）电缆和绝缘导线的分支接头，宜不断开干线，采用导电性能、防护性能良好的接线端子或线夹的连接方法，以减少发热、提高可靠性。允许在电缆桥架上或线槽内采用绝缘穿刺线夹做电缆或导线的分支连接。

（5）采用传统做法时，绝缘导线的中间和分支接头处，应用绝缘带包缠均匀、严密，并不低于原有的绝缘强度。在接线端子的端部与单线绝缘层的空隙处，应用绝缘带包缠严密。

（二）配管

（1）敷设于多尘和潮湿场所的电线管路的管口、管子连接处均应做密封处理。

（2）暗配的电线管路应沿最近的路线敷设并减少弯曲。

（3）塑料管在进入接线盒或配电箱时，应加以固定。

（4）硬塑料管的相互连接处应用黏合剂，接口必须牢固、密封，插入深度应为管内径的1.1～1.8倍。

（5）明配硬塑料管应排列整齐，固定点的距离应均匀，管卡与终端、转弯中点、电气器具或接线盒边缘的距离为150～500mm。中间的管卡最大距离：内径20mm以下为1.0m，内径25～40mm为1.5m，内径50mm以下为2.0m。

（三）管内穿线

（1）同类照明的几个分支回路，可以穿入同一根管子内，但管内导线数不应多于8根。几个单相分支回路的中性线不可共用一根线。

（2）导线在管内不得有接头和扭结，其接头应在线盒内连接。

（四）灯具安装

（1）固定灯具用的螺钉或螺栓应不少于两个。

（2）应将灯具出（进）线口做密封处理。

（3）振动场所的灯具应采用防振措施，并应符合设计要求。

（4）灯头的绝缘外壳不应有损伤和漏电。

（5）灯头开关的手柄不应有裸露的金属部分。

（6）室外照明用灯头线最小铜线线芯截面为1.0mm^2。

（7）灯具不得直接安装在可燃构件上。

（8）在树干上安装灯时必须小心，不要伤害树木或影响其生长。安支架时，应用保护性皮革或塑料袋包裹树干以利树木生长。

（五）配电箱

（1）导线引出时，面板线孔应光滑无毛刺，并均应套绝缘管保护。

（2）三相四线制供电的照明工程，其各相负荷应均匀分配。

（3）配电箱（板）上应标明用电回路名称。

（4）户外安装应注意防水。

【任务实施】

一、施工前的准备工作

（1）要熟悉电气系统图，包括动力配电系统图和照明配电系统图中的电缆型号、规格、敷设方式及电缆编号。

（2）熟悉配电箱中的开关类型、控制方法。

（3）熟悉灯具数量、种类。

（4）熟悉电气接线图，包括电气设备之间的电线或电缆连接，设备之间线路的型号、敷设方式和回路编号。

（5）熟悉配电箱、灯具的具体位置，电缆走向等。

（6）根据图纸准备材料，向施工人员做技术交底，做好施工前的准备工作。

二、照明设备的安装

施工现场常用的电光源有白炽灯、荧光灯、卤钨灯、荧光高压汞灯和高压钠灯。不同的电光源配备有不同的灯具，并根据对照明的要求和使用的环境进行选择。

（一）测量定位

照明管线、灯具及支架整齐、美观，测量定位是关键。根据设计图纸结合施工现场进行测量定位，如有偏差做适当调整。测量定位应按设计并考虑美观，应尽量与四周环境相协调。

（二）灯具检验

灯具运到现场首先检查外形及绝缘有否损伤，数量、型号、附件是否与设计相符，灯具配线必须符合施工图要求。需组装的灯具，应按说明书及示意图确定出线和走线的位置，并预留足够的出线头或接线端子。组装时注意不要刮伤、碰损灯具外表，灯具和各元件应安装平整、牢固。安装灯具前，必须先确定安装基准点，以合理光照强度及美观、整齐为原则。灯具金属外壳必须与 PE 线可靠连接。

（三）灯具配线

灯具配线时，首先核对线路相数、回路数、起止位置及回路标号，根据照明回路的导线类型，制作导线分歧头，导线穿后引入接线盒内，与灯具对应，并用金属软管做线头保护套。导线敷设完毕后核对并遥测有无错误，无误的导线两端系好标牌，并将临时白布带去掉，用万用表及电话机核对，相间绝缘电阻不小于 1MΩ。最后检查导线敷设有无其他不妥，发现后马上处理，然后将管口用防火材料密封好。

（四）灯具安装

（1）灯具、光源按设计要求采用，所有灯具应有产品合格证，灯内配线严禁外露，灯具配件齐全。

（2）根据安装场所检查灯具（庭院灯）是否符合要求，检查灯内配线，灯具安装必须牢固、位置正确、整齐美观、接线正确无误。3kg 以上的灯具，必须预埋吊钩或螺栓，低于 2.4m 灯具的金属外壳应做好接地。

（3）安装完毕，摇测各条支路的绝缘电阻合格后，方允许通电运行。通电后应仔细检查灯具的控制是否灵活，开关与灯具控制顺序相对应，如发现问题必须先断电，然后查找原因进行修复。

（4）灯具接地装置安装。为确保用电安全，每个回路系统都安装一个二次接地系统，即在回路中间做一组接地极，接电缆中的保护线和灯杆，同时用摇表进行摇测，保证摇测电阻值符合设计要求。

任务二　园林照明设计步骤

【知识点】

照明技术的基本知识

园林照明的方式和照明质量

照明光源及选择

灯具的类型

照明设计的原则

【技能点】

照明设计前的准备工作

照明设计实施过程

【相关知识】

一、照明技术的基本知识

照明分为天然照明和人工照明。天然照明是指依靠日光的照明，人工照明是指依靠人工光源的照明。人工照明具有光线稳定、易于控制、能够调节的特点。

（一）色温

色温是电光源技术参数之一。光源的发光颜色与温度有关。光源的发光颜色与黑体（指能吸收全部光能的物体）加热到某一温度所发出的颜色相同时的温度，就称为该光源的颜色温度，简称色温，用绝对温标 K 来表示（图 9-2）。

图 9-2　色温

（二）显色性与显色指数

当某种光源的光照射到物体上时，所显现的色彩不完全一样，有一定的失真度。这种同一颜色的物体在具有不同光谱功率的光源照射下，显出不同颜色的特性，就是光源的显色性。常见光源的显色指数如表 9-1 所示。

表 9-1　常见光源的显色指数

光源	显色指数 Ra	光源	显色指数 Ra
白色荧光灯	65	荧光水银灯	44
日光色荧光灯	77	金属卤化物灯	65
暖白色荧光灯	59	高显色金属卤化物灯	92
高显色荧光灯	92	高压钠灯	29
水银灯	23	氙灯	94

二、园林照明的方式和照明质量

（一）照明方式

照明方式是指照明设备按其安装部位或使用功能而构成的基本制式。进行园林照明设计必须对照明方式有所了解，方能正确规划照明系统。照明方式按照其照明器的布置特点和所得照明效果，可分为以下三种。

1. 一般照明

一般照明是指在设计场所（如景点、园区）内不考虑局部的特殊需要，为照亮整个场所而设置的照明。一般照明的照明器均匀或均匀对称地分布在被照明场所的上方，因而可以获得必需的、较为均匀的照度（图 9-3）。

2. 局部照明

局部照明是为了满足景区内某些景点、景物的特殊需要而设置的照明。如景点中某个场所或景物需要有较高的照度并对照射方向有所要求时，宜采用局部照明。局部照明具有高亮点的特性，容易形成被照明物与周围环境亮度对比明显的视觉效果（图 9-4）。

图 9-3　道路照明

图 9-4　景观局部照明

3. 混合照明

混合照明是一般照明和局部照明共同组成的照明方式，即在一般照明的基础上，对某些有特殊要求的点实行局部照明，以满足景观设施的要求。此时，一般照明照度按不低于混合照明总照度的5%～10%选取，且最低不低于20lx（勒［克斯］）。

（二）照明质量

良好的视觉效果不仅是单纯地依靠充足的光通量，还需要有一定的光照质量要求。

1. 合理的照度

照度是决定物体明亮程度的间接指标。在一定范围内，照度增加，视觉能力也相应提高。照度是决定被照物体明亮程度的间接指标。各种场景、各项活动的性质，需要相应的照度。表9-2列出了各类建筑物、道路、庭园等设施一般照明的推荐照度。

表9-2　各类设施一般照明的推荐照度

照明地点	推荐照明度/lx	照明地点	推荐照明度/lx
比赛足球场	1000～1500	更衣室、浴室	15～30
体育正式比赛大厅	750～1500	库房	10～20
足球场，游泳池，冰球场，乒乓球、台球、羽毛球场地	200～500	厕所、盥洗室、热水间、楼梯间、走道	5～10
篮球场、排球场、网球场、计算机房	150～300	广场	5～15
绘图室、打字室、字画商店、百货商场、设计室	100～200	大型停车场	3～10
办公室、图书馆、阅览室、报告厅、会议室、博展馆、展览厅	75～150	庭园道路	2～5
一般性商业建筑（钟表店、银行等）、旅游饭店、酒吧、舞厅、餐厅、咖啡厅	50～100	住宅小区道路	0.2～1

2. 照明均匀度

对于单独采用一般照明的场所，表面亮度与照度是密切相关的。视野内照度的不均匀容易引起视觉疲劳。游人置身于园林中，如果有彼此亮度不相同的表面，当视觉从一个面转到另一个面时，眼睛就有一个被迫适应的过程。当适应过程不断反复时，就会导致视觉疲劳。所以，在设计园林照明时，除了满足景色的置景要求外，还要注意周围环境的照度与亮度的分布，力求均匀。

3. 阴影控制

定向的光照射到物体上就会形成阴影和产生反射光，这种现象称为阴影效应。不良的阴影效应可能构成视觉障碍，产生不良的视觉观赏效果；良好的阴影效应可以把景物的造型和材质完美地表现出来。阴影效应与光的强弱、光线的投射方向、观察者的视线位置和方向等因素有关。

4. 限制眩光

眩光是影响照明质量的主要特征。所谓眩光，是指由于亮度分布不适当或亮度的变化幅度太大，或由于在时间上相继出现的亮度相差过大所造成的观看物体时感觉不适或视力减低的视觉条件。严重的眩光可以使人眩晕，甚至引发事故。

三、照明光源及选择

（一）常用照明光源

根据发光特点，照明光源可分为热辐射光源和气体放电光源两大类。热辐射光源最具代表性的是钨丝白炽灯和卤钨灯。气体放电光源比较常见的有白炽灯、荧光灯、荧光高压汞灯、金属卤化物灯、钠灯、氙灯等。

1. 白炽灯

普通白炽灯具有构造简单、使用方便、能瞬间点亮、无频闪现象、价格便宜等特点；用在超低电压的电源上，可即开即关，为动感照明效果提供了可能；可以调光，所发出的光以长波辐射为主，呈红色，与天然光有差别，其发光效率比较低，灯泡的平均寿命为1000h左右（图9-5、图9-6）。

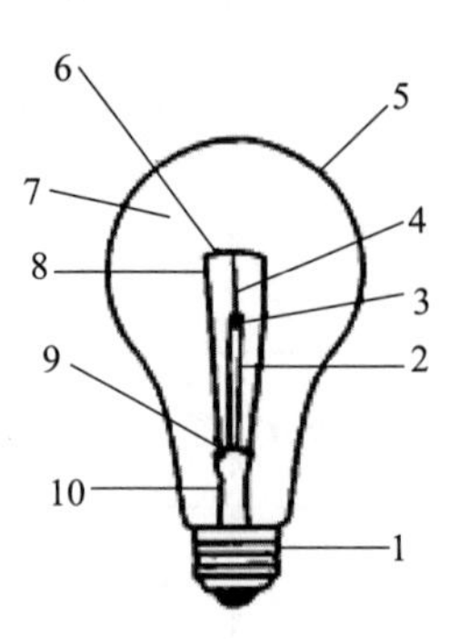

图9-5　白炽灯的结构

1—灯头；2—实心杆；3—玻结；4—支架；5—玻壳；6—灯丝；
7—填充气；8—导丝；9—芯柱；10—排气管

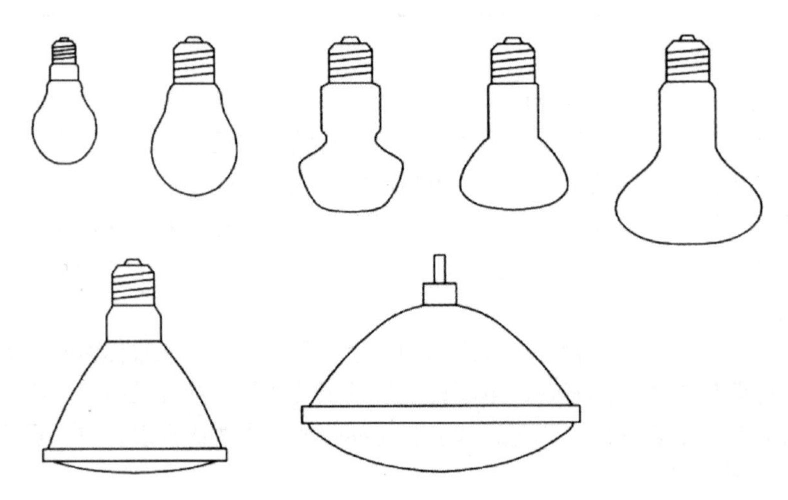

图9-6　七种常用白炽灯示意图

2. 微型白炽灯

这类光源虽属白炽灯系列，但由于它功率小、所用电压低，因而照明效果不好，在园林中主要是作为图案、文字等艺术装饰使用，如可塑霓虹灯、美耐灯、带灯、满天星灯等。

3. 卤钨灯

卤钨灯是白炽灯的改进产品，光色发白，较白炽灯有所改良，平均寿命1500h，其规格有500W、1000W、1500W、2000W四种。卤钨灯有管形和泡形两种形状，具有体积小、功率大、可调光、显色性好、能瞬间点燃、无频闪效应、发光效率高等特点，多用于较大空间和要求高照度的场所。管形卤钨灯需水平安装，倾角不得大于4°。在点亮时灯管温度达600℃左右，故不能与易燃物接近（图9-7）。

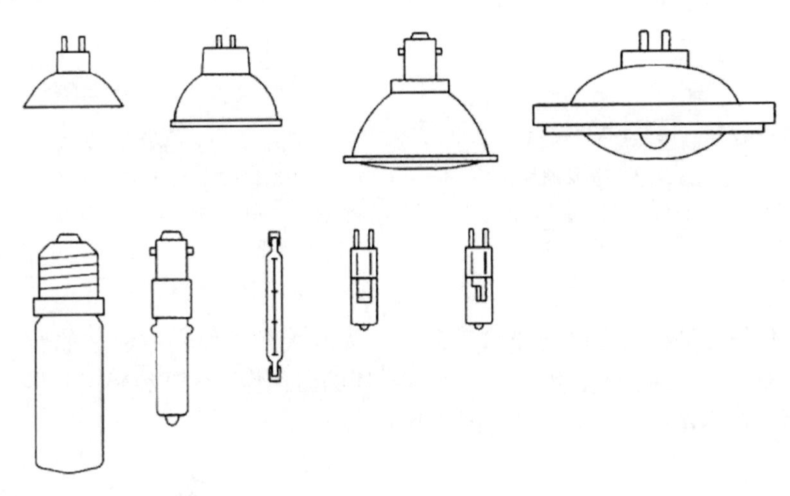

图9-7　不同种类卤钨灯示意图

4. 荧光灯

俗称日光灯，其灯管内壁涂有能在紫外线刺激下发光的荧光物质，依靠高速电子，使灯管内蒸气状的汞原子电离而产生紫外线进而发光。其灯管表面温度很低，光色柔和，眩光少，光质接近自然光，有助于颜色的辨别，并且光色还可以控制。灯管的寿命长，一般2000～3000h，国外也有达到10000h以上的。

5. 冷阴极管

发光原理类似于荧光灯，但是它在更高的电压（通常在9000～15000W之间）下运行，光效更低。优点是能够任意塑形，在尺寸和形状上具有灵活性，还能产生各种鲜艳的色彩。主要用于标志牌、光雕塑、建筑物轮廓照明等。

6. 高压汞灯

发光原理与荧光灯相同，有外镇流荧光高压汞灯和自镇流荧光高压汞灯两种基本形式。由于其不能瞬间点亮，因此不能用于事故照明和要求迅速点亮的场所。这种光源的光色差，呈蓝紫色，在光下不能正确分辨被照射物体的颜色，故一般只用作园林广场、停车场、通车主园路等不需要仔细辨别颜色的大面积照明场所（图9-8）。

7. 钠灯

钠灯是利用在高压或低压钠蒸气中，放电时发出可见光的特性制成。其发光效率高，寿命长，一般在3000h左右。低压钠灯的显色性差，但透雾性强，很少用在室内，主要用于园路照明。高压钠灯的光色有所改善，呈金白色，透雾性能良好，故适合于一般的园路、出入口、广场、停车场等照度要求高的广阔空间照明（图9-9）。

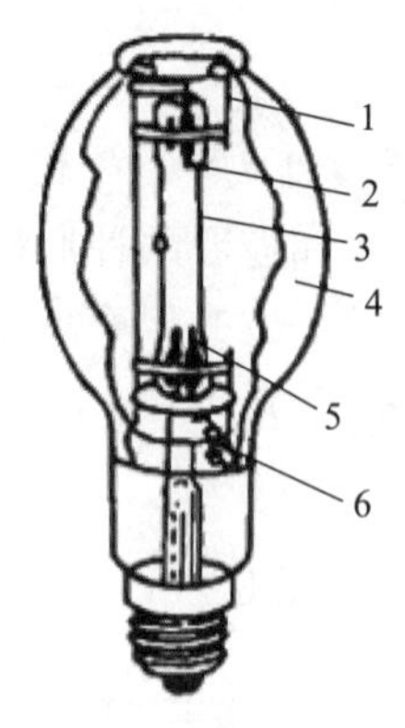

图 9-8　荧光高压汞灯的结构

1—金属支架；2—主电极；3—石英玻璃放电管；
4—硬玻璃外壳；5—辅助电极；6—电阻

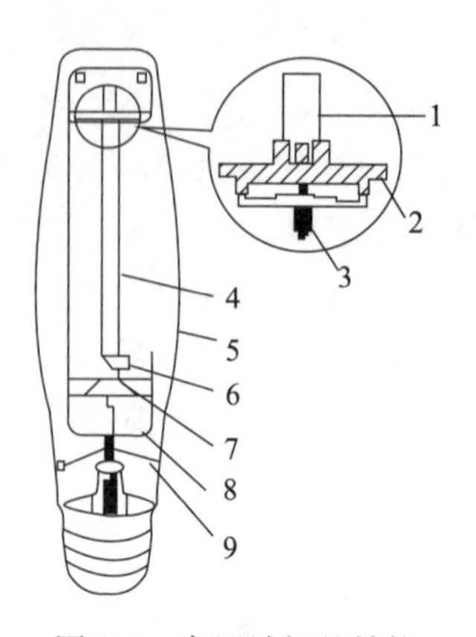

图 9-9　高压钠灯的结构

1—金属排气管；2—铌帽；3—电极；
4—陶瓷放电管；5—硬玻璃外壳；6—管脚上涂有热气剂；
7—双金属片；8—金属支架；9—钡消气剂

8. 金属卤化物灯

金属卤化物灯是在荧光高压汞灯基础上，为改善光色而发展起来的所谓第三代光源，灯管内充有碘、锡、铟、钠、镝、铁等金属的卤化物。紫外线辐射较弱，显色性良好，可发出与自然光近似的可见光（图 9-10）。

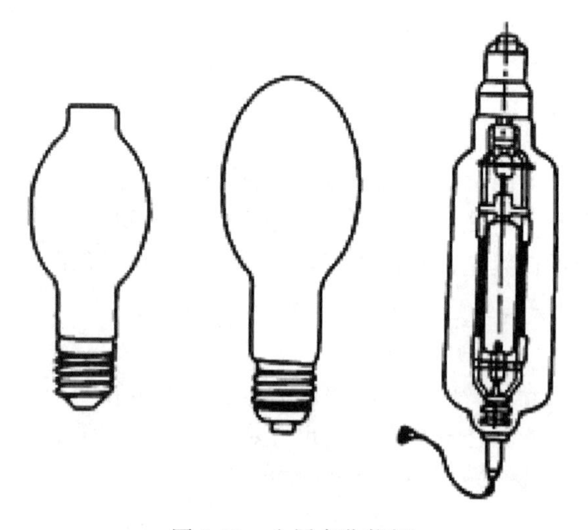

图 9-10　金属卤化物灯

9. 氙灯

氙灯具有耐高温、耐低温、耐震、工作稳定、功率很大等特点，并且其发光光谱与太阳光极其近似，因此被称为“人造小太阳”，可广泛应用于城市中心广场、立交桥、车站、公园出入口、公园游乐场等面积广大的照明场所。其显色性良好，平均显色指数达 90～94，光照中紫外线强烈，因此安装高度不得小于 20m。不足之处是寿命较短，一般在 500～1000h 之间。

10. 发光二极管

LED 是一种半导体器件，发光原理属于场致发光。LED 为一块小型晶片封装在环氧树脂里，所以体积小、质量轻。LED 的典型用途是显示屏及指示灯，已大量用于景观装饰中，如标志牌、光雕塑、LED 美耐灯等。

在园林中常用的照明光源主要特性比较及适用场合列于表 9-3 中。

表 9-3　常用园林照明光源主要特性比较及适用场合

光源名称 特性	白炽灯(普通照明灯泡)	卤钨灯	荧光灯	荧光高压汞灯	高压钠灯	金属卤化物灯	管形氙灯
额定功率范围/W	10～1000	500～2000	6～125	50～1000	250～400	400～1000	1500～100000
光效/(lm/W)	6.5～19	19.5～21	25～67	30～50	90～100	60～80	20～37
平均寿命/W	1000	1500	2000～3000	2500～5000	3000	2000	500～1000
一般显色指数 Ra	95～99	95～99	70～80	30～40	20～25	65～85	90～94
色温 K	2700～2900	2900～3200	2700～6500	5500	2000～2400	5000～6500	5500～6000
表面亮度	大	大	小	较大	较大	大	大
频闪效应	不明显	不明显	明显	明显	明显	明显	明显
耐震性能	较差	差	较好	好	较好	好	好
所需附件	无	无	镇流器 启辉器	镇流器	镇流器	镇流器 触发器	触发器 镇流器
适用场所	彩色灯泡：可用于建筑物、商店、橱窗、展览馆、园林构筑物、孤立树、树丛、喷泉、瀑布等装饰照明。 聚光灯：舞台照明、公共场所等作强光照明	适用于广场、体育场、建筑物等照明	一般用于建筑物室内照明	广泛用于广场、道路、园路、运动场所等作大面积室外照明	广泛用于道路、广场、园林绿地、车站等处照明	主要可用于广场、大型游乐场、体育场；照明及高速摄影等方面	有“小太阳”之称，特别适合于作大面积场所的照明，工作稳定，点燃方便

（二）光源的选择

园林照明中，一般宜采用白炽灯、荧光灯或其他气体放电光源。但因频闪效应而影响视觉的场合，不宜采用气体放电光源。

同一种物体用不同颜色的光照在上面，在视觉上产生的效果是不同的。红、橙、黄、棕色给人以温暖的感觉，人们称之为“暖色光”，而蓝、青、绿、紫色则给人以寒冷的感觉，就称它为“冷色光”。不同色调的光源在照射有色景物时会形成不同色彩，这些不同的色相色彩，就会使游人产生不同的心理感受。所以，在选择光源时，还应结合置景要求，充分考虑光源的色调色相情况（表 9-4）。

表 9-4 常见光源色调

照明光源	光源色调
白炽灯	偏红色光
日光色荧光灯	与太阳光相似的白色光
高压钠灯	金黄色、红色成分偏多，蓝色成分不足
荧光高压汞灯	淡蓝一绿色光，缺乏红色成分
镝灯（金属卤化物灯）	接近于日光的白色光
氙灯	非常接近日光的白色光

四、灯具的类型

在园林中灯具的选择除考虑到便于安装维护外，更要考虑灯具的外形和周围园林环境相协调，使灯具能为园林景观增色。

（一）灯具的分类

（1）按结构分类，可分为开启型、闭合型、密封型及防爆型。

（2）按光通量在空间上、下半球的分布情况，可分为直射型灯具、半直射型灯具、漫射型灯具、半反射型灯具、反射型灯具等。而直射型灯具又可分为广照型、均匀配光型、配照型、深照型和特深照型五种。

（二）园林中常用的灯具类型

根据使用功能与安装部位的不同，常有以下几种。

1. 门灯

庭园出入口与园林建筑的门上安装的灯具称为门灯，可以营造出高大雄伟的气势。门灯可以细分为门顶灯、门壁灯和门前座灯。

（1）门顶灯。竖立在门框或门柱顶上，灯具本身并不高，但与门柱等浑然一体就显得比较高大雄伟，使人们在踏进大门时，抬头望灯，会感到建筑物的气派。

（2）门壁灯。分为枝式壁灯与吸壁灯两种。枝式壁灯的造型类似室内壁灯，可称得上千姿百态，只是灯具总体尺寸比室内壁灯大，因为户外空间比室内大得多，灯具的体积也要相应增大才能匹配。室外吸壁灯的造型也相似于室内吸壁灯，安装在门柱（或门框）上时往往采取半嵌入式，能增强出入口的华丽装饰效果（图 9-11）。

（3）门前座灯。位于正门两侧（或一侧），高 2～4m，其造型十分讲究，无论是整体尺寸还是装饰手法等，都必须与整个建筑物风格完全一致，特别是要与大门相协调，使人们一看到门前座灯，就会感觉到建筑物的整体风格而留下难忘的印象。

2. 庭园灯

庭园灯置于庭园、公园及大型建筑的周围，既是照明器材，又是一种园林艺术欣赏品。根据设置的环境景物不同，相应的庭园灯形状、性能也各不相同

（1）园林小径灯。园林小径灯竖在庭园小径边，或埋于小径路面底下，灯具的功率一般不大，灯光柔和，使庭园显得幽静舒适（图 9-12）。

（2）草坪灯。草坪灯设置于草坪边或草坪内，设置不宜高，一般为 400～700mm，灯罩为透明或乳白色玻璃，灯杆、灯座为黑色或其他深色，以显得大方与美观（图 9-13）。

图 9-11　门壁灯

图 9-12　园林小径灯

图 9-13　草坪灯

3. 水池灯

水池灯具有良好的防水性能。灯具的光源一般选用卤钨灯，这是因为卤钨灯的光波呈连续性，光照效果好，尤其是经过水的折射会产生色彩艳丽的光线，形成五彩缤纷的光色（图 9-14）。

4. 道路灯具

道路灯具主要服务道路，作照明与美化道路之用。根据灯具的侧重点不同分为功能性道路灯具和装饰性道路灯具两类。

(1) 功能性道路灯具。具有良好的配光，使光源发出的大部分光能比较均匀地投射在道路上。可分为横装式与直装式灯具两种。横装式灯具的反射面设计比较合理，光分布情况良好。外形有方盒形、流线形、琵琶形等，美观大方，深受喜欢（图 9-15～图 9-17）。

图 9-14　水池灯

图 9-15　功能性路灯

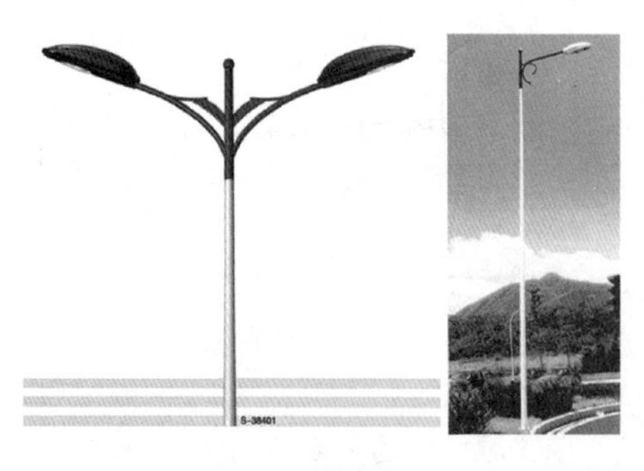

图 9-16　横装式路灯

图 9-17　直装式路灯

(2) 装饰性道路灯具。装饰性道路灯具不强调配光，主要依靠外表的造型来点缀环境，强调灯具的造型，配置时应使其风格与周围环境相匹配（图 9-18）。

图 9-18　装饰性路灯

5. 广场照明灯具

一种大功率的投光类灯具，具有镜面抛光的反光罩，采用高强度气体电光源，光效高，照射面大。

(1) 旋转对称反射面广场照明灯具。灯具采用旋转对称反射器，因而照射出去的光斑呈现圆形。灯具造型比较简单，价格比较低。缺点是用这种灯斜照时（从广场边向广场中央照射），照度不均匀。此种灯具适用于停车场以及广场中电杆较多的场合（图 9-19）。

(2) 竖面反射器广场照明灯具。高强度气体放电光源大多是一发光柱，使照射光比较均匀地分布，特别是在一些需要灯具斜照向工作面的场所（如体育比赛场地等，中间不能竖电杆，灯具是从场地四周向中间照射），就必须选用竖面反射器广场照明灯具。这类灯具装有竖面反射器，反射器经过抛光处理，反射效率很高，能比较准确地把光均匀地投射到人们需要照射的区域。竖面反射器广场照明灯具适用于体育场及广场中不能竖电杆的场合（图 9-20、图 9-21）。

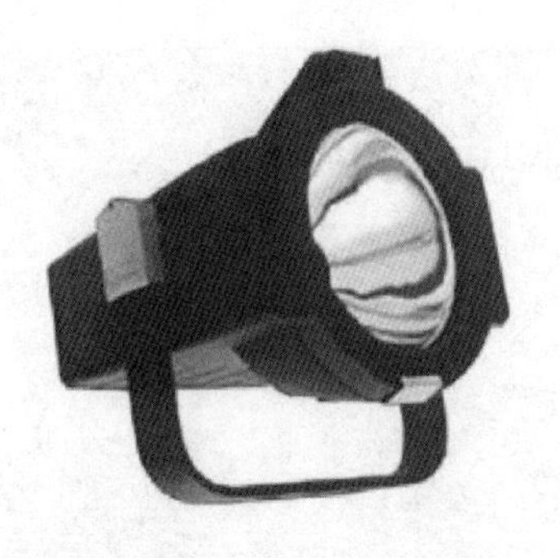

图 9-19　旋转对称反射面广场照明灯

图 9-20　竖面反射器广场照明灯具

图 9-21　广场灯

6. 霓虹灯具

霓虹灯是一种低气压冷阴极辉光放电灯。霓虹灯具的工作电压与启动电压都比较高，启动时电箱内电压高达数千伏，故必须注意相应的安全问题。

（1）透明玻璃管霓虹灯。这是应用很广的一类霓虹灯，其光色取决于灯管内所充的气体的成分（电流的大小也会影响光色）。

（2）彩色玻璃霓虹灯。利用彩色玻璃对某一波段的光谱进行滤色，也可以得到一系列不同色彩的霓虹灯。

（3）荧光粉管霓虹灯。在霓虹灯管上涂上荧光粉，灯内充汞，通过低压汞原子放电激发荧光粉发光，就制成了荧光粉管霓虹灯。灯的光输出颜色取决于所选用的荧光粉材料。

7. 光源远置型照明灯具

光纤与光管同为光源远置型照明灯具，利用导线或导管技术使光在其内进行多次完全内部的反射，传导至所需之处。光纤与光管的差别在于传播光的媒介，前者为实体（玻璃或塑胶），后者则为空气。

（1）光纤。通常由 100～100000 支玻璃或压克力纤维所组成，形成导光核心，包容于套管中（图 9-22、图 9-23），套管的折射系数略低于核心纤维，以防漏光。一般直径在 3～12.5mm，亦可高达 20mm。

图 9-22　端头发光型光纤

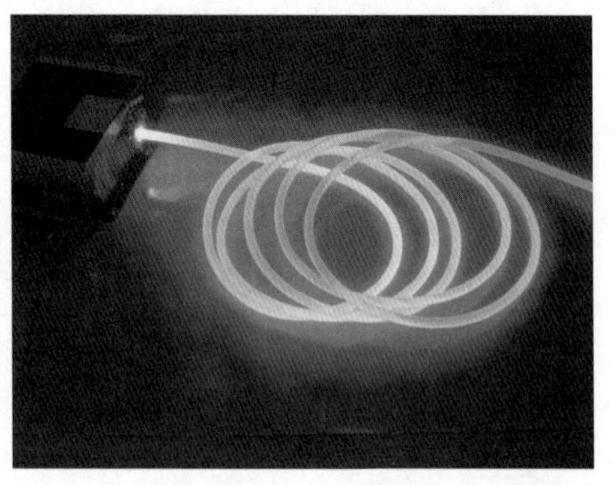

图 9-23　侧边发光型光纤

光纤最早用于通信系统，因其导光性良好，近年来逐渐成为室内照明系统甚至室外装饰照明的替代方案之一，可满足近距离、无高热的迷你型投光需要。

（2）光管。光管为棱面光管系统的简称，由厚 0.5mm 的特殊光学薄膜卷起而成。此薄膜外表面为极精细的棱面结构，其作用在于使入射光线二次反射回管内；朝内则为镜面般高反射率的光滑表面。

五、照明设计原则

（一）植物的饰景照明

树叶、灌木丛林以及花草等植物以其舒心的色彩、和谐的排列和美丽的形态成为园林装饰不可缺少的组成部分。在夜间环境下，通过照明能够创造出或安逸祥和，或热情奔放，或绚丽多彩的氛围。

1. 对植物照明应遵循的原则

（1）要研究植物的一般几何形状（圆锥形、球形、塔形等）以及植物在空间所展示的程度。照明类型必须与各种植物的几何形状一致。

（2）对淡色的和耸立空中的植物，可以用强光照明，得到轮廓的效果。

（3）不应使用某些光源去改变树叶原来的颜色，但可以用某种颜色的光源去强化某些植物的外观。

（4）许多植物的颜色和外观是随着季节的变化而变化的，照明也应适应植物的这种变化。

（5）可以在被照明物附近的一个点或许多点观察照明的目标，要注意消除眩光。

（6）从远处观察，成片树木的投光照明通常作为背景而设置，不考虑个别的目标，只考虑其颜色和总的外形。从近处观察目标，需要对目标进行直接评价的，应该对目标做单独的光照处理。

（7）对未成熟及未伸展开的植物和树木，一般不施以装饰照明。

（8）所有灯具都必须是水密防虫的，并能耐除草剂与除虫药水的腐蚀。

（9）考虑到白天的美观，灯具一般安装在地平面上或灌木丛后。

2. 树木的投光照明

（1）投光灯一般放置在地面上。根据树木的种类和外观确定排列方式。有时为了突出树木的造型和便于人们观察欣赏，也可将灯具放在地下（图 9-24）。

（2）如果想照亮树木上的一个较高的位置（如照亮一排树的第一根树杈及其以上部位），可以在树的旁边放置一根高度等于第一根树杈的小灯杆或金属杆来安装灯具。

（3）在落叶树的主要树枝上安装一串串低功率的白炽灯泡，可以获得装饰效果。但这种安装方式一般在冬季使用，因为在夏季，树叶会碰到灯泡，会烧伤树叶，对树木不利，也会影响照明效果。

（4）对必须安装在树上的投光灯，其系在树杈上的安装环必须能按照植物的生长规律进行调节。

（5）对树木的投光造型是一门艺术。

① 对一片树木的照明。用几只投光灯具，从几个角度照射过去，照射的效果既有成片的感觉，也有层次、深度的感觉（图 9-25）。

图 9-24　安装在地下的投光灯具

② 一棵树的照明。用两只投光灯具从两个方向照射，成特写镜头（图 9-26）。

③ 对一排树的照明。用一排投光灯具，按一个照明角度照射，既有整齐感，也有层次感。

④ 对高低参差不齐的树木的照明。用几只投光灯，分别对高、低树木投光，给人以明显的立体感（图 9-27）。

⑤ 对两排树形成的绿荫走廊照明。对于由两排树形成的绿荫走廊，采用两排投光灯具相对照射，效果很好（图 9-28）。

⑥ 对树杈树冠的照明。在大多数情况下，对树木的照明，主要是照射树杈与树冠，因为照射了树杈树冠，不仅层次丰富、效果明显，而且光束的散光也会将树干显示出来，起衬托作用（图 9-29）。

图 9-25　对一片树木的照明

图 9-26　对一棵树的照明

图 9-27　对高低参差不齐树木的照明

图 9-28　对两排树形成的绿荫道照明

图 9-29　对树杈树冠的照明

（二）花坛的照明

（1）由上向下观察处在地平面上的花坛，采用蘑菇式灯具向下照射。这些灯具放置在花坛的中央或侧边，高度取决于花的高度。

（2）花有各种各样的颜色，就要使用显色指数高的光源。白炽灯、紧凑型荧光灯都能较好地应用于这种场合（图 9-30）。

图 9-30　天安门立体花坛照明

（三）雕塑、雕像的饰景照明

在园林中的雕塑，高度一般不超过 6cm，其饰景照明的方法如下（图 9-31）：

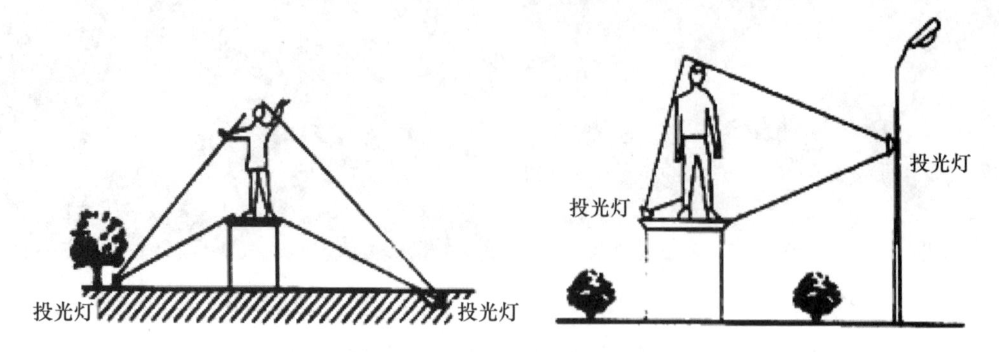

图 9-31　雕塑的照明

（1）照明点的数量与排列取决于被照目标的类型。要求是照亮整个目标，但不要均匀，其目的是通过阴影和不同的亮度，再造一个轮廓鲜明的效果。

（2）根据被照明雕塑的具体形式和周围环境情况确定灯具的位置和高度。

（3）对于人物塑像，通常照亮脸部的主体部分以及雕塑的主要朝向面，次要的朝向面或背部的照明要求低，甚至某些情况下不需要照明。应注意避免脸部所产生不良的阴影。

（4）虽然从下往上的照明是最容易做到的，但要注意凡是可能在塑像脸部产生不愉快阴影的方向不能施加照明。

（5）对某些雕塑，材料的颜色是一个重要的要素。一般情况下用白炽灯照明有好的显色性。通过使用适当的灯泡——汞灯、金属卤化物灯、钠灯，可以增加材料的颜色。采用彩色照明最好能做一下光色试验。

（6）处于地面并孤立于草地或开阔地的雕塑物，灯具应安装于地面，以保持周围环境的景观不受影响和并避免眩光的产生。

（7）坐落在基座并位于开阔地中的雕塑物，为了控制基地的高度、防止基座边在雕塑物底部产生阴影，灯具应设置在远离一些的地方。

（8）坐落于基座并位于行人可接触的雕塑物，将灯具提高设置，并避免眩光现象的产生（图 9-32～图 9-35）。

图 9-32　雕塑照明实例一

图 9-33　雕塑照明实例二

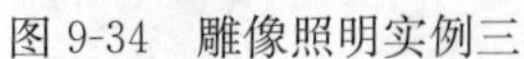
图 9-34　雕像照明实例三

图 9-35　雕像照明实例四

（四）水景照明

园林中的水景，通过饰景照明处理，不但能听到流水的声音，还能看到动水的闪烁与色彩的变幻。对于水景的饰景照明，一般有以下几种方式。

1. 喷水景观的照明

对喷水的饰景照明，以投光灯设置于喷水体的内部，通过空气与水柱的不同折射率，形成闪闪发光的景观效果（图 9-36、图 9-37）。

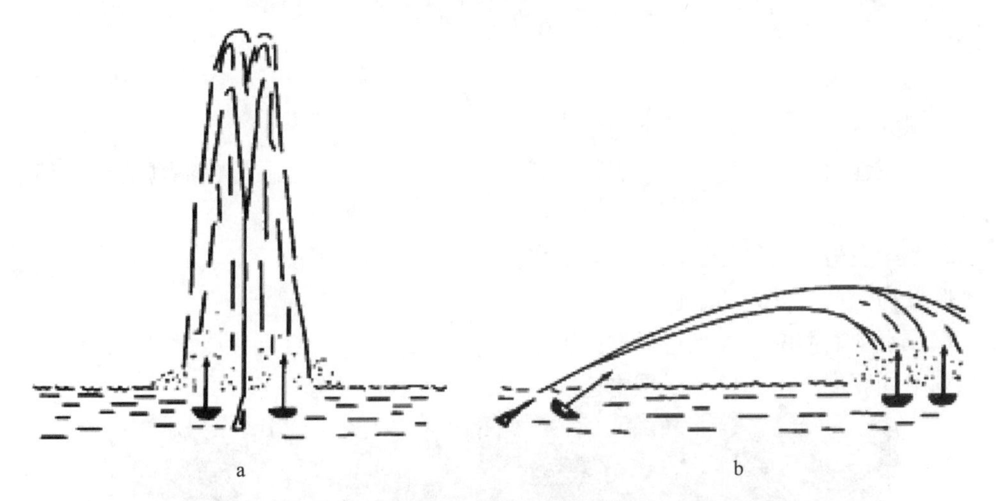

图 9-36　喷水景观图示

图 9-37　喷泉实例

2. 瀑布的照明

将投光灯设于瀑布水帘的里侧，由于瀑布落差的大小不同、灯光的投射方向不同，可以形成不同的观赏效果（图 9-38）。

图 9-38　瀑布的照明实例

3. 湖的照明

对湖的照明，一般采用以下的方式：

（1）在地面上设置投光灯，照射湖岸边的景象，依靠静水或慢慢流动的水，其水体的镜面效果十分动人。

（2）岸上引人注目的景象或者突出水面的物体，依靠埋设于水下的投光灯照射，能在被照景物上产生变幻的景色。

（3）水体表面的波纹景色通过设置于岸上或高处的投光灯直接照射水面，可以获得一系列不同亮度、不同色彩区域中连续变化的水浪形状（图 9-39）。

图 9-39　水体照明实例

（五）园路照明

园路是人们休闲散步、观赏景物、开展各种活动的场所，需要明亮的环境，所以园路照明主要以明视照明为主。在设计时必须根据照度标准中推荐的照度进行设计，从效率和维修方面考虑，一般多采用4～8m高的杆头式汞灯照明器。

照明灯具的布置方式有单侧、中心、双侧等几种形式。对有特定艺术要求的园路照明，可以采用低压灯座式的灯具，以获得极好的园路效果。一般园内道路照明可设在门卫室等处进行控制，道路照明除各回路有保护外，灯具也可单独加熔断器进行保护。

【任务实施】

一、照明设计前的准备工作

在进行园林照明设计以前，应准备以下原始材料：

（1）公园、绿地的平面布置图及地形图，公园、绿地中主要建筑物的平面图、立面图和剖面图。

（2）公园、绿地对电气的要求（设计任务书），特别是一些专用性强的公园、绿地照明，应明确提出照度、灯具选择、布置、安装等要求。

（3）电源的供电情况及进线方位。

二、照明设计实施过程

（一）明确照明对象的功能与照明要求

以照明与园林景观相结合、突出园林景观特色为原则，明确照明对象的功能和要求，正确确定照明对象、照明方式，选择合理的照度。

（二）选择照明方式

根据设计任务书的要求，针对不同的场景情况，选择相应的照明方式。一般照明方式常采用均匀布置方式，即照明的形式、悬挂高度、灯管灯泡容量为均匀对称设置。

（三）光源和灯具的选择

主要根据公园绿地的配光和光色要求与周围景色配合等来选择光源和灯具。

（1）光源的选择设计中，要注意利用各种光源显色性的特点，除了显示被照物的基本形体外，应突出表现其色彩，并根据人们的色彩心理感觉进行色光的组景设计。

（2）在园林中灯具的选择应考虑以下几个方面的内容：

① 灯具的安全性能。灯具外壳应有安装地线的螺栓。

② 便于安装维修。

③ 灯具的外形和周围园林环境相协调。选用艺术特色明显的灯具，以达到丰富空间层次、能为园林景观增色的目的与效果。

④ 室外灯具防护等级应不低于IP55，水下灯具防护等级不低于IP68。

⑤ 应有调节水平和垂直投射角的装置。

⑥ 应有散热装置。

（四）灯具的合理布置

灯具的布置包括确定灯具的配置数量与设置位置。配置数量主要根据照明质量而定，设置位置主要根据光线投射角度和维护要求而定。除考虑光源光线的投射方向、照度均匀性等，还应考虑经济、安全和维修方便等。

（五）确定照明装置安装容量，进行照度计算

1. 公园绿地用电量的估算

公园绿地用电量分为动力用电和照明用电，即

$$S_{总}=S_{动}+S_{照}$$

式中 $S_{总}$——公园用电计算总容量；

$S_{动}$——动力设备所需总容量；

$S_{照}$——照明用电总计算容量。

（1）动力用电估算

公园或绿地的动力用电具有较强的季节性和间歇性，因而在做动力用电估算时应考虑这些因素。其动力用电估算常用下式进行计算：

$$S_{总}=K_c\frac{\Sigma P_{动}}{\eta\cos\phi}$$

式中 $\Sigma P_{动}$——各动力设备铭牌上额定功率的总和（kW）；

η——动力设备的平均效率，一般可取 0.86；

$\cos\phi$——各类动力设备的功率因数，一般在 0.6～0.95，计算时可取 0.75；

K_c——各类动力设备的需要系数。由于各台设备不一定都同时满负荷运行，因此计算各容量时需打一折扣，此系数大小具体可查有关设计手册，估算时可取 $K_c=0.5\sim0.75$（一般可取 0.70）。

（2）照明用电估算

照明设备的容量，在初步设计中可按不同性质建筑物的单位面积照明容量法（W/m^2）来估计：

$$P=\frac{S\times W}{1000}$$

式中 P——照明设备容量（kW）；

S——建筑物平面面积（m^2）；

W——单位容量（W/m^2）。

2. 照度计算

照明计算的目的是根据照明需要及其他已知条件，确定需安装的灯具数量并合理布灯，或者在照明器布置形式和光源容量都已确定的情况下，计算工作面上照度是否符合标准要求。

（六）选择供电电压和电源

1. 选择供电电压

在一般情况下，公园内照明和动力负荷可共用同一台变压器供电。选择变压器时，应根据公园、绿地的总用电量的估算值和当地高压供电的线电压值来进行变压器的容量选择和变压器高压侧的电压等级确定。

2. 选择公园绿地的电力来源

（1）借用就近现有变压器。

（2）利用附近的高压电力网。

(3) 自行设立小发电站或发电机组。

(七) 选择照明配电网络的形式

照明网络一般采用 380/220V 中性点接地的三相四线制系统，灯用电压 220V。为了便于检修，每回路供电干线上连接的照明配电箱一般不超过 3 个，室外干线向各建筑物等供电时不受此限制。

(八) 选择导线型号、截面和敷设方法

(1) 公园绿地的供电线路应尽量选用电缆线。在选择导线时，必须考虑气体放电灯的功率因数值和启动电流启动时间值，以及各相零序谐波电流迭加流过中性线的因素。室外电缆线路以 TN-S 系统供电时，三相供电回路宜选用五芯电力电缆，单相供电回路宜选用三芯电缆。

(2) 室外景观照明供电系统中，中性线截面不应小于相线截面；分支供电回路，宜采用单相供电。分支导线截面不宜大于 $6mm^2$。电线截面选择的合理性直接影响到有色金属的消耗量和线路投资以及供电系统的安全经济运行，应采用铜芯电力电缆线路供电。

(3) 线路敷设形式可分为两大类：架空线和地下电缆。目前在公园绿地中都尽量地采用地下电缆。架空线仅常用于电源进线侧或在绿地周边不影响园林景观处。当然，最终采用什么样的线路敷设形式，应根据具体条件，进行技术经济的评估之后才能确定。

(九) 选择和布置照明配电箱、控制开关、熔断器以及其他电气设备 (图 9-40)

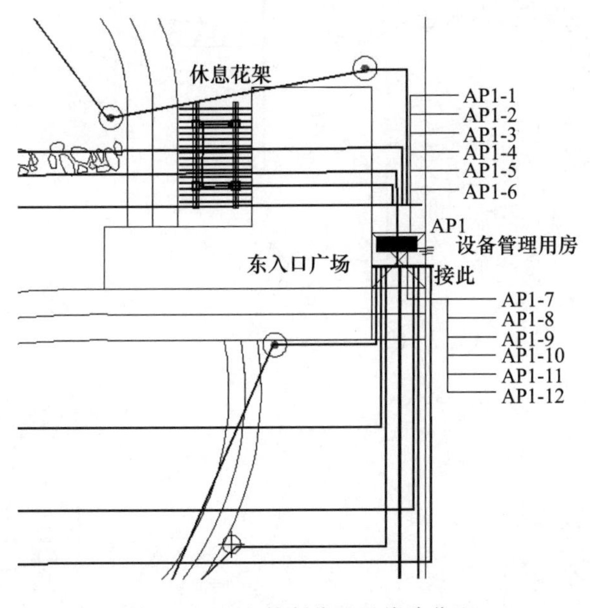

图 9-40　配电控制位置及线路分配

(十) 绘制照明装置平面布置图 (必要时还有剖视图)、供电系统图、部件安装图，开列设备材料清单及编写施工说明 (图 9-41)

(1) 在平面图中标明灯位、亮度分布、配电箱等。平面布置图一般按 1∶100 或其他合适的比例绘制，图中照明设施、线路等应使用标准的图形符号绘制。

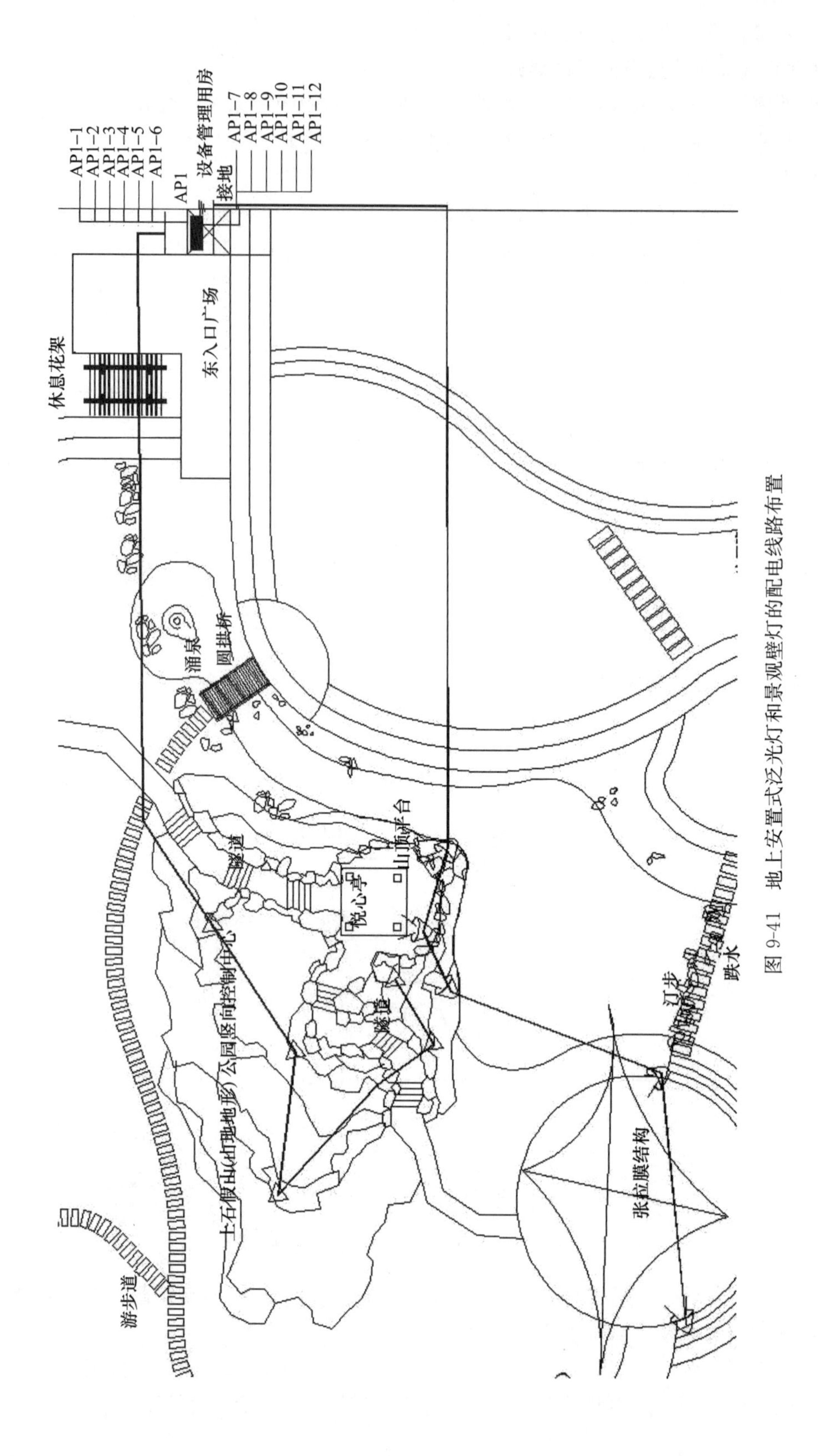

图 9-41 地上安置式泛光灯和景观壁灯的配电线路布置

(2) 绘制施工图。根据施工图编制预算，安排设备材料和非标准设备的订货加工，然后进行施工和安装。施工图包括照明平面图、照明系统图、照明控制图、设备材料表。

(3) 图纸的内容和深度等还应根据各工程的特点和实际情况有所增减。

【思考与练习】

1. 什么是三相四线制供电？有什么特点？
2. 配电线路的布置方式有哪些？
3. 如何进行灯具安装？
4. 电缆敷设的方式有哪些？
5. 如何进行直埋电缆工程的施工？
6. 安装配电箱时注意哪些问题？
7. 暗配管的施工工艺有哪些？
8. 如何进行管内穿线？
9. 如何安装电动机？
10. 如何安装负荷开关和熔断器？
11. 如何根据不同位置合理安装避雷针？
12. 如何提高照明质量？
13. 常见的照明光源有哪些？
14. 照明光源选择时应注意哪些问题？
15. 简述园林中常用的灯具类型。
16. 如何对植物进行照明？
17. 对水景照明可以采用哪些方法？
18. 如何对园路进行照明？
19. 如何进行照明设计？
20. 照明设计时应注意哪些问题？

技能训练　园林照明工程设计

一、训练目的

了解园林照明的方式和照明质量；熟悉照明光源及选择，灯具的选用，公园、绿地的照明原则；掌握照明设计实施过程。

二、材料与用具

1. 材料：绿地的平面布置图、地形图，电源的供电情况及进线方位。

2. 用具：图纸、制图工具等。

二、方法步骤

1. 分组：以3～5人为一组。

2. 选择照明方式。

3. 选择光源和灯具。

4. 合理布置灯具。

5. 确定照明装置安装容量，进行照度计算。

6. 选择供电电压和电源。

7. 选择照明配电网络的形式。

8. 选择导线型号、截面和敷设方法。

9. 选择和布置照明配电箱、控制开关、熔断器以及其他电气设备。

10. 绘制照明装置平面布置图（必要时还有剖视图）、供电系统图、部件安装图，开列设备材料清单及编写施工说明。

四、作业

完成实习报告。

项目十

园林机械

【内容提要】

随着经济的发展和人们环保意识的增强，城市园林绿化建设迅速发展起来，主要包括防护林的营造、城郊园林的建立、市内大面积绿地的培植，如行道树、垂直绿化带、森林公园、植物园、公园等公共绿地的营造和管理。由此，园林工程中不可或缺的园林机械也随之发展起来。本章重点介绍园林工程机械与种植养护机械中比较常见的几种园林机械的使用。

任务一　园林工程机械的使用

【知识点】

土石机械构造
混凝土机械构造
起重安装机械构造
水泵构造
夯实机械构造

【技能点】

土石机械的使用
混凝土机械的使用
起重安装机械的使用
水泵的使用
夯实机械的使用

【相关知识】

一、土石机械

（一）推土机

推土机是一种多用途的自行式施工机械。推土机是以履带式或轮胎式拖拉机牵引车为主机，再配置悬式铲刀的自行式铲土运输机械。它除了能完成铲土、运土及卸土三种基本作业外，在园林工程中还可清理施工场地，平整场地，铲除树根、灌木、杂草，以及扫雪等作业，是园林工程中最常用的工程机械之一（图 10-1）。

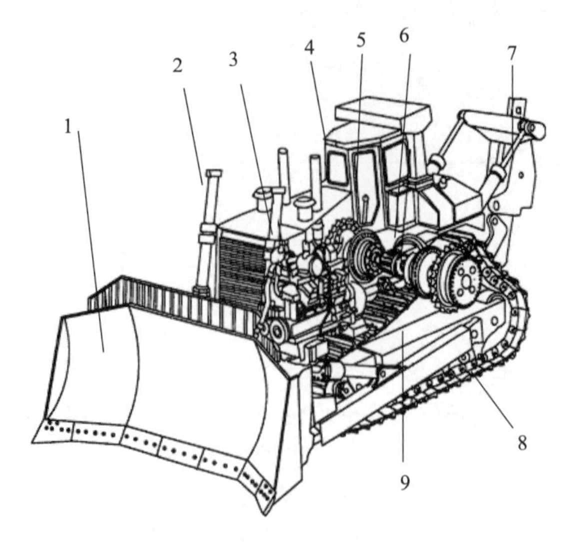

图 10-1　推土机的总体构造

1—铲刀；2—液压系统；3—发动机；4—驾驶室；5—操纵机构；
6—传动系统；7—松土器；8—行走装置；9—机架

（二）装载机

装载机是一种作业效率高、用途十分广泛的工程机械，它可以用来铲装、搬运、卸载、平整散状物料，也可以对岩石、硬土等进行轻度的铲掘工作，如果换装相应的工作装置，还可以进行推土、起重、装卸和搬运木料及管材等长料。装载机一般由车架、动力装置、工作装置、传动系统、行走系统、转向制动系统、液压系统和操纵系统组成，图 10-2 所示为轮胎式装载机。

图 10-2　轮胎式装载机

（三）铲运机

铲运机是一种循环作业式的铲土运输机械，能综合铲土、装土、运土和卸土四个工序。它在铲土场地行走过程中进行铲土，并把切下的土壤装在其工作部件——铲斗中，然后将铲斗提升到运输位置把土运到卸土场将土卸掉。铲运机按行走方式可分为拖式铲运机和自行式铲运机两种。拖式铲运机（图 10-3）本身不带动力，工作时由履带式或轮胎式牵引车牵引。这种铲运机的特点是牵引车的利用率高、接地比压小、附着能力大和爬坡能力强，在短距离和松软潮湿地带的工程中普遍使用，但工作效率低于自行式铲运机。

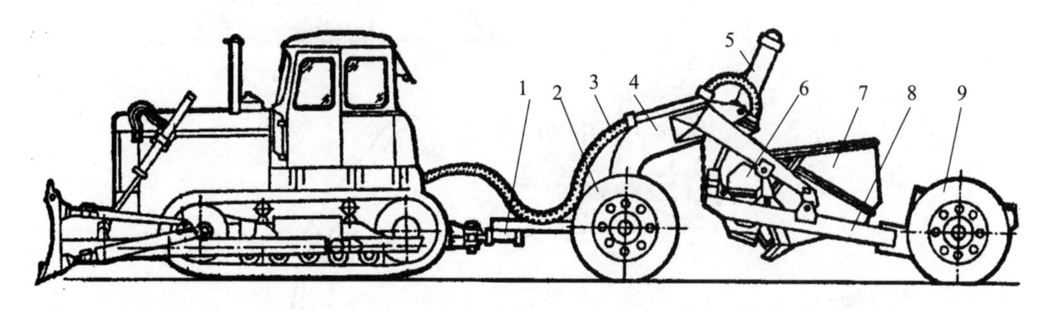

图 10-3　拖式铲运机的构造简图

1—拖杆；2—前轮；3—油管；4—辕架；5—工作油缸；6—斗门；7—铲斗；8—机架；9—后轮

（四）平地机

平地机是一种装有以铲土刮刀为主，配有其他多种辅助作业装置，进行土的切削、刮送和整平作业的施工机械。它可以进行砂、砾石路面及路基路面的整形和维修，表层土或草皮的剥离、挖沟、修刮边坡等作业，还可完成材料的混合、回填、推移、摊平作业。平地机按行走方式的不同可分为自行式及拖式两种。自行式平地机由于其机动灵活、生产率高而被广泛应用。平地机主要由发动机、传动系统、制动系统、车架、行走转向装置、工作装置、操纵及电气系统等组成，如图 10-4 所示。

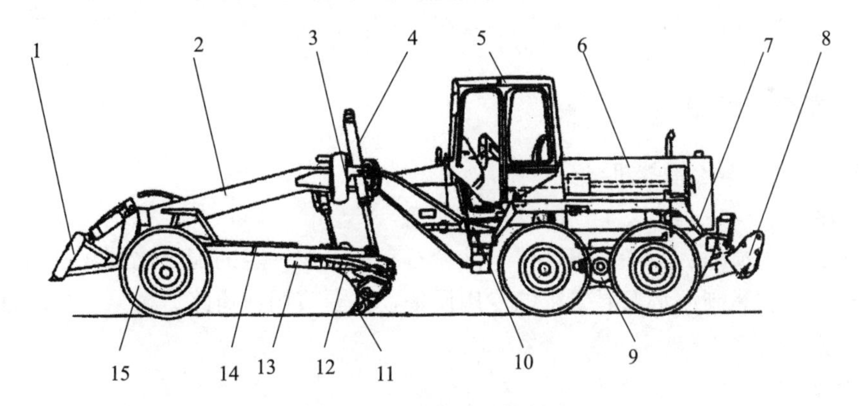

图 10-4　平地机的总体构造

1—前推土铲；2—前车架；3—摆架；4—刮刀升降油缸；5—驾驶室；
6—发动机；7—后车架；8—后松土器；9—后桥；10—铰接转向油缸；11—刮刀；
12—切削角调节油缸；13—回转圈；14—牵引架；15—前轮

(五) 液压式单斗挖掘机

挖掘机是挖掘和装载土石的一种主要工程机械。它在建筑、水利、筑路、露天采矿和国防工程中都有广泛的应用。常用的工作装置除正铲工作装置外，还有反铲、抓斗等形式的工作装置，如图 10-5 所示。

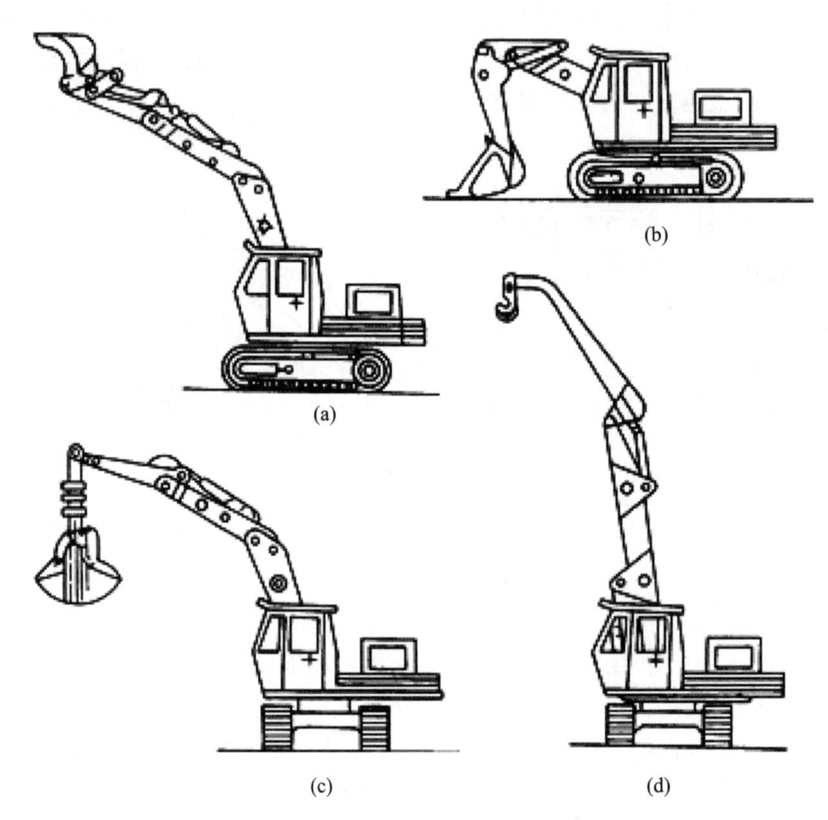

图 10-5　液压式单斗挖掘机工作装置主要形式

(a) 反铲；(b) 正铲；(c) 抓斗；(d) 起重

二、混凝土机械

(一) 水泥混凝土搅拌机

1. 用途

水泥混凝土搅拌机是将水泥、砖、砂、石和水等按一定的配合比例，进行均匀拌和的专业机械。它是制作水泥混凝土的专用设备，主要应用在道路、桥梁、房屋建筑等工程施工中。

2. 分类

水泥混凝土搅拌机的种类很多，各种搅拌机的分类如下：

(1) 按搅拌原理分为自落式 (图 10-6) 和强制式 (图 10-7)。

(2) 按作业方式分为周期式和连续式。

(二) 混凝土振动器

振动器按振动的方式分为内部振动器、外部振动器 (图 10-8)、振动台等。

图 10-6　自落式混凝土搅拌机

图 10-7　强制式混凝土搅拌机

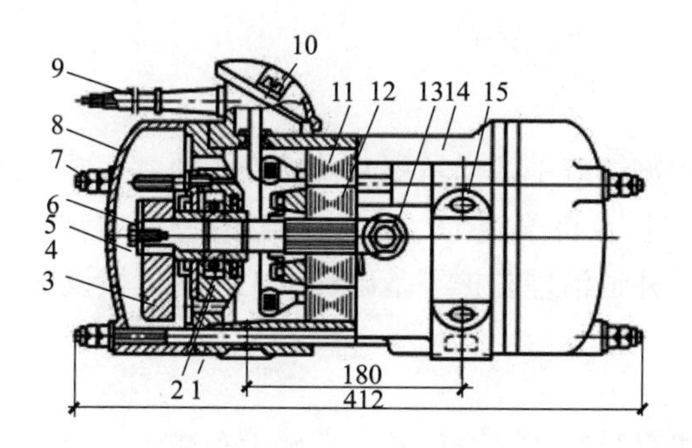

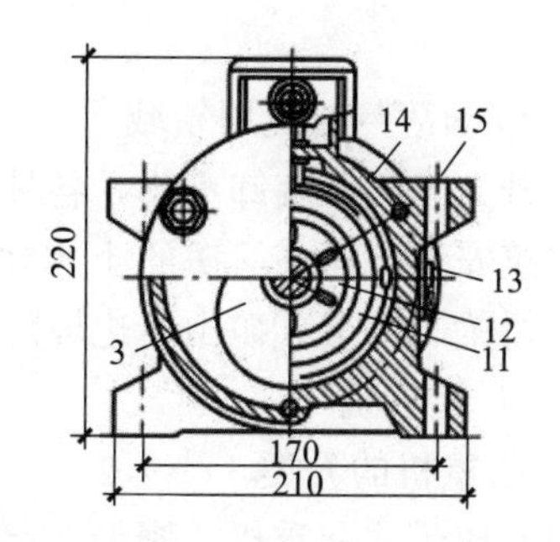

图 10-8　外部振动器外形

1—轴承座；2—轴承；3—偏心轮；4—键；5—螺钉；6—转子轴；7—长螺栓；8—端盖；9—电源线；10—接线盒；11—定子；12—转子；13—定子紧固螺钉；14—外壳；15—地脚螺钉孔

三、起重安装机械

（一）电动葫芦

电动葫芦是一种小型起重设备，具有体积小、自重轻、操作简单、使用方便等特点，用于工矿企业、仓储码头等场所。起重量一般为 0.1～80t，起升高度为 3～30m（图 10-9）。

1. 电动葫芦的主要结构

减速器、起升电机、运行电机、断火器、电缆滑线、卷筒装置、吊钩装置、联轴器、软缆电流引入器等集动力与制动力于一体。

2. 电动葫芦的构造

电动葫芦的组成部分有电机、传动机构、卷筒和链轮。

3. 电动葫芦的分类

环链电动葫芦、钢丝绳电动葫芦（防爆葫芦）、防腐电动葫芦、双卷筒电动葫芦、卷扬机、群吊电动葫芦、多功能提升机。

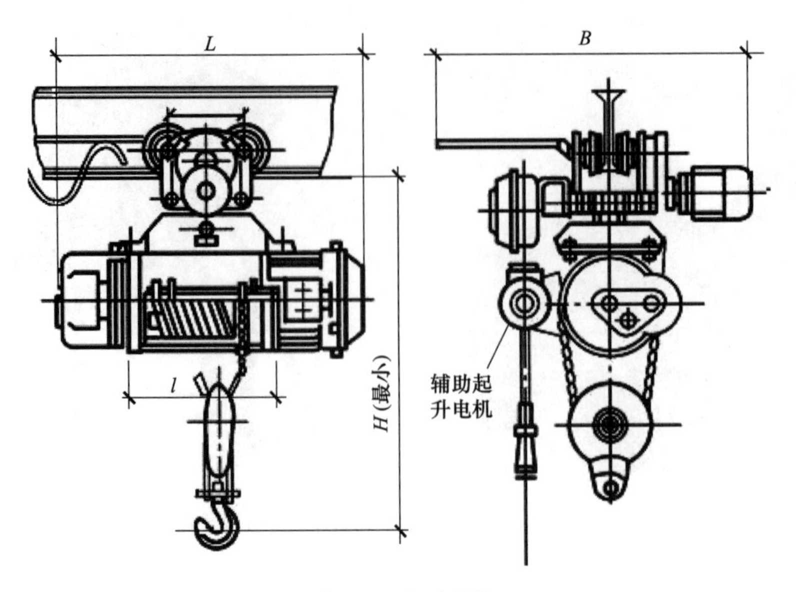

图 10-9　电动葫芦

4. 电动葫芦的应用领域

提升、牵移、装卸重物，各种大中型混凝土、钢结构及机械设备的安装和移动，适用于建筑安装公司、厂矿的土木建筑工程及桥梁施工，电力、船舶、汽车制造、建筑、公路、桥梁、冶金、矿山、边坡隧道、井道治理防护等基础建设工程的机械设备。

（二）起重机

1. 起重机的分类

（1）履带式起重机。履带式起重机是自行式、全回转、接触面积较大、重心较低的起重机（图 10-10）。

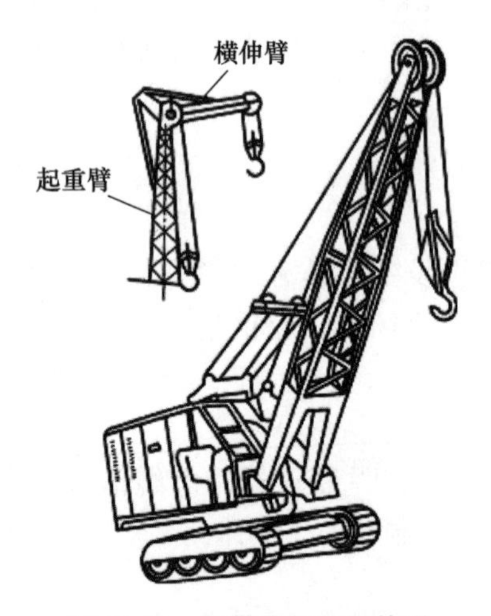

图 10-10　履带式起重机外形

（2）轮胎式起重机。轮胎式起重机是一种自行式、全回转、起重机构安装在以轮胎为行走轮的特种底盘上的起重机（图 10-11）。

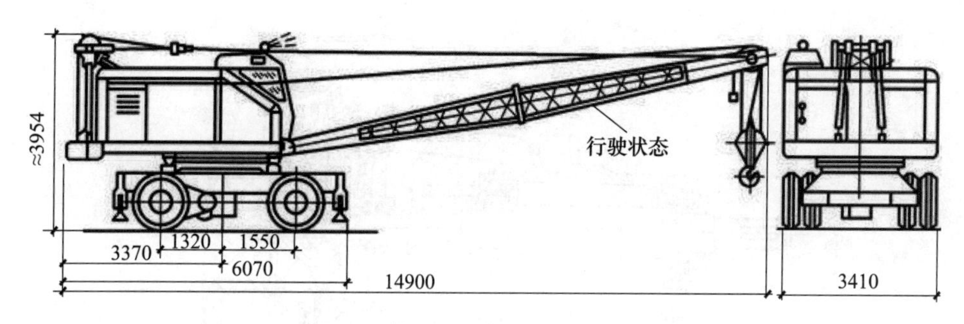

图 10-11　Q151 型轮胎式起重机外形

（3）汽车式起重机。汽车式起重机是一种自行式、全回转、起重机构安装在通用特制汽车底盘上的起重机（图 10-12）。

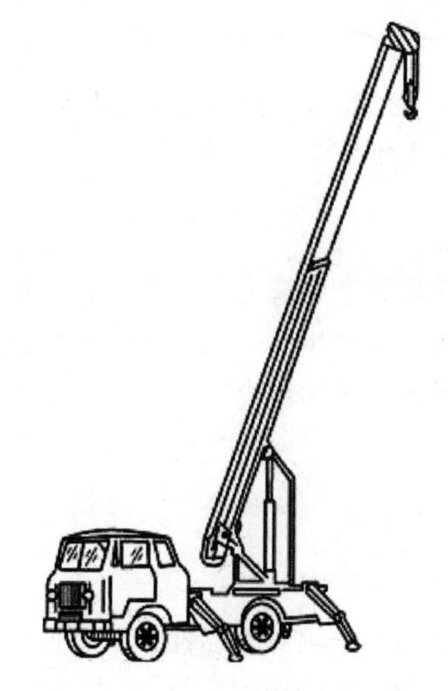

图 10-12　汽车式起重机外形

（4）塔式起重机。塔式起重机是一种具有竖直塔身和回转起重臂的起重机。

2. 汽车起重机的基本结构和作用

汽车起重机一般可分为两大部：上车和下车，下车部分就是底座支撑部分，上车即上车作业部分。

四、水泵

水泵的型号很多，目前园林中使用较多的是离心泵。离心泵的品种也很多，各种类型泵的结构又各不相同。图 10-13 所示为离心泵的主要构造。

下面简单地介绍一下单级单吸悬臂式离心泵。

（一）水泵的分类

水泵多以泵的结构和作用原理来分类，有时根据需要也按使用部门、用途、动力类型和泵的水力性能等进行分类。

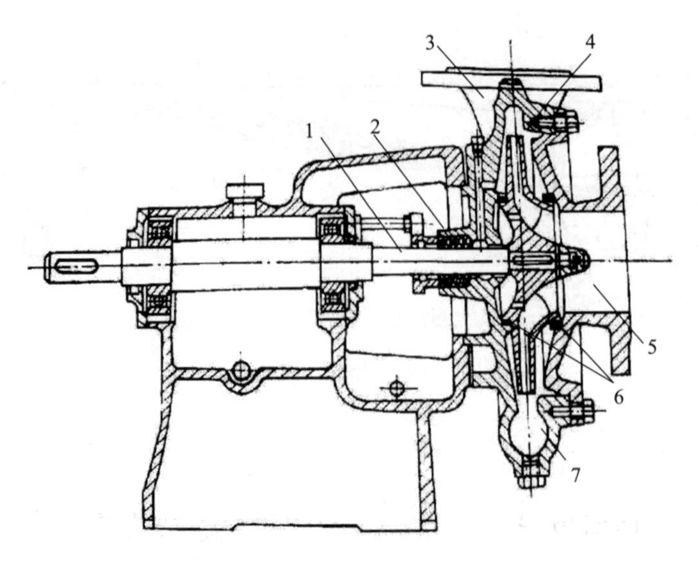

图 10-13　离心泵的主要构造

1—轴；2—机封；3—扩压管；4—叶轮；5—吸入室；6—口环；7—蜗壳

（二）离心泵的工作原理

驱动机通过泵轴带动叶轮旋转产生离心力，在离心力作用下，液体沿叶片流道被甩向叶轮出口，液体经蜗壳收集送入排出管。液体从叶轮获得能量，使压力能和速度能均增加，并依靠此能量将液体输送到工作地点。

五、夯实机械

（一）用途及工作原理

1. 用途

夯实机械是一种适用于对黏性土壤和非黏性土壤进行夯实作业的冲击式机械，夯实厚度可达 1～1.5m，在园林工程施工中应用广泛。

2. 工作原理

把重物提升到一定高度，然后利用重物自重落下冲击土壤，使土壤在动载荷作用下产生永久变形而被压实。冲击式压实机械压实土的厚度大、冲击时间短、对土壤的作用力大，适用于压（夯）实黏性较小的土壤，但有噪声污染。

（二）小型打夯机分类

小型打夯机有冲击式和振动式之分，其体积小，质量轻，构造简单，机动灵活、实用，操纵、维修方便，夯击能量大，夯实工效较高。现主要介绍电动蛙式打夯机和内燃式夯土机。

1. 蛙式打夯机

蛙式打夯机的组成如图 10-14 所示。工作时由于偏心块旋转所产生的离心力使夯锤升起又落下，夯实土壤，而且能边夯边前进，像青蛙行走一样，故得其名。

电动蛙式打夯机由偏心块、夯头架、传动装置、电动机等组成，其外形构造如图 10-15所示。

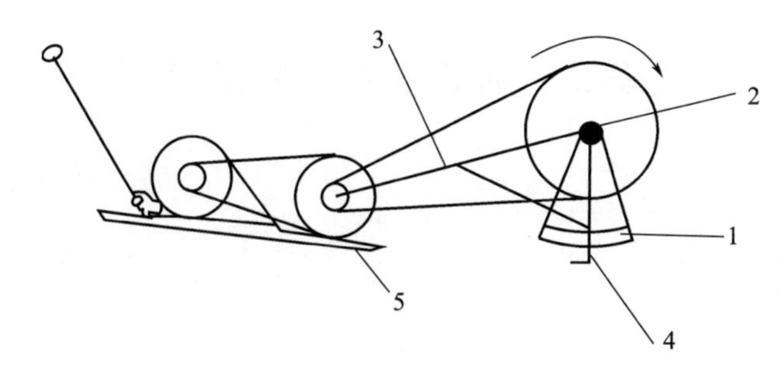

图 10-14　蛙式打夯机

1—偏心块；2—前轴；3—夯头架；4—夯板；5—拖板

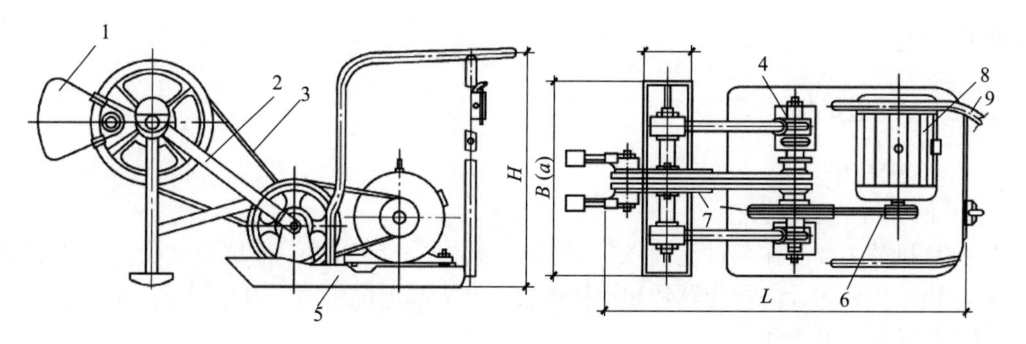

图 10-15　电动蛙式打夯机

1—偏心块；2—夯头架；3、6—三角胶带；4—传动轴架；5—底盘；7—三角胶带轮；8—电动机；9—扶手

2. 内燃式打夯机

内燃式打夯机是一种以内燃机为动力的夯实机械。由于其冲击频率很高，因此具有振动作用，适用于多种土壤，尤其适用于沙质壤土。

3. 电动振动式打夯机

电动振动式打夯机是一种平板自行式振动夯实机械，适用于含水量小于 12%和非黏土的各种沙质壤土、砾石及碎石和建筑工程中的地基、水池的基础及道路工程中铺设小型路面，修补路面及路基等工程的压实工作。其外形尺寸和构造如图 10-16 所示。

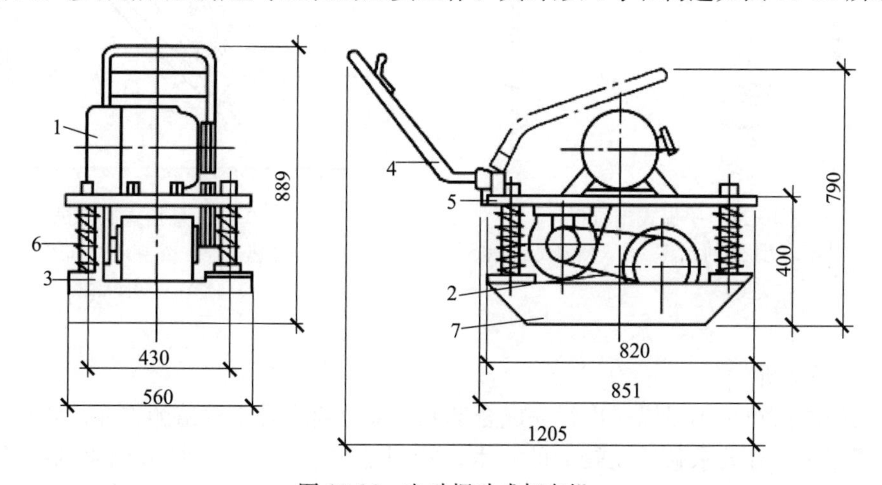

图 10-16　电动振动式打夯机

1—电动机；2—传动胶带；3—振动体；4—手把；5—支持板；6—弹簧；7—夯板

任务二　种植养护机械的使用

【知识点】

种植机械构造

养护机械构造

【技能点】

种植机械的使用

养护机械的使用

【相关知识】

一 、种植机械

（一）挖坑机

1. 挖坑机的基本构造

挖坑机的主要工作部件是钻头，有挖坑型和松土型两类。挖坑型钻头主要为螺旋型，它由钻尖、刀片、螺旋翼片和钻杆组成，钻尖起定位作用，刀片用于切削土壤，螺旋翼片起导土、升土作用。

2. 挖坑机的分类

分为手提式挖坑机（图 10-17、图 10-18）和悬挂式挖坑机，手提式又有便携式和背负式之分。以手提式和机械式使用比较普遍。

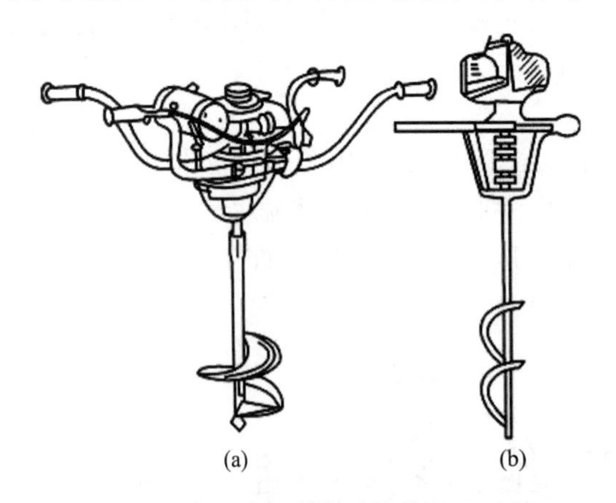

图 10-17　手提式挖坑机

(a) W-3 型动力挖坑机；(b) 单人便携式挖坑机

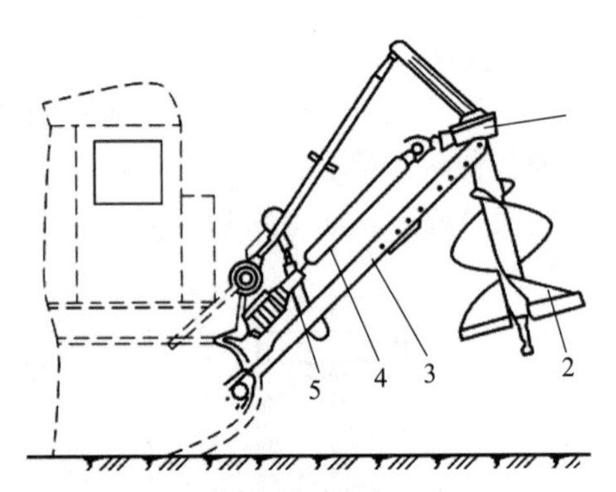

图 10-18　悬挂式挖坑机

1—减速箱；2—钻头；3—机架；4—传动轴；5—升降油缸

（二）移植机

使用树木移植机则可以一次性完成全部或大部分树木带土移植的作业。在城市园林绿化工程中，往往要求移植比较大的树木，特别是城市重要位置的乔灌木的栽植造景，要求效率高、见效快，树木移植机成了重要技术装备。

树木移植机按底盘结构分成车载式（图 10-19）、特殊车载式、拖拉机悬挂式、自装式。

图 10-19　车载式树木移植机

（三）草坪播种机械

1. 按照种子下落的形式分类

（1）点播机。指靠种子或化肥颗粒的自重下落来实现播种，也叫跌落式撒播机。这种机械适用于小面积的补播。

（2）撒播机。指靠星式转盘的离心力将种子向四周抛撒实现播种的机械。抛撒量通过料斗底部落料口开度的大小调节，抛撒距离取决于转盘的转速。悬挂式草坪撒播机如图 10-20 所示。

图 10-20　悬挂式草坪撒播机

2. 按照操作形式分类

分为手持式撒播机、肩挎式撒播机、推行式撒播机和拖带式撒播机。

（四）草皮移植机

1. 用途

把草坪切成一定厚度和宽度的草皮块或草皮卷。

2. 分类

草皮移植机分为手扶式和自走式草皮移植机（图 10-21、图 10-22）。

图 10-21　手扶式草皮移植机

图 10-22　大型自走式草皮移植机

（五）喷播机

喷播机也叫喷植机，分气流喷播机和液压喷播机（图 10-23、图 10-24）。

图 10-23　气流喷播机作业场景

图 10-24　液压喷播机作业场景

二、养护机械

（一）中耕机

中耕机的主要工作部件分为锄铲式和回转式两大类。其中，锄铲式应用较广，按作用分为除草铲、松土铲和培土铲三种类型（图 10-25）。

（二）草坪修剪机械

草坪修剪机械的发展从最初的手工作业、内燃机驱动，到如今的电动、液压、电子控制。草坪修剪机械的类型很多，按照配套动力和作业方式分为手推式、手扶推行式、手扶自行式（图 10-26）、驾乘式（图 10-27）、拖拉机式等；按照工作装置的不同，可分为滚刀式、旋刀式、往复割刀式和甩刀式等几种（表 10-1、表 10-2）。

图 10-25　中耕机

图 10-26　手扶自行式修剪机

图 10-27　驾乘式草坪机

表 10-1　不同类型剪草机的比较

剪草机类型	剪草高度/cm	留茬高度/cm	适应性
滚刀式	0.3～9.5	0.2～6.5	适用于管理水平较高、低修剪的运动场草坪，如高尔夫球场果岭。修剪的草坪平整干净，草细匀
旋刀式	3～18	2～12	一般的草坪草，修剪的草坪较平整，粗匀
剪刀式	自然	3～5	杂草与细灌木或公路两侧和河堤的绿地，修剪的质量一般
甩刀式	自然	5～8	杂草与细灌木，修剪的质量不好

表 10-2　剪草机主要参数及适用条件

操作方式	动力配备/HP	工作幅宽/cm	工作效率/（m^2/h）
推行式	3.5～5	40～50	700～1000
随行式（自走式）	3.5～6	45～60	900～4000
坐骑式	8～18	70～110	3000～6000
拖拉机式	12～80	80～200	4000～18000

（三）草坪通气养护机械

草坪通气养护是草坪更新复壮的一项有效措施，草坪通气是通过草坪打洞（孔）实现的。通过草坪打洞（孔），可改善地表排水状况，促进根部的营养吸收，增加观赏性，延长草坪寿命。主要有手工打洞工具和打洞机（图 10-28、图 10-29）。

图 10-28　手动打洞工具

图 10-29　打洞机及清理工作

（四）草坪施肥机械

草坪施肥是为草坪提供养分、促进其健康生长的有效措施。利用机械施肥，效率高、速度快，省时省力，且施撒均匀度优于人工作业。主要有滴式施肥机和旋转式施肥机（图 10-30、图 10-31）。

图 10-30　滴式施肥机

图 10-31　旋转式施肥机图

（五）割灌机

割灌机（图 10-32～图 10-34）主要清除杂木、剪整草地、割竹、间伐、打杈等。它具有质量轻、机动性能好、对地形适应性强等优点，尤适用于山地、坡地。便携式割灌机按结构形式分硬轴手持式、硬轴侧挂式和软轴传动背负式，按动力分内燃割灌机和电动割灌机，内燃割灌机相对于电动的质量较大，以侧挂或背负式为主。

图 10-32 硬轴侧挂式割灌机　　图 10-33 软轴传动背负式割灌机　图 10-34 电动手持式割灌机

（六）绿篱修剪机

用于修剪绿篱、灌木丛和绿墙的机械。通过修剪控制灌木的高度和藤本植物的厚度，并进行造型，使绿篱、灌木丛和绿墙成为理想的景观。

绿篱修剪机切割装置结构和工作原理不同，可以分为刀齿往复式和刀齿旋转式两种；根据动力的不同，可以分为电动的、汽油机的和液压的；根据整机结构形式分为便携式和悬挂式两大类（图 10-35、图 10-36）。

图 10-35 往复式绿篱修剪饥

图 10-36 车载悬挂式绿篱修剪机

（七）油锯

油锯又称汽油动力锯，是现代机械化伐木的有效工具。在园林生产中不仅可以用来伐树、截木、去掉粗大枝杈，还可应用于树木的整形、修剪。油锯的优点是生产率高、生产成本低、通用性好、移动方便、操作安全（图 10-37）。

图 10-37　油锯

（八）喷雾机

植物的病虫害防治机械是植物保护机械的主要部分，其种类很多。按喷施药剂的种类分成喷雾机、喷粉机、喷烟机、撒粒机等；按液体药剂雾化的方式分成液力喷雾机、气力喷雾机（弥雾机）、热力喷雾机、离心喷雾机（超低量喷雾机）、静电喷雾机等；按机械形式分成背负式、担架式、手持式、拖拉机牵引式、拖拉机悬挂式和车载式等（图 10-38、图 10-39）。

图 10-38　液力喷雾机

图 10-39　气力喷雾机

（九）喷灌机

草坪应用最多的移动式喷灌系统是卷盘式（自卷管）喷灌机，由绞盘和喷头车组成，其工作原理是利用压力水驱动水蜗轮旋转，通过变速机构带动绞盘旋转，随绞盘旋转，输水软管慢慢缠绕到绞盘上，喷头车随之移动进行喷洒作业（图 10-40）。

图 10-40　卷盘式（自卷管）喷灌机

（十）喷头

草坪用喷头种类繁多，为喷灌系统的关键部分。不同喷头的工作压力、射程、流量及喷灌强度、范围不同，用于草坪的喷头根据工作压力（或射程）的大小可分为低压喷头、中压喷头和高压喷头。根据喷头的结构形式和水流形状又分为庭院式喷头、埋藏式（上喷式）喷头（图 10-41）和摇臂式喷头（图 10-42）三大类。

图 10-41　埋藏式（上喷式）喷头

图 10-42　摇臂式喷头

任务三　园林机械维修与养护

【知识点】

园林机械的管理知识

园林机械的养护知识

【技能点】

能进行园林机械的日常养护

能对园林机械进行简单的维修

【相关知识】

做好园林施工机械的维护保养工作，是园林施工企业日常管理工作的重点之一。园林施工机械的维护保养工作做得有效到位，可以直接有效地减少设备故障率，保证施工进度和质量，减少设备维修成本，从长远来看，能够有效地延长设备的使用寿命，延缓设备的大中修时间，为企业创造更大的经济效益。如何做好施工机械的维护保养工作，是众多设备操作维护人员、设备管理人员思考的问题，也是施工企业追求的目标之一。

一、保养制度的建立

设备的操作人员、维护人员和管理人员要树立积极的设备保养意识，把设备的技术保养列入设备日常管理的重要内容，将技术保养制度化，并建立相应的监督机制。设备保养与维修的目的是不同的，保养的目的是维护设备的正常性能，维修的目的是恢复设备的原有性能，在实际使用过程中，往往是重使用、修理，而轻保养，甚至出现“以修代养”。统计资料证明，机器异常磨损、故障的 75％是由于操作和保养不当造成的，因此设备的保养必须引起足够重视，并在人力、物力、财力上给予大力支持，采取积极主动的保养措施。所有与设备有关的人员应达成共识，将技术保养工作作为设备操作人员、维护人员、管理人员的工作职责，并形成制度化管理，将每台设备每天或每周期要做的保养形成明确的计划，制定详细的规章制度，管理人员监督操作人员是否按照日常检查项目完成了检查、监督维护人员是否按保养内容正确地进行了保养操作，还要对周期性保养工作做好记录。

二、园林工程机械管理存在的问题

机械设备管理长期被视为养护辅助生产工作，制约了设备管理的健康发展。各单位只关心工程质量、效益，而忽视了设备的合理配置和更新，在管理上忽视了设备的维修保养、机械的实际效益。这种重装备、使用，轻管理的直接后果就是影响和制约了设备管理自身建设，使设备管理机构不健全、人员不专业、岗位随意、管理混乱、设备保养不及时、维修无计划、基础管理数据不全、成本控制模糊。

三、加强园林工程机械的管理

机械的基础管理，对基础资料应按不同工作性质、类别、级别等分别归类、建账和归档，如固定资产台账、机械设备的技术档案，包括原始机械技术文件、交接登记表、运转记录、维修记录、技术改造资料。机械的基础资料、技术档案都应跟随机械，直至报废后还应妥善保管。按照机械全过程管理的阶段性，机械的技术档案管理分三部分内容：使用前、使用中及停驶（报废）。且应采取一机一档的原则，做到机械设备，物、账、卡三者相符。

1. 加强园林机械设备的单机考核与效益核算

如油料使用、维修换件、月完好率、日工作量、台班成本与利润的核算等。通过核算的积极作用，降低成本支出，提高机械的完好率和利用率，充分发挥机械的能力，以获得更好的经济效益。

2. 园林机械使用的要求

园林机械使用必须执行“定人、定机、定岗、定责”的原则，严格执行持证上岗制度，大中型专用机械不得雇用临时工操作。

主要机械实行专机专人制，多人操作的机械实行机长负责制。机械设备必须严格按操作规程、维修规程、安全规程和技术要求合理使用，不得超负荷和带病作业。多班作业时要严格执行交接班制度，填写交接记录。

3. 合理配置园林机械管理和操作人员

根据各地经验，各种设备配置管理人员 3～5 人，并根据养护规模配置机械操作和路桥技术工人。

人员配置应该实施双向选择、竞争上岗、动态管理，形成顺畅的人才流动机制。在分配制度上，严格按岗、按职、按责、按技、按效、按资综合考核付酬。加强对机械技术管理和操作维修人员的技术培训，使其懂管理、会经营、熟操作、善保养、能修理。另外，还需适时引进具有现代机械管理经营知识和操作维修技能的人才，充实机械化养护队伍。有计划地对所有生产骨干进行机械技术知识培训，使绝大多数员工既会从事园林施工，更会使用和维护常用的机械。但是在工作中还要不断总结经验，反复探索工作的新思路、新途径，尽快提高园林绿化施工水平和适应社会主义市场经济的能力。

4. 更新园林机械设备

设备的更新是为了消除有形磨损，用效能更高、性能更完善的设备来替换旧设备。

现代化的机械施工与管理，是在保证工期、工程质量要求的前提下，以最大的可能性提高经济效益。

四、对园林机械操作与维护人员的要求及管理

设备的操作人员、维护人员和现场管理人员是保证设备正常运转和性能延续的主要力量，是企业设备管理的主体。一个拥有一定数量施工机械的企业或项目，拥有一批技术精湛的维修、操作与机务管理人员是非常重要的。设备性能的延续和故障的及时排除，需要操作人员、维护人员和管理人员共同努力，互相协作，同时设备的操作、维修和管理人员一定要加强学习，努力做到业务精通。企业也应尽可能提供学习和交流的条件，使设备操作人员、维护人员、管理人员的技术力量得到不断加强。

机械设备的操作人员在上岗前除了完成必要的培训外，需要熟读所操作设备的操作使用说明书，努力做到“三懂四会”（懂构造、懂原理、懂性能，会使用、会保养、会检查、会排除一般故障）。即使有经验的操作人员也要熟读所操作设备的操作使用说明书，通过熟读操作使用说明书，可以更清楚地了解新接手机型的特点和保养要求等，也使操作人员对同类设备有了再次学习的机会。对机械操作人员的上岗与工作职责管理必须做到“两定三包”（定人、定机，包使用、包保管、包日常保养）。

机械设备技术人员和管理人员不仅要具备一定的设备使用维护保养的基本知识，具备一定机务管理的工作能力，还必须具备一定的分析和处理专业技术问题的能力。特别是一些专用大型设备的操作维护，必须是由具备一定的专业技能、具备一定的管理能力的专业技术人员来完成。

各种设备的操作使用说明书对维修人员来说也是非常重要的技术资料，通过阅读设备的操作使用说明书，可以很好地起到对维修的技术要求、基本故障排除方法等学习的作用。

五、园林工程机械养护的内容与要求

1. 园林工程机械的养护

是指采取一系列技术措施来使机械长期处于良好的技术状态，使其能安全高效地工作，并延长机械使用寿命，为了使机械经常处于良好的技术状态，保证其可靠性，提高工作效率，延长使用寿命，而对机械所采取的一系列技术措施。机械养护必须贯彻“养修并重，预防为主”的原则，做到定期养护，正确处理使用、养护和修理的关系，克服“以修代养”的思想，把技术养护制度化，并建立相应的监督机制。工程机械养护以“润滑、调整、紧固、防腐”为主要内容，按不同需求分等级进行养护。

（1）日常养护。日常养护的目的主要是维持机械的机容和机况，使机械经常处于完整和完好的状况，以保证机械正常运行。日常养护以清洁、补给（水、油等）和安全检视为中心，由机驾人员在每日出机前、行驶中和收机后进行，详尽项目内容按各级机械

的操作、使用和维护规程进行。

（2）一级养护。一级养护除日常养护作业外，以清洁、润滑、紧固为中心内容，并消除机械在运行一定时间后出现的某些薄弱环节，尤其要检查有关制动、操作等安全部件。一级养护主要内容包括各总成和连接件的紧固、主要总成和部件的润滑以及在外部检查发现的一些必要的调整作业。这些作业由专业维修工负责，机驾人员参与。

（3）二级养护。二级养护作业除进行一级养护作业外，以检查调整为中心，对机械进行较深入的技术状况检查和调整，根据机驾人员反映和经过技术状况诊断，确定维修附加项目，并排除。

（4）三级养护。结合二级养护作业，以消除隐患为中心，对局部包括总成件进行检修，改善机械技术状况，以延长中修及大修周期。

2. 园林工程机械设备的保养

设备的保养涉及范围广泛，基本日常保养的要求就是十字作业法（清洁、润滑、调整、紧固、防腐），十字作业法基本涵盖了日常保养需要做到的方面。这里着重列举出工程机械电气系统中电瓶保养、动力系统中发动机保养、传动系统中液压系统保养和工作装置保养这四个方面的一些具体保养要求和注意事项进行阐述。

（1）电气系统的电瓶保养。电瓶是施工机械正常工作的重要部件，电瓶维护不好，会使电瓶寿命缩短、容量减小，造成设备启动困难或不能启动，加之现在越来越多工程机械的发动机采用了高压共轨技术，所以对电瓶和充电发电机的要求更高。一般电瓶的日常维护做到以下几点即可：

① 保证连接线牢靠、电瓶外表清洁、电瓶盖的通气孔畅通，同时保证电瓶使用过程中无污物或液体进入。

② 保证液面高度合适，液面不足时添加蒸馏水或电瓶补充液到合适高度。

③ 发动机每次启动时间不应超过 10s，再次启动间隔时间不少于 1min，连续 3 次启动不成功要检查原因。

④ 注意检查充电发电机传动皮带的松紧程度，注意维护好充电发电机的工作性能。

⑤ 如果机器长期停放不用，应该将电瓶拆下每月充电一次，或者电瓶不拆下而每 20d 左右启动发动机连续运转 5～6h（如果环境最低温度低于 5℃时，建议将电瓶拆下，在适宜的环境下保养，防止冻裂）。

（2）发动机保养。发动机是工程机械工作的动力核心和源头，其重要性不言而喻。针对如何做好发动机的维护保养，笔者提出以下要点：

① 发动机使用前，必须检查和添加好防冻液或防锈防垢处理过的水，添加符合发动机运转要求的机油，以后添加或更换防冻液或更换机油时也要使用同一等级的油品。

② 发动机出厂或新到机器的发动机，在磨合期的 50h 内时不得大油门满负荷工作，在完成了 50h 的磨合期后，要进行一次全面的发动机检查和保养，这一工作不容忽视。

③ 发动机使用过程中，每个作业班启动机器前详细检查油水的质和量的情况，确保油水充足、质量可靠。

④ 发动机启动、运转带载、熄火要遵循正确的操作程序，发动机运转过程中，要注意观察发动机工作指示仪表是否正常，注意倾听发动机有无异常声响，如有异常情况及时停机检查。

⑤ 做好发动机周期保养，一般工程机械的柴油发动机每运转 250h 左右要更换一次机油和机油过滤器，更换机油过滤器的同时更换柴油过滤器，如果发动机长时间没有运转，也要保证一年更换一次机油。

⑥ 发动机使用过程中，每班一定进行例行检查，努力做到空气滤芯清洁、无油液渗漏、各紧固螺钉无松动、风扇皮带松紧度合适、进排气通道畅通。

⑦ 特别注意做好发动机涡轮增压器、中冷器的维护工作，注意进气管路的密封，注意清洁散热器外表的尘土。

⑧ 依据发动机运转时间和运转情况，进行气门调整是必要的维护工作（具体技术指标要参阅发动机的操作使用说明书和维修手册）。

⑨ 在日常使用中，注意维护好发动机的燃油系统，做到添加使用优质柴油、定期排放油水分离器内杂质、按照使用时间及时更换柴油滤清器、定期清洗燃油箱，这样将有效地降低发动机燃油系统故障概率。

⑩ 如果发动机故障时，需要对部分部件解体维修检查，一定依据发动机使用说明书或者维修要求，做到装配顺序正确、装配间隙合适、螺钉紧固力矩正确、技术要求达标。

（3）液压系统的保养。液压系统是施工设备动力传递的重要通道和各功能动作的控制通道，是施工设备性能的重要保障系统，也是设备出现故障后比较难以处理的方面。液压系统产生故障的原因除了液压部件本身的正常磨损、质量缺陷这些因素外，最主要的原因就是日常维护不当和操作使用不当造成的。液压系统出现故障后，往往需要结合液压部件自身的功能和结构、液压回路内的其他相关液压部件、电气控制原件等做系统的分析，通过测量、分析、判断，才能最终确定故障部位和原因，排除故障。本书仅就液压系统的保养方面，提出以下要点：

① 注意检查液压油油位，定期检查液压油含水、含杂质、受氧化等影响质量的情况，定期清理散热器外表的积尘。

② 任何时候都要努力做到液压系统油路各部位接头无松动、无泄漏、无外界杂质和污物进入，在保养和维修时更要注意不得有杂质进入和不得污染系统油液，拆卸液压原件时谨防液压封闭面划伤，轻拿轻放，装配时不得敲击，同时注意正确使用和安装液压系统的密封件。

③ 设备操作与运转过程中注意观察液压系统压力表、温度表的指示是否正常，启动液压泵或马达时注意倾听运转的声音有无异常，如有异常情况及时停机检查。

④ 按照设备使用说明书的要求更换液压系统过滤器和液压油，添加相同型号的液压油。

⑤ 做好电气元件的日常检查与维护，保证接线牢靠、安装螺钉紧固。

⑥ 不要轻易改变设备原来的液压系统管路长度，不要轻易改变检测元件、电气元件的性能，也不要轻易改变这些元件的安装位置。

⑦ 在进行液压系统的检查与维修时注意使用便捷的检测仪器，采用科学的诊断方法。

（4）工作装置的保养。工作装置一般直接接触工作对象，所处的温度、材料、受力变化等情况比较复杂，日常检查和保养不注意的话将造成严重的非正常磨损消耗，甚至造成设备报废。工程机械工作装置的保养努力做到以下几点：

① 注意检查工作装置安装螺钉紧固情况，同时及时检查刀片、斗齿、履带板、防护板、销套等易磨损部件的磨损程度，需要更换时及时更换。

② 做好各处轴承、连接销套、传动关节、传动链条、铰接销处的润滑工作。

③ 注意检查调整各传动链条、履带、输送带松紧度合适。

六、日常养护

1. 过滤器的保养

过滤器对发动机的寿命起到至关重要的作用，每隔一段时间就应对油门阀和空气阀进行清洁，通过汽油对滤清器进行清洗，并在阀门四周涂上黄油，防止磨损。

2. 变速箱的维护

定期对变速箱进行清理，排除变速箱内的灰尘等沉积物，并对变速箱定期更换润滑油。同时，还要对变速箱内的电路进行测试，检查是否存在漏电、断电的情况。

3. 散热器的维护

要及时对散热片进行清洗，避免因散热器的堵塞导致设备内部高温起火。散热片要涂抹防油材料，避免灰尘的沉积。

4. 日常养护注意事项

任何发动机都会存在磨合期，刚购买的新设备不应该长时间地超负荷运转，这会对发动机造成不可恢复性的损害，同时要经常检查外部螺钉是否松动，一旦出现松动，应立即停止使用，并进行加固处理，各个螺母之间应该使用黄油进行防锈处理。发动机作为整个设备的核心，在日常维护和保养时，要倍加注意，应全面地对发动机进行擦洗，然后在气缸内注入润滑油，以减少与活塞之间的摩擦力。各类修剪、锯截器具每次使用之后，要及时擦洗各个锯片和锯齿，还应该涂上黄油进行保护。

【思考与练习】

1. 推土机在土石方工程中可以做哪些施工作业？
2. 液压式单斗挖掘机可以进行哪些作业？
3. 单斗挖土机有哪些施工作业方式？各有哪些特点？
4. 分别简述蛙式打夯机压实土方的原理。
5. 混凝土振动机有哪几种？各适用于哪种类型的工程施工？
6. 作业面潜水泵有哪些功能特点？
7. 简述挖坑机的施工作业原理。
8. 何谓液压移植机？一般有哪些功能？
9. 自行式铲运机与拖式铲运机有哪些区别？
10. 草坪机与草坪车各有什么特点？
11. 割灌机的功能有哪些？
12. 绿篱机的功能和使用要点有哪些？
13. 油锯的功能和特点有哪些？
14. 喷雾机在使用时注意哪些问题？

技能训练一　园林机械的识别与应用

一、训练目的

了解园林机械的工作原理，掌握机械的使用方法。

二、材料与用具

1. 植物材料：草坪、乔木、绿篱。

2. 用具：手提式挖坑机、油锯、电链锯、割灌机、高树修剪机、喷灌机、草坪割草机。

三、方法步骤

1. 分组：以 2～3 人为一组。

2. 利用油锯、电链锯、割灌机、高树修剪机、草坪割草机等园林机械完成对草坪、乔木、绿篱的修剪、修形。

四、作业

完成实习报告。

技能训练二　园林机械的日常养护

一、训练目的

通过学习，了解各类型园林机械的养护要点及具体养护方法。

二、材料及用具

用具：手提式挖坑机、油锯、电链锯、割灌机、高树修剪机、喷灌机、草坪割草机；手套、抹布、汽油、机油、润滑油等。

三、方法步骤

1. 分组：以 2～3 人为一组。

2. 利用各类用具，完成油锯、电链锯、割灌机、高树修剪机、草坪割草机等园林机械的养护。

四、作业

列出各用具养护步骤及使用工具，完成实训报告。

参考文献

[1] 孔杨勇．园林工程施工［M］．杭州：浙江大学出版社，2015.

[2] 马宇鹏．简明园林工程手册［M］．北京：机械工业出版社，2021.

[3] 陈绍宽、唐晓棠．园林工程施工技术［M］．北京：中国林业出版社，2021.

[4] 张健林．园林工程［M］．北京：中国农业出版社，2021.

[5] 崔星，尚云博．园林工程［M］．武汉：武汉大学出版社，2018.